国家出版基金项目
NATIONAL PUBLICATION FOUNDATION

★ "十三五" ★
国家重点出版物出版规划项目

航天医学与生命科学研究及应用丛书

U0268090

太空基地受控生态生命保障系统理论设计

Theoretical Design on Controlled Ecological Life Support System for a Space Base

郭双生 编著

北京理工大学出版社
BEIJING INSTITUTE OF TECHNOLOGY PRESS

内 容 简 介

建立月球或火星受控生态生保系统是未来实现长期月球或火星驻留与开发所必备的生命保障条件。目前，国际上关于月球或火星受控生态生保系统的建设方案尚未完全达成共识，但已有倾向性意见。本书就月球和火星温室的基本建筑结构设计要求与思路、本体柔性透明结构、光照、温控、植物栽培、原位资源利用、作物品种筛选与食谱设计等技术难点或关键点进行了详细讲解，并就当前其地面样机研制与验证进展情况进行介绍。本书将专业知识与科普知识相结合，使之尽量融会贯通、通俗易懂。本书可供科研院所和大专院校作为科研和教学参考用书，也可供航天爱好者尤其是对星球温室或太空农场感兴趣的广大航天爱好者阅读。

版权专有 侵权必究

图书在版编目（C I P）数据

太空基地受控生态生命保障系统理论设计 / 郭双生编著. --北京：北京理工大学出版社，2021.4
ISBN 978-7-5682-6538-6

Ⅰ. ①太… Ⅱ. ①郭… Ⅲ. ①星际站–航天生保系统–系统设计–研究 Ⅳ. ①V423.7

中国版本图书馆 CIP 数据核字（2018）第 293380 号

出版发行 /	北京理工大学出版社有限责任公司
社　　址 /	北京市海淀区中关村南大街 5 号
邮　　编 /	100081
电　　话 /	（010）68914775（总编室）
	（010）82562903（教材售后服务热线）
	（010）68944723（其他图书服务热线）
网　　址 /	http://www.bitpress.com.cn
经　　销 /	全国各地新华书店
印　　刷 /	北京捷迅佳彩印刷有限公司
开　　本 /	710 毫米×1000 毫米　1/16
印　　张 /	28
字　　数 /	483 千字
版　　次 /	2021 年 4 月第 1 版　2021 年 4 月第 1 次印刷
定　　价 /	142.00 元

丛书总策划 / 李炳泉
策划编辑 / 刘　派
　　　　　 邓雪飞
　　　　　 李颖颖
责任编辑 / 王玲玲
文案编辑 / 王玲玲
责任校对 / 周瑞红
责任印制 / 李志强

图书出现印装质量问题，请拨打售后服务热线，本社负责调换

序　言

　　目前国际上普遍认为，开展长期月球或火星驻留与开发等载人深空探测飞行任务是未来航天技术发展的必然趋势，这不仅在政治、军事、科技、资源开发与利用等方面具有重要的现实意义，而且在开疆拓土和星球殖民等未来发展方面具有重大而深远的战略意义。因此，载人航天技术是当今国际上航天技术发展的重要角逐点。美国 20 世纪 60—70 年代已经成功实现载人登月，并计划在 2024 年左右重新实现载人登月及建立月球前哨；另外，美国计划约在 2033 年实现载人火星登陆，进而为下一步建立火星基地做准备。当前，我国的载人航天技术即将进入空间站时代，并成功实现了"嫦娥五号"月球探测器进行月球土壤采样并返回，并且正在奔往火星途中的"天问一号"火星探测器有望实现首飞成功。因此，下一步实现载人登月和登陆火星并建立月球前哨和火星基地应当是未来我国航天技术发展的重要方向。

　　目前，实现月球或火星飞行与长期驻留会面临若干重大关键技术"瓶颈"，而其中之一就是载人航天器的生命保障系统（以下简称生保系统）。载人飞船、空间实验室或航天飞机由于其距离地面近并且飞行时间短，因此航天员所需要的氧气、水和食物等基本生保物质均随航天器从地面携带，而产生的废物均随航天器被带回地面。因此，这种生保系统被称为携带式或非再生式生保系统，也叫第一代生保系统。对于空间站飞行任务，虽然其距离地面较近，但是飞行时间一般较长，为了节约发射费用而是在站上进行航天员所需的大部分氧气和水的物化再生，而食物仍需从地面进行补给。因此，这种生保系统被称为物理–化学再生式生保系统或第二代生保系统。对于月球驻留和火星飞行与驻留任务，由于距离地球遥远及飞行时间长，航天员所需要的上述三种基本生保物质均无法从地面携带而必须进行就地再生。当前基本认为建立受控生态生保系统

（也叫生物再生生保系统）是解决这一问题的有效途径。该系统主要利用植物和藻类的光合作用进行氧气和食物再生，利用微生物反应器与物化净化装置相结合的方法进行水再生，从而实现物质流的高闭合度循环。因此，受控生态生保系统也叫第三代生保系统或闭环生保系统。

受控生态生保系统是一个高度复杂的集约型人工生态系统，其在大小、重量、能耗、乘员工时及地面补给等严格受限的条件下，需要达到物质高闭合度、系统高效性、高稳定性、高安全性和高可靠性等运行的基本要求。在构建与运行该系统的过程中，会涉及基础生物（含植物、动物、微生物、藻类、食用菌）、生态工程、机械工程、电子、信息和人因工程等多门学科，需要解决与之相关的物质生产、资源再生、物质流平衡调控、环境控制等大量关键技术难题及接口关系问题，并需要认识与解决在系统中所遇到的许多重要科学问题。因此，要成功构建一个受控生态生保系统，需要面对诸多挑战。

郭双生博士，在中国航天员科研训练中心载人航天环境控制与生命保障室，从事受控生态生保技术研究多年，在系统物质流调控技术等方面取得了重要的研究成果，并积累了丰富经验。本书则是结合其多年来的研究工作经验，并参阅了国内外的大量情报资料，重点从理论上系统而深入地阐述了受控生态生保系统所面对的各种边界约束条件，并在此基础上较为详细地论述了该系统所涉及的植物栽培、植物光照、植物舱大气乙烯控制、动物/微藻/食用菌培养、食物加工及食谱食物制备、微生物与物化相结合的废物/废水/废气处理与循环利用等关键技术实现方案；阐述了与系统运行紧密相关的原位资源利用和能源供应等技术方案；阐述了受控生态生保系统单元之间及舱内外的接口关系，以及安全可靠性运行措施；最后，还简要介绍天地之间的遥测遥控与专家支持、面向星球的运输/部署/启动，以及地基部分关键技术的验证情况，并分析了该技术未来的重点发展方向。

该书具有较好的结构性、逻辑性和思想性，在国内甚至在国外均不多见，不失为一本难得之作。相信该书的出版面世，必将对推动我国受控生态生保技术发展乃至载人深空探测及地外星球基地的建设与开发等发挥重要作用。因此，希望该书能够尽快出版发行，以飨读者。

赵玉芬院士

2021 年 1 月 3 日

前　言

　　继成功实施载人空间交会对接和建立空间站之后，在几十年内开展载人登月和登火并建立月球前哨和火星基地等是未来我国乃至国际航天事业发展的重大战略目标。建立月球或火星基地是开展有人月球或火星科考、天文观测、科学试验和战略资源开发等的重要保障条件，这对人类开发空间资源和扩大生存空间等具有重要意义。然而，50 年前人类已踏上了月球，但至今无法在那里长期驻留，更不用说火星了。其根本原因是缺乏相应的生存保障条件，即乘员在当地无法获取长期生存所需的食物、氧气和水等基本保障物资。目前国际上一致认为，建立受控生态生命保障系统（Controlled Ecological Life Support System，CELSS，简称受控生态生保系统）是解决这一难题的根本途径。

　　受控生态生保系统是一项异常复杂的人工密闭生态系统，是以地球生态学、环境工程学和空间生命科学等基础科学为依据，以地球生物圈的基本原理为参考，组织和协调系统中"生产者（植物和藻类）""消费者（人和动物）"与"分解者（主要是微生物）"三者之间的相互作用关系，实现系统内物质的定向转化和循环利用，持续生产乘员生存所需的食物、氧气和水等全部最基本的生保物资，从而实现系统的长期高效、平衡、稳定及安全可靠运行和基本自给自足。

　　本人从 20 世纪 90 年代中期开始至今，二十多年来一直在中国航天员科研训练中心（前称为航天医学工程研究所）从事受控生态生命保障技术研究工作，先后组织开展了模拟空间环境条件下的植物（含低压）/微藻等培养、废水/废物/废气处理及其资源化循环利用、系统集成中的物质流调控、系统建设概念研究及物质流调控分析计算等研究，在相关领域取得了一些阶段性研究成果。近年来，很想编撰总结国内外在这一领域的研究进展情况，但迟迟未能实现而一直拖延至今。

本书的主要特点是紧紧围绕受控生态生保系统这一主题，从其概念设计研究入手，全面、系统地介绍了当前其概念研究的发展水平。在书中，先后介绍了受控生态生保系统的基本概念、作用意义、总体设计思想、舱体和植物栽培等各大相关分系统当前的概念研究情况、重要进展、建设与运行思路、当前存在的主要问题和倾向性看法，并较为详细地介绍了系统中及系统与外界之间的接口匹配关系、系统可靠性设计分析、系统大小/质量/功耗/占用乘员时间等要素的等效系统质量分析、可靠性设计整体评价情况及风险和故障模式分析等，并提出了未来该技术的发展方向思考。通过以上介绍，希望能够给读者展示一个月球或火星基地受控生态生保系统所应当具备的真实状态，并希望回答如何进行系统构建、部署、初期运行和长远运行等关键技术问题。然而，受控生态生保系统中的有些关键技术，例如植物光照技术或舱内压力制度等，当前仍处于探索阶段，尚无定论，只是有一些倾向性的认识和看法。因此，还有待相关关键技术进一步发展完善后，才能对个别的技术路线做出选择，但这也可能会较大地影响整个系统中很多子系统是否需要重新设计的问题。

本书主要由本人执笔编写与统稿，曾固副研究员负责编写了第 15 章可靠性与安全性保障措施。在撰写过程中，得到了中国航天员科研训练中心领导、研究室领导和项目组同事的热情鼓励与支持，在此一并表示衷心感谢！另外，向项目组的傅岚研究员、周抗寒研究员、艾为党研究员、唐永康副研究员、吉定豪博士、张良长博士、刘相博士以及沈蕴赜同志等同事表示衷心感谢！此外，需要特别感谢吉定豪博士，他在本书编写过程中提供了大量宝贵的外文资料；特别感谢曾固副研究员、傅长宏高级工程师和毛瑞鑫同志，他们在全书的绘图和审校等方面付出了大量辛苦，给予了很大支持。感谢合肥高新区太空科技研究中心所给予的大力支持和帮助，尤其要感谢王鹏、熊姜玲和王振三位工程设计人员。最后，衷心感谢家人多年来的默默关心、牵挂与支持！

本书在编写与统稿过程中，难免会有疏漏和不足之处，敬请有关专家和读者批评指正，多提宝贵意见！

本书得到国家出版基金的全力资助，在此表示特别感谢！

郭双生

2020 年 10 月

目　录

第 1 章

绪　论

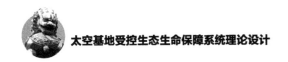

|1.1 基 本 概 念|

受控生态生命保障系统（Controlled Ecological Life Support System，CELSS，简称受控生态生保系统），也被称为生物再生生命保障系统（Bio-regenerative Life Support System，BLSS，简称生物生保系统）或生物生命保障系统（Biological Life Support System，BLSS），俗称太空农场（Space Farm）。受控生态生保系统是继早期载人飞船/航天飞机/空间实验室短期非再生生保系统（大气、水和食物均从地面携带）和空间站中长期物化再生式生保系统（再生大气和水，但食物仍从地面携带）之后而发展起来的，主要面向月球和火星等未来载人深空探测和地外星球定居等长期载人航天任务的生保需求，拟就地再生乘员所需的食物、氧气和水等全部最基本的生存必需物资。

该系统是基于空间环境特点而建造的人工密闭微生态循环系统，其以空间科学、生物学、生态学和环境科学等为依据，以地球生物圈的基本原理为参考，以植物/藻类的光合作用为出发点，通过采用各种先进技术，合理、高效、可控地组合和运用"生产者（植物/藻类）""消费者（人/动物）"和"分解者（微生物/物化氧化技术）"之间的关系，实现有限资源的重复再生利用，从而持续生产人所需的氧气、水和食物等生存必需物资。

该系统中，植物或藻类通过光合作用将光能（来自太阳光或人工光源）转化成化学能储存在碳水化合物的化学键中，为异养生物（人及动物）提供食物和氧气，又将异养生物排出的二氧化碳（CO_2）和其他废物转化成上述有用产品，由此构成系统的碳循环和氧循环；同时，植物通过根系吸收和叶片蒸腾作用实现水的净化而参与系统的水循环；系统中的微生物或物化氧化方法（如高温氧化或湿式氧化技术）对废气、废水及动植物的非食用部分和人及动物的排泄物等进行降解与矿化处理，为植物提供养料，并为动物提供部分食物，从而使废物实现再生利用。通过建立上述受控生态系统中的多级食物链关系，则能构建一个由植物、动物、微生物、人及一些必要的有机/无机环境构成的物质和能量不断循环与更替的生态系统。受控生态生保系统是一种全封闭、空间狭小并高度集成的基本自给自足和自主物质循环系统，是目前载人航天飞行任务中最为高级的生保系统类型（图 1-1）。

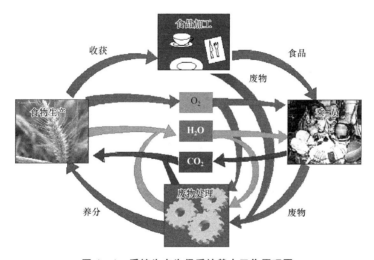

图 1-1 受控生态生保系统基本工作原理图

由此可见，受控生态生保系统既是一个涉及植物学、动物学、微生物学、水生生物学和食用菌学及物化大气和水再生技术等多学科交叉与综合的多元多级封闭生态系统，也是多种技术门类并存而异常复杂的环境工程系统，需要解决涉及生态环境工程、光电、信息和高端自动化精确控制等大量关键技术难题。

|1.2 作 用 意 义|

1.2.1 为未来长期载人深空探测和地外星球定居与开发提供生命保障

开展长期载人航天、深空探测和地外星球（如月球和火星）的定居与开发等是世界未来航天事业发展的必然方向。要实现这一目标，其首要条件之一就是建立与之相适应的环控生保系统。该系统必须能够利用有限资源就地再生航天员生活所需的食物、氧气和水等全部最基本的生保物资，否则，从地面补给不仅运费大得惊人（表1-1、表1-2），并且在技术上也难以实现。事实上，能否成功建立相应的环控生保系统，是开展月球定居与开发及载人火星飞行的重要"瓶颈"因素之一。

表1-1 非出舱活动期间空间站内一名乘员一天内的平均生保物质需求量估算值
（其中不包括纸张和塑料供应品、肥皂、衣服、气体泄漏量、系统维护所需材料、
生保系统本身的质量及能源供应硬件的质量等）
（引自：Barta和Henninger，1994）

利用消耗品类型	消耗量/（kg·天⁻¹）	产生废物种类	产生量/（kg·天⁻¹）
气体	**0.84**	气体	**1.00**
氧气	0.84	二氧化碳	1.00
液体	**23.48**	液体	**23.73**
饮用水	1.62	尿液	1.50
食物含水量	1.15	出汗/呼吸排水量	2.28
食物制备用水	0.79	粪便含水量	0.09
洗澡和洗手用水	6.82	洗澡和洗手排水量	6.51
洗衣用水	12.50	洗衣排水量	11.90
冲厕用水	0.50	冲厕排水量	0.50
		湿度冷凝水量	0.95
固体	**0.62**	固体	**0.20**

续表

利用消耗品类型	消耗量/（kg·天⁻¹）	产生废物种类	产生量/（kg·天⁻¹）
食物	0.62	尿液固体含量	0.06
		粪便固体含量	0.03
		出汗固体含量	0.02
		洗澡和洗手固体排量	0.01
		洗衣固体排量	0.08
总量	24.94	总量	24.93

表 1-2　长期空间飞行中保障一个人一年内所需消耗品的估算总值
（引自：Barta 和 Henninger，1994）

消耗品类别	消耗量/（kg·年⁻¹）	占总质量的质量分数/%
水	10 423	86.1
氧气	305	2.5
食物（干重）	265	2.2
乘员用品（包括肥皂、纸和塑料）	253	2.1
泄漏到空间的气体（氮气和氧气）	257	2.1
系统维护用品	606	5.0
总量	12 109	100

目前应用于载人航天任务的生命保障系统包括非再生式生命保障系统和物理-化学再生式生命保障系统两种类型。非再生式生命保障系统（Non-regenerative Life Support System，NLSS）又叫储存式生命保障系统、开环生命保障系统或第一代生命保障系统，即航天员生存所需的氧气、水和食物均通过运输飞船或航天飞机从地面补给。该生保系统适用于短期载人飞行，而在中长期载人飞行中使用时，势必导致后勤保障费用十分高昂，并且安全性和可靠性没有保证。物理-化学再生式生命保障系统（Physical-Chemical Life Support System，PCLSS）又叫半储存式生命保障系统、半闭环生命保障系统或第二代生命保障系统，该系统尽管通过水电解（制氧气）、Sabatier 二氧化碳还原（制氧气和水）、中温催化氧化（利用冷凝水等制备饮用水）和蒸汽压缩蒸馏（尿液净化，收集的水用于水电解）等物理化学技术能够再生氧气和水，但无法再生食物而必须进行补给。物理-化学再生式生保系统适用于空间站等中长期近距离的载人飞行，而在

长期载人飞行中，这样做同样面临食物的后勤补给费用高昂、技术难度大和安全可靠性较低等难题。

受控生态生保系统又叫非储存式生命保障系统、闭环生命保障系统或第三代生命保障系统，如前所述，该系统从原理上讲，能够就地再生航天员所需的食物、氧气和水等全部最基本的生保物资，因此就可以大大降低后勤保障费用和技术难度，并能显著提高飞行的可靠性和舒适性。此外，该系统能够创造一个充满绿意生机的生存环境，这样就可以明显减轻航天员的生理和心理压力，从而显著促进其身心健康并相应提高其工作效率。表1-3所示为不同空间飞行计划采用过的或需要采用的不同生保系统类型。在未来长期载人星球飞行与驻留任务中，很有可能需要将物理-化学再生与生物再生技术结合起来形成混合式生保系统（Hybrid Life Support System，HLSS）。

表1-3 不同载人空间飞行计划所需的环境控制与生命保障系统类别

空间飞行计划	食物	水	氧气	二氧化碳	废物	原位资源利用
"水星号"（Mercury）计划	储存	储存	储存	LiOH 净化	储存	不利用
"双子座"（Gemini）计划	储存	储存	储存	LiOH 净化	储存	不利用
"阿波罗"（Apollo）计划	储存	燃料电池	储存	LiOH 净化	储存	不利用
天空实验室（Skylab）	储存	储存	储存	分子筛净化	储存	不利用
航天飞机	储存	燃料电池	储存	LiOH 净化	储存	不利用
空间站	储存	回收	再生	分子筛净化	储存	不利用
初级月球基地	大部分储存+少部分种植	回收	再生	再生	储存	利用
高级月球基地	储存+种植	回收	再生	再生	回收	利用
火星基地	储存+种植	回收	再生	再生	回收	利用

然而，尽管在空间建立受控生态生保系统的最初发射成本较高，但从较长时间的飞行任务来看，利用该系统则减少了从地面对航天员生命必需物质的再供应，在航天任务中从整体上降低了成本，其经济效益随飞行时间延长会表现得越发明显（图1-2）。根据美国波音航天航空公司空间系统部的分析，按4名乘员计算，在近地轨道空间站有6～7年时间就可以达到收支平衡；当具有100人次时，一年半就可以收回成本。显然，飞行时间越长，人数越多，就越能显现出其优越性。

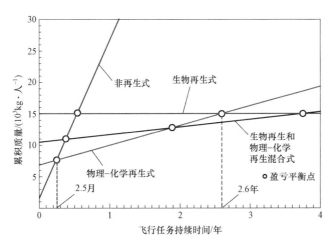

图 1－2　3 种载人航天生命保障系统的盈亏平衡图

1.2.2　为开展空间生物学和空间生物技术研究提供良好试验平台

迄今为止，生物学的大部分知识都是建立在地球 $1g$ 重力环境这一基础之上的。人类进入航天时代之后，离开了 $1g$ 重力环境而迈向了微重力的空间和低重力的地外星球（如月球和火星）。新的环境条件必然会给生物学提出许多新问题。要解决这些问题，则需要开展大量试验研究。毫无疑问，受控生态生保系统的研究成果将会大大丰富空间生命科学的内涵并促进其深入发展。在该研究过程中带动与发展起来的各种新技术、新方法和新设备，将会成为空间高新技术的重要补充。因此，该项目研究必将扩大人类认识自然的视野，增强探索和开发宇宙的能力，同时也加深对生物在不同环境下的生存与发展变化规律等的了解和把握。

1.2.3　为人类在地球上建立极端环境条件下的生命保障系统提供借鉴

建立受控生态生保系统的终极目标是为执行长期载人深空探测和地外星球定居与开发的航天员提供生命保障服务，但其各个发展过程中形成的阶段性研究成果都将为人类在地面特殊环境条件下（如潜艇及远洋船舶、南极和北极地区、高寒地区以及地处偏远而人口又相对集中的地区）建立生命保障系统提供参考、示范和推广作用。事实上，美国国家航空航天局（National Aeronautics and Space Administration，NASA）和欧洲空间局（European Space Agency，ESA，简称欧空局），正在研究把用于载人航天的 CELSS 技术推广应用到南极和北极高寒地区的可行性，并已取得良好效果。

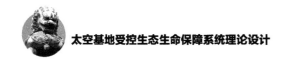

1.2.4　为防止地球生物圈生态环境的继续恶化带来启示

和地球生物圈相比，人类建立的太空受控生态生保系统必然是一个被简化了的微型生物圈，但它们在提供人类的生存条件这一本质特性上是相同的，因此，其相关研究成果将为今后防止地球环境污染和大气中二氧化碳、甲烷及其他温室气体积累而导致的全球气候变化对人类生存与经济可持续发展等国际社会所面临的严峻挑战带来启示。例如，德国学者曾经把研究多年并进行过空间在轨验证的"密闭平衡水生生物系统"进行技术推广应用，建立了一套地基装置"AquaHab"，用于研究药物和化学制品对环境污染的影响。研究表明，该装置能够对化学污染物进行很好的降解处理。此外，日本建立的"密闭生态试验系统"还用于研究放射性污染物对环境的影响及其在密闭生态系统中的流动转移情况。另外，加拿大研制的空气生物过滤器（air biofilter）被用于进行室内空气净化。

总之，关于受控生态生保系统的研究结果可为人类提供可持续发展的稳定生存模式，即由目前对环境资源利用的纯消耗为主模式转变为可再生循环模式，这样很可能会带动一系列先进环境保护技术的开发与应用，如太阳能和微生物燃料电池等新能源开发、废气/废水/废物循环利用、土壤改良、高效设施农业、种植自动化、节水节能、新型食品加工及系统自动化监控等。

|1.3　发 展 历 史|

世界上最著名的科学家之一——俄国航天之父康斯坦丁·齐奥尔科夫斯基（K.E. Tsiolkvsky，1857—1935）曾经预言："地球是人类的摇篮，但人类不会永远躺在这个摇篮里，而会不断探索新的天体和空间。"在人类刚迈入 20 世纪不久，甚至在莱特兄弟的第一次飞行之前，他就设想利用生物生保系统来保障人在太空的生存。例如，约在 1896 年，齐奥尔科夫斯基出版了科幻小说《在地球之外》，其中描写的是发生在 2017 年的事："20 名不同国籍的科学家和工程师乘坐自己建造的载人宇宙飞船飞出大气层，进入环绕地球的轨道，处于有趣的失重状态。他们携带有大型温室，种出了足够食用的蔬菜和水果……"

20 世纪 50 年代，美苏开始太空争霸。当时在人尚未上天之前，他们就想到要实现人在太空长期驻留的目标，则必须发展相应的生命保障系统。因此，当时就想到并着手启动受控生态生保系统（当时叫生物生保系统）的试验研究，以便最大限度地减少长期载人航天对地球补给的依赖，从而降低任务成本。80—90 年代，日本和欧洲也相继开展此项研究。90 年代中后期，我国在国家相关科技计划的支持下，开始启动受控生态生保系统技术研究。近年来，在突破大量关键技术的基础上开展了一系列多人多天的系统整合物质流平衡调控试验研究，并进行了部分关键技术的在轨飞行验证。在受控生态生保系统研究中，经历了一个从简单到复杂、从低级到高级、从各个单元到系统集成的逐步发展过程，由此产生了分别以藻类、微生物和高等植物为基础的独立或各种组合式的受控生态生保系统。

受控生态生保系统研究一般主要包括概念论证、地基试验和空间飞行试验等三个方面。从内容上说，归纳起来主要有两方面：一是最佳物种的选择和利用（即单元生物部件的地面和空间试验研究）；二是持续运转的地基受控生态生保系统的设计、建造与试验（即单元部件的整合），研究内容十分广泛。这里就主要地面模拟和空间飞行系统建设的概念研究进行简要介绍。

1.3.1 地面模拟试验研究

1. 国外情况分析

1）美国

20 世纪 50 年代，在人类尚未开启载人航天时代之前，美国就开始考虑未来长期载人航天的生命保障问题。20 世纪 60 年代，开始建成"小白鼠-小球藻封闭生态系统"，开展了动物与藻类之间氧气和二氧化碳等大气交换试验研究。70 年代后期，NASA 肯尼迪航天中心提出并开始实施受控生态生保系统试验模型计划（CELSS Breadboard Project），确定以高等植物为中心，并结合藻类、小动物和微生物等生物及物理/化学再生式生保分系统，开展了一系列物质闭路循环的综合试验研究。90 年代初，NASA 约翰逊航天中心开始主持高级生保试验计划（Advanced Life Support Test Project，ALS 计划），将生物再生和物理-化学再生技术结合起来建成月球/火星生保系统集成试验装置（Lunar-Mars Life Support Integration Test Facility，LMLSITF），并进行了 4 人 91 天的物质闭环试验，氧气和水达到 100%再生，食物再生率达到 25%以上；通过微生物反应器的降解作用使植物不可食生物量的循环利用率达到 80%以上。试验表明，种植面积为 10.0 m^2 的小麦能够生产 1 个人所需的氧气、4 个人所需的纯净水和 1/4 个人所需的食物（将小麦制成面包）。同时，开展了乘员医监医保、心理学、工效学、食品营养学和数字仿真等多方面与人相关的研究。

21 世纪初，为了进行密闭时间更长、参加人员更多和物质闭合程度更高的受控生态生保整合技术研究，该中心开始主持建立生物再生式星球生保系统试验综合体（Bioregenerative Planetary Life Support Systems Test Complex，BIO-Plex）。该系统共包括 7 个舱段，其中 6 个舱段直径为 4.6 m，长度为 11.3 m；有两个为生物量生产舱，其总栽培面积达到 180.0 m²。系统建成后，拟进行 4～8 人、2～3 年、物质闭合度达到 95%以上的系统集成试验研究。然而，由于当时美国航天计划的调整，从而导致该系统至今未能完全建成。此外，NASA 约翰逊航天中心还在南极主持建成受控生态生保系统南极模拟系统（CELSS Antarctic Analog System，CAAS）；NASA 与加拿大航天局合作，在加拿大北极高纬度地区建成火星温室模拟基地，重点开展了植物培养、污水处理及遥科学试验研究。

说到受控生态生保系统，就不得不提及举世瞩目的生物圈 2 号（Biosphere 2）。生物圈 2 号是美国建于亚利桑那州图森市以北 50 km 外沙漠中的一座大型人工密闭生态循环系统，因把地球本身称作生物圈 1 号而得名。该系统由美国前橄榄球运动员约翰·艾伦（John Allen）发起，并与几家财团联手出资，委托空间生物圈风险投资公司承建。该项目历时 8 年，耗资 1.5 亿美元，于 1991 年 5 月建成。这里光照强烈，生境荒凉，有点类似于火星表面环境。

生物圈 2 号占地面积 1.28 公顷，封闭空间 204 000 m³，其中包括热带雨林、草原、海洋、沼泽/灌木丛、沙漠、集约农业区和居住区等 7 个地球上典型的生态环境；主要依靠阳光照明；大气压力通过两个巨大的气体补偿装置（俗称"肺"）进行调节（图 1－3）。集约农业区共包含 50 种作物，共 150 个品种，每轮种植约 30 种，主要有粮食、蔬菜和水果等作物；此外，还饲养陆生动物和鱼（稻田中养殖），饲料包括苜蓿、象草、水风信子及各种农作物（利用其不可食部分）。集约农业区内不使用杀虫剂，而是利用瓢虫、肥皂水、硫黄和芽孢杆菌等有益昆虫、喷雾剂和细菌来控制病虫害的发生。另外，废物循环是把动物的排泄物和植物不可食部分混合做成堆肥；利用水生植物咸水湖系统进行废水处理；利用"土壤床反应堆"降低微量气体积累；利用大气水分冷凝系统提供饮用水。

(a)

(b)

图 1－3　生物圈 2 号外景俯视图和内部剖面示意图
（a）从北往南看；（b）从南往北看

在生物圈 2 号中，密闭后的农业系统平均能够提供 8 人约 80%的营养需要，包括谷物、豆类和蔬菜，但密闭后的前几个月需食用密闭前种植的食物（提供其余约 20%的营养需要）。由于圈内缺乏紫外线辐射，因此必须补充维生素 B 和 D。肉类产量很低，蛋每人每周只能平均吃一个。前 10 个月的平均食物热量限制在 2 000 kcal① · 天$^{-1}$，后来增加到 2 200 kcal · 天$^{-1}$。

20 世纪 90 年代初，生物圈 2 号封闭住人试验的消息令全世界为之震惊。有人惊呼，科学要在未来的太空中创造奇迹，就看陆地上的这个试验了。最后经过严格选拔，形成 4 男 4 女共 8 人组成的科学家队伍，其中有海洋学家、植物学家、气象学家、机械工程专家及医学专家等。第一阶段 8 人试验持续了两年；第二阶段换成 7 人后，进行了近六个半月后被迫停止。主要原因是系统中氧气浓度持续下降（一度逼近 14%）、食物供应量不足、农作物病虫害泛滥（第一次试验），以及大气中笑气（N_2O）浓度剧增和饮用水质下降（第二次试验）等。因此，该试验在受到国际广泛称赞的同时，也一度受到尖锐批评。

尽管如此，作为在地球上率先利用生态系统原理进行的大规模人工封闭住人试验系统，生物圈 2 号的意义远远超出舆论界对它的批评，两年多的试验为人类在今后太空或地面上进行类似的试验积累了大量宝贵数据和经验。试验结束后，科学家们对生物圈 2 号的失败原因进行了认真总结，主要有：① 元素化学循环平衡失调；② 物种关系失调；③ 水循环失调；④ 食物短缺。生物圈 2 号的经验教训可归纳为以下几点：

第一，生物圈 2 号设计的原理是正确的。生态系统中的物质通过食物链和生态系统过程完全能够循环。例如，"生物圈人"长期饮用的水是动物和人的生活废水经过生物工程措施净化后再生而来的。尽管开放后里面的水被严禁饮用（因医学上尚未对"生物圈人"饮用该类水后的状况进行全面鉴定），但是科学家对这种水进行理化检验后，证明是无害的。另外，太阳能等能量也能够按照生态系统的规律流动。

第二，地球生物圈中的大气、土壤、海洋、生物群落之间是经历了非常漫长的岁月后，才达到高度协同的。生物圈 2 号试验中，在其内部发现的碳、氮、氧等几大重要生命元素的循环不平衡，恰恰为以后的受控生态生保技术研究提供了非常难得的资料，并从另一角度印证了保持地球生物圈生态平衡的重大意义。

第三，人类能够通过高科技手段在任何恶劣的环境下创造出适于生命生存的空间。生物圈 2 号使地球上不同地理起源的 4 000 多种植物、动物及微生物在沙漠上安了家。然而，种间的竞争、互作和协调发展等关系却是人工难以改变的。

---

① 1 kcal=4.18 kJ。

第四，生物圈 2 号可作为地球的一个缩影。地球正面临环境污染、全球气候变暖和生物多样性丧失等严重问题，其后果可在生物圈 2 号的试验中看到或体验到。像生物圈 2 号这样以类似地球生态系统工作原理运行的人工生态系统，其内部生物物种所面临的问题，同样可能会是我们地球人所要面对的。

2）俄罗斯

20 世纪 60 年代，苏联科学院生物医学问题研究所启动 BIOS 计划，第一个在世界上建立起用于 CELSS 研究的试验系统——BIOS–1 和 BIOS–2，并进行了"人–藻类"整合试验研究。系统中的生物只有微藻（小球藻）、人和分解尿液中有机物的微生物。试验取得了初步成功，证明培养面积为 8.0 m² 的藻液即可满足 1 个人对氧气的需求。70 年代初，随着 BIOS 计划的深入开展，苏联科学院西伯利亚分院生物物理研究所建立了大型的 BIOS–3 复合体。BIOS–3 的容积为 315 m³，有 2 个高等植物栽培室、1 个藻类培养室和 1 个可容纳 3 名乘员的居住室。在该系统中，用来栽培植物和微藻的面积约为 100.0 m²，将"人–植物–微藻"共同整合形成一个密闭生保系统。随后开展了多批次长期有人整合试验。由医学专家选出 2～3 名受试者，每次在舱内生活 4～6 个月。试验期间，种植植物、培养藻类、收获植物和加工食物等所有活动均由乘员自主完成。在被试植物和藻类中，微藻选用小球藻和螺旋藻，高等植物选用混合搭配式的粮食、蔬菜和油料作物，共进行了 10～12 种作物的试验。整个试验期间实现了良好的物质再生，其中氧气和水达到 100% 的再生，最好的时候食物能达到 80% 再生（不足部分由舱内预存食物予以补充）。通过焚烧植物不可食生物量为植物和微藻补充二氧化碳（CO₂）。另外，人体尿液和粪便等排泄物作为肥料进入植物营养液系统中。

3）ESA/日本/加拿大

ESA 下属的欧洲空间技术中心（European Space Technology Centre，ESTEC）于 1989 年启动了微生态生保综合系统项目（Micro-Ecological Life Support System Alternative，MELISSA）。该系统基于"水生"生态系统原理，是一个以微生物和高等植物为基础的人工密闭生态系统。经过二十多年的研究和发展，ESA 形成了一套用于研究 MELISSA 循环的有效途径，即首先筛选微生物种类和高等植物品种，以及确定这些生物的特征和数学模型，并建立相应的控制策略，最后在地面和空间飞行器上进行验证试验。目前，该中心在西班牙巴塞罗那自治大学已经建成 MELISSA 试验基地（MELISSA Pilot Plant），拟开展小规模动物与系统及人与系统的地面模拟整合试验研究。此外，他们组织开展了小麦、大豆、马铃薯和甘薯等作物的筛选试验研究。另外，ESA 在南极建成了"协和"基地（Concordia Base），主要进行其中长期驻留的科考人员使用过的卫生废水及其排泄的尿液等在内的废水处理。已连续开展过 30 个月的废水循环处理，主要考核技术的长期有效性及遥测技术等。近年来，ESA 与德国航空航天中心（DLR）合作研制成 EDEN 南极温室系统，并已被安装部署于德国南极科考站的附近。待试验成功后，拟将该温室安装于国际空间站（International Space Station，ISS），作为其中的移动式空间植物栽培试验装置（EDEN ISS Mobile Test Facility）。

在日本宇宙探测局（Japan Aerospace Exploration Agency，JAXA）的支持下，日本环境科学研究院于 1998 年建成密闭生态试验系统（Closed Ecological Experimental Facility，CEEF）。该系统占地面积约为 350 m²，是由 3 个不锈钢走廊连接成的体育馆式建筑，分为植物舱、动物舱、居住舱、水圈舱和资源再生舱等，其主要目的是模拟密闭环境中氧气和二氧化碳等气体在植物/藻类、人和动物之间的循环。2005—2007 年先后开展过多批次 2 人 7 天到 28 天的"人－植物－动物"整合技术试验，取得了许多重要研究成果。此外，东京大学建成多个低压植物栽培舱，开展了低压条件下的植物栽培技术研究。

在加拿大航天局的支持下，20 世纪 90 年代加拿大盖尔夫大学主持建成大型受控环境系统（Controlled Environmental System，CES）实验室，其中包括常压和低压植物栽培舱共计 24 个，就数量来讲，居世界之首。利用常压密闭植物栽培舱进行了不同二氧化碳浓度、光照强度、温湿度和植株种植密度等对植物生长发育、气体交换效率和繁殖等影响的研究；进行了低压条件下小麦和番茄等粮食与蔬菜作物的栽培技术试验，证明这些作物能够在 1/10 个大气压条件下生长发育。另外，他们分别与 NASA、ESA 和 JAXA 开展合作，完成了多项相关研究项目。例如，与 ESA 合作，为其 MELISSA 系统研制成高等植物舱；与美国 NASA 合作，在其境内北极高纬度地区建成火星温室模拟基地，现正在开展一系列相关试验研究。

2. 国内情况分析

20 世纪 90 年代中期，我国开始启动受控生态生保技术研究。中国航天员科研训练中心（以下简称航天员中心）在国家相关科技计划的支持下，建成了受控生态生保生物部件研究综合试验系统，并利用该系统进行了多种蔬菜作物在不同光照和二氧化碳浓度等条件下的筛选试验研究，获得若干个优选生物部件。利用低压植物栽培装置开展了 1/10 个大气压条件下若干种粮食和蔬菜作物的栽培试验研究，证明小麦和莴苣在此大气压条件下基本可以正常生长，而且其光合作用较常压下还有所增加。此外，利用微生物工程技术开展了植物不可食生物量、模拟空间废水和乙烯等废气的降解处理与循环利用等试验研究，并证明植物的不可食生物量可被用作植物的营养液。

近期，航天员中心在国家相关科技计划的支持下，建成大型受控生态生保系统集成试验平台，并开展了 2 人 30 天和 4 人 180 天受控生态生保系统集成试验研究，重点探索了人与植物之间的大气和水交换的动力学规律及其动态平衡调控机制，以及食物的再生能力及其平衡调控机制。试验结果表明，大气、水和食物的闭合度分别达到 100%、100% 和 55%，固体废物的循环利用率达到 80% 以上（图 1-4）。

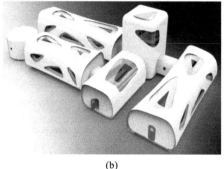

(a)   (b)

图 1-4　受控生态生保系统集成试验平台外观

（a）2 人 30 天试验平台实物外观图；（b）4 人 180 天试验平台模型外观图

针对空间站等航天器飞行搭载试验研究，航天员中心先后研制成空间植物栽培装置、空间微生物废物处理装置和空间微藻光生物反应器等多台试验设备，突破了大量空间微重力环境条件下的植物栽培、微生物培养和微藻培养中所涉及的气、液、固三相流管理等多项关键技术，并于 2016 年在"天宫二号"空间实验室较为顺利地开展了高等植物莴苣栽培关键技术的在轨验证研究。

中国科学院植物研究所和上海生命科学研究院植物生理生态研究所等多家单位在"921"载人航天工程的支持下，重点开展了石刁柏、拟南芥和水稻等高等植物、动物、微藻和微生物等的空间飞行试验研究，取得了一批重要的阶段性研究成果。此外，中国科学院生态环境研究中心与航天员中心合作，试制成适用于空间废水处理的无泡供氧膜生物反应器，并获得了国家发明专利。

北京航空航天大学从 2004 年前后开始启动该技术领域研究，先后进行了在生物再生生保系统中养蚕来生产动物蛋白的地面试验技术研究，以及利用蚯蚓进行生物可降解废物的处理与类土壤基质制备技术研究，建成了密闭多元生物生命保障地基小型综合试验系统，开展了有人部分参与的生物再生生保系统试验，研究了人与系统中各生物单元之间的相互关系，取得了阶段性成果。2014 年以来，他们先后开展了 3 人 105 天和 4 人 370 天系统集成试验研究，实现了较高的物质闭合度。北京理工大学与航天员中心合作，开展了受控生态生保系统中尿液处理的关键技术研究。福建农科院红萍研究中心对红萍的放氧能力进行了大量研究，并进行了 2 人 3～30 天的人－萍及人－萍－鱼的大气整合试验研究。

1.3.2 空间基地 CELSS 构建概念研究

在太阳系中，月球和火星是距离地球最近的两颗地外星球。目前来看，月球是载人空间飞行和地外星球驻留的首选目标。但是，月球上的自然条件恶劣且生命保障资源相对匮乏，因此并非长久居住之地，而火星是继月球之后的第二个可实现地外星球驻留的地方，可能是在今后半个世纪之内人类最远能到达的地外星球，也可能是地外移民相对最理想的地方。然而，火星飞行由于其飞行距离远和时间长，从而对生保系统的需求与地球轨道空间站或月球飞行的大不相同。火星飞行一个来回至少需要两年半，因此发射窗口很窄，即每两年只有一次来回飞行的发射机会。

1. 需要重点考虑的问题

事实上，人们在开展受控生态生保系统地基模拟试验研究的同时，之前也一直在苦苦思考和探索未来的月球或火星基地受控生态生保系统到底应该被建成什么样才具有可行性和实用性。主要考虑的问题包括：

1）航天运输问题

目前来看，受控生态生保系统的体积和质量都比较大，远远超出当今全世界航天器的发射能力，因此，怎么解决从地球到月球或火星的运输问题？系统从启动到相对发展成熟的具体实施步骤是什么？

2）安装部署问题

受控生态生保系统的舱体硬件体积和质量都比较大，那么到达月球或火星表面后，如何对其进行卸载和安装？月球或火星表面往往崎岖不平，如何使系统能够坐落在较为平坦的地面上？

3）压力制度问题

在月球和火星表面上的真空度都很高，即月球上没有大气，而火星上的大气密度也不及地球表面的 1%，因此如何设计其压力制度？是低压还是常压？如果是低压，要低到什么程度？整个系统都是一个压力制度，还是要有所不同？例如，占较大比例的植物舱与居住舱之间是同样的压力制度吗？如不一样，则压差是多少？航天员从居住舱到植物舱进行操作时，需要穿出舱活动航天服吗？

4）防辐射和高温差问题

众所周知，月球表面为高真空环境，辐射剂量非常大，对人和植物等所有生物部件都是有害甚至致死的。另外，在火星表面上有一定的大气层，这对辐射有一定的阻挡或吸收作用，但据估计，该条件下的辐射剂量对人还是有可能造成伤害的（据估计对植物问题不是很大）。那么，在这种情况下该如何防辐射？而防辐射对植物光照等系统的其他功能会造成什么影响？

此外，在月球或火星表面上的温度变化范围很大，温差极大，不适合人的生存。那么，在这样的条件下如何进行绝热保温？绝热保温对植物光照等系统的其他功能又会造成什么影响？

5）植物光照问题

植物光照在受控生态生保系统能耗中所占比例最大，约为 40%。如采用目前地面上人工光照的通常做法，则能源供应会成为很大问题，也即势必会严重制约该系统的可实施性。但是，如果利用当地的太阳光，则该如何防辐射和高温差？由于受控生态生保系统空间狭小，为了提高其空间利用率，植物往往需要进行叠层培养，那么该如何直接利用太阳光呢？一旦遇到火星尘暴（dust storm），如何直接利用太阳光？如不能直接利用太阳光，则该如何解决有时长达十多天尘暴天气时的植物光照呢？

6）植物栽培问题

在系统启动与逐步发展的过程中，该对植物采用什么样的栽培方式，是液培、气培或固培，还是其他什么方式？在逐渐发展的过程中，系统会不断产生植物不可食生物量和乘员粪便等生物可降解废物，并且植物营养资源会逐渐减少，那么在这种情况下，为了实现系统中植物的可持续栽培，需要有效利用有机废物补充营养并减少废物储量。因此，该如何逐步转变栽培方式而适应此形势？

7）生物遗传问题

在封闭狭小、低重力和弱磁场等特殊环境条件下，植物的正常生长发育、传粉受精、繁殖、遗传和变异等行为如何？如何保证合适的通风环境，以利于植物繁殖？动物、藻类、食用菌和红萍等生物部件在这样的环境条件下又是如何生长发育和遗传变异的呢？

8）低重力下气和液等流体行为问题

在月球 $1/6g$ 或火星 $1/3g$ 低重力条件下，气体和液体等流体的动力学行为与 $1g$ 下相比，有什么不同呢？在低重力下，能够正常完成气体和液体的传输和分配吗？这对植物栽培基质中的气、液调节管理和微生物反应器中的气、液传导与配置等可能会造成一定影响。

9）能源供应问题

在月球和火星表面，究竟采用什么样的供电方式，是太阳能、核能、化学燃料电池，还是生物燃料电池？若采用太阳能发电，则可能需要大量太阳能帆板电池，这必然会增加运输成本。在火星表面会遇到尘暴等问题，这一期间光线很弱而可能导致无法进行太阳能发电，因此会严重影响植物光照等用电需求。这一问题该如何解决？如果采用化学燃料电池，其效果应该会不错，但需要大量化学试剂，这必然会显著增加后勤保障负担。此外，生物燃料电池目前正处于发展中，远未达到实用状态。

10）系统高效运行问题

在低重力条件下，如何实现植物等生物部件的高效生产与废物的高效循环利用？不同植物由于其对环境、光照和营养等条件具有不同需求，如何予以满足？如何处理难降解废物并循环利用？废物处理中会产生什么样的副产品？对环境的危害或影响是什么？固体废物被处理后所制成材料的物理特性如何？其适合被用作人工土壤或栽培基质吗？尿液中的钠盐如何被脱除并得到循环利用？如何调节系统中物质流种类和数量关系，以使之达到相对动态平衡状态？

11）乘员工作负荷问题

乘员驻留地外星球基地的主要目的是开展科学考察、天文观测和资源开发等工作，而不应该主要从事与受控生态生保系统相关的农业生产。然而，地面模拟试验证明，在系统尚未达到完全自给自足的情况下，乘员已经承受了与操作该系统相关的较重工作负荷，而如果实现完全自给自足，则工作负荷势必会更重。因此，如何采用机器人技术进行植物的自动化栽培与收获操作等，从而把乘员从繁重的农业生产活动中解脱出来？

12）消耗品补给问题

在系统运行初期，会携带一定量消耗品，应当包括氧气、氮气、水、植物栽培营养元素或高浓度的营养液母液等日用消耗品。随着系统运行，这些消耗品由于消耗、泄漏或正常损耗等而致使数量会不断减少，到一定程度则无法满足使用需求。然而，这时由于发射窗口等限制而可能几乎无法完成后勤补给，因此就需要逐渐面对上述消耗品的补给问题。可以想到的是，应尝试利用当地资源，但是目前这方面的研究几乎还是空白。因此，究竟应如何实现原位资源利用呢？其可行性又如何呢？

13）防火星尘暴和月尘问题

一年中，火星表面会发生多次局部或全球性尘暴。在此期间，风速很大而会扬起很多沙尘，因此会导致在透明植物舱（假如能够实现太阳光直接照射）和太阳能帆板电池等很多户外设备上覆盖沙尘而影响植物舱的透光率和太阳能帆板电池的太阳能接收率等，甚至会损害设备。例如，火星沙尘会磨损透明温室和太阳能帆板电池阵列的表面，而在月球上每月会发生一次晨昏线事件（lunar terminator），此时会扬起带电并有棱角的月尘粒子，这同样会影响设备的性能甚至会损毁设备。因此，如何防止火星尘暴和月球晨昏线事件爆发对设备性能和安全等的影响也是一个必须要解决的问题。

14）安全可靠性问题

在月球或火星表面上建立受控生态生保系统，会面临着诸多不利因素和挑战，主要包括：① 路途遥远；② 当地环境条件恶劣；③ 不存在现成的可利用资源；④ 可携带的物资数量十分有限；⑤ 后勤补给能力十分有限；⑥ 系统高度集成，可维修性较差。由于存在这些不利因素，因此使得维护系统的安全性和可靠性成为一个必须要面对的重要问题。那么，可以从哪些方面提高其安全性和可靠性呢？

15）系统发展演替问题

在未来的月球或火星基地中，受控生态生保系统的建设应当遵循从简单到复杂、从结构和功能不完善到完善、从规模小到规模大这样一个循序渐进的发展过程。那么，在这一发展过程中，设备和技术的先后发展顺序是什么？这会决定系统建设的好坏甚至成败。

2. 主要问题解决思路

事实上，几十年来，人们在思考以上问题的同时，也进行了大量关键技术攻关，有的已经形成共识或原理样机，例如，美国亚利桑那大学在 NASA 的支持下，研制成月球/火星原理样机，对其舱体刚性和柔性结构、舱体可膨胀折叠结构、柔性植物栽培系统、LED 灯+太阳光光导纤维传输混合式植物光照系统等进行了测试验证试验，证明基本达到设计指标。以上重点问题的详细解决措施和结果介绍等详见后续相关章节内容。

|1.4 小 结|

本章系统阐述了受控生态生保系统（CELSS）的基本概念，在未来载人深空探测或地外星球基地环控生保功能中的作用意义，当前美国、俄罗斯、欧空局、日本、加拿大等国际及我国国内的基本发展情况，发展 CELSS 需要面临的主要发展任务及需要重点思考和解决的关键问题等，这为下面开展受控生态生保系统的概念设计与研制等奠定了理论基础。

第 2 章
总体设计边界条件与要求

太空基地受控生态生保系统的建立是一项系统工程，涉及诸多方面的约束和限制条件，主要包括工程技术条件、系统对月球或火星等星球表面环境的适应性、生物部件的生长特性、系统运行的高效性和便利性、航天员对饮食和环境的生理与心理需求、后勤物资补给的可行性和能源供应方式等。

| 2.1 主要影响因子分析 |

2.1.1 月球表面环境条件

月球是地球的卫星，也是距离人类最近的一颗地外星球，其表面环境的基本特征如下：

1）重力

月球重力也叫月球引力（gravitation 或 gravity），约为地球的 1/6，即重力加速度为 $1/6g$。

2）大气环境条件

月球表面为高真空环境，大气测量不到。在其南极永光锋（Peak of Eternal Light）萨克里顿陨石坑（Shackleton Crater）位置，温度平均约为 $-130\ ℃$。

3）光照

日照光强约为 $1\ 366\ W\cdot m^{-2}$。在其南极的萨克里顿陨石坑边上，连续太阳光照时间能够达到约 94%。

4）辐射

与日冕质量喷射（coronal mass ejections）或太阳火焰（solar flares）相关的持续背景银河宇宙射线（galactic cosmic radiation，GCR）和突发太阳能粒子事件（solar particle event，SPE）事件都是致死的，因此会严重影响乘员的健康甚至生命。

5）土壤

所谓的月球土壤（lunar regolith，简称月壤），是由被打磨过的细微带电沙粒组成的，由陨石和微陨石经过连续几千年的撞击形成，并且其厚度可达几米。微陨石撞击会影响整个月球表面，每平方米月面每两年平均会遭遇一次微陨石撞击，这对其整体结构会产生深刻影响。月壤中含有植物生长所需的部分元素，如钙（Ca）、铁（Fe）、镁（Mg）、硫（S），但也存在一些植物生长不需要甚至对其有害的金属元素，如铝（Al）、硅（Si）、钛（Ti）、钠（Na）等。

6）地表资源

水可能存在于月球南北极陨石坑的永久阴影区域，但以永久冻土的形式存在，这给提取造成困难。另外，岩石中含有较多氧（O）。

7）晨昏线事件

在月球表面，每月发生一次月球晨昏线事件，是从月球夜间向白天转换时，由于极大温差导致带电月壤尘土颗粒被向上扬起并落在周围物体表面，可能会包括光伏太阳能电池帆板和平板热交换器等。

基于以上分析得出的基本结论是：在月球上，对人类来说，月球南极地区是相对适宜定居的地方，因为这里温度极差较小、辐射危害较小、常年绝大部分时间都有光照，并且还可能具有水资源。

2.1.2　火星表面环境条件

1. 火星表面总体情况

虽然通往火星的路途遥远，但火星上的条件较月球在某种程度上要温和一些。火星直径约为地球的一半，重力约为地球的 1/3，即 $1/3g$。在火星表面上有一层稀薄大气（为地球大气的 0.6%～0.7%），这样则可以依靠降落伞进行登陆。昼夜温差很大，并一直很冷（在夏季，赤道位置的土壤表面夜间温度约为 −75 ℃，中午约为 20 ℃）。火星大气中二氧化碳浓度是地球的约 20 倍。光照水平随季节变化而变化，在火星围绕太阳的高椭圆形轨道上，光照是月球上的 37%～52%。火星日的时间略高于 24 h 的地球日时间，这对增加植物光照时间肯定具有优势。尽管火星地下确实存在水，但却难以获取。在硅酸盐岩石中含有氧，这与在月球上的相同。另外，火星土壤（Martian regolith，简称火壤）中含有一定量的赤铁矿等矿物质，其或许能被用作植物栽培基质。然而，其中的盐浓度很高且酸碱度可能不适于植物生长，因此，需要逐步对其实施改良后才有可能适于应用。地球和火星上的环境参数比较见表 2–1。

表 2-1　火星和地球环境参数比较

条　件		火星	地球
表面重力/（m·s⁻²）		3.71	9.80
感应到的重力条件		低重力	重力
一年时间/天		687 个地球日	365.25
每日长度/h		24.66	24
晴天光照期间的光合成光子通量密度/（μmol·m⁻²·s⁻¹）		450	2 000
晴天太阳光照强度/（W·m⁻²）		589.2	1 000
紫外强度/（W·m⁻²）		～0.01	～1×10⁻⁵
银河宇宙射线/（mSv·年⁻¹）		1 130	1～2
太阳粒子事件/（mSv·年⁻¹）		40～90	不确定
微陨石撞击次数/［次数·（10⁶ km²）⁻¹］		44～176	2～3
全球尘暴发生次数（60～80 火星日）/（次数·年⁻¹）		～1/3	—
局部尘暴发生次数（长达两周）/（次数·年⁻¹）		＞764	—
尘土沉积量/（g·m⁻²·年⁻¹）		0.4	—
风速/（m·s⁻¹）	夏天	2～7	0～55
	秋天	5～10	0～55
	尘暴期间	17～30	17～55
由于上述风速导致的压力变化/Pa	夏天	0.04～0.49	0～1 860
	秋天	0.25～1.0	0～1 860
	尘暴期间	2.89～9.0	178～1 860
大气温度范围/℃		−100.0～15.0	−40～10
日平均温度/℃		−60	−20
大气组成（体积分数）/%	二氧化碳（CO₂）	95.3	0.1～0.01
	氧气（O₂）	0.13	21
	氮气（N₂）	2.7	78

续表

条　件		火星	地球
大气组成（体积分数）/%	氩（Ar）	1.6	1
	一氧化碳（CO）	0.07	≈12 ppm
	水蒸气（H_2O vapor）	0.03	≈3.15
	氖（Ne）	2.5 ppm[①]	12.0~18.0 ppm
	氪（Kr）	0.3 ppm	1.0 ppm
	氙（Xe）	0.8 ppm	—
	臭氧（O_3）	0.04~0.2 ppm	0~12 ppm
	氢气（H_2）	—	50~100 ppm
	氦（He）	—	≈4.0~5.0 ppm
大气压力/kPa		0.6（在变化）	101.3（在变化）

对表 2-1 进行分析，可以形成以下结论：① 火星和地球之间的大气组成存在显著差别；② 火星大气中二氧化碳占有相当数量；③ 火星大气中氧气和水分含量非常低。

2. 火星表面光照强度

与地球相比，火星到太阳的距离增加及偶尔发生的尘暴减少了在火星表面可获得的太阳光，因此，必须高度重视光收集途径的选择。例如，尘暴不仅减少总的光照，而且增加直射光的散射率。另外，Ono 和 Cuello（2000）利用从美国 20 世纪 70 年代"海盗 1 号"火星探测器登陆地点获取的数据，来估算火星表面的光合成光子通量密度（photosynthetic photon flow density，PPFD），确定了火星与地球之间被测光照强度单位 $W \cdot m^{-2}$ 与 PPFD 之间的转换关系：在火星上为 4.568 $\mu mol \cdot m^{-2} \cdot s^{-1} \cdot (W \cdot m^{-2})^{-1}$，而在地球上为 4.609 $\mu mol \cdot m^{-2} \cdot s^{-1} \cdot (W \cdot m^{-2})^{-1}$，这在火星和地球上基本相同。在整个火星年，每天的 PPFD 平均估算值为 19.4 $mol \cdot m^{-2} \cdot$ 天$^{-1}$。图 2-1 表示其日平均 PPFD 估算值。可以看出，所观察到的最大 PPFD 是在其北边的春夏季，平均约为 25.0 $mol \cdot m^{-2} \cdot$ 天$^{-1}$。在北面的秋冬季时期，火星经过近日点，这时应该较所观察的位置能够接收到更强的光照。然而，当时在测量期间发生过两次严重的全球性尘暴，因此这一期间由于

---

① 1 ppm=10^{-6}。

尘暴而导致光照水平较晴天时出现明显下降。

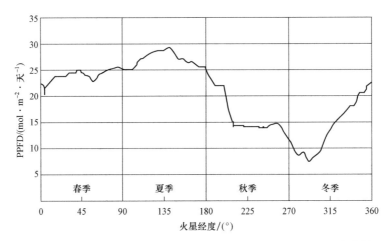

图 2-1 在火星"海盗 1 号"着陆器（"Viking 1" Lander）登陆地点的一个水平面上，根据局部测量数据所推测的日平均 PPFD（引自：Clawson，Hoehn 和 Wheeler，2005）

3. 火星表面辐射

1）电离辐射

尽管在火星周围缺乏明显的地磁场，但由于在火星表面存在一定量的大气而对电离辐射会提供一定防护。太阳风电子在火星周围被偏转，而不与小的地磁场和上层大气发生相互作用。SPE 中发射的质子能够穿透这一保护层，但在低纬度地区，CO_2 吸收剂量能够平均达到约 $15\ g \cdot cm^{-2}$，因此火星大气能够提供明显保护。然而，来自 GCR 的全部剂量并未减弱，但与 SPE 相比要小很多（见图 2-2）。

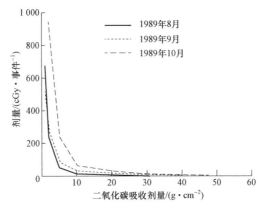

图 2-2 1989 年的三次 SPE 中，皮肤剂量作为二氧化碳吸收剂量的函数关系（引自：Simonsen 和 Nealy，1993）

与低地球轨道（low earth orbit，LEO）、地球同步轨道（geosynchronous earth orbit，GEO）及星际环境相比，在火星表面，整个电离辐射剂量要明显减弱（为 kGy 级别，而在月球表面环境则达到 MGy 级别）。Striepe 等（1994）评估了长期火星飞行中的辐射暴露影响。假定 GCR 和 SPE 的发生按照 1989 年 10 月事件的顺序出现，那么他们估算在约 500 天的整个飞行期间的剂量为 1.33 Sv。对于约 600 天的乘员表面驻留，由于火星大气提供了保护，因此 GCR 的剂量低于 0.25 Sv，而 SPE 的剂量低于 5 cSv。研究认为，虽然这些环境对人体可能会造成伤害，但其对植物不会构成什么威胁，尤其是对生命周期较短的植物。另外，温室壳体也应该能够提供一定保护，尤其是当壳体为聚合物时更是如此。

2）紫外辐射

除上述 GCR 和 SPE 外，火星大气也对太阳光的紫外线部分提供了很大防护。图 2-3 表示在火星表面、火星轨道和地球轨道上紫外线光谱的情况。

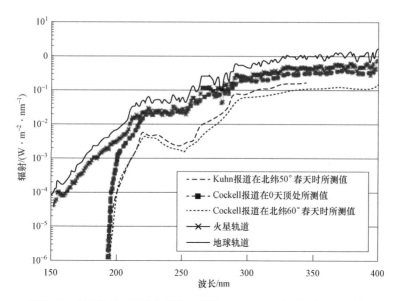

图 2-3 在不同地方的紫外光谱（引自：Simonsen 和 Nealy，1993）

测量结果表明，火星大气层上端的紫外线光谱强度为 1.52 AU（Astronomical Unit，天文单位，1 AU=149 597 870.7 km），约是地球大气层上端的 43%。火星大气中的二氧化碳吸收波长在 190 nm 以下的光谱，这实际上就意味着不必对真空紫外线有所担心。然而，火星大气的确会允许波长为 200 nm 以上的大量紫外线穿过，这取决于其密度和灰尘负荷。

虽然火星距离太阳较地球要远，但其大气相当稀薄，这就使得紫外线辐射能够导致火星表面成为不毛之地。火星大气中的臭氧含量最多是地球大气中的2%，但是火星遭遇了波长范围为 300～360 nm 的更高紫外线辐射。然而，其大气中的二氧化碳帮助吸收和驱散了部分紫外线，即其吸收了大量波长小于204 nm 的紫外线，并对波长小于 190 nm 的紫外线提供了有效屏蔽。其他气体对关键波长吸收的作用可被忽略。影响表面紫外线辐射量的另外一个因素是尘土，即其也吸收和驱散紫外线，后者绝大部分是在 200～230 nm 范围之内。然而，这一作用较大气中 CO_2 的要小得多。尽管大气中总有一些尘土，但是尘暴和气象条件总会导致其发生不可预测的变化。

3）植物和人抵御辐射问题

研究结果表明，330 nm 及以下波长的紫外线可能会导致植物和人体受到伤害。一般情况下，植物较人体对紫外线有较高的耐受度。例如，虽然 450 REM（伦琴当量）的剂量就能够导致人死亡，但对于小麦的致死剂量，需要高出其 9倍，即要求达到 4 022 REM，而马铃薯、水稻和菜豆的辐射耐受度更高，如在宇宙辐射下甚至暴露 6 年后的水稻种子仍然能够成功发芽和生长。由于未发现辐射对植物构成危险，并且人食用后也未发现存在危险，因此美国食品和药品管理局（FDA）批准销售辐射食物。这样在未来的火星基地内，紫外线剂量限制是指对乘员的限制，即指乘员进入植物舱进行操作或居住舱紧急维修时所遭遇暴露的剂量。不被大气气体或尘土所吸收的最大紫外线数量是在 300 nm 以上范围内，而在 200～300 nm 范围内传进来的较少。在植物舱中，由于照射进来的紫外线 C（UVC，200～280nm）和紫外线 B（UVB，280～300 nm）很少，因此植物应该能够良好生长。

在火星探测任务期间，所预测的高辐射环境对植物生存还是可能会构成威胁。在火星登陆任务的飞行和着陆两个不同阶段，由于环境不同和植物在每个阶段会具有不同生长周期，因此这可能会对植物构成一定威胁。在飞行期间，所储藏的种子必须能够抵御星际辐射环境；在着陆期间，被种植在可膨胀温室中的蔬菜等植物则必须能够抵御表面辐射环境。

一般来说，种子较植株对辐射的敏感性要小。例如，对番茄种子在长期暴露装置中进行过搭载暴露试验，结果表明，番茄种子经历空间飞行后仍能够存活，并且对其发芽、出苗和果实产量等未造成不良影响。Casarett（1968）曾经报道，种子含水量会影响其对辐射的敏感性，即种子在空气干燥条件下所受到的影响最小。显然，采取最简单的预防措施就可以实现种子在向火星星际飞行中的安全运输。

强烈辐射暴露对蔬菜和大田作物营养生长期的作用情况见表 2-2，其中显示关于产生轻微有害作用的剂量及导致有机体全部死亡的致死剂量（LD100）。

另外，假定质量因子为 1（X–射线和伽马射线）时，将 Casarett（1968）所采用的伦琴（roentgens）辐射单位先后转化为拉德（rads）（水和软组织的比例为1:1）、格雷（1 Gy=100 rad）和人体剂量当量值（Sv），这样则对辐射单位进行了统一，从而便于与已有估值进行比较。

表 2 – 2　精确辐射对蔬菜和大田作物营养生长的影响
（引自：Clawson，Hoehn 和 Wheeler，2005）

植物种类	所需要产生的对人有效的剂量当量预测水平	
	轻微作用 /Sv	致死剂量（LD$_{100}$） /Sv
洋葱	3.77	14.91
小麦	10.17	40.22
玉米	10.61	41.97
马铃薯	31.87	126.08
水稻	49.74	196.77
菜豆	91.37	361.49

2.1.3　航天发射能力问题

由于太空基地受控生态生保系统的体积和质量均比较大，这势必会给航天发射带来较大挑战。在未来的发射任务中，其体积和质量必须满足那时航天发射器的载重能力和整流罩对载荷体积、形状及重心等的标准要求。例如，美国的富兰克林·W.奥林工程学院火星港团队（Franklin W. Olin College of Engineering MarsPort Team，2002）在设计火星可展开温室（Mars Deployable Greenhouse，MDG）时，所参考的设计指南允许进行 30 t 级有效载荷航天器的设计，这一数据被用作选择发射航天器的准则。虽然温室可能很轻（所期待的结果），但也必然要求能够发射最大重量的航天器。

除了 20 世纪苏联的超重型 Energia 火箭，目前还没有这样的重型火箭。当时，能源火箭公司声称能够发射 100 t 的载荷到 LEO。然而，这一项目在 1993 年就被中止。接下来的是 Titan Ⅳ 运载火箭和航天飞机，能够发射 24 t 的载荷到 LEO。据估算，到达火星轨道的载重量最小需要达到约 15 t。基于这一数据，目前的航天发射器都还不能满足这一要求，所以只能寄希望于正被研制的发射器。另外，即使进行在轨建设和组装，也仍然需要巨大规模的航天发射器。

然而，以上选择由于费用、复杂程度及轨道建设工作可能要求航天员承担不必要的风险等原因而迫弃。后来到了 20 世纪初，曾寄希望于 Magnum

发射器。虽然该发射器尚未被研制和试验，但是假定其在飞行任务期间就能得到应用，并且所有其他的参考飞行依赖于该航天器的存在，那么就能够将 30 t 的载荷发射到火星。另外，假如最终利用的重型发射器并非是 Magnum，那么 CELSS 也能够被其他类似的发射器发射。

航天发射的另一种方法是，在参考飞行中，利用 Magnum 发射器将所有"其他重要载荷"发射到 LEO，在这里将与被另一个 Magnum 发射器所发射的核热火箭（nuclear thermal rocket，NTR）驿站对接。这里，假定"其他重要载荷"也是要被运往火星。有人提出，在地火转移轨道（Trans-Mars Injection，TMI）阶段拟由核热火箭发动机驱动，但目前尚不存在这样的推进方法。同样，假如要求包含进行植物栽培所需的各种 CELSS 子系统，则也必然会超出上面假设的发射能力。

2.1.4　安装部署能力问题

一般情况下，由于太空基地受控生态生保系统的体积和质量都比较大，为了运输方便，可能还需要进行拆装或折叠等，因此，在该系统到达火星表面之后，需要借助大型机械设备进行运输与安装调试等。另外，研究表明，月球或火星着陆地点的地面往往崎岖不平，因此必须解决对着陆地点进行平整的问题。

2.1.5　辐射及严寒抵御问题

如上所述，在月球上，辐射非常强，对人和其他生物都有害甚至致死。虽然火星上的大气对辐射有一定的屏蔽作用，但对人和其他生物仍然具有一定的危害。另外，月球和火星上温差极大，相对处于极热/极寒（如月球）或极寒（如火星）状态，因此不适合人的直接定居与生活而必须采取相应的抵御措施。

2.1.6　能源供应能力问题

目前推测，维持每名航天员生存所需要的能源为 50～60 kW，因此，实施太空基地能源供应会面临很大挑战。其中，能源消耗主要来自植物光照和温控系统进行的通风与冷凝热交换，以实现系统散热。

2.1.7　物质生产条件保障问题

作物是 CELSS 中的主要生产者，其不同种类对大气生长环境、光照和栽培等条件的要求不同。例如，短日照水稻等需要高温，而长日照小麦等则需要低温。另外，不同作物对光照强度、光质和光周期等具有不同要求（表 2－3）。此外，不同作物对营养种类，供应量及供应时间等也有不同要求。

表 2 – 3　美国 NASA 肯尼迪航天中心高级生保系统候选植物
栽培试验的环境设定值（引自：Wheeler 等，2003）

植物种类	营养液温度/℃	大气温度（光亮/光暗）/℃	PPFD/（μmol·m⁻²·s⁻¹）	光周期（光亮/光暗）/h
主要作物				
小麦	≈18	20/16	750~800	20/04 或 24/0
大豆	≈24	26/22	500~800	12/12
马铃薯	≈18	20/16	500~800	12/12
甘薯	≈24	26/22	500~800	12/12
花生	≈24	26/22	500~750	12/12
水稻	≈24	28/24	750~800	12/12
菜豆	≈26	28/24	350~400	18/06
补充作物				
莴苣	≈23	23	300	16/08
菠菜	≈23	23	300	16/08
番茄	≈24	24	500~750	12/12
瑞士甜菜	≈23	23	300	16/08
萝卜	≈23	23	300	16/08
红甜菜	≈23	23	300	16/08
草莓	≈18	20/16	400~600	12/12

　　在作物筛选中尽管会选育高抗病性品种，但在狭小、封闭、密植和高湿的生态系统中，各种真菌等致病微生物更容易传播。此外，有些作物在进行授粉时，需要借助风、虫等外力传播。例如，草莓、马铃薯和甘薯能够进行无性繁殖，而莴苣、大豆和花生等具有较强的自花授粉能力而无须外力帮助。然而，小麦、番茄和水稻等需要传媒介质来帮助授粉。这些植物需要轻微振动或风速为 6~7 m·s⁻¹ 的气流运动，以确保植物能够充分完成授粉（表 2 – 4）。另外，在任何可能的情况下，都需要进行异花授粉，以确保每株作物不出现完全相同的遗传背景，否则，由于遗传背景单一而只要发生一种简单疾病，就有可能会导致栽培作物完全毁灭。

表 2 – 4 作物的基本生物学特性及其繁殖方式（引自：Katayama，2005）

植物种类	栽培周期 /月	产量/ [kg · (1 000 m²)⁻¹]	能量值/ [kcal · (100 g)⁻¹]	繁殖方式
水稻	4	526	356	风媒传粉
小麦	7	280	337	风媒传粉
藜麦	3	367	403	风媒传粉
大豆	3.5	106	417	虫媒传粉
荞麦	2.5	178	364	虫媒传粉
马铃薯（FW*）	3	3 000	76	无性繁殖
甘薯（FW）	5	3 180	150	无性繁殖
木薯（FW）	11	7 000	160	无性繁殖
*FW：表示鲜重（fresh weight）。				

在受控生态生保系统中，还可能需要包括低等植物、藻类、食用菌和动物等其他生物部件，重点在于提高系统的膳食和大气供应平衡、提高系统食物供给的多样性和冗余性，从而提高系统的运行可靠性。

2.1.8 乘员工作负荷问题

在未来的太空基地，航天员的主要任务是进行天文观测、其他科学考察与研究、资源开发和生产加工等，而不能把大量的人力和时间用在受控生态生保系统的农业生产上。

然而，目前的一系列地面试验研究表明，参试人员用于植物种植、食品加工和物质循环等的时间偏多，工作负荷较重，这还是未达到完全自给自足的程度，否则，乘员的劳动负荷会更重且投入时间会更多。例如，Finetto 等（2008）设计了一种全营养食谱（Quasi-Full），拟种植 21 种植物，种植面积达到 1 500 m²，计划为 18 名乘员全部供给素食，并对食谱进行定期轮换。经分析后认为，维持该温室植物种植计划所需的工作量巨大，即总共 18 人中需要 17.5 个人完全投入温室工作。因此，最终由于这会带来太重工作负荷而不得不放弃该种方案。

2.1.9 乘员营养和心理需求问题

乘员对食物营养有一定要求。在饮食中，不仅要包括一定比例的碳水化合物，还需要包括蛋白质、脂肪、矿质营养元素和各种维生素等，并且需要保持膳食结构的动态平衡。另外，乘员对食物的多样性和可口性也有一定要求，这对其保持身体和心理健康及提高工作效率具有重要意义。

2.1.10　食品加工问题

在月球和火星基地，必须对 CELSS 中所生产的食物原料进行原地加工。要求针对粮食、蔬菜、油料、动物和螺旋藻等生物材料分别具备相应的加工措施。

2.1.11　消耗性物资补给问题

由于路途遥远，后勤补给尤其是火星消耗品的后勤补给十分困难，只能携带少量珍贵物品。因此，必须设法就地取材，即利用当地资源进行大气、水、矿质营养和土壤等生保物质原料的生产。这就叫原位资源利用或当地资源利用。

2.1.12　系统发展演替问题

月球或火星基地受控生态生保系统由于其系统结构庞大而复杂，并要求具有可拓展性，这样，其建设绝非一蹴而就而必然是一个循序渐进的过程。因此，必须制定其长远发展路线图，规划逐步发展和完善的具体方法与步骤。

| 2.2　整体结构设计基本原则要求 |

基于以上多种影响因素分析，当前基本认为未来太空基地受控生态生保系统的建设整体结构设计应当满足表 2-5 所示的约束条件基本要求。

表 2-5　建设受控生态生保系统的工程技术约束条件

序号	项目类别	工程技术约束条件
1	选址	● 在月球上应该建在其南极或北极位置； ● 在火星上应该建在其赤道位置（这些地方具有较好的温度、阳光和水资源）
2	运输	● 其发射质量满足未来航天发射器的载重负荷、体积及大小要求； ● 系统最好能够可折叠和压缩，包装后能够适应航天发射器整流罩对体积和重心的要求
3	部署	● 具备大型吊装设备进行设备的拆装、运输和安装能力； ● 具备一定的月球或火星地面平整能力，以确保系统能够建立在相对平坦的位置

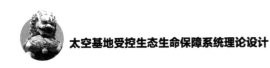
续表

序号	项目类别	工程技术约束条件
4	系统构成	• 具备多类型植物栽培、水生或陆生动物饲养和微藻培养等物质生产、食品加工、废物处理、原位资源利用、环境控制、监视通信、远程专家支持及乘员生活等结构单元; • 系统设计应满足良好的工效学设计要求; • 满足良好的模块化和可拓展性设计要求
5	舱体结构	• 具有良好的强度和柔性; • 具备良好的气密性、防辐射、隔热、防微陨石撞击、防火星尘土覆盖、清除尘土和紧急避难等机构和措施; • 尽量具备较好的透光性,以便阳光能直射进入; • 舱段间和舱段内应当为模块化密封隔离设计,以确保部分舱体破损时基本不影响整体结构及其功能; • 具备供人及车辆出舱活动的气闸舱设施
6	压力制度	• 对舱体结构机械设备、仪器、航天员、植物等生物部件都会有影响,因此,需要升高该系统中的大气压力来保障可展开温室的机械稳定性; • 应当将系统尤其是植物栽培单元较地面大气压力设计为低压制度,以降低建造、发射、安装、运行和维护等成本
7	物质生产	• 满足进行蔬菜、粮食、水果和油料等作物或果木的栽培条件; • 能够进行立体叠层培养,以节约占用面积和空间; • 具备从系统初期建立的栽培措施到系统运行成熟后应用当地土壤资源的转变措施; • 尽量采用自动化植物栽培和收获等措施,以减轻乘员的工作负荷和时间,并提高其工作效率; • 由于光照系统能耗较大,因此应当尽量采用当地自然光,或自然光与人工光相结合的方式来解决能耗较大的问题; • 具备培养除植物外的一定量小型水生或陆生动物、食用菌、红萍或微藻等其他生物功能部件的能力
8	食品加工	• 具备加工蔬菜、粮食(如小麦脱粒、分离、烘干、磨面)、油料(如榨油)等作物果实的相应加工和烹饪设施
9	废物处理	• 分别具备固体废物、废水和废气处理设施,后处理物能够相应被用作植物栽培基质、植物营养液或部分营养液、乘员饮用水或卫生水及系统加湿水;后处理物大气二氧化碳和水等可被用作植物光合作用原料; • 具有人体排泄尿液中钠盐的良好脱除措施
10	环境控制	• 需要对大气温湿度、压力、氧气和二氧化碳浓度、微量有害气体和微生物等环境条件进行精确控制,以对抗受控生态生保系统狭小而缓冲能力很小的缺陷; • 为了保证植物能够健康而高效生长,需要给植物提供较为合适的生长条件;由于植物对温度、二氧化碳浓度、乙烯及光周期和光强等具有不同要求,因此需要具有若干相对隔离的栽培区间,以便为同类植物创造较为合适的栽培空间,并便于阻止病虫害传播; • 能够保持栽培室内具有良好的通风条件,以确保系统内的风媒植物能够顺利进行繁殖与遗传

续表

序号	项目类别	工程技术约束条件
11	远程专家决策	● 由于月球和火星距离地球遥远，在系统运行中极有可能会遇到许多问题，因此，需要建立良好的专家支持系统，包括具有功能强大的传感器数据、记录数据及图像和语音等传输系统，以便能够实现天地之间的良好互动
12	乘员营养和心理需求	● 应尽量满足乘员对动植物等营养、色/香/味、可口性和多样性等的基本要求； ● 尽量满足乘员对人机工效学和环境舒适性的基本要求
13	乘员工作负荷	● 应采取措施提高植物栽培效率。要具有高度的自动化植物操作能力，包括良好的播种、收割、加工、运输、储藏等技术与设施，从而降低乘员工作负荷和占用时间，使其从繁重的农业生产中解脱出来，以将更多的时间投入到科学研究、资源勘探与技术开发等工作中
14	原位资源利用	● 应尽量利用当地大气（月球上不存在）、水、矿质营养、太阳光等有用资源，以大幅度减小对后勤补给的压力； ● 然而，水分难以得到开采，表土矿物有可能无法直接被用作人工土壤基质，因此，需要具备进行较大幅度改良的处理措施
15	能源供应	● 应尽量利用当地太阳能进行植物光照或太阳能发电； ● 同时，应尽量采用其他途径发电，以提高系统能源供应的稳定性和可靠性
16	运输和运行成本	● 在满足基本技术要求的前提下，应尽量实现技术优化，以便降低运输和运行维护等成本
17	安全和可靠性设计	● 由于系统所处环境条件恶劣，可采取的维修保障手段和可利用资源都极其有限，因此系统必须具有很高的安全与可靠性； ● 具备防辐射、防微陨石撞击导致舱体泄漏、防高温差、防火灾及防病虫害蔓延等措施； ● 在植物栽培面积、传感器测控系统及配件等方面要具有冗余设计； ● 具有一定量的水和氧气等生保物质及能源储备量； ● 应对舱内进行多舱隔离设计，以避免突然泄压和病虫害传染等灾难性问题出现； ● 应具有乘员应急逃逸和避难场所
18	科学试验研究与生产活动	● 可从事的研究内容包括月球地质学、天文观测、利用月球表土或火星表土来制取氧气； ● 开采月壤，以便提炼氦-3（^3He，为核聚变反应器提供燃料）； ● 满足开展生物制药和新材料合成等生产实践活动

|2.3 系统整体结构构成规划|

基于以上关于建设月球/火星基地受控生态生保系统的基本工程技术约束条件，认为该系统应包括 14 个主要功能模块（图 2-4）。

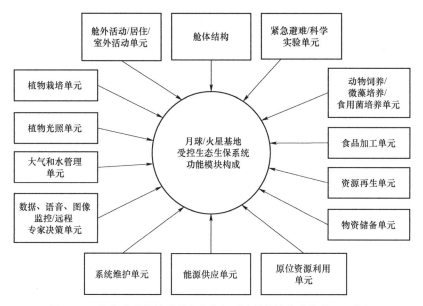

图 2-4　月球/火星基地受控生态生保系统整体结构功能单元示意图

另外，基于以上月球/火星基地受控生态生保系统整体结构功能单元分析，初步制定出该系统气、液、固三相生保物质流的整体运行流程图（图 2-5）。

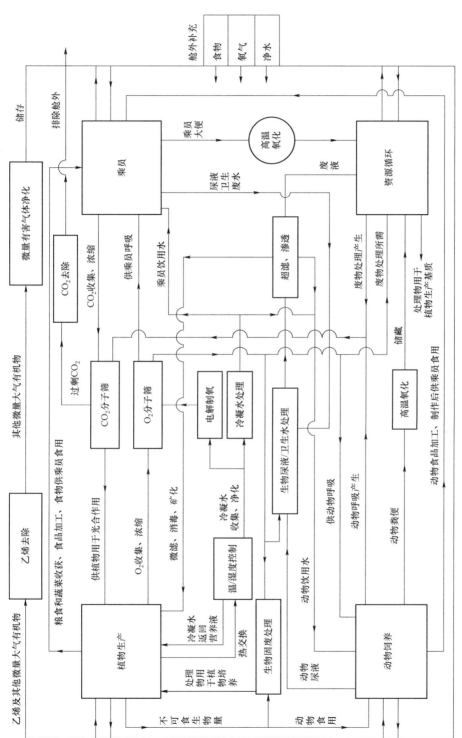

图 2-5　月球/火星基地受控生态生保系统基本运行原理示意图

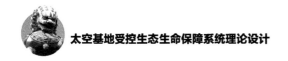
|2.4 小 结|

在月球或火星表面上建立受控生态生保系统，会受到各种恶劣环境条件或严苛边界条件的极大影响或限制，因此会导致在进行该系统设计时需要考虑许多不利因素。相对于地球而言，在月球或火星表面上遭遇的恶劣环境条件主要包括低重力、高真空、高低温、强辐射、晨昏线（针对月球）或尘暴（针对火星）或流星体撞击；另外，还可能会遭遇缺水（据称月球南北极有水，火星上有水）、缺气（火星上具有浓度较高的二氧化碳）、缺矿质养分（据分析，月球和火星表土都很贫瘠并对植物栽培可能有害）或植物光照强度不足（针对火星）等问题。

其次，可能遇到的边界条件限制因素主要包括航天发射能力、星球表面落点处的拆卸/运输/安装/启动能力、能源供应能力、物质生产条件保障能力及消耗性物资补给能力；还必须考虑乘员的工作负荷、营养及心理需求，以及食品加工问题，同时，也需要考虑系统的植物栽培迭代演替模式等。此外，针对受控生态生保系统的整体结构设计问题，归纳出舱内压力制度等18条基本原则要求或称之为工程技术约束条件，并在此基础上进行了涵盖14个主要功能单元模块的系统整体结构构成规划。以上研究工作为下面详细开展受控生态生保系统各子系统的理论设计奠定了良好基础。

第 3 章

舱体结构单元

在月球或火星基地受控生态生保系统的设计过程中，虽然各国设计的系统整体结构形状不同，但都围绕以下几项基本原则：① 能够适应当地恶劣的环境条件；② 结构完善，构型设计应尽量方便乘员的工作和生活，以及基本的人机工效学要求；③ 方便乘员进行舱外或户外考察、开采、建设、运输和舱外设备保养维修等相关活动；④ 舱壁尤其是植物舱壁应尽可能采用透明设计，以便直接利用太阳光进行植物光照；⑤ 结构坚固耐用，抗老化能力强；⑥ 系统内及系统与外部环境之间具有良好的安全防护措施；⑦ 系统具有功能模块化、接口匹配性好和可拓展性强等特点。

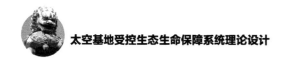

|3.1 整体结构组成与构型设计|

目前来看，太空基地受控生态生保系统的构型设计以"中心（刚性结构）+辐条（柔性结构）"居多，另外，也具有圆顶形、球形、井字形或八角形的棱柱体等其他结构构型。在舱体强度设计方面，一般采用刚性、柔性或者刚性与柔性相结合的方式。在透光性设计方面，有非透光性、半透光性和透光性等类型。以下就受控生态生保系统的整体结构形状、透光性、机械强度、密闭性、保温绝热、防辐射和抗火星尘暴等方面的性能要求进行介绍与分析。

3.1.1 整体结构设计分析

在第 1 章，介绍了月球表面环境相当恶劣，会持续遭受微陨石撞击、太阳粒子辐射和昼夜数百摄氏度热力变化的威胁，因此，在受控生态生保系统的舱体结构设计过程中，必须要求能够承受月球或火星表面环境的机械负荷和热负荷，并且能够保护舱内环境免受宇宙辐射的威胁。但是，这样的设计需求对舱体的质量和体积提出严重挑战，极有可能远远超出当前的发射能力。

美国亚利桑那大学设计团队提出了一种方案，即开发利用在当地可获取的材料资源。例如，月壤是一种多孔基质，其物理特性与地球上的细粒沙子的相似，热导率仅为 0.14～0.2 W·m⁻¹·K⁻¹，因此具备良好的隔热性能；月壤的表面深度为 2～30 m，对微陨石和辐射可以起到良好的防护作用；虽然月球表面的平均温度变化范围可以达到 −153～107 ℃，但月表面以下 30 cm 处的温度变化范围仅为 −20～−35 ℃。因此，该团队结合月壤特性，设想将受控生态生保系统埋置在月壤表面以下 1 m 深处，这样不仅能够抵御微陨石和宇宙辐射，还可以缓解因剧烈温度变化对系统造成的胁迫。此外，覆盖在上部的月壤自重为系统施加了一种外部负荷，这样可以抵消因内部加压所引起的内部负荷，从而降低作用于系统结构上的净负荷和机械要求。该结构设计中，只有中心舱的上层和两个气闸舱位于月面之上，这些结构将利用顶部的储水箱和其他屏蔽材料来抵御辐射。在短时间内，航天员可以进入中心舱上层的穹顶间（Cupola room）进行 360° 全视野的观察。

虽然月球的重力只有地球的 1/6，但可膨胀结构顶部的月壤质量仍然相当大。几毫米厚月壤的单位体积质量就可达 0.8～1.0 Mg·m⁻³，而当月壤厚度达到 10～20 cm 时，其单位体积质量就会达到 1.5～1.8 Mg·m⁻³。一般而言，62 kPa 的舱内压力可以抵消月壤自重。然而，一旦系统发生主动或意外泄压，系统结构就必然遭遇月壤压迫而产生结构形变甚至损坏。因此，应采用弹性范围更高的环形结构来提高系统的抗负荷能力。一旦结构被埋，航天员就无法到达被埋结构的外侧，并始终存在可膨胀结构的外膜被锋利岩石刺破的可能。再者，由于系统内包含大量需要被结实固定的硬件设施，因此还需要设计能在紧急情况下转移所有这些设施的方法，以防发生因系统被埋等意外情况而导致设施无法被及时转移的问题。另外，还需要考虑的是，被用来隔离单个舱的内部隔板必须与自封门相匹配，以应对突发性的舱体泄压事件。

3.1.2　整体结构构型设计

1. "轮毂+辐条型" 结构构型设计

1）基本构型

该结构构型的基本特点是由中心部分+辐射部分组成，中心部分的形状为立式圆柱体，一般为多层结构。从中心部分向外围辐射出多个卧式长条状圆柱体结构，中心部分与辐射部分之间有舱门连接且相对隔离。

中心部分一般包含环控生保设备、植物栽培营养液管理设备和监控设备等，而辐射部分一般包括一个或多个植物栽培、乘员生活/医监医保/体育锻炼/会议/娱乐、动物/微藻/食用菌培养、食品加工、废物再生、数据图像监控等功能单元，并且各单元间最好相互隔离。中心部分和辐射部分之间均有出舱设施。

例如，2008 年美国亚利桑那大学的 Sadler 等提出的"轮毂+辐条型"月球基地受控生态生保系统结构构型，从"轮毂"（也叫中心舱）辐射出 6 个"辐条"舱段（也叫辐射舱），如图 3 – 1 所示。轮毂由铝或碳纤维等常规航空刚性金属或非金属结构材料制成，是基地的中心部分；从轮毂辐射出 6 个可膨胀膜基舱。该结构被展开后，内部的总体积为 422 m³，占地面积为 215 m²。

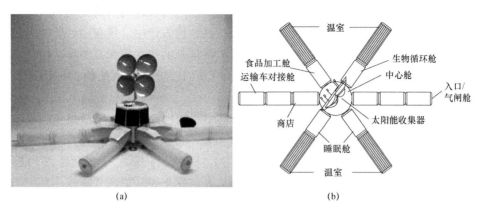

(a)   (b)

图 3 – 1 一种"轮毂+辐条型"的月球/火星基地受控生态生保系统概念图
（引自：Furfaro 等，2014）
（a）展开后侧视图；（b）展开后俯视图（顶部 4 个圆盘形结构为太阳能收集器）

2）主要结构构成

（1）中心舱

中心舱的直径为 6.6～7.5 m，采用上、下双层结构设计，不包括太阳能收集器的总高度为 5 m。在发射过程中，将 6 个可膨胀辐射舱安置在中心舱底部。舱体在月球或火星表面被部署之后，其底层则成为开放的乘员公共活动区。中心舱上层包括设备间、设备气闸舱、储水箱和穹顶观察室。中心舱底层包含乘员锻炼设备、餐桌及娱乐设备等。另外，在中心舱底层装有 6 个平板闸门（bulkhead door），分别对应一个辐射舱，作为厨房、粮食加工和采收舱、盥洗室、两个睡眠舱、储藏间和商店等的通道（图 3 – 2）。

（2）辐射舱

6 个辐射舱的直径均为 2.3 m，其中 4 个的长度为 10 m，另外 2 个的长度为 12 m。6 个辐射舱中有 4 个由 2 个舱段组成，其他 2 个由 3 个舱段组成。在中心舱

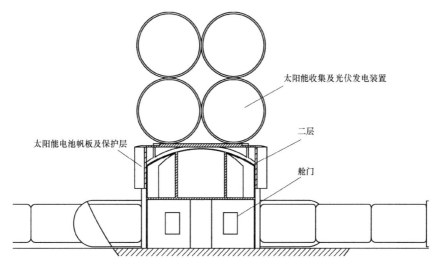

太阳能收集及光伏发电装置

二层

太阳能电池帆板及保护层

舱门

图 3-2 一种"轮毂+辐条型"的月球/火星基地受控生态生保系统中心舱纵剖面结构示意图（参考自：Sadler 等, 2008）

和 4 个辐射舱中，装载了乘员每天需要操作的大部分设备，如厨房、床铺、食品加工舱、生物循环舱、淋浴室、实验室和通信设施等，因此乘员在这里停留的时间较多。在"轮毂+辐条"结构的四周安排有 4 个植物舱、储藏室和商店等，乘员在这里停留的时间较少。另外，未有植物舱的两排舱段各自分别由 3 个不同的较小舱体组成。这些舱在气闸舱和中心舱之间具有 3 层隔板（bulkhead），通过一道分装门（dividing suit door）与气闸舱连接，从而将被月尘污染（或被火星土壤污染）的外部环境与内部环境（洁净面，用于进行出舱活动的准备工作）进行隔离。在该系统中，要求被带入其中的任何物品都必须接受消毒处理。另外，在月球车（lunar rover）对接舱上具有一个柔性通道，可延伸到系统内部，以避免月尘污染。

（3）气闸舱

给该系统拟装配 3 个出入口。第一个出入口为位于中心舱上层的设备间气闸舱，用于从中心舱上层进行设备搬运。其他两个出入口分别位于不具有植物舱的辐射舱两端，其中一个是乘员主出入气闸舱，而另外一个用于与月球车或火星车对接。设备在最初发射时只有一个气闸舱，当乘员到达时，通过设备间气闸舱进入系统。拟计划由乘员登陆时携带其他两个气闸舱，待到达后，分别将它们安装在上述不具有植物舱的辐射舱的相对两端，从而建成 3 个气闸舱。

（4）舱内设施

在厨房中，拟装备微波炉、加热器、冰箱、洗碗机和食物存储箱等设施。厨房、食品加工舱和睡眠舱等通过闸门与植物舱进行连接。生物循环舱被用于进行水/生物量再生及洗衣和盥洗等。睡眠舱为乘员提供睡眠隔断，并可以在乘员轮班期间临时多提供 4 个睡铺。每侧的其余两个舱拟被用作商店（安装自动售货机，以创造社会性）、实验室和储藏室。

在舱体的外侧拟覆盖 1～3 m 厚的月壤或火星土壤，并在其上面覆盖一层金属辐射屏蔽层。也有人提出，可在舱外覆盖一层水袋或冰袋。

2. 花瓣状结构构型设计

1）基本背景分析

欧空局（ESA）开展的 MELISSA 项目，致力于发展以微生物和高等植物为基础的受控生态生保技术。MELISSA 基于水生生态系统，由 5 个部分或舱段组成。此外，MELISSA 的食谱是基于小麦、大豆、马铃薯、水稻、莴苣和甜菜根等作物食材而予以制定。近年来，德国空间系统研究所（Institute of Space System）结合 MELISSA 项目组织实施了空间系统植物舱（Greenhouse Module for Space System）项目，其目的是初步确定能够满足 6 人食物生产的植物舱大小，并获取氧气和水生产的相关数据。植物舱能够被独立于其他月球基地系统进行部署，然后被集成进入已经建成的月球基地基础结构。

ESA 对该项目提出了几项特殊要求，其中一项是植物舱至少能够运行 24 个月球恒星日（约 655 个地球日又 17 小时）。植物舱的主要任务是进行作物生产，以满足 6 人乘组 100%的膳食供应需求。因此，要求该装置每月必须达到以下生产能力：面包小麦 33 kg、面条小麦 31 kg、马铃薯 41.2 kg、大豆 25 kg、莴苣 1 kg、甜菜根 2.2 kg 和水稻 38.8 kg。另外，该装置还需要具备大气再生、水净化以及为乘员提供心理支持的功能。植物舱建成后，将被纳入 MELISSA 循环中，首先作为初期星球定居的备份生态生保系统，当其运行达到稳态时，则成为主份生态生保系统。植物舱从 MELISSA 环路接收物质输入（例如水、大气、二氧化碳、养分），并进行物质输出（如收获的作物、植物不可食部分、氧气、洁净水）。植物舱产生的废物由 MELISSA 环路或通过物理/化学再生生保系统进行处理，因此，该舱不需要废物管理子系统，而只包含一个短期废物储存单元。

2）舱体结构设计

顾名思义，花瓣状结构构型表示其中植物舱的形状被设计为花瓣状，即多个植物舱围绕一个中心舱进行布局并相互连通。中心舱主要被用于安装与植物舱相关的仪器以及大气和水管理及物资储存等设备。

例如，德国空间系统研究所 Zeidler 等（2017）设计了一种四花瓣状的植物舱结构构型（图 3-3）。植物舱由 1 个刚性中心舱、4 个花瓣状可膨胀植物舱、2 个连接到月球基地的通道、4 个可展开式太阳能收集器及紧急照明设备（图 3-3 中未显示）等部分组成。此外，设计中要求在结构周围布置一层烧结月壤，这不仅可以起到防护微陨石撞击和宇宙辐射的作用，而且还有助于植物舱内的热管理。

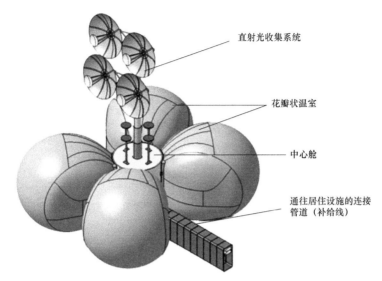

图 3-3　一种花瓣状植物舱系统的基本结构构型（引自：Zeidler 等，2017）

可膨胀花瓣状植物舱通过气闸舱与中心舱连接，采用分段隔离的方式为作物提供优化环境条件。同样，从中心舱到居住舱也采用密闭连接的方式，以防止在植物舱与居住舱之间产生任何不良影响。该植物舱的主要设计尺寸指标见表 3-1。

表 3-1　花瓣状植物舱系统的主要设计尺寸（引自：Zeidler 等，2017）

类型	尺寸大小
总高度（包括直立太阳光聚能器）	26.2 m
刚性中心舱高度	8.0 m
刚性中心舱外径	5.4 m
刚性中心舱内径	5.2 m
花瓣状植物舱高度	≈10.0 m
花瓣状植物舱宽度	≈9.0 m
每个花瓣状植物舱容积	≈620 m³

（1）中心舱结构设计

刚性中心舱（图 3-4）共包括 3 层结构。从刚性中心舱到花瓣状可膨胀植物舱的所有连接件（例如制冷液路、灌溉液路、电缆、光缆和气路）及与居住舱的连接通道等，均能够通过特殊的密封件/阀门（耐真空）或断路器（针对较大的空气管）等方式进行密封。

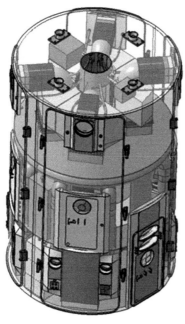

顶层：
· 通用大气管理系统（包括风扇、过滤器、水回收单元、传感器等）
· 气体储箱（氮气、氧气、二氧化碳）
· 通向居住舱的呼吸用空气输出环形管路

中层：
· 预处理及后处理系统
· 去往花瓣状温室的通道
· 工作台
· 指令和数据处理系统

底层：
· 营养液传输系统和储箱
· 温度和动力控制系统
· 通向居住舱的通道，包括消耗品供给

图 3-4   花瓣状植物舱系统内部刚性核心舱 3 层结构示意图（引自：Zeidler 等，2017）

① 顶层：在中心舱顶层安装有 4 套独立的大气管理系统（air management systems，AMS），包括风扇、过滤器、水回收单元和传感器等。每套 AMS 通过管道与一套植物舱连接，使后者中的空气参与大气循环，并与居住舱进行气体交换。还需要单独安装一台简易型 AMS 单元，用于中心舱内大气再生。另外，拟安装一套大气压控系统，包括缓冲气体储存和压缩机单元，使之与 AMS 结合使用。再者，这一层还包含光捕获系统和光导纤维接口，以使光导纤维从这里进入植物舱。

② 中层：在中心舱中层安装有作物的预处理和后处理系统（pre-processing and post-processing system，PPPS）、指挥和数据处理系统（command and data handling system，CDHS）和几个工作台。所有植物舱都是相互独立的，但乘员可以从这一层出入各个植物舱。紧急气闸舱可以使每个植物舱与中心舱相互隔离。在气闸舱门下面安装有专用设备，可以使乘员在快速泄压等紧急情况下将气闸舱门迅速关闭。

③ 底层：底层是植物舱与居住舱之间的主要连接点。出于安全考虑，在这里设置了两个独立的加压通道与居住舱连接。这里具有营养液输送系统（nutrient delivery system）（NDS，含储液罐）、热控系统（thermal control system，TCS）

和能源控制与配置系统（power control and distribution system，PCDS）。另外，底层中还包含气体管道系统，以实现与居住舱之间进行气体交换。在中心舱与植物舱之间还安装有进行资源交换的界面面板。

（2）植物舱结构设计

在上面所介绍的花瓣状可膨胀植物舱结构设计中，植物舱与核心舱内的各种受控环境农业（controlled environment agriculture，CEA）子系统相连。所设计的每个植物舱均具有单独的培养环境，以适应不同类型作物的生长需求。如上所述，在该系统中，拟装配 4 个结构相同的植物舱，其中每个舱均具有一个中心通道，而在每侧均具有垂直叠层的栽培槽。图 3 - 5 所示为一个植物舱的平面和立体结构示意图。中心通道宽度设计为 1.2 m，在每侧安装有到达上层栽培架的升降平台导杆。紧邻入口的通道左右两侧为服务区、空气管道和其他管路系统等。植物舱通道每侧的其余部分被用于进行植物栽培。可展开气闸舱位于每个植物舱入口处，将植物舱与中心舱的环境进行隔离。

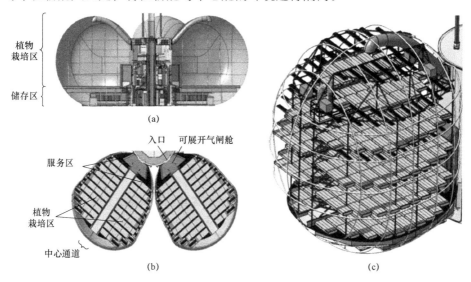

图 3 - 5 植物舱内部结构示意图（引自：Zeidler 等，2017）

（a）植物舱纵切面侧视图；（b）两个植物舱横切面顶视图；（c）植物舱内部立体结构示意图

每个植物舱的上部被用于进行植物栽培，其中包含光源、大气管理管路、热控管路、营养液输送管路和喷雾器等植物培养相关设施。在中心舱上固定有界面面板，为大气管理系统的管路和光导纤维提供连接点。植物舱的下部用于存放其他子系统组件，如可膨胀的营养液储罐、输液泵及出入中心舱的资源流（如水和制冷液）界面面板。

3. 圆顶形结构构型设计

除了上述两种舱体结构设计外，还有一种圆顶形结构构型设计。其中同样包括刚性中心舱和呈辐射状的植物舱、居住舱、实验舱等。中心舱一般也为立式圆柱体结构，而其他舱为弧线形圆顶结构。这样设计的主要目的，是让各个舱尤其是植物舱能够直接利用太阳光照射。

例如，波兰 Gdańsk 工程大学学者 Kozicki 和 Kozicka（2011）提出了一种圆顶结构设计。该结构为 1 个金属中心舱和从其外围辐射出的 3 个可膨胀圆顶结构及 1 个运输车库，共由 5 个部分组成（图 3-6），其基本尺寸见表 3-2。

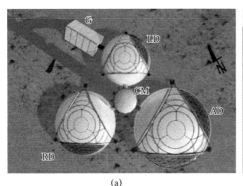 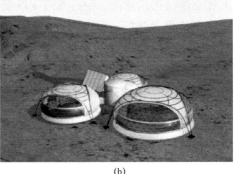

（a）   （b）

图 3-6　一种圆顶形受控生态生保系统外部结构示意图

（引自：Kozicki 和 Kozicka，2011）

（a）外观俯视图；（b）外观侧视图

CM—中心舱；AD—植物舱；RD—居住舱；LD—实验舱；G—运输车库

**表 3-2　一种圆顶形受控生态生保系统主要结构单元的
直径及占地面积（引自：Kozicki 和 Kozicka，2011）**

单元名称	直径/m	占地面积/m²
中心舱（CM）	8	150
植物舱（AD）	24	450
居住舱（RD）	20	315
实验舱（LD）	16	200
运输车库（G，三面体，地面为长方形）	8×12	96

1）中心舱

在该系统中，中心舱具有两个通往居住舱的入口，一个供"火星人

（marsonauts）"步行，一个供火星加压车（Mars pressurized vehicle，MPV）对接。在中心舱上连接有 3 个弹性套筒，分别通往植物舱、居住舱和实验舱等 3 个可膨胀圆顶结构。它们被互相隔离，以创造一种去工作和回家的舒适感觉。

中心舱为金属圆柱体结构，其直径和高度均为 8 m，内部被隔为 3 层。在第一层，具有主通道、气闸舱、急救站和卫生间。在向火星运输期间，这些圆顶建筑就被打包在通道中。在第二层，具有一个掩体结构，供"火星人"在遇到危险时进行避难。此外，本层周围还具有 2 m 厚的储水箱。在第三层，设有技术间，包括高级生保系统（Advanced Life Support System，ALSS）的设备和核能反应堆。另外，在飞往火星的过程中，将居住舱的其余部分打包装在该中心舱中。再者，在圆顶结构间，有足够的空间来布局通信线路。

以上两位学者认为，中心舱类似于目前为空间飞行所设计的居住舱或其他空间居住结构，因此是已在地外极端环境条件下被证明了的一种可靠结构。系统的其他部分为多层充气结构，层与层之间具有压力过渡的通气缝隙。

2）植物舱

植物舱也叫农业区，是其中最大的建筑结构，位于南侧，以尽可能多地接收太阳光（假如基地位于火星的北半球）。在舱体上拟开两扇巨大的窗口，以便太阳光可以通过该窗口照入整个舱体内部（这样就可以减少植物人工光照所造成的能耗）。居住舱和实验舱都只有一个窗口，虽然采光较少，但是能够更好地隔离辐射。另外，在植物舱内规划了多个储藏间，以用于存放食物和种子等。

3）居住舱

居住舱也叫居住区，采取了"开放规划"的设计方案，这意味着其内墙结构可被重新布局，从而使内部空间可活动变换。隔断墙是可膨胀模块单元，由于易于移动，因此能够对其功能布局按不同组合进行规划设计。可被改变的内部设计能够使乘员有机会个性化定制他们的私人空间和公共空间，这必然能够给人带来一种舒适感，从而有助于缓解其枯燥厌烦等情绪。在居住舱设计中，拟包括 8 个相似的卧室，还具有厨房、健身房和大型公共娱乐间各一间，以及几个储藏间。

地基火星模拟试验研究已有结果表明，与大型公共空间相比，人们更喜欢小型私人空间。当每个人都有自己的房间来休息、独处或存放私人物品时，会感到很舒服。在每个卧室中，配备有床、桌椅和衣柜各一套。航天员可以从娱乐间或更私密的外部走廊到达卧室。公共区域由于位于大窗口附近，因此采光很好，这使得航天员普遍认为，看窗外的景色是一件非常放松的事情，并能够产生与外界自然景色相接触的感觉。居住舱中具有不同的休息区域，这样航天员在度过自己的闲暇时间时就具有了选择余地。

4）实验舱

实验舱也采用"开放规划"设计方案。在实验舱（包含所提出的隔离墙组件）中，具有一个开放实验室和两个独立实验室。实验室在通往车库通道的附近，这样火星加压车部件和实验室设备就能够通过利用合适的工具而被固定在一个地方。救护站位于通往居住区其余部分的入口附近，以便受伤人员能够以最短路程被运送到这里而得到救治（图3-7）。

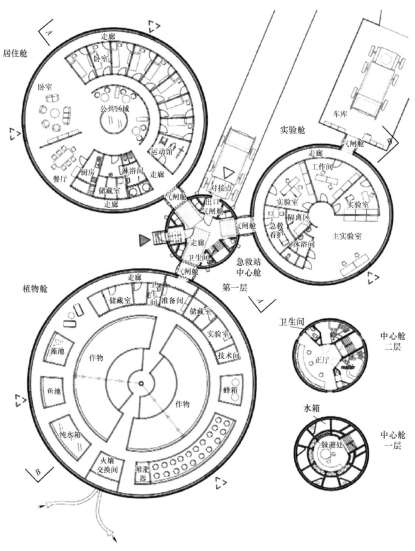

图3-7 一种圆顶形受控生态生保系统内部结构平面布局图
（引自：Kozicki 和 Kozicka，2011）

4. 井字形结构构型设计

井字形结构构型是另外一种结构形式，在其中心部分并非是一个立式圆柱体，而是卧式圆柱体，而其他舱体则从其左右两侧伸出。

例如，在 ESA 支持下，意大利研究人员 Finetto 等（2010）负责实施食物与可再生舱（Food And Revitalization Module，FARM）项目，提出了受控生态生保系统井字形结构构型建设方案（图 3-8）。其结构构型与上述 3 种有所不同，但基本构成相似，这里不再单独进行介绍。

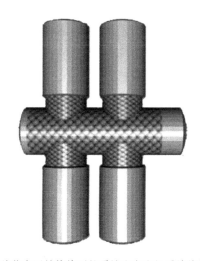

图 3-8　一种井字形结构构型的受控生态生保系统外部结构示意图
（引自：Finetto，Lobascio 和 Rapisarda，2010）

┃ 3.2　舱体刚柔性结构设计 ┃

舱体的框架结构目前有 3 种建设方案，即刚性结构、柔性结构和刚性与柔性相结合的刚柔混合型结构 3 种形式，下面分别予以介绍。

3.2.1　刚性结构设计

对刚性结构较好理解，即整个舱体由全金属材料制成或部分舱体为金属而另外一部分为刚性有机玻璃等。金属一般采用能够适应航天恶劣环境条件的高密度铝和铝合金等，有机玻璃一般采用聚碳酸酯等透明性好的有机材料。

1. 简易金属刚性结构

在这一刚性结构中，圆柱体外部结构由铝皮制成，通过肋条和纵梁进行加固，因此相对较轻的壳体能够维持内部压力。强化组件可使结构增加强度，同时可避免出现皱损，也有助于吸收受拉应力。例如，蒙皮、纵梁和肋条可以由铝 7075 – T6 制成，该材料的受拉抗曲应力强度（tensile yield strength）为 505 MPa，密度为 2 810 kg·m^{-3}。

2. 全金属刚性结构

该舱体结构全部由金属制成。例如，意大利的 Finetto 等（2010）提出的受控生态生保系统采用了刚性结构，其由高密度铝制圆柱体组成，直径 8 m，长度 12 m，在两侧装有直径为 1 m 的球形帽。其中，对舱体的内部结构在发射前已完成安装，每一个刚性舱的质量估计约为 8 000 kg（图 3 – 9）。

图 3 – 9 植物舱全金属刚性结构方案
（从左到右是植物舱从内到外的三种结构形式）
（引自：Finetto，Lobascio 和 Rapisarda，2010）

3. 金属+有机玻璃刚性结构

1）总体结构情况

该舱体结构，一般是下面的承重部分由金属制成，而上面的非承重部分由刚性透明有机玻璃制成，以便直接利用太阳光进行植物光照。例如，美国 Franklin W Olin 工程学院的 Munson 等（2002）组织开展了火星港（Marsport）可展开植物舱的概念研究。他们设计的植物舱形状为八角棱柱体构型。该植物舱主要分为两个主体部分，即位于八角棱柱体上半部分的植物栽培部分，以及位于其下半部分的仪器/机械设备部分。

起初，Munson 等（2002）在讨论了几种方案后，暂时选择了混合式刚性/可膨胀结构，这样系统的体积可以得到进一步扩大。然而，在完成作物研究后，他们发现采用刚性"锡罐"结构就能够满足尺寸要求。因此，在重新考虑系统结构后，选择了较为简单的刚性"锡罐"结构设计。选择这一设计的最大原因是不需要建成可扩充的植物舱。"锡罐"是一种已被证明过的成熟设计，在载人空间飞行中已有几十年的应用经历。对于火星植物舱，采用刚性平台设计的最大优点是舱体具有较高的强度。在舱体内部进行更为完整的隔离能够使刚性平台的强度达到最大化，而不涉及与外部成分的相互作用，这样使舱体可以实现更大程度的内部控制。此外，其他模式中存在的气体泄漏、紫外线辐射及结构支撑等问题在该刚性模式中几乎都不存在。

"锡罐"设计包含覆盖降落伞系统的前锥体、反推火箭、燃料、气囊及位于底部的着陆腿等，其余部分为植物舱系统，包括能源供应系统、水生产系统和作物栽培系统。植物舱包含一个外壳，在设备入轨前的降落伞打开阶段，就将该外壳抛下，因此最终着陆的结构只有一层壁。植物舱顶部由透明的聚碳酸酯（polycarbonate）制成，可以使阳光照射到下面的植物。在飞行期间，植物舱顶部覆盖有聚氯乙烯（polyvinyl chloride，PVC）板。在植物舱内部，通过地板将其分割为上、下两个半球体。上半球体包含植物及其相关的栽培结构，而下半球体含有动力、水和大气的维护及控制系统。为了确保系统的可靠性，又将植物舱分割为左右两半，对每一半都进行隔离控制，以防止植物病害的爆发。另外，将植物舱后端设计为半球形，以提高其发射和着陆时的抗击强度（图 3−10）。

图 3−10　一种火星可展开金属+有机玻璃刚性结构植物舱外观示意图
（引自：Munson 等，2002）

2）上层植物栽培部分

（1）窗户玻璃

目前，尚没有单独一种材料能够满足这一结构的所有技术指标和要求，因此，拟暂且采用类似于美国 TransHab 舱中所用到的分层技术，即利用多窗格玻璃来增加复合物的强度。为确保任务成功，上半部分结构必须具备以下功能：

① 保护：由于来自火星尘暴和微陨石的冲蚀会损伤聚碳酸酯聚合物窗户的透光质量，因此有必要使用保护套。初步认为，蓝宝石、氧化锆和铝等可作为候选材料。另外，必须采取充分的保护措施，以保护内部结构并降低对内部材料的使用限制。另外，尤其需要过滤掉 300 nm 以下波长的紫外线，从而避免对植物舱中的植株和种子等生物材料造成损伤。

② 结构和强度：这一窗户玻璃层将作为其他层的衬底并承担来自压差的绝大部分负荷。必须尽量找到可应用于火星环境的坚固、轻质并透明的结构材料，以用于植物舱和其他窗口。低温环境适应和紫外阻挡效应表明，常规玻璃、熔融石英玻璃、聚碳酸酯或丙烯酸等聚合物材料可用于外部窗格。然而，从质量和散热等方面考虑，Munson 等（2002）还是建议首选聚碳酸酯作为内部窗格（图 3 – 11）。

图 3 – 11　一种火星可展开金属+有机玻璃刚性结构植物舱内部支撑结构布局示意图
（引自：Munson 等，2002）

（2）植物舱通道与隔断

在上述结构中，植物栽培区中间具有两个通道，其尺寸均为宽度 0.75 m × 高度 2.0 m。整个通道几乎从舱体前端一直延伸到后端。通道地板上有门，可以进入下层的设备部分，但没有进入中心部分氢硼化钠（sodium borohydrate，分子式为 $NaBH_4$，作为化学燃料电池的强还原剂）储藏区的乘员通道。为了保护结构的完整性，将只设置一个外部通道气闸舱。气闸舱位于植物舱中纬线前端的中央位置，占地面积 1 m²，高度 2 m。另外，需要为漫游车对接站和收割机留出 1 m 的深度。气闸舱在乘员通道被进行维修时启用。气闸舱是产品运输车与植物舱对接以及在向火星飞行期间用于储存植物舱的地方。由于舱门的位置要高出地面 3～5 m（这取决于着陆场的地形情况），因此气闸舱可以使乘员和漫游车通过，而这一过程的实现依靠可伸缩的斜坡来完成。斜坡将被储藏在前锥体下面，并在气闸舱第一次使用之前通过爆炸螺栓实现展开部署。

该气闸舱具有 3 个通道门，足以满足乘员自由通过。有一扇向外开的门可以抵达外界，而其他两扇向外开的门（从气闸舱的角度）将向着通道打开。开启电磁阀，使气体从植物舱进入气闸舱，从而平衡压力。通过两台空气压缩泵使气闸舱内的气体返回植物舱。在气闸舱内保留低压，以吹走乘员和运输车从植物舱带来的任何杂物。对接时，对气闸舱无须进行加压。由于气闸舱很少被加压、泄压或消毒，因此所有的气闸舱系统（包括空气压缩泵、紫外消毒灯和照明灯）将通过从植物舱输电而短期获得能源。另外，在栽培区之间的垂直隔断将提供与地板隔断类似的功能，拟采用聚氰酸酯蜂窝芯体材料（polycyanate honeycomb core material）建成。

（3）地板

植物舱上下半球体之间通过桁架网络部分进行分隔。需要注意的是，在两个半球体之间具有隔离地板，能防止水和生物材料进入保障系统，并为航天员提供支撑面，以进行必要维护。桁架网络可以承受较高的强度，因此该部分材料必须具有高弹性系数及轻质材料等特性。为此，拟同样选用聚氰酸酯蜂窝芯体材料。该材料对水分吸附能力较低，饱和点低至 0.3%，而传统的环氧树脂的饱和点为 2.5%。

3）下层仪器设备部分

植物舱的下半部分被分割为 4 个相同的三角形结构（图 3 – 12），在 225° 和 315° 上方位的隔离墙将能源系统与其他子系统分隔开。这些结构的宽度均为 2.0 m，用于备份设备和所用消耗品的储存。

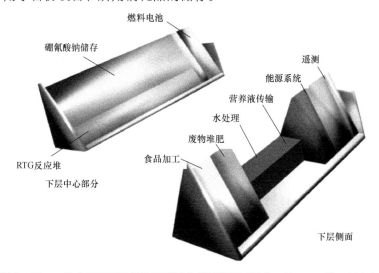

图 3 – 12　一种火星可展开植物舱下层布局示意图（引自：Munson 等，2002）

4. 非金属（带金属框架）+有机玻璃刚性结构

近期，美国科罗拉多大学 Darnell 等（2015）设计了一种胶囊形的植物栽培舱，属于半刚性和半柔性结构，即在其下半部分采用非金属的刚性结构，而上半部分为有机玻璃结构（图 3－13）。

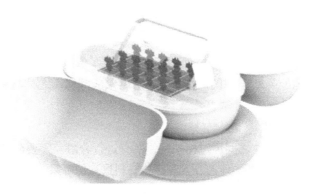

图 3－13　一种胶囊形植物舱结构构型（引自：Darnell 等，2015）

采用这种胶囊形状的结构设计，则只用一个薄层壳体就能够承受较大压差。该结构的上半部分透明，以利用当地的自然光。因此，结构的上半部分壳体也选用聚碳酸酯（polycarbonate），该材料具有密度低、强度高和空间适应性好等特点。结构的下半部分壳体选用聚醚醚酮（polyetheretherketone，PEEK），该材料也具有低密度、高强度和良好的空间应用继承性等特点。在该结构中，内部具有两个主要支撑结构：种植平台和结构加强筋。种植平台为直接保障植物生长和繁殖所需的各种传感器和机械设备提供支撑，其也对结构的上下部分提供隔离作用。结构加强筋沿着下半壳体的轮廓分布，并为储液罐、储气罐、管道和电子设备等植物舱所有子系统硬件提供安装点。

在结构的外侧，具有两块"蛤壳"形状的盖子为夜间提供隔热，此时聚碳酸酯的透明性则不起作用。另外，在发生火星尘暴时能够将盖子关上，以防止聚碳酸酯的透光度下降。再者，在盖子的内表面装有柔性光伏电池板，以在盖子被打开时能够收集太阳能并给植物舱提供主要能源。

5. 刚性结构舱体材料选择

为了达到高强度和轻质的设计目标，早期材料的选择主要集中于基于高强度和低密度的纤维加强聚合物的复合材料和树脂基体。试验证明，由于石墨－环氧树脂的性能不佳，在使用中其机械性能衰减较快，因此，该材料和其他类似的复合物不适合用作舱体材料。另外，其吸水后会导致内部壳体发生故障而致使其机械性能下降，也使得其不适合得到应用。之后，考虑了传统的铝钛合金，该材料已被成功应用于航空航天技术领域。铝的制造成本较低，并且其密度较低且具有较高的弹性系数和较好的耐磨特性。钛由于密度较高，从而具有较高的抗屈强度、较大的抗冲击强度、较低的热导率和较高的抗腐蚀强度。为了满足所有对强度和冲击刚度的要求，则在选择材料过程中，需要注重特殊合金及基本具有所要求特性的合金系列。由于未注意到铝和钛的抗低温与抗冲击的实践应用，因此应该特别注意经过煅烧而未完全硬化的合金。2000 和 7000 系列的铝合金在航空航天工程领域得到了广泛应用，因此可作为较好的候选材料。另外，也有人提出应用铝合金 Alloys 2024 和 7075，因为其曾经在高度承压结构中有所应用。在钛合金中，Ti – 5Al – 2.5Sn ELI Annealed 是一种高纯度退火型的 α 合金，其具有的一个很重要的特点就是能够在低温下保持延展性和柔韧性，并已得到广泛应用。

此外，需要基于合金鉴定结果进行材料筛选评价研究。研究表明，铝合金 2048 和 Ti – 5Al – 2.5Sn ELI Annealed 两者均能满足类似的弹性系数和抗屈强度对密度的比值要求。由于制造工艺成熟并且价格低廉，因此铝合金 2048 更受到推崇。然而，考虑到所具有的高抗腐蚀性、小体积和高抗冲击强度等特点，则应该选用钛铝锡合金 Ti – 5Al – 2.5Sn。最终，经综合考虑抗冲击强度和在低温下成功应用的案例，则建议植物舱的舱体材料选用钛铝锡合金 Ti – 5Al – 2.5Sn。

3.2.2　刚柔混合型结构设计

如上所述，尽管部分研究者认可舱体应该采用刚性结构，但目前仍有不少人认为未来的舱体结构应该采用刚柔相济的混合型结构，这样既可以解决因重量和体积过大而导致的运输和安装部署问题，又可以满足任务对设备强度的极高要求。下面举例介绍刚柔混合型结构的基本结构构成。

1. 基本结构设计

在上面介绍的"轮毂+辐条型""花瓣状""圆顶形"和"井字形"等不同结构构型设计中，大多采用刚性和柔性相结合的混合型舱体结构形式。在这些结构形式中，位于中心的部分一般为金属刚性结构，而从中心部分向外辐射的部分则为可膨胀结构。舱体内部具有由合金或碳纤维制成的圆筒状可折叠型框架结构，在其外面覆盖可膨胀有机材料柔性膜，或被称为可充气有机材料膜。一般来说，这样既可以保证系统所需的支撑强度、抗拉强度及承重能力（为了抵御辐射、严寒、微陨石撞击和火星尘暴等，还可以在舱外覆盖 1～3 m 的月壤或火星土壤），又可以大大减小发射质量、体积及降低安装难度等。

例如，Finetto 等（2010）设计的刚柔混合型结构由两个刚性圆柱体（一侧带有球形帽）及位于其中间相互连接的可膨胀圆柱体（展开长度为 4.6 m）组成，如图 3－14 所示。

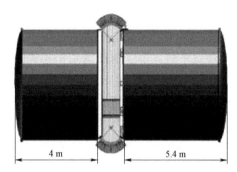

图 3－14　混合式结构方案（两边为金属舱，中间为可折叠和可膨胀的柔性材料）
（引自：Finetto，Lobascio 和 Rapisarda，2010）

2. 刚柔混合型结构设计优点

与刚性结构相比，刚柔混合型结构的主要优点是能够减小发射质量和体积，并有可能像刚性结构一样对内部设备进行预先安装后发射。为了完全展开和安装舱体，需要移动以前放置在走廊中间的栽培架使之到达最终位置，并连接所有的子系统和仪器界面（图 3－15）。这就意味着，若采用这种混合式舱体结构方案，则乘员在月球表面能够减少许多工作量。另外，该方案较前面经过分析的刚性和柔性两种方案更为复杂，尤其是在刚性与可膨胀部分的接口上。如前所述，直径和内部体积相似的可膨胀与刚性相结合的结构，质量约为 5 500 kg。

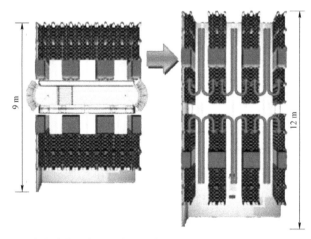

图 3－15　混合式结构方案，左右两图表示展开前后内部结构和布局的变化情况
（引自：Finetto，Lobascio 和 Rapisarda，2010）

| 3.3　柔性膜材料研发进展 |

上面介绍了建设刚柔混合型植物舱的必要性，而采用合适的柔性材料是建成系统的关键所在。另外，采用自然光照可以节能，因此最好能够建成透明的植物舱。基于以上分析，柔性材料应具备如下主要特点：可折叠、可充气、高强度（耐撕拉、抗撞击）、防辐射、抗高低温及隔热保温。下面介绍目前国际上关于柔性材料的研发进展情况。

3.3.1　柔性膜材料种类选择

在受控生态生保系统舱体结构尤其是植物舱设计中，有一部分人认为刚性结构可行，但大部分人认为还是应该采用刚柔混合型结构。然而，在柔性舱结构设计中，主要注重柔性膜的物理特性。目前，开发能够兼顾高强度、防辐射和透明性（针对植物舱，其他舱不需要透明）的舱体膜层是重要研究目标。

1. 柔性膜材料应具备的物理特性分析

从以上舱体结构总体设计可以看出，大部分由金属中心舱及其周围的可膨胀舱两种刚柔混合式结构组成。可膨胀舱部分一般为多层充气结构。对不同柔性材料进行设计时，需要考虑机械强度、隔热、辐射保护、密封性和透光性等性能。在火星基地设计中，几乎不需要考虑其防护微陨石撞击的问题，这是因为火星大气的厚度足以在微陨石到达表面之前将其烧毁。就目前来看，关于舱体结构设计的思想还没有达成共识，但已形成一些倾向性的看法。

理想的材料应当是抗拉强度高、透光率高而折射率低。需要考虑的另一个重要特性是弹性系数，其决定几何结构在应力作用下会发生多大形变。低弹力系统会导致较大形变，这对于缓解由于制造缺陷而导致的局部应力峰值很重要。不过，所有这些特性均会受到像航天飞行中或星球表面上等恶劣环境条件下操作的影响。另外，了解在一定操作环境中材料的退化情况对于预测其长期性能较为关键。对设计限制和安全因素进行识别时，必须基于对材料的退化特性分析。

2. 柔性膜材料研究与应用情况

当前，应用于空间的柔性材料，如隔热毯材料或有效可膨胀物，一般包括聚酯（polyester）、聚酰亚胺（polyimide）和全氟聚合物（perfluorinated polymer）等有机合成材料。在商业市场上不断推出许多新型材料，有些已被用于构建地面样机，但其在空间很少得到验证（在 ISS 上进行了可膨胀舱验证）。

1）聚酯

聚酯在航天中应用很广，尤其是美国杜邦公司研发的聚乙烯对苯二甲酸酯（polyethylene terephthalate，PET），已在大量可膨胀结构物品中得到应用，包括 1960 年美国发射的 Echo 1 通信卫星及 1996 年发射的 INSTEP 可膨胀试验天线。Grossman 和 Williams（1990）利用 Mylar®聚酯薄膜树脂建立了一套用于太阳能热推进的可膨胀聚能器地面样机。研究表明，在该材料上喷涂金属粉能够显著提高其光反射度。但是，并未对 INSTEP 试验天线和太阳能聚能器进行金属喷涂，而是将透明的 Mylar®应用于座舱顶罩。Mylar®具有很高的透光性，在 –70～150 ℃温度范围内均能保持良好特性，即能承受较大的温差变化。然而，其被暴露在高紫外线辐射和原子氧环境下则会发生退化，因此，该聚酯只适用于短期飞行。

2）聚酰亚胺

聚酰亚胺已被广泛用作隔热毯和隔热套等。在商业市场上，有很多种商标形式，如 Upilex®（UBE Industries，Inc.）、Kapton®（E.I. DuPont de Nemours and Company）、Ultem®（GE Plastics）和 Apical®（Kaneka High-Tech Materials，Inc.）等。聚酰亚胺的机械强度高，并且工作范围为 –270～400 ℃，因此其耐高低温性能好。与其他聚合物相比，紫外线对聚酰亚胺的影响较小，说明聚酰亚胺耐紫外线性能好。但是，原子氧（atomic oxygen，AO）对聚酰亚胺的确能够造成腐蚀，说明其耐原子氧性能差。另外，聚酰亚胺由于其为琥珀色而会吸收较多的太阳能，因此导致其透光性能下降。

3）全氟聚合物

全氟聚合物包含氟塑料，如美国杜邦公司生产的聚四氟乙烯（polytetra fluoroethylene，PTFE）和氟化乙烯－丙烯共聚物（fluorinated ethylene propylene copolymer，FEPC），均属于特氟龙类产品（Teflon®）。它们具有良好的透光性，但缺乏机械强度，即在较高载荷下会发生明显变形。全氟聚合物对原子氧抗性高，但与热循环和辐射暴露相结合则会遭遇破坏。例如，美国哈勃太空望远镜的隔热毯，其最外层尤其是围绕应力集中的地方会发生破裂。

4）LaRC™－CP1 和 LaRC™－CP2 树脂

以上两种树脂均属于新型的聚酰亚胺，由 NASA 研发，并委托美国的 SRS Technologies 公司进行生产。事实上，这些新型的聚酰亚胺材料较 Kapton 等传统型的透明度更高，并且较低的吸光度提高了其作为隔热毯和隔热罩的性能。与 Kapton 相比，其光学性能的提高是以降低机械性能为代价的。尤其是初始材料呈现出较低的抗拉强度和延展度，但其一旦经受热机械延展，则两者均会得到改善。TOR™（Triton Atomic Oxygen Resistant）树脂也是由 NASA 研发的聚合物，并被授权由美国的 Triton Systems Inc 公司生产，以用于商业制造。TOR™ 是一类含有氧化膦（phosphine oxides）的聚合物，当被暴露于原子氧中时，其则会相互作用而对该聚合物形成保护层。由于在低地球轨道上原子氧的破坏作用极其严重，因此这些聚合物特别适用于这些地方。

5）Kevlar 芳纶纤维（aramid fiber）

该纤维是由美国杜邦公司研发的聚对苯二甲酰对苯二胺（poly-p-phenylene terephthamide，PPTA）芳纶纤维。意大利学者 Lobascio 等（2006）设计了可膨胀圆柱体舱体结构，对其外部包层拟考虑采用 Kevlar 材料。由于该材料具有高强度、低密度、高柔软性和低热膨胀轴向系数等特点，因此认为其中间的气泡聚合物能够确保高气密性。内部屏障拟由 Aramidic 芳纶纤维复合材料制成，以避免由于乘员在操作中出现意外而造成撕裂或刺孔等（图 3–16）。

图 3–16　可膨胀圆柱体舱体结构样机，对其外部包层和内部屏障拟考虑采用 Kevlar 材料（引自：Lobascio 等，2006）

3.3.2　柔性膜材料环境试验结果

在空间或星球表面环境中应用聚合物材料时，退化损坏是很令人关注的一件事情。例如，热极端、电磁辐射、电离辐射及氧化等对许多聚合物的寿命均能造成重大威胁。目前，已开展过若干试验，力求在低地球轨道和地球同步轨道环境中验证这些聚合物的性能。与上述两种环境相比，火星的较远轨道距离和具有一定的大气含量会减弱甚至消除其中的部分极端环境影响（例如真空紫外线）。然而，这样也难以推断材料从一种环境到另外一种环境的性能变化，并且在植物舱应用中，由于会增加操作压力，从而使问题进一步复杂化。

1.5 年 LEO 和 GEO 下暴露试验

Stuckey 等（1998）研究了大量能够用于空间建设的可膨胀天线材料。候选材料相当于在 LEO 和 GEO 的环境中暴露了 5 年时间，包括紫外线（200～400 nm）、真空紫外线（115～200 nm）和电子辐射。在 10 keV、30 keV 和 40 keV 共 3 个电子能量水平下，分别模拟 LEO 处的电子辐射暴露；在 10 keV、20 keV、40 keV 和 100 keV 共 4 个能量水平下，分别模拟 GEO 处的电子辐射暴露；真空紫外暴露利用 150 W 的氙弧灯，同时利用 2 500 W 的氙弧灯发射紫外线。这一试验的主要目的是决定几种候选材料的光学性能退化情况（表 3－3）。

表 3－3　模拟空间暴露试验对候选材料光学特性的影响结果
（引自：Stuckey 等，1998；Clawson 等，2003）

候选材料	透光率		
	试验前	LEO（试验后）	GEO（试验后）
Kapton	0.683	0.679	0.674
CP1	0.830	0.796	0.745
CP2	0.834	0.809	0.805
Teflon FEP	0.955	0.945	未确定
TOR-LM	0.766	0.772	0.705

之后，他们开展了机械试验，但是并非要获取设计特性，而是要寻求该特性所退化的证据。研究证明，在 Kapton E、LaRC-CP1、LaRC-CP2 和 TOR-LM 的样品中普遍观察到其透光率几乎未发生变化。在 GEO 处暴露的 Teflon 样品和所有的耐导电原子氧（conductive atomic oxygen resistant，COR）样品，均已被破坏到不可能被用于进行机械试验的程度。最后的平均拉伸应力见表 3－4，但可看出其故障应力和张力变化幅度很大。他们认为，退化主要是由电子辐射所致。

表 3－4　模拟空间暴露试验对候选材料的最终拉伸应力的影响结果
（引自：Stuckey 等，1998；Clawson 等，2003）　　　　　　　MPa

候选材料	最终的拉伸应力		
	试验前	LEO（试验后）	GEO（试验后）
Kapton	240.971 80	152.029 40	192.363 70
CP1	93.768 70	77.910 75	73.429 16
CP2	94.458 17	63.087 03	91.355 53
Teflon FEP	21.029 01	17.926 37	未确定
TOR-LM	50.331 73	35.852 74	38.610 64

基于初始研究，认为 Kapton 并非是最好选择，因为其透光率比其他材料要低很多（例如，Teflon 的透光率为 0.955，CP2 的为 0.834，而 Kapton 的仅为 0.683）。然而，如果在特殊结构中使用其他透明材料来替代 Kapton，则需要增加其厚度来补偿其较低的抗拉强度。当 Kapton 材料其透光率被正常化，而且材料本身能够达到一定的抗拉强度时，则其会保持竞争选择优势。

2. 等效 5 年的电子和质子暴露模拟试验

在空间环境中，Russell 等（2000）将样品暴露在太阳紫外线、电子和质子下，研究了聚合物的强度衰变情况。该试验模拟了长达 5 年的电子和质子暴露，但紫外线仅仅是 1 000 ESH（equivalent space hours，ESH，等效空间小时），而并未进行真空紫外线暴露试验。试验装置只是模拟了相当于 1.5 个太阳所发出的最大紫外线能量密度（J·cm^{-1}），并运行了约 2 个月。结果表明，辐射降低了所有膜的故障应力，并降低了除 TOR-RC 之外的膜系数。另外，在大气和真空紫外线条件下（波长<240 nm），Forsythe 等（1995）开展了几种聚酰亚胺的暴露试验，随后对样品的紫外光/可见光光谱学、电子自旋共振（electron spin resonance，ESR）、傅里叶转化红外线（fourier transform infrared，FTIR）和 X 射线光电光谱学（X-ray photoelectron spectroscopies，XPS）等开展了研究。紫外光/可见光光谱学研究结果表明，这些材料具有较强的紫外线吸收能力。Sonntag 和 Schuchmann（1977）评价到，在第一个 10 nm 厚度穿透中，紫外线强度下降了 95%，并且认为聚酰亚胺遭遇紫外线辐射后，仍保持了本体聚合物的完整性。另外，也发现真空和大气辐射会导致材料的质量出现不同程度的损失。因此，他们得出结论，在真空中会快速形成稳定的表面原子团并积累在表面，而在大气中表面原子团会挥发掉，这样就会暴露出更多的原材料，并随着时间推移而引发更多的破坏。在 1 AU 条件下，他们采用了与太阳光紫外线同等量级的辐射，但是暴露时间与空间飞行时间（几千小时）相比则很短（也就几个小时），因此未对材料开展机械试验。

3. 等效 10 年的电子和质子暴露模拟试验

Dever 和 Semmel（2002）将 Kapton HN、Kapton E、Upilex-S、LaRC-CP1、LaRC-CP2 和 TOR-LM 共 6 种材料暴露在相当于 10 年的电子和质子剂量（每种 40 keV）下处理，来模拟在第二个太阳－地球拉格朗日点（L2）处的剂量。另外，也将 LaRC-CP1、LaRC-CP2 和 TOR-LM 共 3 种材料暴露于相当于空间飞行 5 000 h 的真空紫外线中，一些是在电子/质子暴露前实施，而另一些是在其暴露后实施。研究结果表明，除 Kapton HN 外，所有材料的光学特性均出现下降，并且除了 TOR-LM 外，所有材料的机械性能也均出现下降。电子/质子暴露比真空紫外线对 LaRC-CP1 和 LaRC-CP2 的光学性能影响更大，而其机械性能受到两者的影响相同。研究人员认为，如进一步在真空紫外线条件下暴露到一个完整的飞行时间剂量，则预计会进一步降低其机械和光学性能。

4. 火星飞行辐射暴露测试评估

Striepe 等（1994）评估了长期火星飞行中的辐射暴露影响。假定 GCR 和 SPE 的发生按照 1989 年 10 月事件的顺序出现，那么估算在约 500 天的整个火星飞行期间的剂量为 1.33 Sv。对于约 600 天的表面驻留，由于火星大气会提供保护，因此 GCR 和 SPE 的剂量应分别低于 0.25 Sv 和 5 cSv。虽然这些环境对人可能会造成一定伤害，但其对植物不会构成什么威胁，尤其是对生命周期较短的植物。而且，植物舱壳体也可以提供一定保护，尤其是当其为聚合物时更是如此。

5. 加压下光衰变加速试验

有证据表明，材料同时暴露于辐射和压力双重胁迫条件下较只暴露在辐射条件下要衰变得快一些（O'Donnell，1989）。例如，在空间环境暴露过后，从哈勃太空望远镜回收的 Teflon® FEP 样品要明显易碎和易裂。同时，暴露在辐射和机械应力的条件下，会导致在聚合物中形成原子团。另外，利用机械力延伸链条也被认为能够降低拉断该链条的所需能量，因此会增加较单独辐射下链条断裂的可能性（Baumhardt-Neto 和 Depaoli，1993）。这样，由辐射和机械原子团所引起的微裂缝被认为在机械负载下会扩大。因此，必须了解在高压力透明膨胀结构中，其应力被限制的情况下辐射和机械应力对这些材料的综合影响。

综上所述，柔性材料环境破坏试验结果证明，空间环境中的各种辐射条件会影响膜材料的多种物理性能，包括受暴露试验材料的抗拉力程度和透光性等。因此，需要进一步深入开展试验，以充分了解空间辐射对膜材料的影响及破坏程度，并积极找到各种防护手段和措施。

| 3.4 柔性舱相关领域研究进展及启示 |

3.4.1 可膨胀天线

到目前为止，空间透明可膨胀结构主要被用于高精度光学反射器/收集器及可膨胀天线中（图 3-17）。例如，Freeland（2001）所研制的可膨胀天线，由于天线的膜缺乏其他支撑，因此导致膜要承受所有的膨胀压力，尽管该膨胀压力很低（例如，对于 INSTEP 可膨胀天线，只承载 2 Pa 压力）。在操作期间，通过平衡调节该低压而使膜呈被完全拉紧的状态，同时，在操作期间如发生刺穿的情况下，也能够限制膜变形或蠕变及泄漏。这些低膨胀压导致出现低膜应力，甚至对于具有较大弯曲半径的薄材料也是如此。尽管其具有较高的透明度，但是这些结构形式由于所能承受的压力太低而不能对植物舱的设计提供有益指导。相反，在低膜应力下，面对较高的压力需求则会要求提出更灵巧的结构设计方案。

图 3-17 当前空间透明可膨胀结构事例（引自：Gierow，2000）

3.4.2 科学气球

科学气球对减小膜应力提供了另外一种设计选择方案。到目前为止，绝大多数科学气球属于"零压差"类型。利用轻质膜材料制造气球时，在发射时只是部分充气。在气球上升期间，当外部大气压下降时，气球的体积会允许气体继续膨胀，这样就在膜上保持了几乎为零的压力差。自由扩张和收缩在昼夜循环期间会给控制气球高度提出难题。通常情况下，通过排出膨胀气体来降低高度并通过加注气体来提升高度，从而实现其高度控制。然而，所携带的气体为有限资源，因此就限制了气球的飞行寿命。

针对以上这些问题，有人提出可通过超压气球而能够得到解决。超压气球是被加压到高于大气压，并始终维持一个恒定气压的几何结构。它们一般能够承受由于昼夜气体加热或制冷而导致的压力波动，从而保持其几何结构及因此形成的浮力。所要求的壳体强度大致随着上升气体体积的立方根增加而增加，这样超压气球就被设计为具有高强度膜的结构，其一般由纤维层制品制成以增加强度，并用聚合物膜来维持气密性。尽管膜强度得到了增加，但由于高压气球受到较高的膜重量限制，因此过去其应用范围很小。

假如要求承载较大的负荷，就需要考虑其他设计方案来制造较为轻质的结构。例如，南瓜形气球有望成为质轻和大型结构，以增加超压气球的载荷能力。正像其名字所意味的，该形状类似于南瓜，因为在其结构中利用了三维轴向的三角布（gore）。三角布被附着在轴向限制器上。一旦膨胀，三角布的形状能够为限制器之间的膜提供局部弯曲而缓解负荷。当载荷主要由限制器承受时，膜应力则保持在相对较低的水平（图3-18）。

（a）　　　　　　　　　　　　（b）

图3-18　一种超压南瓜形气球样机（引自：Clawson，Hoehn和Wheeler，2005）

（a）整体外形图；（b）局部外形图

上述南瓜形超压气球的确在膜上实现了应力下降，但主要是在切线或在圆周方向。然而，在轴向或切向方向仍然保持相对大的弯曲半径，因此这里具有较高应力。以上气球样机证明，其整体结构设计存在缺陷，因为其具有模糊的弹性体软外壳和覆盖全部的限制纤维或紧密隔开的限制器带子，因此导致其在三角布中心破裂，大概在"赤道"位置上。这种面向人的高压可膨胀物体，一般不能对透明结构提供什么设计思路。

3.4.3　载人月球飞行返回居住舱

令人欣慰的是载人月球飞行返回居住舱的确为透明结构设计提供了一些有益启示。例如，Stein等（1997）提出一种结构，其具有一种可膨胀的圆柱体部分，被装有复合物封头（composite endcap），而且其周长限制器在轴向方向上被隔开（图3-19（a））。

以上结构允许内部纤维阻尼器和膜隆起，并靠在阻尼器之间（图3-19（b））。

依靠姿势缓解了两个方向上膜的局部弯曲半径，这与南瓜形气球的单方向缓解相反。假如通过变形而进行的枕靠能够独自降低膜应力，那么预制膜将会使之进一步降低，这样就能够使膜变薄而增加其透光率。例如，一个直径为 7.62 cm 的圆形平板，在大气压为 20 kPa 时，则需要 0.15 mm 的厚度来保持 34.5 MPa 的膜应力。如果每张厚度为 0.025 4 mm 的膜具有 0.9 的透光率和 1.5 的折射系数，则整张板的透光率将为 0.44。假如膜被预制成一个部分球形帽，其弯曲半径是板半径的 1.25 倍，那么就可以将膜的厚度降为 0.013 mm，这样就可以将板的透光率提高到 0.77。因此，具有大间距并受到限制的预制膜能够承载较大压差并具有高透光性。

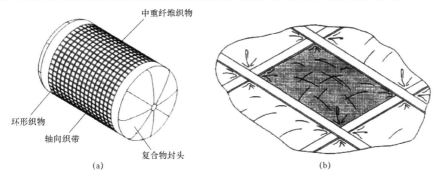

图 3-19　载人月球往返任务可膨胀居住舱阻尼器（a）及阻尼器中空隙之间被安装的
纤维枕靠（pillowing）（b）（引自：Clawson，Hoehn 和 Maute，2003）

针对火星表面独特的环境参数，还需要进一步加以研究，以便之后完成更为详细的设计。从以上分析得知，当前的可膨胀透明结构还不能够支撑植物栽培所需的内部压力。然而，从较高压力的可膨胀结构设计外推概念，则可能实现用于植物舱的柔性可膨胀聚合物开发。在设计方案选择中，要重点关注聚合物材料的环境退化问题。火星表面环境有望较地球轨道或星际空间温和得多，因为这里的电子、质子和 GCR 出现大幅下降，而且最明显的是紫外线成分下降了很多。然而，如果不了解材料的作用范围以及高应力与环境暴露的双重影响程度，那么要量化其所引起的破坏程度会更为困难。因此，有必要开展试验来决定在所要求的负荷下基于光衰变所允许的膜应力。

| 3.5　柔性舱体物理性能设计 |

舱体物理性能设计的好坏直接影响舱体的使用效果和寿命长短。上述材料结构的脆弱性会引起可靠性和安全性等问题。对植物进行照料时，可能会导致乘员面临微陨石撞击或舱体结构刺破而泄压的威胁。每天的温度极值可能会威胁植物，同时，植物和乘员都可能会暴露于高辐射下。因此，必须对这些及许多其他因素进行评价，以决定透明可膨胀植物舱是否可行。这里就一些主要问题进行分析。

3.5.1　舱体高强度设计

由于舱体内部为低压环境，因此一旦植物舱内部出现设备，也会加速漏气。与所有空间飞行一样，舱体质量必须要尽可能地小，这就要求必须尽可能采用轻质且高强度的合金、聚合物或复合物等。此外，外部结构所承受的温度变化范围大致为$-100 \sim 100$ ℃，而植物舱内部的温度波动较小，并且不允许下降到0 ℃以下，这样在材料选择上就具有了较大自由度。较宽的温度变化范围要求对与材料热膨胀和收缩相关的应力进行有效管理。

尽管稀薄的火星大气层能够提供一定保护，但微陨石会给火星表面的设备和乘员带来中度威胁。陨石进入火星大气层的数量可通过以下公式进行估算：

$$\lg N = -0.689 \lg m + 4.17 \tag{3-1}$$

式中，N代表每年质量大于m g级的陨石在10^6 km²面积上发生撞击事件的次数（Bland和Smith，2000）。

陨石坠入量模拟数据显示，直径为$10 \sim 1\,000$ μm的粒子在撞击火星表面之前，其速度被减到1 km·s^{-1}以下。假如可膨胀植物舱的壁厚约为25.4 μm，那么由于正常到达表面后撞击而刺穿该结构的颗粒临界直径是16 μm。假定粒子为球形，那么就可以估算其体积。假定粒子密度为1 g·cm^{-3}，这与在地球平流层所发现的微陨石具有的$0.7 \sim 2.21$ g·cm^{-3}密度范围基本一致，因此，每年会有1.39×10^{10}的粒子(其质量等于或大于临界大小的粒子质量)来撞击1.0×10^6 km²的面积，也即每年的粒子撞击概率为0.013 9 粒子·m^{-2}。对具有足够能量的x个粒子在t年内撞击可膨胀结构的概率估算如下：

$$P = \frac{(vx)^x}{x!} e^{-vt} \tag{3-2}$$

式中，v代表1年内的撞击率。假如x被设定为0，以便确定结构不被刺破的可能性，并假定在夜间时在结构上盖一块保护毯，那么一年中在1 m²的结构上不被刺破的概率为0.993。当把这一概率应用到保障乘员所需的面积时，则推测最终有可能发生刺破。然而，刺破并非必然意味着结构完全破裂，也并不意味着这些微陨石还会保留有足够的能量来伤害乘员。假如采用一种所谓的 AG-Pod途径，则乘员完全不会遭遇危险，并且事件的发生范围会被局限于单个舱。同时，作物相对短的生命周期也将会减小撞破的影响。当然，还需要进一步开展详细研究来评价被撞破结构的修补方案，并评价微陨石对身处可膨胀植物舱中照顾作物的乘员所构成的威胁程度及防御措施。

目前，还没有单独一种材料能够满足结构的所有要求。正如所有空间应用一样，拟采用多窗格玻璃来增加复合度和强度。由于火星尘暴和微陨石所产生的冲蚀会损伤聚合物窗户的透光质量，因此必须采用保护硬套，以增加聚氯乙烯（polyvinyl chloride，PVC）有机玻璃等透明刚性材料的硬度、抗冲蚀性和耐用性。蓝宝石、氧化锆和铝等可被作为候选材料而得到应用。

3.5.2　舱体泄漏率控制设计

月球或火星基地受控生态生保系统中的大气十分珍贵，因此降低其泄漏率极其重要。美国 NASA 制定的大气泄漏率准则中规定，大气泄漏率每天不大于总体积的 1%。这一目标的实现将主要取决于窗户周围密封剂的种类和用量。然而，若要求窗户的承载量达到最小，则应采用柔性密封剂。由于火星表面上温度很低，这样就不宜采用传统的弹性材料。已知甲苯基硅树脂（methylphenyl silicone resin）是一种抗辐射的弹性材料，其低温性能可延伸到 −93 ℃，因此可被用作外密封垫，其被撕裂和高湿透性所带来的影响也会被降低到最低程度。对于内部高温和高湿环境条件下的密封，由于氟硅酮（fluorosilicone）橡胶具有优良的透气性、透水性、低温特性和适当的抗辐射性，因此，经综合比较后认为可选用这种材料。由于候选材料在工作温度下普遍易碎，并且在剪切力作用下分层材料普遍脆弱，因此，在植物舱内最好使这些半透明的帆板只承载最小载荷。可利用附着在植物舱框架"肋骨"上的柔性橡胶密封垫对这些帆板进行固定；还可以在窗格层的缝隙之间安装小型空气压缩泵，以利用其回收被泄漏的气体。

3.5.3　舱体绝热性能设计

月球或火星表面极其严寒而低于地球上的低温极值，因此实现舱体绝热保温也极其重要。例如，在火星基地舱体绝热设计中，Aspen（2011）将 Spaceloft 选作隔热材料。该材料是一种柔软的气凝胶（aerogel），其较薄但导热性非常低，因此是一种很好的隔热材料。

美国"海盗 1 号"登陆器在火星着陆点所记录的昼夜温度范围为 −89～31 ℃。那么，针对透明薄壁和低温极值，可以得出以下结论：可膨胀植物舱的内部温度对于植物来说确实太低。然而，来自内部设备的废热能够帮助补偿舱体结构造成的热损失。另外，稀薄的火星大气层在对流热转移中未能提供什么来制冷舱壁，并且火星土壤相当隔热，这样就会降低向表面的热传导。Hublitz（2000）认为，如忽略内部产热，一旦保持足够温度的低压透明植物舱，则在"海盗1号"着陆点的夏季夜间会损失约 900 W·m⁻² 的热量。然而，在白天期间，透明植物舱所接收的太阳光辐射与辐射损失基本持平，这样就不会产生净热流。为了应对晚上的热损失，有人建议用保温层来覆盖透明植物舱。例如，Hublitz（2000）曾经提出，一套夜间的多层隔热盖能够将热损失降低到不足 100 W·m⁻²，并且来自内部的大气处理、除湿和其他系统的废热能够平衡这种热损失。另外，在白天积累的过多热量可以被储存在岩石等热质（thermal mass）中或水等相变材料中，以供夜间使用。热控问题实际上可能会成为白天期间排除过多热量的问题之一，而不是单独加热来提高温度的问题。

图 3–20 表示在舱外覆盖 1～3 m 的月球土壤（针对月球基地 CELSS）或火星土壤（针对火星基地 CELSS），以便可以起到绝热保温的作用，同时也可以起到防微陨石撞击和防辐射等作用。

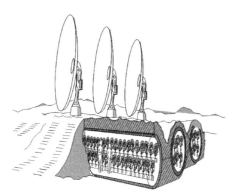 

图 3–20　受控生态生保系统的两种隔热措施（引自：Wheeler 和 Martin-Brennan，1999）
（舱外覆盖 1～3 m 的月球土壤或火星土壤，可隔热、防辐射和防止微陨石撞击）

3.5.4　舱体辐射防护设计

由于火星上没有像地球上一样强的磁场，因此其稀薄的大气只能为乘员和电子设备提供部分辐射保护。如前所述，在火星上有两种主要的有害辐射源：GCR 和 SPEs。GCR 是低剂量辐射，然而会持续辐射火星表面。在 SPE 期间，大型质子爆发出高剂量辐射，一般会持续几个小时。Simonsen（1997）提出，用于保护"火星人"所需要的掩体数量将取决于飞行时间的长短。他认为，火星大气确实能够对 GCR 起到非常好的防御效果。然而，对于长期飞行，宇宙辐射可能会对人体构成威胁。为了降低基地内的 GCR，有人推荐采用美国辐射防护服中的 RST Demron 纳米复合材料作为圆形建筑的覆盖层（Radiation Shield Technologies，2011）。虽然 RST Demron 纳米复合材料质轻并柔顺，但其能够提供非常好的辐射防护。这种材料也被选作火星服样机的结构材料之一。

　　然而，尽管在基地外层覆盖 1～3 m 厚的土壤来为乘员提供宇宙射线防护是目前被广泛接受的一种途径，但也正在开发其他新的辐射屏蔽技术，并且最终可能会采用一种混合技术途径。在选用新型防辐射材料方面，如低密度聚乙烯（low density polyethylene，LDPE）（RXF－1）、硼纤维（boron fibers）、加氢碳纳米管结构（hydrogen impregnated carbon nano-tube structure）或用于堆肥材料的电磁场等均有希望得到应用。在实施火星飞行之前，这些新的屏蔽技术将需得到持续研发。

　　对于乘员来说，SPE 由于辐射剂量高而使其较 GCR 更加危险。然而，SPE能够被提前预测（甚至可以提前一周），这样乘员就能够判断要否及时躲入掩体。一旦得到警告，则乘员就能够隐蔽在小型避难室中，后者在短期内具有较高的屏蔽能力。一般情况下，受控生态生保系统中心舱中具有供乘员躲避的掩体间，其会被一厚厚的水层所包围，并可以结合月球或火星土壤覆盖层而提供更好的屏蔽（图 3－21（a））。在火星表面，土壤的可获得程度应根据所在地点而定。例如，NASA "好奇号" 火星探测器登陆期间，其空中起重机（sky crane）引擎吹走了松软的火星表面土壤，并且能够观察到那个位置的土壤只有几厘米厚。因此，当推动屏蔽材料的极轻机动车在 1/3g 下运行时会面临挑战。另外，观察发现火星表面上具有大量岩石，这对构建基地的覆盖层极为不利。一种可能的解决方法是在其周围填充火星土壤，并且最有可能的解决方案是在植物舱的周边只垒土壤，而在其顶部紧密放置若干个水囊（图 3－21（b））。

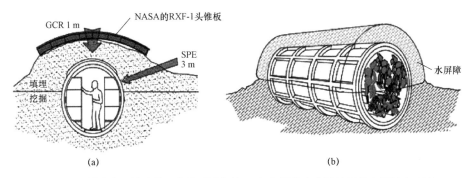

图 3－21　覆盖有土壤防护层的月球居住舱（a）和覆盖有水防护层的火星温室（b）
（引自：Sadler 等，2009）

美国亚利桑那大学的 Giacomelli 等（2012）提出，考虑到月球 1/6g 的重力，可将地球南极的雪盖作为模拟月壤条件，因为它们具有相似的质量。"阿波罗"计划中，对从月球表面 1 m 下和地球南极表面所采集样品的数据分析表明，它们的温度也非常接近。利用深层月壤的一大优点是，其在自然状态下是类似于雪的结晶体。这种深层土壤结构具有很大优势，因为这样可以方便建立一个标准的 1:1 斜坡（45° 侧面斜度）而将舱体托起，并在舱体周围将材料回填。此外，可以挖一条具有垂直墙的壕沟，这样使操作者更易靠近，并很少需要或不需要升高而对舱体顶部实施填充，并可减少 50% 以上需要被挖掘的材料用量。

3.5.5　舱外尘土去除方法设计

在火星上，每年在其运行到轨道近日点前后会定期爆发尘暴而导致尘土飞扬和沉积。经测算，尘土遮蔽会导致太阳能电池帆板性能每天下降 0.3%，这一问题将影响太阳能帆板及穿过透明舱体的光通量。以前，NASA 格林研究中心（John Glenn Research Center）研究了太阳能帆板的风力清洁（wind-cleaning）尘土的可行性，以及在垂直方向对阻止尘土积累的影响。目前，已经证明风力清洁是无效的，因为现在提出的植物舱几何结构设计方案会导致无法按照垂直方向实施。然而，静电尘土清除技术被认为无论是用于太阳能帆板还是用于植物舱舱体都是合适的。另外，在接近植物舱的表面处引入导电外层，将有利于采用静电尘土清除技术，这样就能够简化维护，并尽量减少由于通过机械方法清洗而对表面造成的损伤。在这一应用中，可选用铟–锡–氧化物（indium-tin-oxide，ITO）这种静电吸收材料，因为在以前类似的空间计划中其被用于进行热毯中静电耗散而得到广泛应用。另外，被夹在介电层之间的薄片贵金属也可以作为替代品，但由于这会导致透光率下降而可能不适合被用于进行植物舱窗口的尘土清除。

|3.6　柔性舱膜层结构设计案例分析|

受控生态生保系统柔性可膨胀舱（图 3 – 22），一般包括非透明可膨胀结构和透明可膨胀结构两种构造形式，下面分别予以介绍。

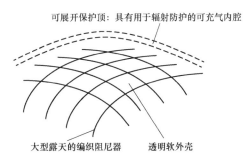

可展开保护顶：具有用于辐射防护的可充气内腔

大型露天的编织阻尼器　　透明软外壳

图 3 - 22　可膨胀植物舱体概念图（引自：Kennedy，2000）

3.6.1　非透明柔性舱膜层设计

如植物舱采用非透明可膨胀结构设计，则可完全采用光导纤维或人工照明技术进行植物光照，这种情况下对其透明性没有要求，但对强度、防辐射（如覆盖月壤或火星土壤时则不需要考虑此性能）和绝热保温等有一定要求。非透明柔性膜材料一般为多层结构，依次包括囊组件、阻尼层、多层隔热层及辐射防护层。采用多层隔热材料，以阻止在夜间出现热损失。例如，Kennedy（2000）设计的舱壁膜层为 10 层结构，其中的囊组件为 3 层，各层之间为真空。假如最内层发生泄漏，仍会留有 2 层可以确保气体密封。在各层之间安装真空传感器，以用于监测可能出现的气体泄漏。在高压（59.2 kPa）和低压（30 kPa）植物舱中可采用同样的囊组件，以便用来维持气密性（图 3 - 23（a））。

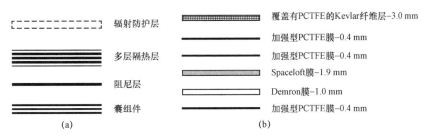

⌐‒ ‒ ‒ ‒ ‒┐ 辐射防护层	▓▓▓▓▓▓ 覆盖有PCTFE的Kevlar纤维层–3.0 mm
━━━━━ 多层隔热层	——————— 加强型PCTFE膜–0.4 mm
━━━━━	——————— 加强型PCTFE膜–0.4 mm
▬▬▬▬▬ 阻尼层	▭▭▭▭▭ Spaceloft膜–1.9 mm
▬▬▬▬▬ 囊组件	▭▭▭▭▭ Demron膜–1.0 mm
	——————— 加强型PCTFE膜–0.4 mm
(a)	(b)

图 3 - 23　非透明可膨胀舱体两种膜层结构构成示意图
（（a）引自：Kennedy，2000；（b）引自：Kozicki 和 Kozicka，2011）

另外，如前所述，在 Kozicki 和 Kozicka（2011）开展的大型圆顶形植物舱设计中，其舱壁由非透明和透明两种柔性膜组成，其中非透明膜壁由 6 层膜材料组成（图 3 - 23（b）），从内到外分别是加强型聚三氟氯乙烯（polychlorotrifluoroethylene，PCTFE）膜（气密层）、Demron 膜（防辐射层）、Spaceloft 膜（隔热层）、加强型 PCTFE 膜（气密层）、加强型 PCTFE 膜（气密层）和覆盖有 PCTFE 膜的 Kevlar 纤维层（机械增强层+气密层），总厚度为

7.1 mm，各层之间为真空。可以看出，该膜层具备气密、防辐射、隔热、增强机械强度等各种物理特性。其中，用得最多的是被用作气密层的 PCTFE 膜，其耐寒性能非常好，即使在 −240 ℃下也能够保持基本性能。该膜材料主要包括以下特性：对二氧化碳、氧气和氮气等气体的透性非常低；不可被吸收并阻燃；抗静电且不粘连，因此火星尘土不会黏附在其表面。为了增加该材料的抗拉强度，一般在其中加入 Kevlar 纤维、玻璃纤维或碳纤维等纤维材料。

对于低压植物舱，其内外之间的压差与高压植物舱的相比要低，这样低压植物舱的阻尼层不必具有同样结构的阻尼器，并且能够更轻。为了实现这一目标，要么将开缝设计得更宽，要么将阻尼器做得更薄。表 3−5 列出了高压和低压植物舱气囊及阻尼层的质量。图 3−24 所示为一种非透明可膨胀舱体结构外观效果图（图 3−24（a））及实物图（图 3−24（b））。

表 3−5　单位面积植物舱体结构材料的质量（引自：Kennedy，2000）

膜层结构材料	高压（59.2 kPa）植物舱 / (kg·m^{-2})	低压（30.0 kPa）植物舱 / (kg·m^{-2})
囊组件（聚乙烯）	1.22	1.22
阻尼层（Kevlar）	1.31	0.66
多层隔热层（Mylar）	1.22	1.22

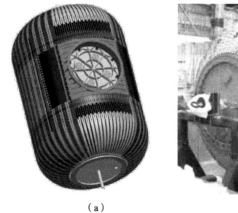

（a）　　　　　　　　　　　　　（b）

图 3−24　非透明可膨胀舱体结构外观效果图（a）和实物图（b）（引自：Kennedy，2009）

3.6.2　透明柔性舱膜层设计

以上介绍了可膨胀透明材料在空间相关领域的应用情况，但这些材料还无法直接被应用到透明可膨胀植物舱的设计中，因此必须另辟蹊径，以开发新的可应用于植物舱的透明膜材料，这对直接利用太阳光进行植物光照从而大大降低能耗具有重要意义。

与非透明膜材料相比，透明膜材料较薄，主要是不具有多层隔热层。例如，Kennedy（2000）设计的透明植物舱体膜层为 5 层，其中囊组件共为 3 层，各层之间为真空（图 3 – 25（a））。假如最内层发生泄漏，仍留有 2 层可确保气体密封。同时，可利用安装在各层之间的真空传感器来监测可能出现的泄漏。另外，Kozicki 和 Kozicka（2011）设计的透明植物舱壁由 4 层膜组成，主要是去掉了非透明膜层中的辐射防护层与隔热层，以增加其透明性（图 3 – 25（b））。这样，透明舱体部分就不具有防辐射和隔热等功能。

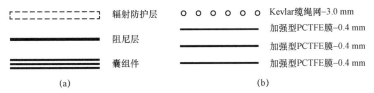

图 3 – 25 两种透明可膨胀舱体膜层结构构成示意图
（（a）引自：Kennedy，2000；（b）引自：Kozicki 和 Kozicka，2011）

3.7 小 结

受控生态生保系统舱体设计，尤其是植物舱体的设计，关系到未来该系统在外太空的建设成败和使用的安全性、可靠性及便利性等。本章分别介绍了系统整体结构构型设计、舱体刚性结构设计及刚性与柔性相结合的混合式结构设计、柔性材料当前的基本发展水平、系统中柔性舱膜材料的基本设计及必须具备的所有相关功能设计等。

柔性膜材料目前是大家关注的重点，但由于对透明度的需要而使得在选择建筑材料时会受到限制。不同方面的研究结果表明，现在还无法建成透明可膨胀的外部壳体来承受加压后所引起的内外压差，而利用刚性透明材料也会存在类似问题。另外，由于火星尘暴和月球太阳风引起的尘土及高辐射等问题，会导致透明材料很快发生衰变，并且会降低材料的透明度。迄今，还没有能够满足所有关键性能指标要求的合适植物舱透明膜材料。

目前，有关舱体结构建设的基本看法是：① 整体结构构型采用"轮毂+辐条型"。② 舱体结构拟采用刚柔混合型，但不能完全放弃刚性结构，因此需要就这两种结构的可行性及等效系统质量（ESM）等做进一步的论证与比较。③ 柔性舱结构尽量采用透明柔性膜材料（有利于直接太阳光照），但还必须进行新材料的开发与应用；如果无法达到以上要求，则可以采用非透明柔性膜材料，这时最好采用间接太阳光+人工光源的混合式植物光照方式。

第 4 章

植物栽培单元

植物是受控生态生保系统中的重要生物功能部件，因此植物栽培子系统是该系统中的重要结构单元。由于月球或火星表面上均具有一定重力，一般分析认为，1/6g 或 1/3g 的重力就可以像地面上一样实现水气分离，因此，目前单就栽培技术选择而言，天地之间不应具有实质性差别。然而，该系统必须与整个系统的结构及其应用背景等相兼容，因此其又具有诸多特殊性。

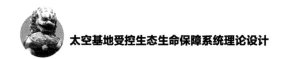

|4.1 总体结构构成设计|

在植物栽培系统的设计中，需要重点考虑以下几个方面：① 该系统空间狭小，而要想达到一定的栽培面积，则必须对栽培系统进行优化设计，以便实现系统内空间的最大化利用；② 必须大力提高植物栽培的自动化程度，以便提高栽培效率，并降低乘员的工作负荷；③ 在系统部署初期，最可行的方法是采用液体培养（简称液培。携带少量的水和矿质营养元素即可启动植物栽培），然而，随着系统的发展，植物和人会产生越来越多的生物可降解废物，并且所携带的矿质在系统中营养元素也会逐渐被用尽，这时则需要在系统中进行生物可降解废物的再生循环利用，而植物也可能需要由液培逐渐过渡到人工固体类土壤基质培养（简称固培）。因此，需要考虑逐渐转换植物的培养方式。此外，需要考虑水培或气培中水分和养分的有效管理、固体培养中基质水肥和通气性管理，以及病虫害的有效防治等方法。植物栽培系统应主要包括 6 个单元，具体如图 4-1 所示。

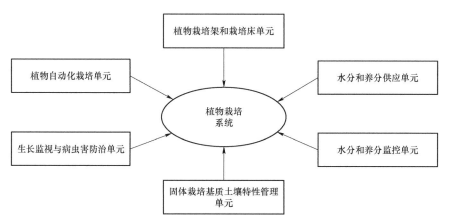

图 4-1　植物栽培基本结构单元构成

|4.2　栽培支撑结构设计|

在栽培架和栽培床设计中，需要重点考虑其立体性、适合作物生长性、紧凑性、机动性及可操作性等基本原则。以下介绍两种类型。

4.2.1　移动式立体栽培架和栽培床设计

植物栽培架的设计应符合以下基本要求和条件：① 能够满足植物不同的营养、水分和光照需求，以及不同的植物高度；② 便于浇水、施肥和通气等对植物根部的水、肥和气管理；③ 便于自动化栽培和收获操作；④ 便于人员操作和满足基本的人机工效学要求。应根据以上基本原则要求来进行栽培架的设计。

例如，Finetto（2010）为其前面提到的 FARM 系统设计了一套立体植物栽培系统（图 4-2）。可以看出，每套栽培架共被设计成 4 层，从上往下数，其中第一层和第三层每层高度均为 50 cm，而第二层和第四层

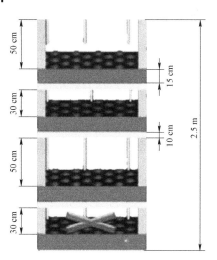

图 4-2　植物栽培架设计
（引自：Finetto，2010）

每层高度均为 30 cm，以适于栽培不同高度的植物。简单的人机工效学分析表明，人难以到达底层栽培架进行操作，因此决定将这里用作储藏和育苗区。然而，借助于机器人能够到达高处的栽培架。考虑到以上人机工效学问题，将每层高度为 50 cm 的栽培架的栽培面积设计为 1.0 m²，而 30 cm 高的设计为 0.5 m²（图4-3（a））。基于基本的建筑考虑，对栽培架也进行了舱内布局设计。为了优化内部空间利用效率，进行了双层地板布局设计。通过对栽培架进行这样的布局安排，则在栽培架之间共留出 3 个通道（图 4-3（b）），并且在每两个栽培架之间装配有一个用作其他子系统的架子。另外，位于舱体角落处的电梯能够穿行于双层地板之间；同时，在舱的中间位置安装有应急楼梯，以便万一出现火灾或应急情况时乘员能够安全而快速地撤离。基于这样的内部结构布局，每个 FARM 舱的栽培面积可达到 144 m²，其中 96 m² 用于栽培 50 cm 高的植物，而其余 48 m² 用于栽培 30 cm 高的植物。

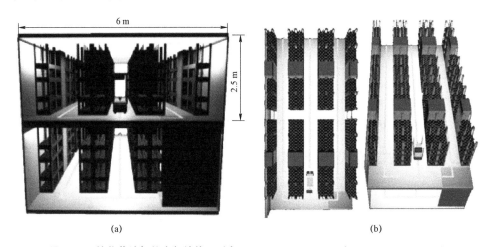

图 4-3　植物栽培架的内部结构（引自：Finetto，Lobascio 和 Rapisarda，2010）
（a）舱内上下层栽培架侧视分布；（b）舱内上下层栽培架俯视分布

4.2.2　固定式立体栽培架和栽培床设计

图 4-4 所示为一种植物固定式栽培架和栽培床结构设计形式。为了使所需体积最小，因此同样采用立体多层植物支持系统，其中植物栽培床为扇形结构，围绕每一层的圆周进行布局。按照这种方式，可以将用于收获的机械手固定在一个位置，这样就可降低其总体复杂性，并因此降低系统的等效系统质量（ESM）。

在另外一种栽培架和栽培床设计中，Zeidler 等（2017）采用 V 字形沟槽（V-shaped channels，VCs）的设计思路，这样就能够使永久性栽培槽与可更换并可被展开安装的种子播种圈（seed cultivation coil，SCC）结合起来，即种子播种圈被固定在栽培槽的上沿，具体如图 4-5 所示。

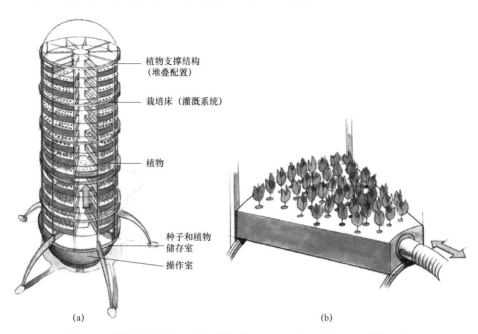

植物支撑结构
（堆叠配置）

栽培床（灌溉系统）

植物

种子和植物
储存室

操作室

(a)

(b)

图 4-4　植物栽培舱内部栽培支撑系统（a）及灌溉系统（b）结构示意图
（引自：Janssen 等，2005a）

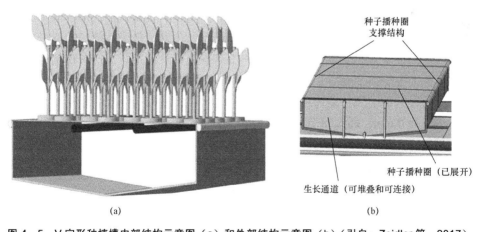

种子播种圈
支撑结构

种子播种圈（已展开）

生长通道（可堆叠和可连接）

(a)

(b)

图 4-5　V 字形种植槽内部结构示意图（a）和外部结构示意图（b）（引自：Zeidler 等，2017）

在每次栽培试验开始时，放置一套新的作物专用种子播种圈，待作物被收获后则清除之并替换新的。图 4-6 所示的种子播种圈由三部分构成：塑料膜在外层；种植纤维层位于外层下面，其吸收营养液来促进植物生长；种子位于该夹层的中间位置。按照长度要求将种子播种圈切成片段，以适合栽培槽，并利用固定装置使之在栽培槽上固定到位。当植株生长发育时，其将会穿过塑料薄膜而进入苗生长区。

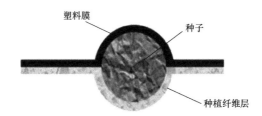

图 4-6　种子播种圈结构示意图（引自：Zeidler 等，2017）

　　如前所述，对所有作物类型均采用固定式叠层结构。在这一结构中，栽培槽垂直间隔距离设计为 1.5 m，这不仅考虑了最大的植物高度，还考虑了苗区顶端和 LED 光源之间必要的间隔距离、光源灯箱的厚度及保障结构撑杆等。栽培槽水平间隔为 15 cm，以适合各种植物的苗区尺寸，其可以延伸而超过种子播种圈的实际宽度。此外，栽培槽之间需要具有一定间隙，以允许气流能够充分穿过植物冠层而促进植物与大气之间的二氧化碳气体交换，并因此提高其光合作用效率。

　　因为温室壳体具有一定的曲度，因此栽培槽的长度不一。为了充分利用空间，根据通道和植物舱壁之间的距离而使每个栽培槽具有特定长度。例如，在 Zeidler 等（2017）所提出的植物叠层栽培结构中，每个植物舱具有 96 个栽培槽，分为两部分，每部分具有 5 层，总长度约为 274 m。所布置的种子播种圈宽度为 60 cm，这样每个植物舱中的栽培面积为 165 m²。因此，整个系统中的 4 个植物舱共具有的种子播种面积为 658 m²。利用这些数据及特定飞行任务期间每种植物所需要的种子播种圈总长度（包括20%的冗余），则可以计算出每次月球飞行任务所需要的种子播种圈的总数量为 124 个，总质量为 383 kg。假定一个立方体的边长为 0.6 m，那么每个种子播种圈占有的体积为 0.216 m³，则 124 个种子播种圈所占有的总体积为 26.78 m³。在完成植物舱部署后，将种子播种圈储存在 4 个舱室的底层，直到下一次使用（Zeidler 等，2017）。

| 4.3　植物水培技术 |

　　目前，在地面上所采用的栽培方法包括营养液水培、类似土壤栽培的固培及气培三大类型，主要包括静态通气技术（static aerated technique，SAT）、涨落技术（ebb and flow technique，EFT）、营养液膜技术（nutrient film technique，NFT）、通气流技术（aerated flow technique，AFT）、根雾技术（root mist technique，RMT）和饲雾技术（fog feed technique，FFT）等。从理论上讲，这些方法在月球和火星等地外星球基地均可被直接应用，关键问题是应选择哪一种栽培系统才能更加节约大小、减小质量、降低功耗、降低乘员工作负荷并保证其运行的安全性和可靠性。针对月球或火星表面环境，可采用的植物栽培方法同样有水培、气培和固培 3 种选择，以下分别予以介绍。

4.3.1　基本工作原理

在地面上，水培（hydroponics）技术有很多种，包括深水培养、浅水培养和 NFT 培养（较浅水培养更薄，几乎为一层水膜）。由于太空基地水资源非常宝贵，如采用水培系统，则需要采用 NFT 这样的超浅水层培养技术。水是植物生长的必要成分，尤其是在低压条件下，水与营养混合而形成营养液，从而作为作物的营养源。Munson 等（2002）为太空基地设计了一种植物水培系统，其结构原理如图 4 - 7 所示。

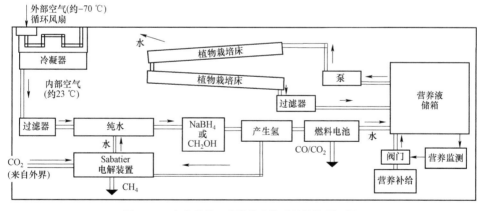

图 4 - 7　太空基地一种植物水培系统结构原理图

（引自：Munson 等，2002）

当需要水时，将来自燃料电池的去离子水、冷凝水或污水后处理水送入营养液储箱。营养水平由电子传感器自动监视。当需要添加某种营养元素时，则将去离子水加入存有养分的储箱。一般认为，营养物质在向火星飞行时，应以干的形式存在。到达后，在基地配制超浓缩的营养液母液并储藏于营养液储罐中。当需要调节营养液电导率时，则打开电磁阀门，使超浓缩的营养液母液流入营养液储箱，加入适当量后而最终使营养水平恢复到设定值。为了给所有植物可靠供水，需要给每个栽培盘安装一台独立的磁力驱动泵。该泵主要包括运动部分和磁化的陶瓷转子，并将其置入营养液储箱以节约空间。由于重力作用，水会沿着栽培盘斜面向下流。另外，对营养液可进行间断循环以节约能源。然而，为了安全起见，营养液层不能太薄。这是因为，在系统运行中难免会出现故障，因此可能会导致营养液循环停止，而如果在低压下断水时间较长，则极有可能导致栽培槽中的水分蒸干而致使植物枯萎。相反，栽培槽中的水量如适当多一点则可以降低这种风险。

4.3.2　营养液组分及浓度控制范围

植物营养学研究证明，植物生长必需的化学元素有 16 种：碳（C）、氢（H）、氧（O）、氮（N）、磷（P）、钾（K）、钙（Ca）、硫（S）、镁（Mg）、铁（Fe）、氯（Cl）、锰（Mn）、硼（B）、锌（Zn）、铜（Cu）和钼（Mo）。其中碳、氢和氧这 3 种元素占到植物干重的 90%～95%。由于大气中的水和二氧化碳提供了这 3 种元素，因此其他 13 种被分为主要成分和次要成分。主要成分即指植物需求量比较大的元素，分别是氮、磷、钾、钙、硫和镁共 6 种；次要成分，即指其浓度较低但又必需的元素，包括铁、氯、锰、硼、锌、铜、钼共 7 种。

为了满足植物对以上营养元素的需求，在营养液或土壤基质中一般需要包含以下离子成分：硝酸根离子（NO_3^+）、钾离子（K^+）、镁离子（Mg^{2+}）、硫酸根离子（SO_4^{2-}）、铵离子（NH_4^+）、磷酸根离子（PO_4^{3-}）、钙离子（Ca^{2+}）、锰离子（Mn^{2+}）、亚铁离子（Fe^{2+}）、锌离子（Zn^{2+}）、铜离子（Cu^{2+}）、钼离子（Mo^{6+}）、硼离子（B^{4+}）和氯离子（Cl^-）。

研究经验表明，可利用固态离子特异性电极来自动监测重要营养元素的浓度。由于固态电极较膜电极使用寿命要长，因此，固态电极在营养液流中的使用寿命会更长。所有操作通常在 0～50 ℃和 pH 4.5～6.0 的范围内进行。营养液中上述离子的一般浓度控制范围如表 4-1 所示。

表 4-1　营养液中营养元素的一般浓度控制范围　　　　ppm

离子种类	低	高	平均
硝酸根离子（NO_3^+）	150.00	1 000.00	185.00
铵离子（NH_4^+）	40.00	120.00	65.00
硫酸根离子（SO_4^{2-}）	200.00	1 000.00	400.00
钾离子（K^+）	100.00	400.00	300.00

续表

离子种类	低	高	平均
钙离子（Ca^{2+}）	100.00	500.00	200.00
氯离子（Cl^{-1}）	50.00	170.00	100.00
磷酸根离子（PO_4^{3-}）	50.00	100.00	80.00
镁离子（Mg^{2+}）	50.00	100.00	75.00
亚铁离子（Fe^{2+}）	2.00	10.00	5.00
锰离子（Mn^{2+}）	0.50	5.00	2.00
硼离子（B^{4+}）	0.50	5.00	1.00
锌离子（Zn^{2+}）	0.50	1.00	0.50
铜离子（Cu^{2+}）	0.10	0.50	0.50
钼离子（Mo^{6+}）	0.01	0.05	0.02

4.3.3　营养液中主要元素的作用与影响

1. 氮

氮在植物体内的含量排在碳、氢、氧之后，居第 4 位，是肥料和营养液中的主要成分。作为氨基酸和叶绿素的一部分，氮看来较其他成分更会影响植物的发育。缺氮会引起叶片变黄和死亡。相反，氮过量较缺氮所引起的伤害会更大。绝大多数营养液配方会提供两种形式的氮，即硝态氮（NO_3^-）和铵态氮（NH_4^+），这有助于平衡营养液或土壤中的 pH（即酸碱度）。NH_4^+ 与 NO_3^- 之间的理想比例为 1:3～1:4。NH_4^+ 的使用量较少，目的在于避免铵中毒。

2. 磷

磷是植物生长发育所必需的大量元素。磷是植物体内的核酸、磷脂、植素、磷酸腺苷和多种酶的组成成分，并参与多种生理生化代谢活动。缺磷会显著导致植物生长放慢，然而磷含量不应超过 1.00%，否则，磷含量过高会干扰其他元素的功能。

3. 钾

钾对植物健康生长是必需的，尤其是对于果实发育更是如此。钾过量会引起其他元素的匮乏。钾、钙和镁的含量应该达到一种平衡。钾通常以硝酸钾（KNO_3）、硫酸钾（K_2SO_4）或氯化钾（KCl）等的形式存在，而硝酸钾最常见，其浓度约为 200 ppm。

4. 钙

钙主要存在于植物的细胞壁中。缺钙会导致植物叶尖变为棕色或黑色，并且外观不平。钙过量虽不存在任何直接的副作用，但间接的作用是钾离子、镁离子和钙离子这 3 种阳离子之间的平衡被打破。一般情况下，自来水中含有钙，因此有必要将一些营养液中的钙离子含量下调。然而，受控生态生保系统植物舱中的水由于是在原地生产而不会有额外的钙进入，因此可将营养液的浓度维持在原来的配方水平。

5. 镁

镁是叶绿素的组分，镁的缺乏会对植物造成很大影响。例如，缺镁的植物呈现出脉管之间缺绿，并导致植物更易于染病。镁不可能额外积累，因此必须考虑钾离子、钙离子与镁离子等阳离子之间的平衡。温室中的营养液需要包含更多的镁，因为水中不再会有镁的存在。

6. 硫

硫是两种植物氨基酸的组成元素，因此，其即使在植物体内含量较少，但也是必需成分。目前对硫的作用了解较少。植物缺硫症比较罕见，并且其症状与缺氮的症状非常相似。人们目前认为，植物能够处理相对高浓度的硫离子而不出现中毒或胁迫症状。

4.3.4 营养液配制原则

植物的各个部分，如茎、叶、种子和根，都具有不同元素含量。由于这种不均匀分布，因此不同类型的作物及其不同部位均应当具有不同比例的营养元素。表 4 – 2 所示为小麦不同部位中的营养含量组成。

表 4 – 2   小麦各个部分的营养含量比较（引自：Munson，2002）

营养元素种类	叶	茎	种子	根
氮/%	5.00	2.00	3.00	3.00
磷/%	0.30	0.20	0.50	0.20
钾/%	2.50	2.30	0.70	2.00
钙/%	1.20	0.30	0.10	0.20
镁/%	0.50	0.05	0.20	0.05

续表

营养元素种类	叶	茎	种子	根
硫/%	0.50	0.30	0.20	0.20
铁/（mg·kg^{-1}）	100.00	40.00	100.00	80.00
锰/（mg·kg^{-1}）	75.00	20.00	50.00	25.00
硼/（mg·kg^{-1}）	5.00	3.00	0.50	5.00
锌/（mg·kg^{-1}）	50.00	20.00	50.00	30.00
铜/（mg·kg^{-1}）	10.00	1.00	5.00	10.00
钼/（mg·kg^{-1}）	2.00	1.00	1.00	1.00
氯/（mg·kg^{-1}）	1.00	1.00	1.00	1.00

一般来说，叶类作物需要更多的氮元素。植物在其经历 3 个主要生长阶段时，在每个阶段对营养的需要都会发生变化。早期植物的营养生长绝大部分体现在叶组织上。这一阶段营养液浓度应该被设置为较高水平，因为叶片需要吸收较高比例的大量元素，而且幼株更容易遭遇营养缺陷而非中毒。在植株的营养生长后期，叶和茎几乎均等生长。在繁殖生长期，营养又被转入果实和种子中，而其他部分的生长则放慢。

对每种植物及其不同生长阶段进行营养液调整肯定是一种理想的做法，但其操作程度却较单一营养液系统要复杂很多。一般情况下，植物吸收硝酸根离子及磷、钾和锰元素的速度要相对较快，以中等速度吸收镁、硫、铁、锌、铜、钼和碳元素，而吸收钙和硼元素的速率最慢。因此，在配制营养液及进行后续的营养液水平调控时，需要考虑这些因素。

4.3.5　营养液配方典型案例分析

在未来太空基地中，可利用的空间、生保物质和人力等资源条件非常有限，因此不太可能针对不同的植物采用不同的营养液配方进行培养，这样就需要大多数植物都能够接受的一种或两种通用营养液配方来进行粮食和蔬果等各种植物的共培养（co-culture）。例如，美国 NASA 肯尼迪航天中心在 20 世纪 90 年代实施高级生保计划（Advanced Life Support，ALS）时，针对粮食（包括小麦、大豆、马铃薯、甘薯、花生、水稻、菜豆）及蔬菜及水果（包括莴苣、菠菜、番茄、甜菜、萝卜和草莓）等作物开发了一种通用营养液，其基本组成和浓度配方见表 4-3。

表 4-3　美国 NASA 肯尼迪航天中心实施高级生保计划期间
采用的通用营养液配方（引自：Wheeler 等，2003）

配方用盐类	大量元素/（mmol·L⁻¹）					
	氮	磷	钾	钙	镁	硫
硝酸钾	2.5	—	2.5	—	—	—
硝酸钙	5.0	—	—	2.5	—	—
硫酸镁	—	—	—	—	1.0	1.0
磷酸二氢钾	—	0.5	0.5	—	—	—
起始浓度	7.5	0.5	3.0	2.5	1.0	1.0
母液浓度	70.0	10.0	56.0	12.0	10.0	10.0

配方用盐类	微量元素/（μmol·L⁻¹）					
	铁	锰	锌	铜	硼	钼
铁-HEDTA	50.0	—	—	—	—	—
微量复合营养物	—	7.4	0.96	0.52	9.5	0.01
起始浓度	50.0	7.4	0.96	0.52	9.5	0.01
母液浓度	134.0	96.0	12.5	6.8	123.5	0.13

- 微量复合养分由下列盐类混合配制而成：硼酸（HBO_3）、四水氯化锰（$MnCl_2 \cdot 4H_2O$）、七水硫酸锌（$ZnSO_4 \cdot 7H_2O$）、五水硫酸铜（$CuSO_4 \cdot 5H_2O$）、四水钼酸铵（$(NH_4)_2MoO_4 \cdot 4H_2O$）。
- 铁-HEDTA：为六水氯化亚铁（$FeCl_2 \cdot 6H_2O$）与 N-β-羟乙基乙二胺三乙酸（HEDTA）的混合物。
- 在这一营养液配方中，硝酸盐是唯一氮源，因此，在植物吸收硝酸盐快的时期，营养液的 pH 易于上升（即偏碱），这一般需加酸来控制 pH。在这一试验中，采用浓度为 0.4 mol·L⁻¹ 的硝酸（控制碱性）和浓度为 0.4 mol·L⁻¹ 的氢氧化钾（控制酸性）来调节 pH。

4.3.6　营养液配制方法

1. 营养液母液配制

　　一般情况下，先配制高浓度的营养液母液，基本方法如下：将大量元素氮、磷、钾、镁放在一起，用去离子水或蒸馏水配制，装在一个营养液母液储箱中（例如称为 A 母液储箱，其浓度一般是营养液浓度的 100 倍）；将钙元素单独配制（防止与其他元素发生沉淀反应），方法同上（例如称为 B 母液储箱，其浓度一般是营养液浓度的 100 倍）；将硫酸亚铁与 EDTA（乙二胺四乙酸）或 HEDTA 的螯合物（防止植物可吸收的二价铁氧化为不可吸收的三价铁）单独配制，装在另外一个营养液母液储箱（例如称为 C 母液储箱，其浓度一般是营养液浓度的 1 000 倍）；将其他微量元素一起配制，同样单独储存（例如称为 D 母液储箱，其浓度一般是营养液浓度的 1 000 倍）。

2. 营养液调控

初次配制营养液，按照一定的营养液配方进行配制并调节 pH。之后随着系统运行和植物生长及其水分和营养代谢，营养液的电导率（electrical conductivity，EC）和液位会逐步下降，而在硝酸盐作为唯一氮源的营养液中，pH 会逐渐上升。这样，就需要采取措施对营养液的电导率、酸碱度和液位等进行调控，具体方法如下。

1）电导率调控

需要调节营养液电导率时，通过蠕动泵或电磁阀从营养液母液储箱向营养液储箱定量加入营养液母液，通过电导率传感器进行电导率测量并通过微电脑实施控制。当测量值低于设定值下限时，开始加入营养液母液；当测量值超过设定值上限时，则停止加入营养液母液。在向营养液储箱添加营养液母液的过程中，需要注意两点：第一，营养液储箱中的营养液需要处于一定的流动状态，以确保同时加入的营养液母液与原有营养液能够快速而均匀混合，否则，如营养液处于静止状态，则同时加入的几种营养液母液就容易相遇而发生沉淀；第二，在添加营养液母液时，需要进行延时间隔设定，即在添加过程中必须要有停歇，使营养液与新加入的营养液母液具有一定的混合时间。停歇后，如未达到设定值，则再继续添加和判断；否则，如连续添加，则极有可能出现过冲的问题，即最终营养液的电导率会远远高于设定值。另外，除了需要控制添加节奏外，还需要控制添加液的单位添加量，否则，同样会出现过冲或添加时间过长的问题。营养液的电导率一般设定为 $1\sim2$ mS·cm^{-1} 或 $100\sim200$ mS·m^{-1}。

2）酸碱度调控

一般情况下，利用 pH 传感器自动测量营养液储箱中营养液的酸碱度。当 pH 测量值低于设定值下限时，通过微电脑启动耐碱蠕动泵或电磁阀添加碱液（一般为 1 mol·L^{-1} 氢氧化钾（KOH））；当超过设定值上限时，则停止添加碱液。相反，当 pH 测量值高于设定值上限时，则通过微电脑启动耐酸蠕动泵或电磁阀添加酸液（一般为 1 mol·L^{-1} 硝酸+磷酸的混合液（HNO_3+HPO_3））；当低于设定值下限时，则停止添加酸液。添加时的注意事项同电导率控制。不同作物对营养液酸碱度略有不同要求，一般偏酸，控制范围设定为 $5.5\sim6.5$。

3）液位调控

通常，利用超声波或浮子式液位传感器对营养液储箱中的营养液液位进

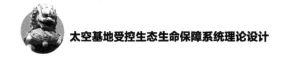

行自动测量。当液位测量值低于设定值下限时开始加水；相反，当液位测量值高于设定值上限时则停止加水。

4.3.7 营养液消毒技术

在水培方法中，营养液不断处于流动状态而容易传播致病菌，轻则影响植物产量等栽培效果，重则导致灾难性故障，因此，必须对植物栽培系统进行病虫害控制。首先，必须对营养液进行连续或定期消毒，以防止致病菌扩散与爆发而导致植物栽培失败。植物根系对植物脱落掉入营养液的坏死茎叶或组织等较大物块能够进行部分阻挡，从而对营养液起到一定的净化作用，但这对营养液的消毒净化几乎不起作用。

1）管路砂石过滤+紫外照射

将营养液泵入位于输液管路上的砂石过滤器，以去除任何大的物块并成为细菌进入的第一道屏障。这里，选用砂石过滤系统而非其他机械、离子或反渗透膜，主要是因为其在飞行期间不需要其他任何额外的能源或更换。在砂石过滤器中，使营养液从紫外灯或其他高能灯下通过，以便在其返回储箱之前能够去除其中的任何细菌。在此，可通过计算机控制紫外灯，使其作用于水中的所有细菌，这样就可以杀死细菌或摧毁其遗传物质 DNA（deoxyribo nucleic acid，脱氧核糖核酸）而导致其不育。根据管路系统的长短，可安装一套或几套紫外灯。

2）营养液储箱紫外照射

除利用上述砂石过滤+紫外消毒技术外，也可以采用以下方法进行营养液消毒。在该方法中，将紫外灯安装于储箱的外边，以允许其在 40 ℃的最高效率下运行，且不会加热储箱中的营养液。然而，一般玻璃会阻挡紫外线透过，因此，为了保证紫外线能够进入营养液储箱，在储箱盖与紫外灯之间的透明窗户上可安装光学石英玻璃或透紫外黑色玻璃。

4.3.8 NFT 水培技术优点

NFT 是目前地面上应用最为广泛的水培技术，尤其适用于栽培蔬菜和水果等。相比于其他水培方法，其最大的优点是营养液的深度可以只有 2 mm。除了处于早期生长阶段的番茄等少数植物外，在植物舱中所有其他植物都可以通过 NFT 得到水和营养。由于根须到营养液的表面非常近而且水流会促使根须得到充足的氧气，因此，这一系统与常规深水或中水培养系统相比，具有较低的需水量及较高的充氧能力。另外，与常规的土培相比，其具有较高的产量/质量比。

| 4.4　植物气培技术 |

4.4.1　基本工作原理

植物气培（aeroponic）也叫雾培，是使植物的根系直接悬在空气中，而以喷雾的方式向植物根部连续或定期喷洒营养液或水分。这样，植物的根系同样可以得到水分和养分，同时也可以保持与空气较为充分的接触而获得呼吸用氧。一般采用较为封闭的雾箱设计，即在该系统中，位于雾箱中的植物根系被喷射而为植物提供所需要的水分和营养。按照这种方式，植物的根系可被保持充分湿润并同时提供较充分的氧气。

气培也有很多种方式，较为常用的是根雾技术（root mist technique，RMT）和饲雾技术（fog feed technique，FFT）。这两种技术所喷水滴的大小不同，RMT 所喷水滴的直径为 30～100 μm，而 FFT 的小于 30 μm。由于植物更容易吸附较大水滴，因此 RMT 是一种更好的选择。研究结果表明，RMT 和 NFT 是最为重要的栽培方法。在所有选择中，根部喷雾技术具有最好的潜在生产率，因为其用水量最少，即水和营养液用量较水培系统要少一个数量级，并能够促使植物更快生长。在植物种植槽内进行营养液雾的精确喷射（图 4–8），而未被吸收的营养液向下流动到带有角度的栽培槽。在这里，部分成分可以被植物吸收，而未被吸收或未蒸发的营养液被排出而进入位于温室的储箱中。

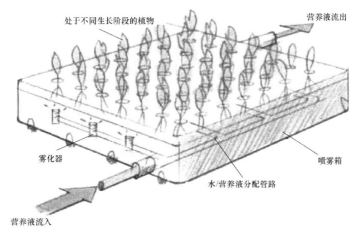

处于不同生长阶段的植物　　营养液流出

雾化器　　喷雾箱

水/营养液分配管路

营养液流入

图 4–8　气培灌溉系统示意图（引自：Janssen 等，2005）

4.4.2　气培与水培优缺点比较

上述结果表明，气培较 NFT 也要使用少一个数量级的养分和水分。虽然要对种子和仪器进行消毒，但气培下疾病的传播可能性较小，因为植物被个别喷雾而非共用栽培盘。然而，气培的缺点是需要较多的机械设备而导致系统结构较为复杂。对于 NFT 系统，利用一台泵就可以为植物的整个栽培盘循环供水，但对于 RMT 系统，一个喷嘴只能给几株植物喷水，因此导致其成本提高，这就是为什么商业气培技术推广水平较低的主要原因。另外，气培的又一缺点是系统一旦缺水并在短期内供应不上，则极有可能导致植物枯萎死亡（表 4-4）。

表 4-4　水培和气培比较（水培从种子开始，气培从切条开始）

番茄生产数据	水培	气培
发芽时间/天	14	立即
首次开花时间/天	28	立即
首次收获时间/天	68~95	10~30
最后收获时间/天	105~120	47
每年作物种植次数/次	3.4	7.7

4.4.3　系统故障风险分析

对于没有水槽的植物，系统发生故障必然会对其造成极大伤害。在气培中，喷嘴堵塞或断电会导致植物缺水，这样即便能够避免植物完全损失，但其也需要一定时间进行恢复。美国 Aeroponics International 公司所开展的试验表明，在极低温、低光照和高湿等条件下，植物能够在不喷雾的情况下存活一周或者更长时间。在重力驱动的 NFT 系统中，植物较为适应连续的营养液供应。由水泵故障导致的低水位可能会产生很大影响，尤其是根系只被部分浸没时更会如此。另外，假如由于营养液输送泵发生故障，则可能导致 NFT 栽培槽或雾培箱水位过高而削弱了根系与空气接触充分的优点。

4.4.4　低重力的影响分析

一般认为，由于火星表面存在低重力，因此气培灌溉系统不应当遇到操作困难。在低重力下能够实现水气分离，这样则能够阻止水在植物根部形成气液混合膜。然而，低重力条件下的气培试验暴露了可能存在的问题。重力作用的降低会增加其他力的作用，例如，对水滴行为的表面张力。在低重力条件下，水滴势必会悬挂在根上和仪器上，形成水泡。这一现象会对根部通气和营养液循环造成潜在问题。一种可能的解决办法是使喷嘴喷水之后喷气。在模拟火星重力条件下，针对水滴大小和速度的试验结果表明这一情况能够得到改善。

|4.5　植物固培技术|

4.5.1　基本发展过程

目前基本认为，在未来的月球或火星基地受控生态生保系统中，在系统刚刚开始运行时，主要依靠从地面所携带的水和养分进行一定量的植物栽培。随着运行时间的延长，系统中植物和乘员会产生越来越多的生物可降解废物，并且携带的养分也会逐渐耗尽。在这样的情况下，系统必须转向废物的循环利用，即将生物可降解废物转变为人工基质而进行植物培养，这样就可以利用其中所含有的矿质养分，从而解决养分不足的问题。当然，这可能仍然不够，而是还需要利用当地的矿物资源来补充养分。因此，栽培方法需要从一开始的薄层水培或雾培转变到固体人工基质培养，即实现水培到固培的转变。

4.5.2　基本工作原理

固培（solid culture），是由栽培盘中是固体基质（solid substrate，也叫人工土壤）而得名，该方法对液体循环具有阻挡作用（但基质如果是砂砾、岩绵或陶粒时则几乎没有阻挡）。在固体培养中，一般需要通过滴灌的方法进行营养液或水分供应。在固体培养初期，通常少量供应营养液，大部分为水；之后则主要加水；最后则可能完全加水。

固体基质主要来源于经过微生物发酵的生物可降解废物的后处理物，其中含有一定的营养和纤维，这样能够对植物生长起到固定根部、供应营养、毛细导水和提供透气等作用。但是，其中的营养会逐渐消耗，这样，一方面需要用人工土壤源源不断地补充，而另一方面需要持续补充一定量的当地矿质资源。

固体基质的管理，主要包括养分含量、水分含量、透气性和盐碱化板结程度等的监控。可采用土壤多参数测量仪进行固体基质含水量、电导率、酸碱度和温度等参数的自动测量。可利用计算机系统对滴灌系统进行加水控制；通过补充一定量的人工土壤或在固体基质中掺入于当地开采的矿物资源来对其进行土壤的电导率控制。通过控制来自废水处理系统尤其是尿液处理系统的钠盐等盐分来控制土壤的酸碱度和板结程度。土壤一旦发生盐碱化板结，则必须在其中加入一定量的弱酸或从舱外获取的偏酸性矿物质，从而减轻固体基质的板结程度。另外，在土壤中引入一定量的蚯蚓，可以帮助进一步分解固体基质中的有机废物并对基质进行松动，从而增加其透气性（图4-9）。

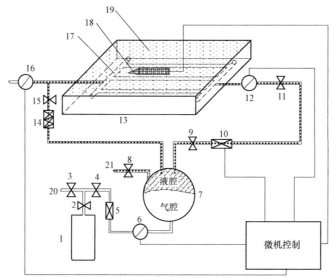

图4-9　一种植物固培工作原理示意图（供液原理可适应于微重力或低重力环境）
1—高压气瓶；2—气瓶阀；3—气体加注阀；4—减压器入口截止阀；5—减压阀和稳压阀；
6—气体压力传感器；7—隔膜式水箱；8—液体加注截止阀；9—水箱出口截止阀；10—液路电磁阀；
11—多孔管入口截止阀；12—多孔管入口压力传感器；13—植物栽培盘；14—蠕动泵；
15—多孔管出口截止阀；16—多孔管出口压力传感器；17—多孔管；18—基质水分传感器；
19—根基质；20—补气口；21—补液口

| 4.6　植物栽培自动化操作技术 |

　　为了降低乘员的工作负荷，在CELSS中有必要最大化利用自动化和机器人系统，这样就可以将大部分乘员从农业生产中解脱出来，从而更多地从事其他活动。

　　植物栽培管理涉及作物栽培周期期间的所有播种、间苗、监视、收获和复种等活动。为了最小化乘员的工作量，拟采用自动化作物管理系统。当乘员忙于其他任务时，则由机器人自动照料作物。

4.6.1　栽培盘移动及植株间距调整技术

基于当前地面设施农业的技术发展趋势，可通过系统机械手来移动培养有植物的栽培盘，以便充分利用栽培单元中的有限空间。另外，利用机械手能够根据植株所处的不同生长阶段来调整它们之间的距离，以便优化植物的光照和大气环境控制等，进而可以优化植物的生长发育和光合作用效率等。

4.6.2　自动化植物生长监视技术

为了降低乘员的工作负荷，每个植物舱应该装备一个机器人助手，这样做有两个主要目的：自动化监视整个温室及方便乘员在温室中操作。设想的机器人助手应当具有一套安装在前面的斜置照相机系统，其由一台立体照相机和一台红外照相机组成。由于具有可伸缩臂，因此有可能使这一套监视系统穿过栽培架，以便自动监视植物的健康状态。此外，为了便于乘员操作，需要配备安全可移动扶手和升降台等设备。

4.6.3　自动化植物收获技术

1. 切割搬运式收获技术

通常，需要根据所栽培植物种类来对每种收获机进行特殊设计。在植物舱中，可安装静态和动态收获机来满足对各种作物的收获需求。在绝大多数植物舱中，可在长条形可移动栽培盘的一端种植作物，当其成熟时被运送到另一端的收获机。例如，小麦、水稻、花生、大豆和莴苣可按这种方式栽培。在每个栽培盘的末端安装一台收获机，其会沿着与栽培盘相垂直的水平导轨运行，并搬运盘末端的成熟植株。收获机本身不宜太大，这样使之能够方便抵达种植于一定宽度（例如 1 m）栽培盘的所有植物。

另外，需要设计一定量能沿着栽培盘上下移动的收获机。小麦和水稻收获机基本一样，只需要对其做略微修改以适应不同作物高度。用电子仪器对两种作物的花序绿色程度进行监测。一旦发现其成熟，则将茎秆的顶端收割并将其运到粮食加工装置，同时将剩余秸秆运送到不可食生物量储存单元。然而，由于花生本身一般被种植在栽培盘遮光区的两层之间，因此其收获会具有一定的挑战性。一种方法是可通过位于基部的简易移动刀片将植株切下，随后利用安装在上层的长杆将其向着能够被采收的地方铲起。这样，它们就与栽培盘脱离而进入收集箱，接着被运送到运输车而最终送达厨房。另外，虽然收获大豆更可取，但通常食用的豆类为青豆。大豆荚在外观上与叶片极其相似，而目前尚未采用遗传工程技术来改变叶片或豆荚的颜色，这样对其难以识别。因此，当其成熟时可在原位收获整个植株。之后，可将大豆直接运达厨房。此外，对于莴苣的收获程序也是如此。图 4－10 中的栽培箱为直角形，而对于圆筒形外部结构，栽培箱则最好为饼形结构。

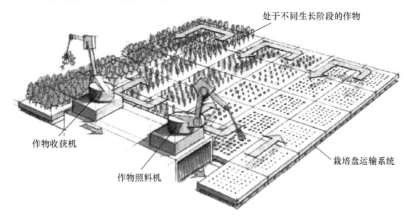

处于不同生长阶段的作物

作物收获机

作物照料机

栽培盘运输系统

图 4－10　立体叠层植物栽培系统中的一层（立体结构，具有直角形栽培盘）
（引自：Janssen 等，2005a；2005b）

2. 三指抓手固定式收获技术

该技术中，拟利用机器人手臂上的 Barrett 三指抓手进行番茄等果实类蔬菜或水果的收获。在该机器人手臂上拟安装电子彩色传感器，用来决定水果适于收获的时间。由于植物舱中的光照可能只提供有限光谱，这样就会改变水果外观的颜色。因此，拟在该臂上安装小白灯，当进行水果颜色测量时将该灯点亮。

拟将马铃薯、甘薯和草莓等静态作物栽培在斜角栽培盘中。由于这些作物的果期长，以及移动它们时会遇到一定挑战，因此不宜将这些作物运达收获机，而是收获机必须抵达作物。对于马铃薯、甘薯和草莓，将通过用于收获番茄的同种类型的收获机进行收获。番茄收获机和静态作物收获机之间的主要不同是，后者被安装在一个沿着地板和天花板之间导轨运动的移动平台上。该移动平台通过利用蜗杆螺钉，能够从温室的底部到顶部垂直移动。在静态作物收获机的中心部位装有控制系统，而且在其躯体的上表面及手臂的对过是一个隔间，以用于为运输来的收获产品提供空间。除了 Barrett 抓手，在臂上还安装了一个小型摄像头来检查作物和识别每个水果。在所有抓手上安装有控制器，以使其用力很小而避免伤害水果。另外，该收获机也能够将物品放入加工装置和运输车，并可通过实施足够精细的控制来振动番茄以助其授粉。再者，收获机也能够将草莓等藤本作物的藤蔓放进栽培盘。

4.6.4　自动化植物不可食生物量清除技术

在 CELSS 中，植物不可食生物量的清除也需要实现自动化。例如，美国 Metrica 公司研制的自动化收集系统由一台双轴运输机、5 轴操作器和抓手器组成，以应用于空间植物栽培系统。然而，植物舱中的机器人不需要托举重型物体，因此其规模可以小很多。具有类似于花生收获机的装置，可以从每个栽培盘中清理根须和茎叶。此外，收集系统中的皮带运输机表面光滑，这样可阻止植物与其粘连。在返回种植端之前，收获机运输皮带上的所有颗粒均将被位于其下面红外线装置烘干，以使其更容易被分拣。

| 4.7　植物病虫害控制 |

植物致病菌的滋生与传播在 CELSS 中是一个重要问题，部分原因是植物种植密度大和大气湿度高而引起的。在密闭环境中，化学控制方法存在问题。目前看来，可采取的植物病虫害防治措施主要包括：

① 进行隔离，并为不同植物提供适宜生长的环境条件。

② 采用病虫害抗性植物品种。

③ 利用紫外线和/或离子辐射等杀菌系统，来降低管道系统中的致病菌水平。

④ 建立人工微生物菌群来提供合适的有机体平衡，以帮助控制致病菌。可综合利用现代化监测技术，包括红外观察技术、单克隆抗体技术和其他生物技术等，以实现这一目标。

⑤ 实行作物轮作，也有利于抑制致病菌繁殖。

| 4.8　小　　结 |

植物栽培系统，是受控生态生保系统植物舱的重要组成部分。该系统重点包括植物支架、栽培床、水分和养分供应、营养液或土壤基质中水肥调控、自动化植物栽培操作以及病虫害防治等结构单元。目前针对这一系统形成的基本看法是：① 植物支架系统应为立体多层结构，每层高度可调，以满足栽培不同高度植物的要求；可移动，以适应充分利用空间的需要。② 有 3 种可供选择的培养技术，在系统运行初期可采用 NFT 水培技术，随着系统运行，应逐渐向固培技术过渡（气培由于技术较为复杂，暂时不予考虑）。③ 在水培中，应尽可能使用通用营养液配方，以实现不同种类植物的共培养。④ 需对水培营养液的电导率和酸碱度等进行精确控制，对固体基质（或叫人工土壤）的电导率、酸碱度、松软度和透气性等进行严格监控，以严防栽培基质出现盐碱板结等不利情况。⑤ 采用自动化机器人植物操作系统，分别进行自动化植物生长监视、不同种类植物的果实采收及剩余的不可食生物量清理等工作，以降低乘员的工作负荷和劳动强度。⑥ 需要对营养液、土壤和整个植物栽培系统中的病虫害实施有效防治，以确保植物不发生病虫害，从而避免引起灾难性后果。

第 5 章

植物光照单元

俗话说，"万物生长靠太阳"。归根结底，人类活动所需的能量都来自太阳。在地球生态系统中如此，而在地外星球基地受控生态生保系统中也应是如此。人类和动物等异养生物所需的能量来自植物，而植物具有的能量均来自太阳光。植物叶绿体的光合色素在光能的驱动下，将二氧化碳和水合成碳水化合物和氧气，并将来自太阳的光能转化为化学能而储藏在碳水化合物的化学键中。这样，人类和其他异养生物食用碳水化合物后，再将化学能转化为其正常生命活动所需要的动能和热能等能量。

| 5.1 植物光照技术发展情况 |

国际上，受控生态生保系统中植物光照技术大致经历了 3 个发展阶段：第一阶段是人工光照技术，第二阶段是太阳光导纤维光照技术，第三阶段是太阳光导纤维与人工光照相结合的混合式光照技术。下面分别予以介绍。

5.1.1 人工光照系统

1. 基本类型与特性

因为人工光照不受当地外界各种气象条件的限制，因此其优点是可靠性较高。然而，值得注意的是，当初开发人工光源的目的是帮助人的视觉照明，而不是要满足植物进行光合作用的光照需求，因此，许多人工光源并不适合作为栽培植物的光源。迄今，人们使用过的人工光源主要包括 5 种类型：① 热力灯（thermal lamp），通过被加热片的热力发射而产生辐射能（例如白炽钨灯、钨–卤素灯）；② 发光放电灯（luminescent discharge lamp），利用从阴极被加速发出的电子来激发气体分子，后者则会发出具有气体类型及其压力特征的线性波谱（line spectra）（例如低压/高压汞灯、低压/高压钠灯、高压氙灯）；③ 荧光放电灯（fluorescent discharge lamp），利用来自发光放电装置的初级电子发射来激发次级分子（磷），其反过来发射次级辐射能（即荧光。例如低压汞灯）；④ 微波灯（microwave lamp），利用微波能来激发分子，使其在可见光区域发出辐射（例如微波硫灯）；⑤ 发光二极管（light-emitting diode，LED），通过激发半导体材料，使其受激发的电子发出具有半导体材料特征的光（例如红、蓝、绿、黄等 LED 灯）。

2. 电 – 光转化效率

人工光源的电 – 光转化效率，是指单位电能输入所发射出的光合有效辐射量，该值越高，表明该光源在单位能耗下的电 – 光转化效率相对越高，也就越有利于植物生长。表 5 – 1 所示为 11 种人工光源的电 – 光转化效率。可以看出，100 A 白炽灯的电 – 光转化效率只有 7%（达到 0.32 μmol·s^{-1}·W^{-1}），而微波硫灯的却高达 38%（1.9 μmol·s^{-1}·W^{-1}）。另外，尽管低压钠灯的电 – 光转化效率高达 27%（1.24 μmol·s^{-1}·W^{-1}），但其发的光为偏黄单色光（波长为 589 nm），从而不能满足植物生长对光质的需要。因此，对于受控生态生保系统应用来说，电 – 光转化效率较高的人工光源应当包括高压钠灯（high pressure sodium lamp，HPS）、微波硫灯和 LED 灯。

表 5 – 1　11 种人工光源的电 – 光转化效率（引自：Cuello 等，1999）

序号	人工光源类型	电能输入/W	光能转化效率/%	光能转化效率/（μmol·s^{-1}·W^{-1}）
1	白炽灯（100 A）	100	7	0.32
2	白炽灯（200 A）	200	8	0.37
3	冷白荧光灯	225	20	0.92
4	暖白荧光灯	46	20	0.92
5	荧光植物栽培灯	46	15	0.69
6	汞蒸气灯	449	12	0.55
7	金属卤素灯	460	22	1.01
8	高压钠灯	470	25	1.15
		1 000	35	1.61
9	低压钠灯	230	27	1.24
10	微波硫灯	—	38	1.90
11	LED 灯	—	—	0.2～0.9

3. 光合成光谱效率

由光源所产生的光合成光谱效率（photosynthetic spectral efficiency，k），是光合有效辐射量（photosynthetically active radiation，PAR，$\mu mol \cdot m^{-2} \cdot s^{-1}$，即 PPFD）与总辐射量（$W \cdot m^{-2}$）之间的比率，该值越高，表明该光源发出的光合有效辐射量相对越高，也就越有利于植物生长。分析表明，$4.6\ \mu mol \cdot m^{-2} \cdot s^{-1}$ 的光合有效辐射量相当于 $1\ W \cdot m^{-2}$。表 5-2 所示为 11 种人工光源所对应的 k 值。可以看出，100 A 白炽灯的 k 值只有 0.08，而微波硫灯的却高达 0.75。因此，对于受控生态生保系统应用来说，光合成光谱效率较高的人工光源应当包括高压钠灯（$k=0.35$）、微波硫灯（$k=0.75$）和 LED 灯（$k=0.71$）。

表 5-2　11 种人工光源的光合成光谱效率比较（引自：Cuello 等，1999）

序号	人工光源类型	电能输入/W	光合光谱效率（k）
1	白炽灯（100 A）	100	0.08
2	白炽灯（200 A）	200	0.09
3	冷白荧光灯	225	0.35
4	暖白荧光灯	46	0.38
5	荧光植物栽培灯	46	0.30
6	汞蒸气灯	449	0.16
7	金属卤素灯	460	0.30
8	高压钠灯	470	0.35
9	低压钠灯	230	0.52
10	微波硫灯	1 000	0.75
11	LED 灯	—	0.71

4. 热负荷

植物是受控生态生保系统中的核心生物功能部件，其在系统中承担食物生产、气体交换和废水净化等多种重要功能，然而，代价是需要输入大量电能。人工光源不仅消耗大量电能，而且也会浪费很大一部分作为废电能消耗的能源，具体见表 5-3。例如，高压钠灯和微波硫灯的热输出要分别达到各自能量输入的 28% 和 54%，这还不包括非可见光区域光辐射的热排放。目前已知，只有 LED 灯放热量较小。

表 5-3 11 种人工光源的热输出比较（引自：Cuello 等，1999）

序号	人工光源类型	电能输入/W	传导/对流/%	镇流器能耗/%	热总输出/%
1	白炽灯（100 A）	100	10	0	10
2	白炽灯（200 A）	200	9	0	9
3	冷白荧光灯	225	39	4	43
4	暖白荧光灯	46	35	13	48
5	荧光植物栽培灯	46	37	13	50
6	汞蒸气灯	449	16	9	25
7	金属卤素灯	460	13	13	26
8	高压钠灯	470	13	15	28
9	低压钠灯	230	26	22	48
10	微波硫灯	1 000	42	12	54
11	LED 灯	暂无数据			

　　人工光源产生的非必需且很昂贵的废热会导致两种结果：① 必须利用复杂的空调系统，这样不仅使系统能效不高，还可能使系统很庞大、笨重；② 光源所在位置到植物冠层的距离要大，这样就会进一步增加植物栽培结构的物理体积。这两种不利因素在 NASA 肯尼迪航天中心等单位已经建成的受控生态生保系统地面模拟试验装置中都很明显。例如，20 世纪 80 年代，NASA 肯尼迪航天中心实施的 CELSS 线路板计划中的生物量生产舱(Biomass Production Chamber，BPC)，其总体积为 113 m³，有效栽培面积仅为 16 m²，但却需要 96 盏 400 W 的高压钠灯，这样会使舱内大气温度升高很快。为了降温，该设备需要两套功率为 29.8 kW 的空调机，每层各装一套，其每小时空气循环率达到 1 200 m³，或每 17 s 就要进行一次完全换气，即每分钟大概需要换气 3 次。类似的情况是 NASA 约翰逊航天中心的变压植物栽培舱(Variable Pressure Growth Chamber，VPGC)，其总体积为 47 m³，有效栽培面积只有 22 m²，但却需要 128 盏 400 W 的高压钠灯。为了制冷，按照每小时 67.8 m³ 的速率将空气经过功率为 25 kW 的热交换器进行循环，或者每分钟大概进行 3 次换气。事实上，在 Ikeda 等（1992）所开展的植物工厂设备用电单元能耗数据统计研究中，其通过综合分析后发现，在环境受控的植物栽培装置中，总能量的 45% 被人工光源所消耗，35% 被空调系统消耗，而其他能耗只占 20%。

另外，美国 NASA 约翰逊航天中心关于生物再生式星球生保系统试验组合体（Bioregenerative Planetary Life Support Systems Test Complex，BIO-Plex，拟满足 4 人乘组生保需求）的研究结果表明，在该系统中，人工光照能耗占其总能源需求的 40%，与光照相关的制冷能耗也占 40%，而其他所有系统只消耗 20%。在俄罗斯科学院生物物理所的生物圈 3 号（BIOS-3）、日本环境科学研究院的密闭生态试验装置（Closed Ecological Experimental Facility，CEEF）和航天员中心的密闭生态循环试验平台（Closed Ecological Recycling Experimental Platform，CEREP）等的能耗比例也基本相当，而其中光照系统及由光照放热引起的热控系统的能耗同样占到很大比例。

当前，也在探索方法以尽可能最小化人工光源不必要的高废热输出，包括使用冷板、吹风（air blowing）以及在灯泡外包裹水夹套及使用玻璃屏障、特氟龙屏障和水屏障等，但以上每种方式也都存在问题。例如，水夹套可能需要大量配件（这样可能会增加泄漏点）、增加电子系统安全部件及独立运行的纯水回路等；水屏障具有出现气泡和流动不均匀的问题；特氟龙屏障设计可能需要冷板，这样就会要求配置制冷设备。以上所有事实证明，有必要考虑升级光照系统，这样既有助于减少系统中的电能需求，又有助于减少废热散发。

5.1.2　太阳光导纤维光照系统

1. 基本发展历史

利用太阳光导纤维光照技术，能够显著降低系统中的电能需求和人工光源产生废热的问题。该技术包括三方面内容：① 收集太阳光；② 从收集点将被收集的太阳光传输到远处所需要的位置；③ 将被传输的光分配到植物栽培区。那么，太阳光收集、传输和分配系统（solar irradiance collection, transmission and distribution system，SICTDS）就成为受控生态生保系统的第二代光照系统，但关于其在该系统中的应用研究开展得并不多。

1976 年报道，日本的 Kato 和 Nakamura 首次开展了利用光导纤维（简称光纤）进行能量传输应用的理论研究，并建成 SICTDS 以便探索利用光导纤维进行太阳光传输的可行性。其研究结论是，利用熔融石英光导纤维，能够在约 100 m 的距离之间有效传输太阳光。1979 年，美国的 Fries 申请了本国的"太阳能照明系统"发明专利，1981 年得到授权。在其光照系统中，利用太阳光收集器将太阳光引导到一条光导纤维束的末端。通过跟踪系统来保持太阳光收集器能够全白天均朝向太阳，以便收集到最多能量；利用光导纤维束将太阳光引入建筑或其他远处位置，以便在本地实现太阳光的间接利用（Fries，1981）。1982 年报道，

Dugas 等开展了利用光导纤维从太阳光聚集器的焦点将太阳光输送到太阳能利用装置的试验研究。研究证明了当时所具备的光导纤维适合进行太阳光传输，并开发了一套装置，在其中将被聚焦的太阳光耦合进入一根光导纤维。利用一面镜子来提供太阳影像，后者与单个光导体（light conductor）的入口端相重叠。同年报道，法国学者 Cariou 等第一次开展了利用该光导纤维进行太阳光收集与传输的验证试验。结果表明，利用一种简单的抛物面镜（parabolic mirror）和熔融石英光导纤维就能够传送所聚集的太阳光，在 15 m 的光导纤维距离范围内该系统的传输效率能够达到约 80%。因此，他们得出结论：只要增加大小和/或镜面数量，并与光导纤维束结合，就可能获得高强度的太阳光。1989 年报道，George 和 Feddes 自主开发了装配有光纤传输设备的光收集系统样机，并在一套非透明植物栽培舱中评价了其作为植物栽培光源的能力。该样机总的太阳能收集面积为 0.3 m²，而附着到该收集器上的每根光纤的直径为 1.06 mm，长度为 5.0 m。研究结果表明，当直射太阳辐射能为 800 W·m⁻² 时，在上述植物栽培舱中 PPFD 最大可达到 130 μmol·m⁻²·s⁻¹。另外，该样机收集和传输光谱中蓝光（400 nm）和红光（700 nm）的效率分别达到 5% 和 30%。1998 年报道，美国亚利桑那大学的 Cuello 等在其校园内的地下植物栽培装置（Subterranean Plant Growth Facility，SPGF）中开展了 SICTDS 两种类型的应用试验。这里，地面上的太阳光平均总量与月球表面上的基本相当。

2. 基本类型

目前，所开发的 SICTDS 主要包括两种类型：基于菲涅耳透镜的微型 7-透镜向日葵太阳光聚集和传输系统（Fresnel-lens-based mini 7-lens Himawari solar concentrating and transmitting system），以及基于镜子的光波导太阳光照系统（mirror-based optical waveguide（OW）solar lighting system），分别介绍如下。

1）基于菲涅耳透镜的太阳光聚集和传输系统

20 世纪 80 年代早期，日本庆应义塾大学的 Mori 等（1986）研制成基于菲涅耳透镜的微型 7-透镜向日葵太阳光收集和传输系统，其特点是通过一个保护性的丙烯酸树脂外罩将太阳光收集进入其聚集系统。在该外罩里面，装有六角形蜂窝状的菲涅耳透镜，其被用于捕获入射平行光，并使后者聚焦到光纤被高度磨光的输入端。该外罩直径为 0.94 m，高度为 1.3 m，具有一个大小为 0.9 m×0.9 m 的基框，并具有 2 200 cm² 的集成透镜表面。每个透镜对应一条 10 m 长的熔融石英光缆，而每条中含有 20 根直径为 0.51 mm 的光导纤维（图 5-1）。

（a）　　　　　　　　　　　　　　　　　（b）

图 5-1　位于地下植物栽培装置之上的基于菲涅耳透镜的微型 7-透镜向日葵太阳光收集和传输系统外观图（a），以及该向日葵系统被去掉保护外罩的六角形菲涅耳透镜外观图（b）
（引自：Cuello 等，1999）

2）基于镜子的光波导太阳光照系统

20 世纪 90 年代后期，在美国空军资助下，Nakamura 等（1998）开发了一种光波导（optical waveguide，OW）太阳光照系统。该系统由两个太阳跟踪器组成，每个跟踪器均包含两个 50 cm 直径的铝制抛物线柱面镜聚集器（作为主聚集器）（图 5-2）。

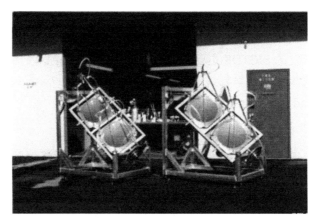

图 5-2　一种光波导系统外观图（引自：Nakamura，2009）

在每个聚集器的焦点处，具有一个熔融石英次级聚集器，其进一步聚集来自初级聚集器的高强度太阳光，并将二次聚集的高强度太阳光投射到光缆（图 5-3）。每条光缆的长度为 10 m，其中含有 37 根直径为 1 mm 的光导纤维。这样，就能够将收集的太阳光输送到植物栽培单元。之后，在这里将通过光导纤维传输的太阳光解聚焦并照射植物，并且可对促进植物生长的合适光强进行调节。利用以上植物栽培单元对该系统已开展过试验，结果首次证明光波导系统能够收集和浓缩太阳光，并能够向密闭植物栽培单元传输和提供太阳能，效率达到 32%。因此，证明光波导太阳光照系统能够传输太阳光，并基本满足空间植物栽培的光照要求。另外，他们希望将来光波导太阳光照系统的效率能够达到 65% 左右。

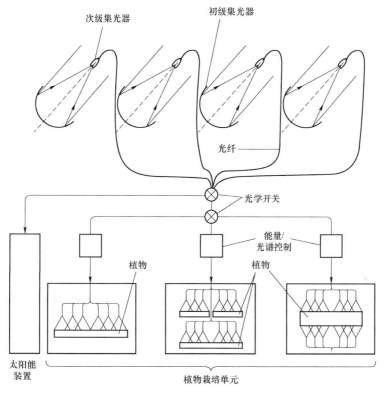

图 5-3　拟应用于空间植物栽培的光波导太阳光照系统原理图

（引自：Nakamura，Case 和 Mankamyer，1998）

21 世纪早期，Nakamura 等（2002）进行了针对太阳能应用和面向空间植物栽培的光波导技术基础研究，并将两个重要的太阳光收集和配置系统应用在空间动力和空间植物栽培试验中。

图 5-4 示出了来自每个 SICTDS 的光导纤维如何穿过地下植物栽培装置的天花板，并进入栽培室内部，以及各个光导纤维的末端是如何被按照矩阵在植物栽培区进行分配的。图 5-5 示出了光导纤维在植物栽培装置内的实际分布情况。

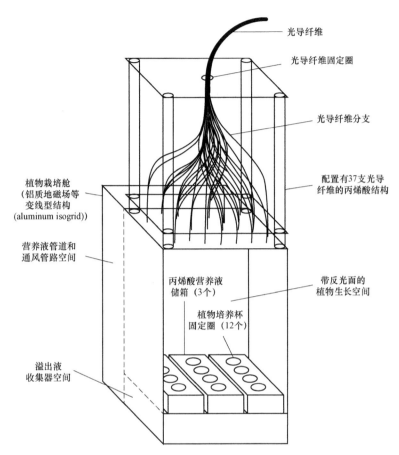

图 5-4　植物栽培装置中光导纤维光照单元布局示意图
（引自：Nakamura，Case 和 Mankamyer，1998）

图 5-5　光纤通过天花板被引入地下植物栽培装置内部实景图
（引自：Cuello 等，2001）

3. 总光合成效率（Overall Photosynthetic Efficiency）

SICTDS 硬件的总光合成效率被定义为是每个光处理组件光合成效率的和。对于基于菲涅耳透镜的微型 7 - 透镜向日葵太阳光聚集和传输系统，其总光合成效率为其 4 个光处理组件光合成效率的和，即丙烯酸树脂外罩（传输效率）、菲涅耳透镜（传输效率）、光纤输入端（入射效率）及光纤本身（传输效率）。每个光处理组件的光合成效率相当于 1 减去与其相关的 PPFD 损失率，后者为（输入 PPFD - 输出 PPFD）/输入 PPFD。另外，对于基于镜子的光波导太阳光照系统，其总光合成效率为其各个光处理组件的光合成效率的和，具体计算方法如 Nakamura 等（1996）所述。

之后，Nakamura 等研制成两套 SICTDS 样机，并对其总效率开展了比较研究。结果发现，基于镜子的光波导太阳光照系统实现了最高可达 30% 的总光合成效率。值得注意的是，这一光合成效率非常接近拟用于受控生态生保系统人工光源的电 - 光转化效率。

4. 光合成光谱效率（Photosynthetic Spectral Efficiency）

Nakamura 等（1998）对 SICTDS 样机的光合成光谱分布进行了测量。结果表明，在每种情况下，由 SICTDS 所收集和传输的太阳光明显保持了地面太阳光的光谱特性。对于基于菲涅耳透镜的微型 7 - 透镜向日葵太阳光收集和传输系统及基于镜子的光波导太阳能光照系统，其光合成光谱效率非常接近各自的地面太阳光的光合成光谱效率，近似率分别达到 95% 和 93%。

5. 热负荷

对 SICTDS 与人工光源之间的热负荷进行比较，可有利于开展光源选择。有人进行过基于镜子的光波导太阳能光照系统光纤末端与高压钠灯的实际表面温度之间的比较。假定外界环境温度为 25 ℃，那么高压钠灯与基于镜子的光波导太阳光照系统的对流热负荷的比率近似等于 9.9（（104～25 ℃）/（33～25 ℃））。这样，高压钠灯的对流热负荷几乎超过基于镜子的光波导太阳光照系统的 1 000%。

对上述两种太阳光传输系统的性能进行综合评价后表明：① 所提出的基于菲涅耳透镜的太阳光聚集器按照驱动 Himawari 系统的同样物理原理进行工作；② NASA 光波导的整体效率为 40.1%，而 Himawari 系统的为 23.5%；③ 两者输出的光合有效辐射及整个发射光的比率在统计学上不显著；④ 两者输出的光合成光子通量密度的误差相似；⑤ 利用二者所生产的莴苣，其鲜重和干重相似。

5.1.3 混合式太阳光光导纤维+人工光照系统

1. 非滤热型太阳光光导纤维+人工光照系统

1）光波导太阳光光导纤维 + 氙 – 金属卤素灯系统

1998 年，亚利桑那大学的 Cuello 等报道其首次将混合式太阳光和人工光照系统应用于在其地下植物栽培装置中的植物栽培试验研究。该混合式光照系统由光波导太阳光照系统组成，用来进行太阳光的收集、传输和分配。另外，利用了两个 60 W 的氙 – 金属卤素灯（xenon metai halide，XMH）（注意，氙 – 金属卤素灯不同于氙灯），其被连接到发光聚合物光缆上。将每个氙 – 金属卤素灯放置在箱子中，并将后者放置在植物栽培装置的外面靠边处。将发光光缆引入栽培装置，并平行安装在光源阵列的下面而位于栽培区的正上方。发光光缆发射定向线性光柱，照射范围为 0° ~ 60°（图 5 – 6）。

 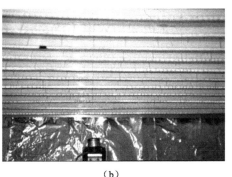

（a）   （b）

图 5 – 6　基于镜子的光波导太阳光照系统的发光聚合物光缆，其通过侧面进入栽培装置，
在栽培区之上形成直角光照阵列（a）；发光聚合物光缆在光照阵列的下面平行排列，
位于栽培区的正上方（b）

（1）光合成光谱效率

测量研究表明，该混合式光照系统的光谱特性显然是更靠近光波导太阳光照系统而非接近氙 – 金属卤素灯的光谱特性。该混合式光照系统的光合成光谱效率为 0.37，超过了单一光波导太阳光照系统的 0.31。另外，该混合光照系统的 k 值与地面太阳光的近似率达到 95%，要好于光波导太阳光照系统的 k 值（78%）。

（2）植物栽培特性

待上述混合式光照系统建成后，在两个植物栽培箱中开展了 33 天的莴苣植株栽培试验。分别采用混合式光照系统和高压钠灯两种光源（光强 68~

150 μmol·m^{-2}·s^{-1}，光周期 8.7 h），后者作为对照。研究结果表明：① 在两种混合式光照试验中（一天之内的光强变化范围分别为 12～370 μmol·m^{-2}·s^{-1} 和 29～370 μmol·m^{-2}·s^{-1}，光周期为 23 h（亮）/1 h（暗）），适当提高人工光照的比例（即从 12 μmol·m^{-2}·s^{-1} 提高到 29 μmol·m^{-2}·s^{-1}，其尽管提高幅度很小，但很稳定），则对植物生长具有明显促进作用；② 莴苣生长并不受光周期延长的明显影响，也不明显受太阳光大幅度自然波动的不利影响（图 5–7）。

图 5–7　经过 33 天栽培后在混合式光照系统–1 下生长的莴苣植株（左侧）和在混合式光照系统–2 下生长的莴苣植株（右侧）

（3）热负荷

在热负荷方面，若将高压钠灯到栽培区的距离与混合式光照系统的保持一致，即均在 11.4 cm，则会导致栽培区的温度达到 48.2 ℃，这明显超过了莴苣植株生长所需的温度。之后，将人工光源的高度抬高为 72.4 cm，这时在高压钠灯光源下栽培区的温度则降低为 28.2 ℃，这样就基本接近混合式光源下栽培区 26.9 ℃ 的温度（在上述试验期间，未启动植物栽培箱中的空调系统）。因为混合式光照系统和高压钠灯光源下的植物栽培面积相同，而高压钠灯与混合式光照系统的物理体积比相当于是 72.4 cm/11.4 cm＝6.4，因此，高压钠灯的有效物理体积超出混合式光照系统的 640%。

2）光波导太阳光光导纤维 +LED 灯系统

美国亚利桑那大学的 Cuello 等（2001）研制成两套基于抛物面镜的光波导太阳光照系统与人工光照相结合的混合式光照系统。一套采用的人工光源为氙–金属卤素灯，另一套的人工光源为 LED 灯。研究结果表明，采用氙–金属卤素灯和 LED 灯的混合式光照系统均能有效降低植物栽培所需的体积，这就使开发紧密型植物栽培装置成为可能。另外，具有 LED 灯的混合式光照系统的电－光转化效率较具有氙－金属卤素灯的要高出 5 倍。上述两种混合式光照系统均提供了基本可接受的光谱质量和光照均匀性。目前看来，LED 灯对于混合式光照系统来说是性能最好的人工光源（图 5－8）。

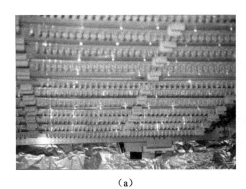
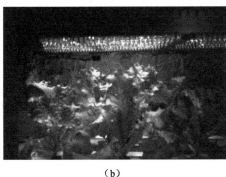

（a）　　　　　　　　　（b）

图 5－8　位于矩形框架中的多排光导纤维顶端与 LED 灯带相间平行排列外观图（a），
以及该光源对植株冠层近距离照射图（b）（引自：Cuello 等，2001）

2. 滤热型太阳光光导纤维+人工光照系统

20 世纪 90 年代初，在 NASA 支持下，美国加利福尼亚州物理科学公司（Physical Sciences Inc.）的 Nakamura 等（1994；1996）开发了光盘状反射器太阳光收集系统（optical dish reflector solar concentrating systems），并成功利用了光谱的可见光（光合有效辐射）和不可见光（远红外）部分。此后，Nakamura 等（2010）开始研发和试验一种对受控环境植物生产系统中的光合有效辐射（PAR）进行收集、传输和分配的太阳光植物光照系统。在该系统中，利用反射器光学系统对太阳光或人工光进行收集，并使之在由阶跃型多模态熔融石英核心光纤（step-index，multimode fused silica-core optical fiber）制成的光波导光缆的末端进行聚焦。通过有选择性的分光镜对光线进行过滤，从光路中滤去非光合有效辐射（即 $\lambda < 400$ nm 和 $\lambda > 700$ nm），这样就可以尽量减少将热量带入植物栽培室。同时，将光合有效辐射（400 nm $< \lambda <$ 700 nm）传输到植物栽培室，并使其在栽培区进行均匀分配。另外，对太阳光和人工光源系统的光照能力进行了评价，结果表明，补充人工光照的太阳光植物光照系统对基于空间的作物生产可行。

3. 塑料型光导纤维冠层内光照技术

除上述光照系统外，意大利的 Finetto 等（2010）开展了拟应用于月球南极的永久人类月球探测基地（Permanent Human mOon Exploration BasE，PHOEBE）

的光照系统设计研究。他们正在开发塑料光导纤维来给植物传输光线，其优势是易操纵且频带宽。在设计中所关心的问题是，植物栽培室中栽培面积是否能够被光导纤维所输送的光点所覆盖。经分析，拟通过闪烁式光纤设备而使得部分光纤被用作植物冠层内的光源。初步计算结果表明，假定光径的平均距离为 20 m，并假定衰减率为 100 dB·km^{-1}，那么总的损失程度为 20%。另外，假定光线射入光导纤维的损失率也是 20%，这样则有可能评价光导纤维中所传输的光子量。把太阳看作一个黑体（black body），色温为 5 800 K（开尔文），则可以计算出其光子量约为 2.6 μmol·s^{-1}·W^{-1}。这就意味着，为了每天（指每种作物的光周期，例如 12 h）将 1 mol 的光子（photon）传输给作物，则需要约 13 W 的电能。要确定所需要的太阳能量，则需要考虑光导纤维的衰减程度。在可见光光谱中，太阳光的能量约为 676 W·m^{-2}。

基于以上数据，可以计算出太阳光收集器每平方米收集面积每天能够传输约 52 mol 的光子。这样，假定植物栽培室的栽培面积为 538 m^2，容积为 222 m^3，则所需太阳能收集器的总面积约为 460 m^2。为了便于计算，通过对抛物线天线进行比较来确定反射器的大小。例如，假定一个直径为 8 m 的反射器所具有的面积约为 50 m^2，其质量估计为 750 kg（考虑采用轻质材料）；另外，假定使镜子总是对准太阳并使其所收集的光被过滤而传送到光导纤维，那么该植物栽培室运行则需要这样 10 个相同大小的反射器。然而，需要对太阳光进行过滤，以减小与红外线相关的热控问题，并且需要借助辐射器对过滤器进行散热（图 5-9）。

图 5-9　一种太阳能收集器示意图（引自：Finetto，Lobascio 和 Rapisarda，2010）

针对黑暗时期，拟采用备份的高压钠灯（安装在专用支架上），其通过转换器而射入光导纤维，进而进行植物光照。光强拟被保持在 6.5 mol·m^{-2}·天$^{-1}$ 的量级上，灯所需能源被限制到约 4 kW。估计备份光源高压钠灯的总质量约为

425 kg。另外，对光照系统的总质量进行了初步比较分析。假定光导纤维每根的直径为 2.2 mm，每根传送的能量为 100 W，从而计算所需要的光导纤维数量。即使通过开展深入研究可能会提高计算精度，但预计所需光缆的质量与电缆的相比会低，因为用在光导纤维中的材料较金属要轻很多。一条 20 m 长的光导纤维的质量约为 170 g，因此该光导纤维植物光照系统的总质量约为 920 kg。那么，包括光导纤维、备份人工光源和太阳能收集器等光照系统的总质量应约为 9 600 kg。同时，由于在人工光照期间（用于维护）植物栽培室的生产率会降低，因此需要考虑将植物栽培室的大小和质量增加 10% 的冗余度。

| 5.2 采用混合式光照方式的必要性分析 |

5.2.1 系统地基模拟试验能耗分析

基于以上分析，受控生态生保系统如果全部采用人工光照，那么能耗将是非常大的。例如，美国 NASA 约翰逊航天中心主持研制的 BIO-Plex 组合体系统中，共安装了 1 200 盏 400 W 的高压钠灯，这样，仅是植物光照就需要 561 kW 的电能（即便采用 LED 灯等其他人工光源，能耗也不会下降太多），如按上述能耗比例计算，这样一个保障 4 人乘组的受控生态生保系统就需要耗电 1 403 kW。相比而言，国际空间站上的总供电能力也就只有 75 kW。因此，降低电能消耗需求就成为建设受控生态生保系统成败的关键决定因素之一，这将决定包括驻留月球和火星等任何长期载人飞行的可行性。另外，在该系统中，植物光照系统的等效系统质量（equivalent system mass，ESM）占到该系统总的 57%，这也是非常大的。

5.2.2 系统中采用混合式光照方式的必要性

基于上述分析，一方面，可以利用月球或火星表面上的太阳能来显著降低受控生态生保系统中的电能需求，而降低系统中的电能负荷也有望降低相关的系统质量和物理体积，这样有助于保证系统运行具备可行性。另一方面，如前所述，Nakamura 等（2010）开展了许多用于收集太阳光的 SICTDS 开发与应用研究，然而，在地外应用 SICTDS 并非不存在挑战。首先，虽然在月球的一定部位可以接收到光强为 1 350 W·m^{-2} 的太阳辐射，但其从 27.5 个地球日的昼长（即午夜到午夜）转变为大幅延长的黑暗期间，如果完全依赖当地太阳照射，就会危及系统中正在生长的作物（据测量，月球南北极全年 94%的时间内有光照）。另外，尽管在火星赤道上其 24.6 h 的昼长（午夜到午夜）接近地球上的昼长，但火星相对于太阳 1.56 AU 的距离导致其表面上的太阳辐射强度下降到约 555 W·m^{-2}。该光照强度只约为地球上的一半，甚至有人提出是地球的 1/4（可能与测量位置和时间有关），因此，间接或直接光照可能均还无法满足有些植物尤其是粮食等大宗作物实现快速生长和物质合成的基本需求；另外，火星上会在一年中出现多次尘暴，有时持续时间甚至会达到一个月，在此期间往往会遮天蔽日，这时光照强度就必然会大幅度下降。

上述事实说明，为了设计一种可靠、节能和轻质的光照系统，需要采用 SICTDS 与人工光源相结合的混合式光照系统，这就会在数量和质量上为植物栽培舱内的植物提供必要的光合有效辐射。太阳能和电能混合式光照系统（hybrid solar and electric lighting，HYSEL）具有按照需要提供电能光照的优势。因此，该系统优化了电能消耗，并确保在月球长时间的黑暗时期或火星上发生多日的尘暴期间能够提供充分的光合有效辐射。另外，通过采用光分离技术使 SICTDS 呈现出明显降低的热负荷状态，因此能够促使植物栽培舱的物理体积显著下降。

混合式光照系统对于 CELSS 来说是一种很有希望的光照系统，但还需要对下列部件或方法进行优化设计：① SICTDS 部件；② 人工光照系统部件；③ 在栽培区之上用于光传输和分配等物理结构；④ 混合式光照系统中光导纤维与一种或组合人工光源的集成方法。拟考虑使用的人工光源包括 LED 灯、氙－金属卤素灯和微波硫灯。以后，将需要对其进行用于光传输和分配等各种物理性能的评价。而且，很有必要在植物栽培舱中试验和验证从人工光源向混合式光源系统重复转换的效果，以便适应太阳光亮和光暗的转换周期模式。另外，应当利用太阳模拟器和 BIO-Plex 组合体等大型试验平台，来开展各种可能的植物太阳光照方案优化研究。

5.3　混合式光照系统运行模式设计

目前普遍认为，在月球或火星等地外星球基地受控生态生保系统中应当采用太阳光与人工光照相结合的混合式光照系统。然而，太阳光和人工光照都有不同种类的光照方式。下面就其基本概念和优缺点等进行比较与分析。

5.3.1　太阳光照方式选择

1. 太阳光直接照射方式优缺点分析

太阳光直接照射，顾名思义，即将植物栽培舱朝向光的部分设计为透明状态，使太阳光能够直接照射到舱内植物。例如，在上述八面形棱柱体植物栽培舱的设计中，温室的上半壳体采用的是聚碳酸酯透明有机玻璃。该玻璃的透光性良好，能够达到 75% 以上（该玻璃的优点是透明度高、强度较高，但缺点是柔性和可折叠性较差）。另外，在上述拟采用的透明柔性可膨胀膜植物舱内，也同样希望直接利用太阳光（图 5-10）。

图 5-10　火星透明温室概念图

太阳光直接照射技术的优点是：① 太阳能利用率高，因此可以节约大量能耗。② 可以大大减小人工光照和间接太阳光照所带来的系统质量和物理体积需求。其缺点是：① 在植物栽培舱内，一般只能培养单层作物，而无法在空间有限的范围内进行植物叠层立体培养，这就需要占用大量的面积和体积。② 目前尚未开发出透明度高、强度高及抗辐射性强的柔性可膨胀透明膜或其他类型的透明膜，而聚碳酸酯作为舱体，仍存在质量较大和柔性较差的问题。

基于以上分析，目前关于太阳光直接照射技术的可行性并无定论，然而有人坚持认为应该采用，但确实存在一定难度（主要有赖于能否开发出高透明性、高强度和高抗紫外线的舱体薄层膜材料）。

2. 太阳光间接照射方式优缺点分析

如上所述，太阳光间接照射，主要是利用太阳光收集和光导纤维光传输技术进行太阳光的收集、传输和分配，通过非直线途径实现植物栽培舱内植物的间接光照。

　　该技术的优点是：① 舱体无须透明，对舱体物理性能没有要求。② 可以立体叠层照明，有利于节约占地面积和舱内空间。③ 通过控制，可以只传输可见光部分的光合有效辐射（与红外线分离）而几乎不传递热量，这样就能够大大降低系统中的热控负荷。④ 可以降低所需要的维护时间。⑤ 光缆不存在像传统电缆所遇到的与湿度相关的问题。当然，该技术也存在一些缺点：① 所用设备具有一定规模，会增加系统的发射质量和体积，并会增加在基地的安装难度。② 目前其光传输效率还较低，最高也不超过 40%。按目前技术水平，如计划达到所需要的光照水平，则势必造成系统庞大复杂和照射效果不佳。当然，目前正在致力于提高这一技术水平。③ 即便在月球的南北极，也会遇到较长的黑夜期，此时无法进行太阳光照；在火星的赤道位置上光照不存在问题，但在一年内会遭遇若干次较长时间的尘暴，此时光照会受到很大影响。以上两种情况均会严重影响太阳光直接或间接照射技术的顺利应用。

3. 太阳光照射方式选择

　　基于以上太阳光照射方式的优缺点分析，目前相对看好太阳光间接照射技术，即大多数人倾向于采用这种技术进行植物自然光照射。然而，高性能的透明舱体材料一旦得到成功开发，则也可以部分采用太阳光直接照射技术，主要用于进行顶层植物光照。

5.3.2　人工光源种类选择

　　人工光源有很多种，最早出现的是白炽灯（现在基本被淘汰），后来相继出现了荧光灯、低压钠灯、高压钠灯、金属卤素灯、氙灯、汞蒸气灯、微波硫灯和 LED 灯等。针对空间基地的应用特点，以下主要从光源效率、寿命、可靠性和安全性及占用体积等方面予以评价。

1. 人工光源性能比较

1）光源效率

　　由于月球或火星上的电能非常珍贵，因此在决定选用哪种光照系统时，其发光效率是一种重要评价因素。发光效率通常以流明/瓦特（lm · W^{-1}）这一计量单位表示，现在多用光合有效辐射量（μmol · m^{-2} · s^{-1} 或 mol · m^{-2} · d^{-1}）或 PPFD 表示。以前，绝大部分照明方法所具有的最大发光效率要远低于 100 lm · W^{-1}。另外，这样的灯所产生的光波长大多不是植物生长所需要的波长。为了使植物健康生长，只需要叶绿素（chlorophyll）和类胡萝卜素（carotenoid）

能够吸收最多波长的光，并且在此光谱下植物的光合作用效率最高。另一种效率测量的方法是评价所产生的可利用光谱与不可利用光谱的比率。例如，低压钠灯是非常"有效的"，其发光效率为 150 lm·W^{-1}，但其产生的绝大部分光处于黄光范围。由于植物生长主要需要红光和蓝光区域波长的光，因此，低压钠灯所产生的光谱对植物几乎没什么用处。另外，高压钠灯因为输入的瓦特数被改变而出现了波长漂移。20 世纪 60 年代开始出现 LED 灯，在历史上其性能指标每隔 10 年提高约 30%。目前，LED 灯的发光效率较高，红光波谱约为 100 lm·W^{-1}，蓝光波谱约为 25 lm·W^{-1}。微波硫灯的发光效率范围为 100～150 lm·W^{-1}，基本提供了太阳光谱，且可见光部分要高于不可见光部分。

2）光源寿命

由于向月球或火星表面进行频繁后勤补给是不现实的，因此灯的使用寿命是一个非常重要的问题。许多早先的照明方法，其灯的寿命只有 20 000 h 或更少。相反，LED 灯能够持续约 100 000 h，相当于能够连续使用 11.5 年（当然，前提是使用合理，尤其是散热条件要好）。另外，微波硫灯的寿命不详。绝大多数灯在使用过程中效率会衰减，这不仅会直接影响其发光效率，而且会影响到所产生的光谱质量（即光质）。例如，金属卤素灯随着使用时间延长其光谱会发生漂移。相反，LED 灯和微波硫灯则几乎不会出现效率衰减或所产生光谱发生漂移的问题。

3）可靠性和安全性

人工光源的可靠性也是一个重要问题。未来受控生态生保系统设备登陆月球或火星表面时有可能不是软着陆，并且光源必须在登陆后能够保持正常功能。在常规光源中，所使用的灯泡往往易碎；相反，LED 灯是固态照明装置，这使得该光源的抗冲击和振动性能非常好。国际上，在很多航天器植物栽培中，起初采用的是冷白荧光灯（例如俄罗斯"和平号"空间站上的 Svet 和国际空间站上的 Lada 空间温室），后来逐渐过渡到 LED 灯，目前则均采用该光源进行植物光照（例如美国航天飞机上的高级宇宙装置（Advanced Astroculture™）、国际空间站上的 Veggie 蔬菜培养系统和高级植物舱（Advanced Plant Habitat，APH），以及我国"天宫 2 号"空间实验室上的空间植物装置）。

在决定使用哪种光源时，能够确保植物和航天员的安全是一个重要考虑因素。例如，汞是一种对环境有害的物质，但在常规光源中却被经常使用。假如被损坏或弄碎，汞蒸气灯或金属卤素灯则有可能向栽培区发出有害紫外辐射。相反，微波硫灯或 LED 灯均不含有汞。微波硫灯需要射频隔离屏来保护植物免遭微波照射，但并不清楚微波硫灯受损后会带来什么危险。表 5-4 示出了 8 种光源性能的综合比较打分情况。从表中可以看出，8 种人工光源的打分从最高到最低的顺序依次为 LED 灯、微波硫灯、高压钠灯、金属卤素灯、低压钠灯、荧光灯、汞蒸气灯和白炽灯。

表 5-4　光源比较情况（其中假定微波硫灯采用了光导管技术（light piping）。分数 1～5；5 表示最好（引自：Munson 等，2002））

技术指标	重要性	白炽灯		LED 灯		微波硫灯		低压钠灯	
		打分	加权值	打分	加权值	打分	加权值	打分	加权值
效率	0.35	0.5	0.2	4.3	1.5	2.5	0.9	5.0	1.8
寿命	0.20	0.5	0.1	4.5	0.9	5.0	1.0	3.0	0.6
强度	0.10	1.0	0.1	5.0	0.5	3.5	0.4	2.5	0.3
安全性	0.25	2.0	0.5	5.0	1.3	4.5	1.1	2.0	0.5
可利用波长	0.10	3.0	0.3	5.0	0.5	3.5	0.4	0.5	0.1
总分	1.00	7.0	1.2	23.8	4.6	19.0	3.7	13.0	3.2
综合打分排名		8		1		2		5	
技术指标	重要性	金属卤素灯		汞蒸气灯		高压钠灯		荧光灯	
		打分	加权值	打分	加权值	打分	加权值	打分	加权值
效率	0.35	3.3	1.1	2.0	0.7	4.3	1.5	2.5	0.9
寿命	0.20	2.5	0.5	2.8	0.6	2.5	0.5	1.5	0.3
强度	0.10	2.5	0.3	2.5	0.3	2.5	0.3	2.5	0.3
安全性	0.25	2.0	0.5	2.0	0.5	2.0	0.5	2.0	0.5
可利用波长	0.10	4.0	0.4	2.5	0.3	3.5	0.4	4.0	0.4
总分	1.00	14.3	2.8	11.8	2.3	14.8	3.1	12.5	2.3
综合打分排名		4		7		3		6	

2. 人工光源种类选择

1）主光源

微波硫灯虽然具有非常高的发光效率，但其是点光源（point source），除非用到光导管（light piping）技术或被放在远处以使其发出的光和热得到扩散，否则，在 1～2 m 的距离内会烧焦任何植物。目前，光导管技术中存在的一种不利因素是其光传导效率不够高，光损失率达到约 50%，这就明显削弱了该系统的最大优势。也许将来发射的时候光导管技术会得到足够提升，这样就可以使微波硫灯成为一种可行的受控生态生保系统主要光源。

鉴于此，应将 LED 灯选定为植物光照的主光源。LED 灯一般以矩阵形式得到应用，由于其产热少而被直接安装在每个栽培区的上方，这样就能省下大量空间并使植物栽培区实现最大化。LED 灯有别于其他类似发光效率光源的另外一个优点是，经过定制，其产生的所有光都是植物生长需要利用的特殊波长的光。然而，当前存在的一个主要问题是蓝色 LED 灯的发光效率不够高，所以一种可取的办法是使用其他可替代光源来提供蓝光。然而，由于以下几种原因而使蓝色 LED 灯相比之下更为可行。首先，与 LED 灯相比，荧光灯寿命较短，并且在植物生长方向会散发出明显多的热量。其次，从设计角度来看，利用蓝色 LED 灯更为有效，因为这样可使 LED 灯的空间节约优点发挥到最大化，而采用荧光灯则会明显削弱这一优点。蓝色 LED 灯虽然面市时间不长，但其效率已经得到很大提高，因此到将来受控生态生保系统发射时，相信蓝色 LED 灯的发光效率将会得到很大提高，这样就能够将 LED 灯作为主光源。

以前有一种普遍看法，认为 LED 灯不能产生足够光强，但目前来看这并不准确。例如，美国 NASA 的火星温室指南要求中午的光强应达到 500 μmol·m^{-2}·s^{-1}，最小要达到 200 μmol·m^{-2}·s^{-1}。美国 Quantum Devices 公司给 NASA 生产了绝大部分的 LED 灯，其中 Q-Beam 型 LED 灯的最大光强能够达到 1 500 μmol·m^{-2}·s^{-1}。此外，LED 灯较其他光源更为定向，而且采用反射面或其他类型的反射镜可使其光能进一步实现最大化利用。在反射镜的外侧套上陶瓷罩会提高其性能，并且这样很少需要维护。另外，在栽培区盖板顶部粘贴铝箔或涂刷白漆也会有助于反射光线（图 5-11）。

图 5-11　植物栽培舱局部 LED 灯光照区外观图
（在栽培床盖板外表面贴有铝箔，以利于反光而提高植物光照效率）

2）次光源

由于乘员有必要对植物栽培舱进行各种维护，因此需要考虑使用次光源。因为人在白光下操作最好，而主光源可能不会提供这样的光质。在对微波硫灯、高压钠灯、荧光灯和金属卤素灯等进行分析之后，认为对它们需要考虑更多设计因素及能源和空间要求，以提高其使用效率。一种可选方案是，乘员到其工作场所时可使用便携式光源。目前来看，可以采用白色 LED 灯。

5.3.3　混合式光照系统构建方案

1. 总体设计思路

基于以上分析，在月球或火星基地受控生态生保系统的光照系统中，拟采用太阳自然光照与人工光照搭配使用，并只进行所收集太阳光的可见光传输及自然和人工光源一体化集成设计的混合式冷光源光照技术（图 5 - 12）。

具体来说，重点采用上述基于菲涅耳透镜的向日葵太阳光聚能和传输系统或基于抛物面镜的光波导太阳光照系统这两种太阳光间接光照技术（目前这两种技术水平基本相当，暂时无法做出选择）。利用分光镜等光学仪器将可见光与不可见光进行分离，随后只将可见光传输到植物栽培舱内，以便大大减少废热产生而减少空调系统的规模和能耗，从而最终降低整个系统的规模和能耗。另外，将太阳光光导纤维植物光照端与 LED 灯进行一体化集成设计，以便减小其在植物栽培舱内的占用体积，并提高设备使用的安全可靠性。同时，力争直接利用太阳光进行立体栽培架上的顶层植物光照。

2. 混合式自然与人工光照关键技术

混合式光照系统，拟选用基于菲涅耳透镜的微型 7 - 透镜向日葵太阳光收集和传输系统或基于抛物面镜的光波导太阳光照系统作为自然光间接光照方式，并拟选用 LED 灯作为人工光源。其关键技术选择如下：

1）基于菲涅耳透镜的太阳光植物光照技术

基于菲涅耳透镜的太阳光收集器技术的工作原理与 Himawari 系统的相同（图 5 - 13）。菲涅耳透镜可采用透明平板塑料或玻璃片，其中通常包含以环形或线性排列的微棱镜（micro-prism）。进行太阳光收集时，当透镜直接对着太阳时，所收集的太阳光被分散为多光谱并聚集在各自沿着系统纵轴间隔排列的焦点上。在原理上，有可能沿着纵轴在一定位置确定光导纤维波导的末端位置，这样则只有一部分可见光谱被引入光导纤维。

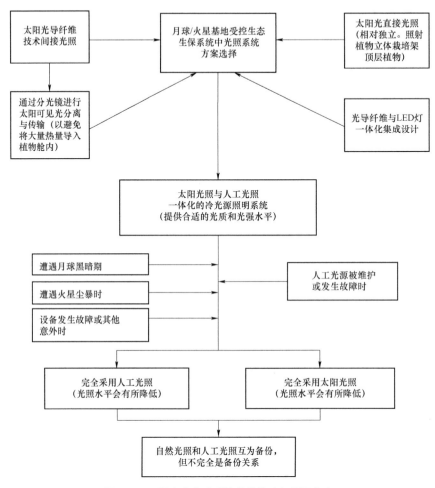

图 5 - 12　混合式光照系统总体构建与运行方案

　　已有的初步评价结果表明，利用光纤波导末端（位于 480～680 nm 光的焦点）进行光合有效辐射光谱的提取，而未被收集的紫外线和/或远红外线等其余光谱被抛射到该波导的外围。紫外线光谱被聚焦在光合有效辐射焦点的前面，而红外线则被聚焦在其后面。在光合有效辐射光谱焦点和沿着其支撑结构与制冷回路的波导收集端的后面是一个环状盘结构，波导则从这里通过（图 5 - 14）。另外，未被收集的红外线等这样的能量能够被用来加热温室或发电。

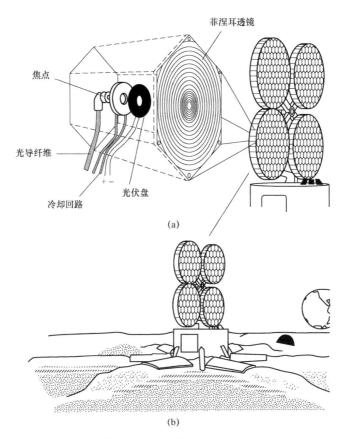

焦点

菲涅耳透镜

光导纤维

冷却回路

光伏盘

(a)

(b)

图 5-13　基于菲涅耳透镜的太阳光收集器示意图

（a）一个多单元系统及其中一个单元的放大结构；

（b）拟被用在月球前哨的一个多单元系统的结构安装布局

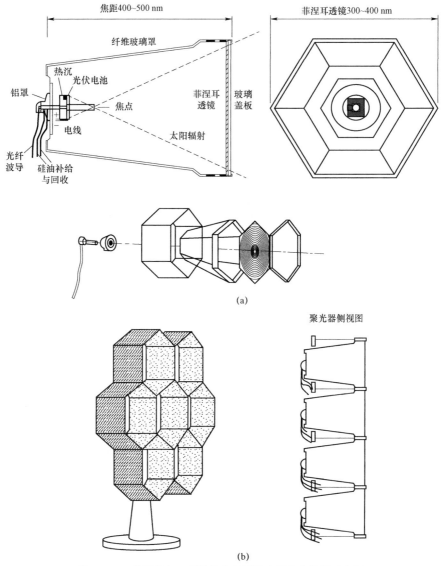

图 5-14　基于菲涅耳透镜的光导纤维太阳光收集器示意图
（引自：Furfaro，Gellenbeck 和 Sadler，2014）
（a）1 个单元的部件分解图；（b）集成有多个单元的通用聚光器跟踪结构系统示意图

2）基于分光镜的太阳光植物光照技术

除上述基于菲涅耳透镜的太阳光收集技术外，还可以采用能够对可见光和不可见光进行分离的基于抛物面镜的太阳光波导光照技术。该技术的主要特点是，在太阳光收集器和光缆之间的界面上安装可选择分光镜（beam splitter），这样利用主镜和次镜将可见光与红外光进行分离。将可见光进行传输以供植物进行光合作用，而将红外线进行排除或对其进行收集利用（如供发电或加热等），其基本原理见图5-15和图5-16。

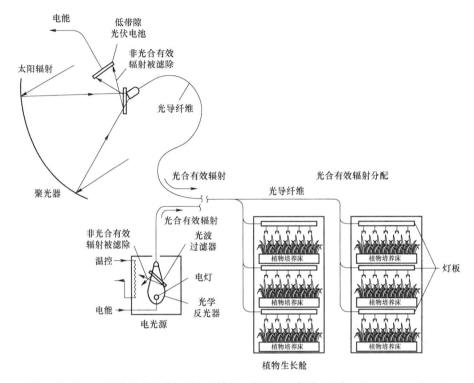

图5-15 植物光照中光合有效辐射的传输与分配原理示意图（引自：Nakamura，2009）

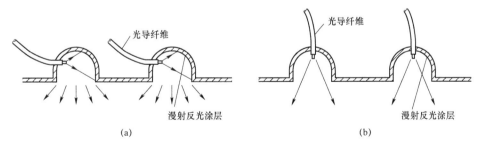

图5-16 在植物栽培室内光导纤维水平发射光进入凹处而实现间接光照（a）和光导纤维垂直发射光进入凹处而实现直接光照（b）（引自：Nakamura 等，2010）

3）太阳光光导纤维+LED灯一体化植物光照技术

除上述方法外，也可参考Nakamura等（1996；2009；2013）开发的光波导系统来进行自然光收集系统的设计。他们所设计的系统拟由4个直径达5 m并跟踪太阳的抛物线形聚光器组成。在每个聚光器的焦点上有一条光缆，其由每根直径 1.2 mm、共约 4 386 根的光导纤维组成，平均长度为 26.9 m。在每个收集器上配备有一台双色反射器，当其被放置在光源之后时，则只反射可见光。这就使得收集系统只传输可见光，而将红外线在反射器的另外一侧排掉，这样通过去除红外线而大幅度降低了热负荷。之后，将所收集到的光合有效辐射传送到每个温室内的灯板（light panel）上。每个灯板由 20 根光导纤维组成，并配备有分散器光学部件（diffusor optics），以实现光照均匀分布。

通过光板，可将光导纤维与 LED 灯结合起来，如图 5-17 所示。在该光照系统中，还装配有升降机构，以便进行光源与植物之间的距离调节。此外，可将光板与植物冠层之间的距离始终保持恒定（例如 15 cm），以确保合适的光照条件。其光强通过供电电压可调，并具备百叶窗功能，以毫秒范围内的可调节开/关方式来实现人工间歇光照，这样其发热则易被散去。因此，通过利用 LED 灯人工光照，能够实现环境完全受控而不干扰植物生长，并能够缩短光源和植株冠层之间的距离，从而可以提高光照效率并节约生长空间。

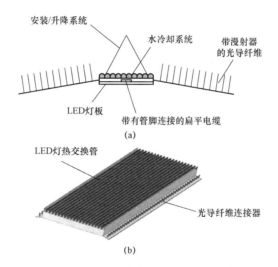

图 5-17　光板结构的正视示意图（a）及其整体结构外观示意图（b）
（引自：Zeidler 等，2017）

3. 植物光照强度和光周期设定

光能对于植物启动光合作用和物质合成效率及程度等均发挥关键作用，在一定光照强度范围之内（即在光补偿点和光饱和点之间），植物的光合作用效率和物质积累随光合有效辐射的增强而提高。为了促进受控生态生保系统中物质的高效稳定生产，必须保证植物的光照强度达到一定水平。另外，不同植物对光照水平的要求也不一样，因此，针对不同种类植物要有区别地进行光照水平分类调节。植物的光照强度和光周期的一般设定模式见表 5-5。

从表 5-5 中可以看出，粮食作物如小麦和水稻对光照强度水平要求较高且范围较窄，但小麦属于长日照植物，光周期可以尽量长，甚至全天候光照更好，这样更有利于其物质合成并缩短生长周期；相反，水稻和大豆属于短日照植物，光照时间每天达到 12 h 即可，而延长光照时间反而对其不利。马铃薯、甘薯和花生等其他大宗作物对光照强度水平要求较高且范围较宽，并且它们均属于中日照植物。莴苣和萝卜等叶菜类和根类蔬菜对光照强度要求一般较低，但光周期时间一般需要较长，如每天可以达到 18 h，甚至 24 h。然而，番茄和草莓分别属于果实类蔬菜和水果，对光强要求较高（尽管不及粮食类作物），但它们均属于中日照植物，每天的光周期一般保持在 12 h 左右较为合适。

表 5-5　受控生态生保系统候选植物的光照条件设定点
（引自：Wheeler 等，2000）

作物	每秒 PPFD/ (μmol · m⁻² · s⁻¹)		光周期/h		每日 PPFD/ (mol · m⁻² · 天⁻¹)
大宗作物	最小	最大	光亮	光暗	
小麦	750	800	20 或 24	4 或 0	69.12
大豆	500	800	12	12	34.56
马铃薯	500	800	12	12	34.56
甘薯	500	800	12	12	34.56
花生	500	750	12	12	32.40
水稻	750	800	12	12	34.56
菜豆	350	400	18	6	25.92
补充作物					
莴苣	300	—	16	8	17.28
菠菜	300	—	16	8	17.28
番茄	500	750	12	12	32.40
瑞士甜菜	300	—	16	8	17.28
萝卜	300	—	16	8	17.28
红甜菜	300	—	16	8	17.28
草莓	400	600	12	12	25.92

4. 混合式太阳光照强度与人工光照强度的比例关系调节

针对以上光照强度要求，可采用太阳光光导纤维+人工光源相结合的混合式集成冷光照技术，两者所占比例应呈负相关关系（图 5–18），并可进行自动调节。其中太阳光光导纤维光照即自然光照水平越强，则进行补充的人工光照水平越弱。正常情况下，主要依靠自然光照，可占到 60%左右；人工光照作为补充光源，可占到 40%左右。当在火星表面遭遇尘暴时，则暂时关闭自然光照系统并利用保护罩覆盖舱体，这时主要依靠人工光照。在完全人工光照期间，其光照水平极有可能达不到正常光照水平，而仅可能约是正常水平的一半。如果将来透明可膨胀舱体膜材料得到成功开发，则可以考虑对顶层植物进行太阳光直接照射。当人工光照系统需要维护或出现意外故障时，则完全依靠自然光照系统，但这时人工光照的水平极有可能达不到正常光照水平，而也可能仅是正常水平的一半左右。

在以上混合式光照系统中，太阳光光导纤维光照和人工光照这两套系统在功能上互补，两者之间有一定的备份性但不完全是备份关系。如果其中有一套出现故障，那么另外一套就能够提供正常水平约一半的光照需求而不是 100%。如果其中一套光照系统出现短期故障（最高达到一周），则可能会延长植物的生长周期，但不会对整体作物生产构成威胁。这一设计选择了两种不同技术，可提供更多冗余并降低整个系统正常运行中的电力需求（图 5–18）。

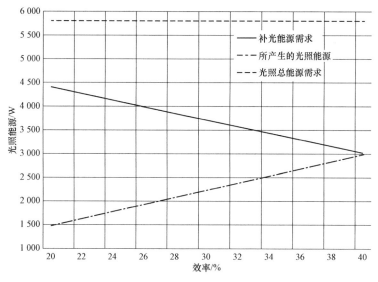

图 5–18　光照能源（所需要的、产生的及补充的）与基于菲涅耳透镜的太阳光收集器效率之间的函数关系（引自：Furfaro，Gellenbeck 和 Sadler，2014）

| 5.4　小　　结 |

植物光照系统在整个受控生态生保系统建设中极为重要，是决定其建设成败的关键。光照系统的能耗在整个系统中占比较高，约占 40%，并会导致为了热控而另外消耗约 40% 的能量。因此，植物光照系统会决定系统的能耗、体积、质量和结构形式等多个重要系统参数的设计。目前的基本看法是，完全采用人工光照或自然光照方式都不可行，而是需要采取自然和人工相结合的混合式光照途径，它们互为备份，但又不完全是备份关系。一般情况下以自然光照为主，人工光照为辅，但在月球上出现长夜或在火星上出现尘暴等情况时，主要依靠人工光照（此时需要降低人工光照水平）。

自然光照主要包括直接自然光照和间接自然光照，后者主要通过光导纤维技术实现。直接和间接自然光照各有利弊：直接自然光照的优点是方法简单并节能，但缺点是对舱壁结构的透光、防辐射和隔热等性能要求较高，并且一般只能单层照明，这样就会导致系统需要较大的占地面积和内部空间；间接自然光照的优点是对舱壁结构性能没有要求，允许植物立体叠层培养，因此可以节约系统的占地面积和内部空间，但其缺点是要求使用复杂的设备系统，并且目前光的传输效率还不高（只为 30%～40%）。因此，目前这两种自然光照方式仍都在发展中，还难以对其做出选择。

针对人工光照光源的看法比较一致，目前普遍认为应该选用 LED 灯作为人工光源。此外，为了减少占用空间，认为应该将人工光源与间接自然光照的光导纤维输出发光端进行一体化设计。

第 6 章

动物/微藻/食用菌培养单元

受控生态生保系统在建设初期，主要培养蔬菜和少量水果，之后则需要种植粮食和油料等作物，以提高系统中食物的闭合度。因此，在较长时间内，乘员主要以素食为主，而肉类等蛋白质主要依靠后勤补给。然而，随着飞行时间延长、基地规模扩大及乘员人数增加，肉类的后勤补给会越发困难而必须依靠当地生产，否则会导致乘员营养失衡。另外，增加食物的多样性和口感等能够改善乘员的心理状态，同时还能够稳定食物的供应需求（尤其是在应急情况下）。现在，存在的主要问题是，到底应该培养什么样的动物或其他生物功能部件，以及如何加工或烹饪以供食用。当然，培养动物会消耗氧气并排出二氧化碳，因此动物培养的规模也是需要考虑的问题。

| 6.1 作用意义、选种基本原则及候选种类筛选 |

6.1.1 作用意义

1. 丰富食物的营养和多样性并增加其稳定性

与植物和其他食物相比，动物类食物中一般都含有较丰富的营养，尤其是鱼类。几种动物与植物小麦之间的营养质量指数（index of nutritional quality，INQ）的比较情况见表 6-1。罗非鱼的营养成分与国际空间站任务中的日推荐营养摄入量之间的比较见表 6-2。

表 6-1 鱼及其他几种食物的营养质量指数（引自：Gonzales 和 Brown，2006）

食物	蛋白质 INQ	总 INQ	蛋白质占总 INQ 的比例/%
鱼	14	17	82
鸡	11	17	65
牛奶	3.8	17	22
小麦面包	1.8	8	23

表 6-2　100 g 罗非鱼整体和鱼排中的营养成分及 360 天国际空间站任务中的
日推荐营养摄入量比较（引自：Gonzales 和 Brown，2006）

营养	营养需求[a]	整条罗非鱼[b]	罗非鱼鱼排[b]
能量/kJ	WHO 等式[c]	2 595.00	2 135.00
蛋白质/%	12.00~15.00	57.97	83.37
碳水化合物/%	50.00	6.96	6.75[d]
脂肪/%	30.00~35.00[e]	23.31	4.78
维生素 A/mg	1.00	> 44.00[f]	> 44.00[f]
维生素 D/mg	10.00	160.80[f]	574.20[f]
维生素 E/mg	20.00	11.77[f]	19.88[f]
维生素 K/μg	80.00	未被检出	未被检出
维生素 C/mg	100.00	255.52	49.90
维生素 B_{12}/μg	2.00	8.90	9.85
维生素 B_6/mg	2	0.03	0.06
维生素 B_1/mg	1.50	0.03	0.96
核黄素/mg	2.00	未被检出	未被检出
叶酸/μg	400.00	21.73	18.45
烟酸/mg	20.00	17.05	9.43
维生素 H/μg	100.00	10.25	14.30
维生素 B_5/mg	5.00	0.90	0.93
肌醇/mg	未见报道	40.04	4.48
总胆碱/mg	未见报道	356.40	237.60
钙/mg	1 000~1 200	476.15	29.75
磷/mg	1 000~1 200	25.87	2.72
镁/mg	350	12.75	15.42
钠/mg	1 500~3 500	39.47	0.74
钾/mg	3 500	5.68	14.04
铁/mg	10	0.03	0.34
铜/mg	1.5~3.0	0.05	0.00
锰/mg	2~5	0.05	0.13

营养	营养需求 [a]	整条罗非鱼 [b]	罗非鱼鱼排 [b]
氟化物/mg	4	未被检出	未被检出
锌/mg	15	1.35	0.05
硼/mg	未见报道	0.04	0.06
钴/mg	未见报道	0.06	0.00
钼/mg	未见报道	0.57	0.10
硒/μg	70	705.00	13.67
碘/μg	150	未被检出	未被检出
铬/μg	100~200	7.10	2.94

a 基于 Lane 和 Feedback（2002）的修正版本；
b 基于干重计算；
c 计算使用的 WHO（世界卫生组织）等式包括质量、年龄、性别和代谢水平；
d 以无氮排出物表示；
e 以饮食摄入的百分比表示；
f 以 IU（国际单位）· kg^{-1} 表示。

在受控生态生保系统研究历史上，被最早作为研究对象的小球藻或螺旋藻，能够通过光合作用吸收二氧化碳并生产氧气，同时能够产生丰富的藻蓝蛋白和类胡萝卜素等多种抗氧化物质。此外，蘑菇和金针菇等食用真菌也同样含有丰富的营养物质，可以作为补充食物。

2. 协助分解废物

动物和食用菌均为初级消费者和次级生产者，它们均可以利用粉碎后的植物秸秆等不可食生物量或其腐熟物来生产蛋白质和食用真菌。这些生物在生产食物的同时也间接进行了废物处理。

从受控生态生保系统的长远发展来看，其中不能只包含植物，而应当包含一定数量的动物、藻类、食用菌类等多种食物来源，这能够丰富乘员食物的营养程度，同时能够增加食物的多样性和提高食物的稳定性（例如，在植物出现意外等的应急情况下，可以食用螺旋藻或食用菌而有助于乘员渡过难关）。另外，所养殖的动物或食用菌与乘员之间不存在食物竞争关系，并且在养殖动物和食用菌的同时还能够帮助处理废物，从而减轻废物管理系统的负担。其食物链关系如图 6-1 所示。

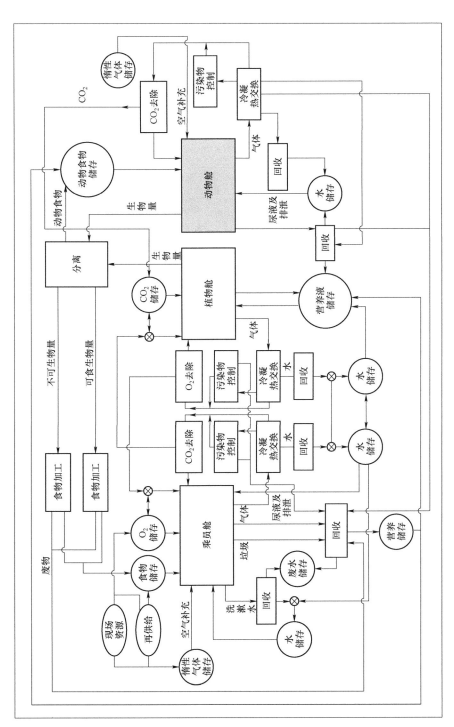

图 6 - 1　一种受控生态生保系统物质流程图，表示动物饲养单元与其他单元之间的接口关系

此外，螺旋藻或小球藻等微藻在受控生态生保系统中的作用地位以及与其他部件之间的物质流接口关系如图6-2所示。

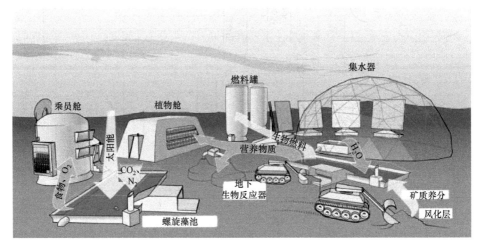

图6-2　一种受控生态生保系统物质流程图，表示藻类培养单元与
其他功能单元之间的相互作用关系（引自：Verseux等，2016）

6.1.2　选种基本原则

针对动物、藻类和食物菌等选种，一般主张分别按照以下原则进行：

1. 动物

① 体形要小；

② 能量需求低；

③ 生长较快；

④ 可食生物量产率较高（可食肉类/全部生物量之比）；

⑤ 易于培养与繁殖；

⑥ 不携带细菌或病毒等传染病源或寄生虫；

⑦ 体内不含有刺骨或苦胆等，易于加工，便于安全食用；

⑧ 在食物链上与人没有竞争关系；

⑨ 在大小、重量、功耗和人力投入等方面的成本较低；

⑩ 对生长环境无特殊要求。

2. 藻类

① 体形要小；

② 易于培养与繁殖；

③ 含有较为丰富的营养；

④ 无特殊生长条件要求；

⑤ 培养物容易收获、加工和食用；

⑥ 不产生有毒有害物质。

3. 食用菌

① 大家熟知；

② 易于培养与繁殖；

③ 生长较快；

④ 无特殊生长条件要求；

⑤ 不产生有毒有害物质；

⑥ 易于储藏和烹饪。

6.1.3　候选种类选择

基于上述基本选种原则，动物、微藻和食用菌等的候选种类选择建议见表6-3。

表 6-3　动物、藻类和食用菌等的候选种类选择

动物类		主要特点分析
水生类	罗非鱼	俗称非洲鲫鱼，是世界水产业重点人工培养的淡水养殖鱼类，并被誉为是未来动物性蛋白质的主要来源之一。通常生活于淡水中，但也可以生活在不同盐分的咸水中，还可以生活在湖、河或池塘的潜水中。其适应能力极强，在面积狭小的水域中也能繁殖，并且对低溶解氧不敏感。绝大部分为杂食性，常吃水中的植物和杂物。其体内鱼刺相对量少而坚硬，易于食用而乘员不易被刺扎
	泥鳅	鳅科，软体，蛋白质含量高
禽类	鹌鹑	体形小，产鹌鹑蛋，散发异味少。在航天飞机上已进行过搭载
昆虫类	蚕蛹	食用植物不可食生物量，产生高含量蛋白
	角虫	适应能力强，食用植物不可食生物量，产生高含量蛋白
家畜类	乳猪	体形小，生长繁殖快，产生蛋白质和脂肪，生产率较高
藻类		
微藻	螺旋藻	易于培养，生产藻蓝蛋白和多种抗氧化物质；光合放氧和吸收二氧化碳能力强；不带细胞壁；易于食用
	小球藻	易于培养，生产藻蛋白；光合放氧和吸收二氧化碳能力强，适应能力强；带细胞壁

食用菌		主要特点分析
侧耳类	平菇	真菌：人们非常熟悉；生长繁殖快；口感好
口蘑类	金针菇	真菌：人们非常熟悉；生长繁殖快；经历过在轨搭载试验

| 6.2　主要研究进展 |

6.2.1　动物饲养

1. 鱼类养殖

鱼类应该是受控生态生保系统中最合适的候选动物，因为其具有相对低的能量需求，代谢率较低，一般是陆地脊椎动物的 1/5～1/20，并且与其他动物相比培养成本较低（鱼类具有不存在热调节损耗、较低的钠泵活动及忽视重力作用的中性浮力等特点，并具有比其他动物效率高出 10～13 倍的氮分泌机制。这样，鱼类就能够达到获取单位质量蛋白质所需较低的能耗率、较快的生长率及单位体积较高的生产率）。食草鱼类能够利用其他陆地脊椎动物所不可食的生物量而作为食物源。另外，已知鱼类能够满足航天员的几种营养需求，与陆地动物相比是一种更为健康的蛋白质源。鱼类的营养价值很高，蛋白质效率比为 2.7～3.2，并且在复合培养中取得了成功。

1）罗非鱼养殖

罗非鱼（英文名 Nile tilapia，学名为 *Oreochromis niloticus*），是地球上最常见的鱼类之一。罗非鱼可以在恶劣的环境下生存与繁殖，生长速度快，并且对饮食不挑剔。罗非鱼养殖可以结合废物处理进行。美国普渡大学研究了罗非鱼在 CELSS 固体废物生物再生过程中的作用（Gonzales 和 Brown，2007）。另外，罗非鱼的养殖技术已经达到成熟。

2）泥鳅养殖

在水生动物养殖中，除上述罗非鱼外，也可以考虑选择泥鳅（*Misgurnus anguillicaudatus*）进行培养。泥鳅属于鳅科泥鳅属鳅类，体长形，呈圆柱状，尾柄侧扁而薄；头小而吻尖。泥鳅是一种生命力顽强的物种，可以在水质差和水量少的稻田环境中生存。泥鳅吸入空气进入消化管，在肠内吸收氧气并从肛门排出。在干旱的冬季，泥鳅在泥泞的深层土壤中生存，直至春季到来。泥鳅具有很高的营养价值，在蔬菜和昆虫膳食模型中，加入 120 g 泥鳅（包含泥鳅的内脏）就可以满足人的营养需求。泥鳅体形细小，使用简单的方法就可以烹饪。例如，韩国有一道菜叫"Chueotang"，就是将泥鳅的整个身体切成片段后做成美味的汤。

泥鳅可以在稻田中与水稻和满江红进行共生。满江红是一种水生蕨类植物，在其体内与鱼腥藻共生。当氮肥短缺时，满江红中的鱼腥藻可以快速固氮。满江红是一种有效的绿色肥料，通过覆盖水面和阻挡太阳光来抑制杂草的生长。尽管满江红本身就可食用，但通过将其转化为动物肉，则可以将生物质提升为鱼肉，并有利于鱼类的共培养。泥鳅在稻田的泥层和水层中的生命活动也有利于水稻的培养。因此，在可利用资源受限的条件下，共培养可以提高稻田产量。

2. 昆虫饲养

在地球上生活的动物中，有 70%～75% 都是昆虫。它们在陆地生物圈的物质循环中发挥着重要作用。此外，对人类粪便化石的分析表明，昆虫一直是人类食物的重要来源。具体来说，昆虫与人类通常吃的虾、龙虾和螃蟹等密切相关，并具有相近的味道和质地。昆虫的多样性源于它们与开花植物的共同进化，因此很容易找到物种间的相互作用关系。许多情况下，某种植物的叶子只能被一种昆虫吃掉，因为这种昆虫进化出了突破植物防御的能力。同样，一种植物可能依靠特定的昆虫进行授粉，但需要付出花蜜和花粉作为代价。由于这种生态和进化的特点，因此在进行受控生态生保系统的设计时在很大程度上需要考虑物种间的相互作用关系，以保证各个物种能够完成生命周期，并保证食物链和食物网稳定运行，从而实现系统中物质的闭合循环。

因此，为了开展受控生态生保系统的工程设计，首先应该深入了解系统中物种之间的相互作用关系。可供考虑的几种昆虫包括：桑蚕（*Bombyx mori*）、角虫（*hornworm*；*Agrius convolvuli*）、药房甲虫（*Stegobium paniceum*）、白蚁（*Macrotermes subhyalinus*）及苍蝇（*Diptera*）。这些昆虫有许多优点，例如它们不会与人类竞争食物资源，并可以将不可食生物量或其他废物转化为人类可食用的营养物质。

为了确定昆虫是否可以作为肉类和乳制品的替代品，需要研究其营养价值。通过比较蚕蛹和桑叶中的蛋白质含量和氨基酸组成后发现，尽管桑叶比其他植物具有相对高的蛋白质含量，但蚕蛹的蛋白质和几种关键氨基酸含量较桑叶的要高出很多。此外，作为"动物"食物成分的另一个指标，蚕蛹的脂质含量是桑叶的 8 倍。

Yamashita 等（2006）研究了一种膳食模型：将 50 g 的蚕或其他昆虫加入 4 种植物食谱中，即水稻、大豆、甘薯和绿-黄蔬菜。为了每天能够供应这一数量的桑蚕，种植了面积大约为 64 m²/人的桑树。此外，种植上述 4 种植物还需 200 m²/人的种植面积。虽然昆虫不能提供脊椎动物肉类或禽蛋的全面营养成分，但它们可以提供大部分所需的营养物质。不足的营养部分，如维生素 D、维生素 B$_{12}$ 和胆固醇，可以通过其他途径摄取。例如，从日本蘑菇可以提供维生素 D。此外，如果将蘑菇进行精细加工，并用紫外线进行照射，则可以诱导前体物质转化成维生素 D，因此可以大大减少所需食用的蘑菇量。其他微量营养物质可以用食品添加剂或片剂的形式进行补充，虽然会对物质流的开放程度造成一定影响。

1）桑蚕养殖

桑蚕在中国的驯化历史有 5 000 年之久，在印度也可能被驯化过。驯化过程使家蚕丧失了飞行能力，但更方便饲养。家蚕幼虫只以桑叶为食，在不同的饲养条件下可以采用不同的桑树品种（Akai 等，1991）。桑叶中大约 40% 的组分可以被家蚕消化，其余的 60% 以粪便形式排出。蚕蛹的最终体重约为其幼虫期消耗食物量的 10%。此外，蚕粪也有多种用途，例如可被用作鱼饲料和土壤调节剂。虽然在地球上养蚕的主要原因是生产绸，但在东亚地区，蚕蛹和蛾可被作为休闲食品。例如，日本 Kaneman 有限公司销售蚕蛹罐头和用酱油与糖加工的蛾（www. kaneman1915.com）。我国北京航空航天大学也开展过桑蚕和黄粉虫等食叶动物的养殖试验研究工作。

2）角虫养殖

一种名为角虫的野生蛾种可以在其蛹体中保留较高的蛋白质含量，是较好的候选昆虫食物。角虫的幼虫以甘薯等植物的叶片为食，是用于科学研究的模式昆虫，其饲养技术已经得到长足发展。角虫的蛹比蚕的大 2～3 倍，油炸后非常可口。由于角虫不会旋茧，因此其从植物叶片吸收的大部分氮被用于肉蛋白的合成。从这个意义上讲，角虫从植物叶片到昆虫生物量的转化效率要高于桑蚕。尽管甘薯的叶片可以食用，但是由于昆虫的营养价值高，因此用一部分植物叶片进行动物蛋白生产是有必要的。然而，需要考虑的一个问题是，它们必须在空气中才能交配，因此，需要研究成虫能否在火星温室中重力和气压均下降的情况下进行飞行。例如，Roberts 等（2004）用氦气模拟空气进行了昆虫的低压飞行试验。

3）药房甲虫、白蚁和苍蝇养殖

药房甲虫和白蚁都能够将纤维素转化为动物性生物量，即它们通过在肠道中形成类似于反刍动物的共生原生动物群落，将纤维素分解成可被昆虫利用的糖。白蚁通过肠道中的共生微生物群落进行固氮。目前，已经开展了大量的药房甲虫培养研究。苍蝇幼虫作为鱼饵料，可以在动物残渣等腐败物上进行培养。此外，通过食物网，可以将不可食用或难吃的生物量升级为食物。

6.2.2　螺旋藻培养

在受控生态生保系统的研究中，如何选择关键的生物部件，关系到整个系统的功能发挥和安全稳定。如何选择高效生产者部件去除 CO_2、再生 O_2 及提供高品质蛋白质，始终是面向受控生态生保系统必须要重点解决的问题。目前的研究多采用高等植物作为生产者部件，这虽然能解决食物供给的问题，但需要的种植面积较大及工程化应用的难度较高，并且会存在产生大量植物秸秆等问题。相反，微藻具有光合效率高、培养面积小、生长迅速、营养价值高和富含抗氧化剂等特点，因此可以作为 CELSS 的生物部件在大气平衡调控和食物稳定供给等方面起到重要的补充和应急作用。因此，美国、俄罗斯、欧空局、日本和我国等相继开展了关于微藻这一关键生物部件的大量研究。

在受控生态生保系统中，最早应用的藻种是小球藻（*Chlorella vulgaris*）。美国在 20 世纪 60 年代利用"小鼠 – 小球藻"的二元封闭系统进行了一系列物质闭合循环的综合试验研究。苏联在"BIOS"计划中进行的乘员与小球藻的 $CO_2 - O_2$ 交换试验证明，培养面积为 8.0 m² 的小球藻可以满足一名乘员的呼吸用 O_2 需求。另外，70 年代初，苏联在"BIOS – 3"试验平台中，利用螺旋藻和小球藻整合形成"人 – 植物 – 微藻"的受控生态体系，证明微藻不仅可以调节大气中的 $CO_2 - O_2$ 平衡，还可以回收利用尿液等废水中的矿物质，从而实现水质净化。此外，欧空局在 MELISSA 项目中开展了大量以螺旋藻为基础的研究，通过该微藻进行氮和磷等矿质元素的回收利用，同时吸收 CO_2 并释放 O_2。

我国研究者通过卫星搭载发现，暹罗鱼腥藻（*Anabaena siamensis*）等微藻能够在太空环境下进行生长。此外，在卫星搭载的螺与自养藻及多种异养藻与自养藻的整合系统试验中证明，二元水生 CELSS 能够稳定运行。航天员中心的艾为党等（2005）经过 ⁶⁰Co-γ 辐射试验发现，螺旋藻具有一定的抗辐射能力。他们从 7 个螺旋藻品种中初步筛选出能够满足 CELSS 培养需求的螺旋藻藻种，并研制成天基样机。另外，北京航空航天大学的胡大伟等（2012）还进行了 CELSS 中光生物反应器控制器数值仿真和虚拟现实研究，并建立了相关数学模型。

目前，在 CELSS 研究中采用较多的微藻品种是螺旋藻。螺旋藻作为一种蓝藻，与其他微藻和高等植物相比，主要具有以下优势：① 光能利用率可达 20%，是普通高等植物的 10 倍以上，放氧能力强；② 生长、繁殖迅速，在适宜条件下一天就可增殖一倍；③ 营养全面均衡，蛋白质含量可达 60%以上，20 g 干粉就可以满足一个人一天的维生素和微量元素需求；④ 富含抗氧化剂，如 β－胡萝卜素、维生素 E 和藻蓝蛋白等；⑤ 生物可食率高，不会产生秸秆等废物；⑥ 高盐和高 pH 的生存环境可抑制细菌等微生物污染，因此可保障收获产品的品质；⑦ 属于原核生物，结构简单，可通过基因工程获得新种。因此，螺旋藻作为优选藻种已经成为 CELSS 的重点研究对象。

然而，如何优化微藻培养条件，并如何结合 CELSS 中物质流要求而建立高效微藻光生物反应器，对于该部件的功能发挥和安全稳定都至关重要。虽然目前已经报道了多种微藻光生物反应器，但还需要结合太空微重力环境开展进一步验证，并纳入系统的物质流循环当中。

6.2.3　蘑菇培养

当前，用木材培养腐败菌如日本蘑菇（*Lentinula edodes*）、平菇、金针菇或犹太耳朵木耳（*Auricularia auricula*）等在农业生产中很常见。植物性食物中缺乏维生素 D，但这些在蘑菇中含量丰富，尤其经过干燥和紫外线照射之后更是如此。在我国，中国科学院微生物研究所等单位已经成功开展过金针菇的在轨搭载培育研究。

|6.3　基本培养方法|

6.3.1　水生动物养殖方法

水生动物罗非鱼的养殖系统结构构成及基本工作原理如图 6－3 所示。往往将养鱼和水生植物养殖结合起来，在它们之间形成一个相对闭环的微循环生态系统，在其中相互之间进行气体和固体等物质交换，从而不断生产鱼肉供乘员食用。

该系统主要包括动物舱、饲喂系统、水生植物舱、水体循环系统、水体供气系统、温控系统、过滤及消毒系统、固体分离系统及水生植物光照系统（可采用光导纤维光照）等，其基本操作流程如图 6－4 所示。

6.3.2　微藻培养方法

在低重力下，微藻在天地之间的工作原理应该基本相同，即可采用气升式、搅拌式、弯管流动式及平板式等类型的光生物反应器（photo-bioreactor）进行微藻培养。该系统主要包括反应器主体、液体循环或搅拌系统、光照系统、温控系统、进/出气系统、进/出料系统和两级空气过滤系统等。光照可以采用人工光照或太阳光导纤维光照等技术，如图 6-5 所示。

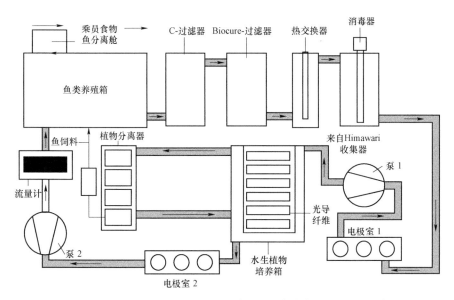

图 6-3 一种水生动物和植物共生培养系统结构构成与工作原理示意图

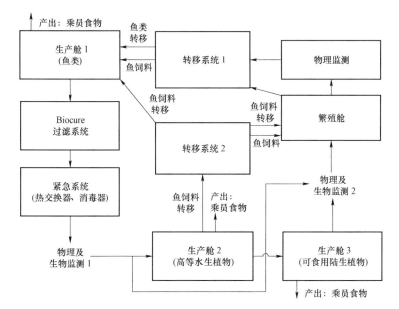

图 6-4 一种水生动物和植物共生培养操作流程

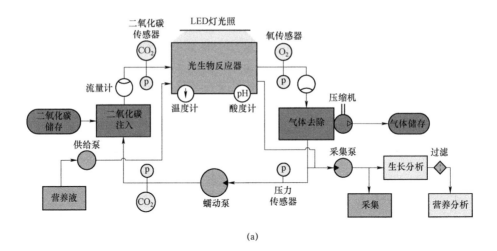

(a)

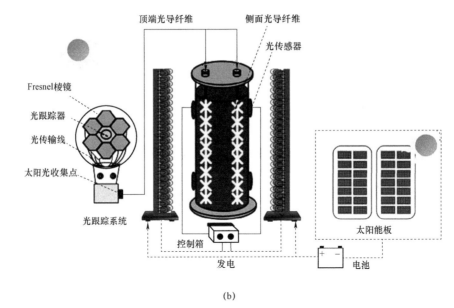

(b)

图 6-5　一种光生物反应器结构构成及工作原理示意图（a）和光照与供电方法示意图（b）

6.3.3　食用菌培养方法

可以将蘑菇或金针菇与废物处理系统进行结合培养。一般将来自微生物废物处理系统（也叫堆肥系统）腐熟后的秸秆等植物不可食生物量用于蘑菇培养。该系统主要包括温湿度控制系统、种植床和基质系统及浇水系统等，具体见图 6-6。在受控生态生保系统中进行食用菌培养时，同样需要注意对培养基质的消毒和接种问题。另外，需要注意菌种对来自该系统中培养基质的适应性问题。

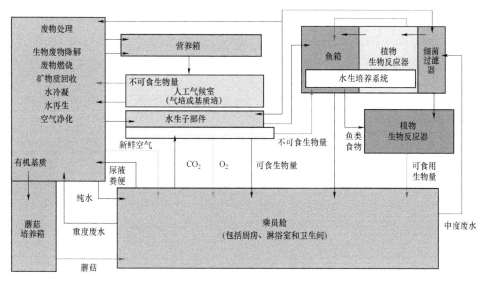

图 6-6 一种食用菌蘑菇培养原理图
（引自：Bluem 和 Paris，2003）

|6.4 小 结|

本章阐述了在受控生态生保系统中，进行动物、螺旋藻和食用菌等除植物外其他生物功能部件培养的重要性，以及候选种类基本的选择原则；总结了国内外研究进展，并在此基础上提出典型动物、微藻和食用菌等生物功能部件的基本培养方法与途径。

拟首先选用的候选动物为罗非鱼，其次为泥鳅等水生动物，陆生动物为食叶类动物，如蚕蛹和角虫等。微藻首选为螺旋藻，其次为小球藻。食用菌首选为蘑菇，其次为金针菇。可以将水生动物与水生植物进行共培养。螺旋藻可采用盘管式液体培养法或光生物反应器法培养；可利用经过处理后的植物秸秆的腐熟材料进行食用菌培养；经过以上处理后剩余的固体基质可被作为人工土壤而用于进行植物培养。

第 7 章

大气管理单元

如前所述，月球表面上不存在大气，而火星表面上的大气也非常稀薄，均不适合植物和人类等生存。因此，在受控生态生保系统中大气管理子系统是一个非常重要的结构单元，其控制的成分包括舱内大气温度、相对湿度、压力、通风风速、氧浓度、二氧化碳浓度、乙烯等微量有害气体和微生物共八大参数。这些参数都会对乘员、植物、动物及电子仪器设备等产生重要影响，进而决定系统能否长期、稳定和有效运行。在地球上，大气的缓冲能力较大（例如大气中的二氧化碳被溶解在水圈中的碳酸盐所缓冲，氧气被大海中的绿藻光合放氧所缓冲），而在受控生态生保系统中大气环境控制存在的主要问题，是缓冲能力小而必须进行精确控制，否则，系统容易因大气失衡而崩溃。

| 7.1　温湿度与通风控制 |

7.1.1　舱内热源分析

经分析，认为 CELSS 舱内热源主要来自以下四个方面：第一，在植物栽培系统中，如采用太阳光直接照射，则主热源为来自太阳入射光通过红移向热能的转换，此外，还包括电子仪器设备做功发热、废物降解产热和乘员新陈代谢等所产生的热量。第二，如果采用太阳光间接照射，通过滤除红外线等非光合有效辐射，则基本能够将太阳光中的热量拒于舱外。第三，如前所述，未来的植物光照极有可能是太阳光间接光照和人工光照的混合方式，因此，人工光照必不可少且必然会产生较大一部分热量。第四，有可能将核能设施置于舱内而产生较大一部分热量。例如，Munson 等（2002）设计的火星可展开温室中采用放射性同位素热电发电机（radioisotope thermoelectric generators，RTGs）进行发电，并置其于舱内。分析表明，上述 RTGs 会净产生 50 kW 的电能。在对RTGs 的分析中，将热电能量转换效率设定为 20%，那么可以推测 4 台 RTGs 就会产生 160 kW 的废热。

7.1.2　透明舱体自然保温与散热分析

　　月球或火星表面环境的低温和火星表面上相对高的风速有利于热辐射，然而，大气的极低压力在很大程度上又降低了整个系统中的热转移。另外，需要着重考虑在夜间和白天之间显著的热循环问题，因为大气缺乏或温室效应在夜间和白天之间会导致巨大的温度波动。

　　Munson 等（2002）分析认为，热一般按照 3 种模式进行转移：传导、对流和辐射。例如，在其设计的火星可展开温室中，假定通过上层透明温室舱体的辐射热转移可被忽略，以及向所有登陆器附属部分（如着陆腿、太阳能电池板、通信天线）的传导和随后的热对流而导致的热损失也可被忽略，并假定其余理想化的圆柱体以横向对流模式进行热传导（风速设定为 15 m · s⁻¹），则分析结果表明，在运行期间，存在于窗格玻璃之间的真空导致上半球体的热损失可被忽略，这将使得内部窗格玻璃保持在约 15 ℃的温度。而且，当温室内部的湿度保持在 50% 以上时，则在温室设计中必须考虑对上半球体内表面上积累的冷凝水进行回收利用。基本原理如图 7-1 所示。

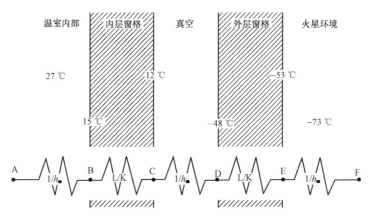

图 7-1　一种火星透明温室舱体热损失动力学模型示意图
（用于确定辐射平衡）

　　他们认为，通过下半球体的热损失不重要。对这一结构部分的主要考虑因素是防止管道结冰，并将温度维持在 0 ℃以上。因为热产生主要发生在下半球体，因此要加强这里的热管理。在两个最低的八分圆中具有高热导的材料，用于促进从温室向外进行热辐射和扩散转移。此外，优选壳体之间的填充材料可以进一步调节温室这一关键部分的热损失。透明舱体自然保温与散热的具体原理如图 7-2 所示。

7.1.3 热控解决措施

目前，针对采用混合式光照系统的受控生态生保系统植物舱体，其热控系统可以由三套集成散热系统组成：水制冷系统——从 LED 灯板散热；大气冷凝热交换器——冷却舱内大气；辐射表面系统——进行被动散热。将三种制冷系统配合使用而共同发挥作用，从而实现系统中热控的有效性与可靠性。

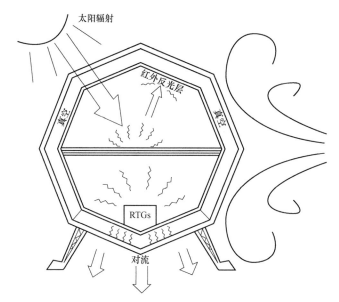

图 7-2 一种火星透明植物舱体的热环境（引自：Munson 等，2002）

1. 大气冷凝热交换器

大气冷凝热交换器主要负责对扩散到舱内的大气热负荷进行去除。在植物舱中，这部分热量所占比例最大。例如，在 Zeidler 等（2017）所设计的月球温室中，这部分热量约占整个系统热负荷的 50%，具体见表 7-1。

表 7-1 一种标准模式下的月球温室热负荷预估值（按最大产热量计算）
（引自：Zeidler 等，2017）

热源	热量/kW
温室（进入空气中的热）*	247.1
温室（进入水制冷系统的热）	172.3
中心舱	74.9

续表

热源	热量/kW
在系统水平上的总热	494.3
具有 10% 冗余的总热	543.7

*散到大气中的热量是 LED 系统能源需求的 37% 与温室中自然光散热的总和，并具有 10% 冗余。

　　由表 7-1 可知，在产热量最大的情况下，在中心舱中，需要从大气中去除的热量为 74.9 kW（含 10% 冗余），而需要从所有温室大气中去除的热负荷总和为 247.1 kW（含 10% 冗余）。下面以温室中小麦培养方案为例加以说明。对于一个单独的小麦温室，该最大产热方案会导致 128.7 kW 的热负荷（含 10% 冗余）。因此，需要对用于温室大气除湿和制冷的每一个冷凝线圈进行定制，以便能够从大气向制冷液转移这一部分热量，如图 7-3 所示。

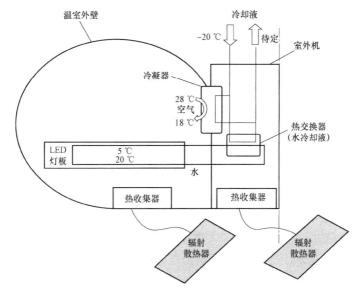

图 7-3　一种月球温室热控系统工作原理示意图（引自：Zeidler 等，2017）

2. 水冷系统

　　如前所述，假定 LED 灯板的发光效率为 30%，那么就意味着所供应电能中的 70% 将被转化为热量。因此，可利用水冷系统将植物舱内所产生此类热的 90% 运输到居住系统等为其进行加热。通过延长各个植物舱的光周期，电能消耗（并因此产生热负荷）就能够得到更好平衡，因此也就能够降低峰值时的能源消耗。

因为每种作物对光照的光合有效辐射水平具有不同要求，所以温室中液–液热交换器的尺寸应当基于最需要的作物培养方案进行确定。例如，在 Zeidler 等（2017）所设计的植物舱中采用的是小麦培养方案。在培养小麦的植物舱中，由于这样定制的液–液热交换器将热量从水中转移到制冷液，因此由水冷系统所散发的最大热量可达到 172.3 kW（系统全部产热为 543.7 kW，包括 10%的冗余）。

3. 热辐射器表面散热

热辐射器表面散热这一方式，主要针对受控生态生保系统处于无人和非操作状态（如乘员暂时撤离基地，也叫冬眠模式）下的系统散热问题。对热辐射表面尺寸可按照冬眠模式的散热能力进行设计。例如，在上述 Zeidler 等（2017）设计的植物舱中，所有处于冬眠模式的温室热负荷为 145.9 kW，中心舱热负荷为 39.5 kW，包括 10%冗余，而且在此期间主动热控系统会处于关闭状态。假定温室中最高温度被保持为 28 ℃，热辐射率为 0.9，那么所需要的总热辐射面积应为 442.5 m²。可以将辐射器安装于太阳光照射水平较低的陨石坑中，这样则能够更为有效地进行散热。另外，最好在植物舱外围的月壤或火星土壤壳体上覆盖辐射器板，而热控系统将只利用这些在特定时间未暴露于太阳光下的部分。在植物舱运行期间，其大气温度一般被保持在 22~25 ℃，而在其停运休眠期间，其大气温度也应当被保持在 0 ℃ 以上。

7.1.4 相对湿度控制

受控生态生保系统中的湿气，主要来自植物的蒸腾蒸发作用、人体和动物等生物的呼吸代谢以及系统中的废水和固体废物甚至废气处理过程中等释放的一定水汽。该湿度可以通过大气冷凝热交换器的冷凝作用进行控制，并对冷凝水进行收集。另外，对居住舱或植物舱等其他舱体，可以通过超声波加湿器进行加湿。因此，系统中大气湿度控制方法与地面的基本相同而完全可以借鉴，并且基本上无须考虑低重力下水气分离的问题。

7.1.5 通风风速控制

植物舱需要大气循环来确保气体能够得到均匀分布，并给植物授粉。一方面，通过使气体进行连续混合来达到多个目的，否则，在停滞空气中，当植物直接利用与其相接触的二氧化碳时，就会在叶片周围迅速形成一种二氧化碳被耗尽的空气圈层，这样会导致植物无法从周围大气持续获得二氧化碳。例如，荷兰的一项试验证明，通过将风速从 0.1 m/s 提高到 1.0 m/s，则植物的光合作用效率提高了 40%。植物主要在白天吸收二氧化碳，因此，主要应在白天开启风机，而在夜间风机可不常运行。促使风机运行的另外一个目的，是通过混合任何区域的热、冷和大气气体组分而使气体分布均匀和各种传感器的读数更为精确。

另一方面，受控生态生保系统候选植物，如草莓、马铃薯和甘薯等作物能够进行无性繁殖，而莴苣、大豆和花生等作物具有较高的自花授粉能力而无须借助外力。然而，小麦、番茄和水稻等作物需要媒介来帮助授粉。这些植物需要轻微的振动或风速为 $6 \sim 7 \text{ m} \cdot \text{s}^{-1}$ 的气流运动，以确保植物能够实现充分授粉。另外，无论在任何情况下异花授粉都需要借助风力（异花授粉的优点在于能够避免出现每株植物都具有完全相同的遗传背景，否则，一种简单的疾病发生就容易导致完全湮没）。植物风媒传粉所需要的风速较植物舱内正常空气循环的要高出很多，并且该风速如果持续出现，则可能会对植物造成伤害。鉴于此，考虑到节能和植物健康，可以只对需要通风授粉的植物利用高速风扇进行强风吹拂。例如，在一天之内将风扇设定为关闭、低速和高速三挡按预定间隔运行。按照常规，温室循环风扇按照每分钟立方米或英尺标定。所推荐的每分钟通风量是舱内容积的 75%。

7.2　压力控制

7.2.1　压力制度设定

首先，受控生态生保系统中乘员、植物、动物和微生物等均需要一定的压力来维持其身体内外的压力平衡，而且其呼吸代谢需要一定量的氧气供应。另外，可展开（或叫可膨胀）植物舱或整个系统的机械稳定性维持均需要具有一定的压力。

1. 高压植物舱设定

针对受控生态生保系统植物舱的压力制度设定，目前基本上存在两种观点：一种认为压力应该高一些，例如，有人选择约 50 kPa，有人选择 59.2 kPa 甚至更高，接近 70 kPa。59.2 kPa 压力制度的气体组成与 NASA 的设计参考飞行（Design Reference Mission）中所提出的表面居住舱的压力制度相同。他们认为 59.2 kPa 这样的高压为乘员和植物提供了可居住环境，而且乘员进入植物舱无须穿舱外航天服进行各种操作，因此简化了很多操作程序。然而，这样会使舱内压力保持较高水平，因此导致对舱体结构的强度和密封性等要求较高；此外，在运行过程中舱内气体容易出现泄漏而会增加维护成本。

2. 低压植物舱设定

由于使月球或火星受控生态生保系统植物舱保持上述高压状态会带来一定问题，因此另外一种观点是选择低压，例如，低压温室选择 20 kPa 的压力，因为这一压力被认为是植物仍然可以生长的低压下限。低压与高压的优缺点基本相反。

低压环境意味着其中压力较标准条件要低。如上所述，假如设定火星温室的内部压力范围为 20～21 kPa，这则要显著低于标准的地球大气压。虽然在温室低压条件下要求乘员穿舱外航天服是一种不利因素，但也并没有多么严重。现代技术在航天服的薄度和柔性方面已经做了显著改进。另外，乘员不需要经受在空间自由漂浮的那种极端条件，这就意味着乘员的月球或火星舱外服较现在的航天服可以更薄和更轻。经分析，一天 8 h 内，驱动六套航天服（假定一个6 人乘组的所有航天员同时在一个温室中工作）所需的能源较持续保持整个温室在一个大气压下所需的能源要低很多。另外，假如在居住舱中的生保系统出现故障，则温室的内部压力可以被快速提高，以确保航天员能够临时寻求避险。低压也需要较少能量来维持并能够降低大气泄漏率。在恒定低压系统中需要较少的气体摩尔克分子，这对于水蒸气尤其重要。较少的摩尔克分子会使得大气易于饱和而达到适宜的相对湿度。

在低压条件下栽培植物可能还具有优点。研究结果表明，在低压和高湿下产量能够提高 76% 之多。当压力下降时，蒸腾和光合作用效率则增加，因此植物能够较快生长和成熟。然而，到目前为止，关于其可行性尚未明确，但基本认为不存在问题。假如作物产量高于预期，则通过减少种植频次或数量而使温室实现减产以保持食物供应平衡。然而，对于温室的特定条件要求将在很大程度上取决于最后的作物候选种类或品种。从植物生长角度来看，0.1 个大气压是最令人期望的，其目的是尽可能降低压力并仍然保持系统强度。然而，压力越低，作物一旦出现故障就会成为一种更大的风险。例如，在 0.025 kPa 时，阻断供水超过几分钟就会导致作物完全凋亡。另外，与低压相关的作物蒸腾率增加会对水的持续供应造成很大依赖。然而，为了满足大气组成和安全等需求，可将最初的目标压力设定为 0.2 个大气压。氧分压最小可设定为 0.05 大气压（或 5 kPa）。为了保持环境具有安全防火水平，氧分压只能达到总压的 30% 或更低，因此总压最低要达到 0.167 个大气压。0.2 个大气压的目标总压给氧分压能够提供充分缓冲，即氧分压可以达到 6 kPa，同时也满足安全防火要求（表 7－2）。

表 7－2　一种拟定的火星温室大气组成

大气成分	分压/kPa	所占比例/%
氧气（O_2）	≤5.00	25.00
二氧化碳（CO_2）	≤0.100	0.50
水（H_2O）	≈1.948	9.74
惰性气体（N_2、Ar）	12.952	64.76
乙烯（C_2H_4）	≤0.000 001	0.00
总压	20.000 001	100.00

7.2.2　压力控制影响因素

引起受控生态生保系统植物舱内分压和总压变化的因素很多，主要决定因素包括：

① 气体排入流速；

② 气体排出流速；

③ 植物和藻类等的光合作用效率（吸收二氧化碳，放出氧气）和呼吸作用效率（吸收氧气，放出二氧化碳）；

④ 植物等生物部件的生物量产量；

⑤ 气体泄漏率；

⑥ 植物蒸腾蒸发作用效率；

⑦ 大气冷凝热交换率。

事实上，系统中的以上各种参数都会影响舱内压力。Rygalov 等（2002）将这种质量关系按照如下数学公式进行表示：

$$\mathrm{d}p_i/\mathrm{d}t = (F/V)p_{io} + f_i X/V + [(K_L G)/V](p_{is} - p_i) - (K_C G_C/V)(p_i - p_{ic}) - (L/V)(p_i - p_{io}) - (R/V)p_i \tag{7-1}$$

式中，p_i——温室中一定气体的分压；

$\quad\quad p_{io}$——温室外部大气中一定气体的分压；

$\quad\quad p_{is}$——在系统温度下气体的饱和分压；

$\quad\quad p_{ic}$——在冷却装置温度下气体的饱和分压；

$\quad\quad F$——进入温室的外部气体流速；

$\quad\quad R$——流出温室的内部气体流速（或叫强制泄漏）；

L——总的自由气体泄漏流率；

（注意，参数 F、R 和 L 均具备温室通风方面的特征）

V——温室总体积；

X——植物生物量；

f_i——在光合作用过程中气体转化比率（可以是正的，如对于 O_2，也可以是负的，如对于 CO_2）；

G——气体蒸发面积；

G_C——气体冷凝面积；

K_L——气体蒸发比率；

K_C——气体冷凝比率；

t——时间。

这一数学公式描述并不被局限于一定的物理单位。在系统中，这一总动态压力与系统中所有气体的各自动态压力的和相等。在上述等式中，假定温室是在恒温下运行，则温度的任何变化都能够通过模型的数值变化而被体现，但大幅温度变化对植物生长一般并无益处。该数学模型包括决定温室中气体动力学的最普遍过程。另外，在这一模型的进一步发展中，可引入温室大气的任何其他组分，具体包括：① 二氧化碳；② 氧气；③ 水；④ 中性气体；⑤ 乙烯和微量有害气体；⑥ 总压。另外，还可能包括某些专门的气源和库。

7.2.3 压力控制计算方法

基于以上分析，可参照 Rygalov 等（2002）提出的火星可展开温室中气体动力学组成调控方案，来进行舱内压力调控。

1. 舱体膨胀与维持

1）舱体膨胀率

可按以下公式计算：

$$p = p_o(1 + F/L) + [p_i - p_o(1 + F/L)]\exp[-(L/V)t] \tag{7-2}$$

式中，p——可膨胀结构内总压，kPa；

p_o——舱外火星大气总压，kPa；

p_i——可膨胀结构内由大气氧气和水蒸气所形成的起始压力，kPa；

F——膨胀率，$m^3 \cdot s^{-1}$；

L——泄漏率，$m^3 \cdot s^{-1}$；

V——舱体容积，m^3；

t——时间，s。

2）泄漏率

可按以下公式计算：

$$p=p_{o}+(p_{m}-p_{o})\exp[-(L/V)t] \tag{7-3}$$

式中，p_{m}——舱内压力上限值。

2. 植物光合作用

主要气体的分压可通过以下公式进行计算：

$$p_{c}=(p_{oc}-p_{H}/L)+[p_{cm}-(p_{oc}-p_{H}/L)]\exp[-(L/V)t] \tag{7-4}$$

$$p_{s}=(p_{os}+p_{H}/L)+[p_{sl}-(p_{os}+p_{H}/L)]\exp[-(L/V)t] \tag{7-5}$$

式中，p_{c}——二氧化碳分压，kPa；

$\quad\quad p_{s}$——氧分压，kPa；

$\quad\quad p_{H}$——光合作用效率，$m^3 \cdot s^{-1}$；

$\quad\quad p_{cm}$——二氧化碳分压的最大限值，kPa；

$\quad\quad p_{sl}$——氧分压最低限值，kPa；

$\quad\quad p_{oc}$——舱外二氧化碳分压，kPa。

3. 二氧化碳供应和氧气去除

二氧化碳和氧分压可通过以下公式分别进行计算：

如下述公式所示：

$$p_{c}=Fp_{oc}/R+(p_{cl}-Fp_{oc}/R)\exp[-(R/V)t] \tag{7-6}$$

$$p_{s}=p_{sm}\exp[-(R/V)t] \tag{7-7}$$

式中，p_{cl}——舱内二氧化碳分压下限值，kPa；

$\quad\quad p_{sm}$——舱内氧分压上限值，kPa。

一般情况下，只利用该方案的稳态部分，因此，需要对以上每种主要气体的分压进行控制，这样就可以实现对总压的控制。例如，假如中性气体的分压升高而导致总压提高，这样就可能需要对该气体进行排空而泄压。

|7.3　氧气、二氧化碳及其他气体浓度控制|

7.3.1　基本情况分析

这里以火星温室为例予以说明。为了弥补由于气闸舱使用和泄漏所导致的气体损失，火星基地中的气体将主要从当地大气中提取，少量由从地球携带的备份气体进行补充。每天的最大泄漏率估计为内部体积的 1%，那么火星温室大气在 20 年内将损失整个容积的 73.05 倍。虽然所估计的泄漏率看似明显偏低，但在这么多年下仍然会是一个巨大数字。

密闭系统中大气组成动力学的基本描述如下。大气组成浓度（或分压）的变化速度：起始气体 + 从外界输入的气体（通过受控排入过程提供）− 向外界泄漏的气体（通过排出过程或可调通风提供，以及不受调节的泄漏）+ 系统的闭合度影响（由植物和微生物引起的转变或改变以及物理吸收和化学反应等）。

温室内的植物吸收二氧化碳并释放氧气。地面植物需要一种维持在一定范围之内保障其正常生长的平衡大气组成。二氧化碳和氧气是用于植物光合作用和呼吸作用过程中的基本气体：$CO_2 + H_2O \rightleftharpoons CH_2O + O_2$。在植物生长期间，二氧化碳的用量要大于氧气，但后者在植物发芽期间和对暗呼吸都特别关键。地球大气与火星大气的平均组成见表 7−3。

表 7−3　火星与地球大气组成比较（引自：**Rygalov** 等，**2002**）

气体组分	火星（表面）/kPa（ppm）	地球（海平面）/kPa（ppm）
二氧化碳（CO_2）	约 0.667（953 200）	约 0.033 4（330，较少）
氮气（N_2）	约 0.02（27 000）	约 79.17（780 000）
氩（Ar）	0.011 2（16 000）	约 0.95（9 400）
氧气（O_2）	0.000 91（1 300，较少）	约 21.32（210 000）
一氧化碳（CO）	0.000 49（700，较少）	约 0.001 2（约 12，极少）
水蒸气（water vapour）	0.000 21（300，较少）	0～4.3（约 3.2 kPa，约 31 500 ppm，在约 25 ℃下达到饱和水蒸气）
氖（Ne）	1.75×10^{-6}（2.5，很少）	0.001 2～0.001 8（12.0～18.0，极少）
氪（Kr）	0.21×10^{-6}（0.3，很少）	约 0.000 1（1.0，极少）
氙（Xe）	0.56×10^{-6}（0.8，很少）	—
臭氧（O_3）	0.028×10^{-6}～0.14×10^{-6}（0.04～0.2，极少）	约 0.001 2（0～12，极少）
氢（H_2）	—	0.005 1～0.01（50～100，较少）
氦（He）	—	0.000 41～0.000 51（4.0～5.0，极少）
总压	～0.7	约 101.5（可变）

对表 7−3 进行分析，可以得出以下结论：

① 火星和地球之间的大气组成存在显著差别；

② 火星大气中二氧化碳占有相当数量；

③ 火星大气中氧气和水非常稀少。

可以看出，目前存在的火星大气组成不适合地球植物生长。Rygalov 等（2001）提出，可以利用分析模型来简化保障植物生长和发育的最少温室大气。一种最少并最节约费用的大气组成应当包括足够浓度的二氧化碳、氧气和水蒸气，以保障植物健康生长。需要通过试验来确定保持特殊条件的代价，以及不同条件对植物生产率的影响。可能需要在植物生长的所有时期都控制温室内部与外面火星大气之间的交换。然而，由于氧气和水蒸气浓度很低，因此通过其他途径来获取这些物质可能会更经济。首先，应当调节气体交换率来保障植物生长（光合作用效率发生变化）。其次，希望保障植物生长的任何高密度气体混合物能够维持舱体所负载的机械压力，以便使柔性可展开温室处于充气膨胀状态。假如发现最经济的压力是接近地面的正常压力，那么在设计既要满足强度要求又要透明的温室壳体时，则会遇到问题。由于温室内部与外界大气之间需要进行气体交换，因此，在实施温室内人工大气调控时，需要特别考虑可展开温室的机械强度问题。

7.3.2　氧气再生与调节

系统中氧气的主要再生途径为植物光合作用，还可能包括藻类等的光合作用。耗氧源主要包括人体呼吸、动物呼吸、各类微生物呼吸、水体或部分材料吸收及舱体泄漏等。根据光合作用的化学等式，由植物或藻类所产生的氧气量（单位为摩尔，mol）与植物所消耗的二氧化碳量相等。

$$6CO_2 + 6H_2O + 光 \rightarrow C_6H_{12}O_6 + 6O_2 \qquad (7-8)$$

假定每天的泄漏率为 1%，那么氧气的泄漏率要小于植物的产氧率，这样则可以推测温室在正常操作条件下不需要补氧。

1. 氧浓度高时

当植物舱内氧浓度达到设定值上限（假定总压为 20 kPa 时，则氧分压一般不超过 6 kPa 或 30%）时，则自动启动分子筛除氧过程。将分离的氧气进行储存。氧气将被保存于储罐中，直到其达到最大储存能力。在储罐被装满后，所生产的氧气将被排到温室外的大气中。另外，当氧浓度升高而二氧化碳浓度下降时，也可以增加废物的氧化量，或临时减少植物的照光面积或光照强度等；当氧浓度回落到设定值下限（例如 24.4% 或 5 kPa）时，则停止除氧或停止采取其他措施。

2. 氧浓度低时

当植物舱内氧浓度下降到设定值下限（假定总压为 20 kPa 时，则氧分压一般不低于 5 kPa 或 21%），并同时伴随二氧化碳浓度升高时，则对植物和/或藻类增加光照强度或延长光照时间来促进植物和/或藻类的光合作用。如果上述方法无效，可以考虑启动水电解制氧装置，或临时减少生物可降解废物的处理量或调整其处理节奏。如果上述方法均无效，则使用系统内的高压储氧（平常作为储备物资，最好不要轻易动用）。二氧化碳和氧气调节的基本原理如图 7–4 所示。

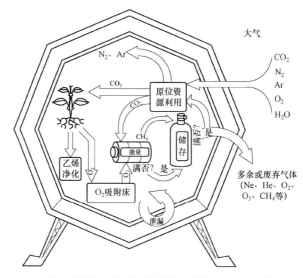

图 7–4　一种火星温室大气循环示意图（引自：Munson 等，2002）

Furfaro 等（2017）提出利用藻电池（algae cell）产氧的概念。该系统拟利用 Himawari 太阳能收集器和光导纤维技术给微藻光生物反应器进行光照，从而推动微藻进行光合放氧。该系统对整个受控生态生保系统补充供氧的过程如图 7–5 所示。

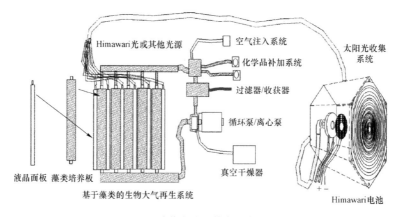

图 7–5　一种藻电池的基本工作原理设计

Munson 等（2002）提出另外一种制氧的方法：通过吸附二氧化碳并对其进行压缩而将其转化为氧气。然而，该产氧系统基于锆固体氧化物的电解制氧原理而非水电解制氧原理。

7.3.3　二氧化碳再生与调节

在地面上的商业温室中，一种普通的做法是将温室内的二氧化碳浓度提高到地球大气二氧化碳正常浓度（360 ppm）的许多倍，由此有效增加植物的光合作用效率。二氧化碳的浓度水平可以在 0.1～3 kPa 的范围。在大气总压为 20 kPa 的情况下，0.1 kPa 分压的二氧化碳其浓度为 5 000 ppm。人们早已注意到，当温室二氧化碳浓度达到 5 000 ppm 时，作物的光合作用效率和产量一般均会增加。较高的二氧化碳浓度也会使植物能够更加有效地利用水分；在大气中当容易获得二氧化碳时，植物的气孔会收缩，这样就使其体内的水分较少逸出，但仍然可以捕获同样的二氧化碳。因此，由低压引起的蒸腾蒸发率的增加将会被二氧化碳浓度的增加所抵消。

1. 二氧化碳浓度高时

当舱内大气二氧化碳浓度高于设定值上限（一般不超过 1 kPa）时，可采用以下方法进行控制：第一，利用类似于空间站上的碳分子筛技术进行二氧化碳的分离与储存；第二，在可能的情况下，提高部分植物的光照强度，或延长光照时间，或扩大光照面积，从而临时提高其光合作用效率，进而加速降低大气中的二氧化碳浓度；第三，可临时减少生物可降解废物的处理量或节奏；第四，可临时减少乘员的劳动负荷，进而减少其呼吸导致的二氧化碳排放量。

2. 二氧化碳浓度低时

当舱内大气二氧化碳浓度低于设定值下限（一般不低于 0.05 kPa）时，可采用以下方法进行控制：① 临时增加生物可降解废物的处理量或加快处理节奏；② 临时适当增加乘员的劳动负荷和呼吸量来增加二氧化碳排放量；③ 启用二氧化碳的储存气体；④ 临时减少部分植物的光照面积、光照强度或光照时间，以降低植物的光合作用效率，进而减缓大气中二氧化碳的消耗量。

7.3.4　其他气体浓度控制

1. 水蒸气

在未来的月球或火星温室中，需要携带足量的水以弥补水蒸气的泄漏。水蒸气的原位收集量不会太多,因为周围大气的水蒸气含量仅为 0.03%。另外,可通过冷凝器或自动加湿器将湿度保持在 70% 左右。

2. 惰性气体

温室内部压力组成的其余部分需要由惰性气体进行填充。例如,在 20 kPa 和 22.75 ℃下,在 20 年内填充 73.05 倍于 60 m³ 的体积(体积总计为 4 380 m³)需要 23 071 mol 的惰性气体。当该惰性气体被压缩到 204 个标准大气压时,其体积相当于 189.2 m³,质量相当于 646.0 kg;而液氮则只占用 0.8 m³,但其需要被冷却到 − 196 ℃。由于火星大气中含有所需要的惰性气体,那么成本较低且占用体积较小的方法是从火星大气中收集氮气和氩气(其在火星大气中的浓度分别占到 2.7% 和 1.6%)。将外部大气进行处理,以去除其他气体而只保留氮气和氩气,并按照其在温室内的比例来补偿内部的不足压力。同时,作为备份,应该从地球携带用于温室充气的足量压缩氮气或氩气。

7.4 乙烯等微量挥发性有机污染物控制

目前已知,载人航天器密闭舱内的保温材料、部分设备和材料等会散发多种微量挥发性有机污染物,其达到一定浓度或长期暴露都可能会对乘员和其他生物造成影响甚至严重伤害。在受控生态生保系统中,由于需要进行植物栽培和废物降解处理等,因此还必然会产生一些特殊气体,例如乙烯,如不对其加以控制,则极有可能对植物、其他生物部件甚至乘员等构成伤害。

7.4.1 乙烯浓度控制

乙烯是一种气体激素,在受控生态生保系统中主要由植物本身产生,它会影响果实的成熟,如浓度太高则会引起植物早熟和果实腐烂。一般认为,乙烯浓度不得高于 50 ppb(十亿分之一)。在大自然开阔条件下,乙烯浓度通常不会达到这么高的水平,而在人工密闭系统中则很容易达到,因此必须对其进行人工控制。乙烯浓度的控制一般采用化学氧化法,具体情况如下。

1. 高锰酸钾氧化法

化学净化法即指高锰酸钾(化学式为 $KMnO_4$)氧化法。高锰酸钾也叫"灰锰氧",是一种常见的强氧化剂,常温下为紫黑色片状晶体。将舱内气体通过装有高锰酸钾试剂的容器时,乙烯这种极性气体则会被吸收与氧化,并被转变为二氧化碳和水等植物光合作用的原料。该方法的优点是较为简单,处理效果也好,在国内外的小型空间植物栽培装置中也都得到应用;但其缺点是,高锰酸钾为强氧化剂,具有一定的腐蚀性,并且用量较大且不可再生。

2. 光催化氧化法

乙烯的另外一种净化方法就是光催化氧化法。光源一般为紫外灯,催化剂有氧化钛（TiO_2）或氧化锆（ZrO_2）及它们的混合物等。一般将金属催化剂做成套,包在硼砂石英玻璃珠等坚硬并具有惰性的颗粒表面。当含有乙烯的舱内气体通过反应器时,在紫外线照射下,上述催化剂则将乙烯这种极性气体分解为二氧化碳和水,后两者均可被排回到植物舱并作为光合原料而再次参与植物的光合作用循环、物质合成和形态建成等。乙烯光催化氧化的基本工作原理如图 7 – 6 所示。

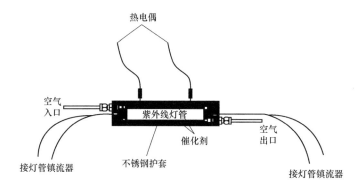

图 7 – 6　乙烯光催化氧化去除装置原理示意图（引自：Tibbitts 等,1998）

与高锰酸钾法相比,该方法的优点体现在使用时间长,无须经常更换;缺点是结构较为复杂,需要耗电,催化剂有时也会遭受中毒。但总的来说,光催化氧化法是乙烯净化技术的未来发展方向。

7.4.2　其他微量挥发性有机污染物控制

在载人航天器中,一般采用活性炭吸附法进行微量污染物的净化处理。目前,也开始采用光催化氧化技术进行污染物的处理,然而该技术一般只能处理大分子有机物,对一氧化碳等无机物和小分子有机物的处理效果并不好,例如，对于乙烯，就需要采用上述特殊催化剂进行处理。因此，可能需要采用活性炭吸附法和光催化氧化法的混合处理技术进行微量污染物的控制。以后，需要开发包括处理乙烯的一体化微量污染物处理系统，以实现对所有微量挥发性污染物的一条龙净化或再生利用。

| 7.5   微生物控制 |

人工受控生态生保系统的缓冲能力比较弱，也体现在病虫害的传播与发生方面。在该系统中，一旦出现病虫害泛滥而得不到及时而有效的控制，则后果极有可能是灾难性的。因此，必须对系统中的微生物尤其是病原微生物进行严密防治。目前，主要包括物理、化学和生物等三种微生物防治措施。

7.5.1   物理法

1. 物理隔离法

微生物物理隔离法，是在植物舱内专门设置一定数量的隔断，甚至在植物舱与植物舱，以及植物舱与其他舱之间建立屏障墙而进行封闭隔离。这样，在植物舱部分一旦出现灾难性病原体、泄压或其他灾难性故障的情况下，屏障墙将会保护植物舱的另一部分。另外，对用于进行水和营养液循环、大气再生循环、作物收获与储存以及使大气从栽培区向气闸舱流动的管路等结构单元，应当使之独立而避免交叉感染。

2. 高温消毒法

主要包括高温高压蒸汽消毒法。该方法适用于对耐高湿高温材料、小型操作用仪器设备、器皿、工具和栽培基质等进行物理消毒。

3. 活性炭吸附法

除以上两种方法外，也可以利用活性炭吸附罐，对可能有害的微生物进行过滤和消毒，从而实现微生物清除。

4. 紫外消毒法

采用紫外灯对舱内大气进行定时定点或流动消毒。另外，利用光催化氧化技术进行微量有害气体降解的同时，也可以进行部分微生物紫外消毒。然而，气体在反应室内的停留时间不长，因此消毒效果可能不会太好。Zeidler 等（2017）提出，当乘员从植物舱的一边走向另一边时，对气闸舱必须从一边进行大气泄压，这时可以利用高能紫外灯进行消毒，并利用另一边的大气进行复压。

7.5.2　化学法

化学法，指利用乙醇（也叫酒精，ethanol。浓度一般为70%）或次氯酸钠（NaClO。浓度一般为1%）等化学溶液进行消毒。因为受控生态生保系统需要严格杜绝有害微生物甚至有刺激性的物质进入系统，所以该方法适合在发射前使用，而不太适合用于发射后的大面积消毒。

7.5.3　生物法

1. 生物多样性对抗法

增加被选作物的多样性将是对病虫害袭击的主要防御措施，因为没有什么病虫害能够摧毁种类繁多的作物。

2. 有益微生物对抗法

研究表明，在密闭植物装置中含有健康及有益微生物种群会体现出重要价值。一个好的微生物种群能够阻止少量的有害病原体的成长与泛滥。因此，有人提出，在发射前可以从地面水培农场中收集健康微生物样品，并将其放进植物舱中。

|7.6　小　　结|

如上所述，在受控生态生保系统中必须对舱内大气温度、相对湿度、压力、风速、氧浓度、二氧化碳浓度、微量有害气体和微生物等八大参数进行精确控制，这八大参数的一般控制参考范围见表7-4。

表 7-4　受控生态生保系统大气管理系统中八大参数的参考控制范围

序号	参数	控制范围	备注
1	温度/℃	20~30（植物舱） 约 25（其他舱）	不同植物对温度具有不同要求
2	相对湿度/%	50~70（植物舱） 30~50（其他舱）	植物舱湿度较高,可减少其蒸腾蒸发速率
3	压力/kPa	20~70（植物舱） 60~70（其他舱）	植物舱在整个系统中占有最大容积,其中的压力制度会主导整个系统的建立与运行。植物舱压力制度目前有两种主张,即低压（约 20 kPa）和高压（约 60 kPa）,但大多数人倾向于低压
4	风速/（m·s⁻¹）	0.1~1.0（植物舱一般时） 6~7（植物舱传粉时） 0.1~1.0（其他舱）	风媒植物对风速有特殊要求。在植物传粉期,每天可定时采用传粉通风模式,大部分时间内可采用一般通风模式
5	氧分压（浓度）/kPa	5~6（21%~30%） （所有舱）	大气氧浓度一般不能超过 30%,否则,易引发火灾
6	二氧化碳分压（浓度）/kPa	0.05~2（0.05%~2%） （植物舱） 0~1（0~1%）（其他舱）	参照载人航天器,二氧化碳浓度一般不得高于 1 kPa。部分植物舱可以高,但一般不超过 2 kPa
7	微量有害气体/ppb	乙烯：≤50 其他：参照空间站控制标准	乙烯为一种植物气体激素,植物对乙烯浓度非常敏感,因此必须严格控制
8	微生物	参照空间站控制标准	必须对植物致病菌做进一步控制规范研究

受控生态生保系统大气管理系统中八大参数的参考控制方案见表 7-5。

表 7-5　受控生态生保系统大气管理系统中八大参数的参考控制方案

序号	类别	控制方法	基本功能说明
1	温度控制	制冷	
		● 冷凝热交换器	舱内大气控制
		● 水制冷系统	LED 灯板散热
		● 被动表面散热	舱体散热（其他制冷系统停运）
		● 透明温室热对流	舱体散热（温室在透明状态下会自然发生）

序号	类别	控制方法	基本功能说明
1	温度控制	加热	
		● 植物舱废热利用	供给其他舱体加热
		● 太阳光红移辐射收集	来自太阳光收集器,供给系统舱体加热
		● 电加热器	进行系统加热
2	相对湿度控制	除湿	
		● 冷凝热交换器	降温除湿
		加湿	
		● 超声波加湿器	提高乘员舱等舱内湿度
3	压力控制	压力过高	
		● 分别降低中性气体、氧气或水蒸气的压力	降低上述各个主要大气组分的分压或浓度
		● 向舱外排气	如以上控制效果不理想,则可以采用这种方法
		压力过低	
		● 分别提高中性气体、氧气或水蒸气的压力	提高上述各个主要大气组分的分压或浓度
		● 从舱外抽气	如以上控制效果不理想,则可以采用这种方法
4	风速控制	植物舱风速	
		● 调节风机或风扇风速	可在风媒植物舱设定不同档次的风速
		其他舱风速	
		● 恒定或调节风机风速	可恒定或设定不同挡的风速
5	氧分压（浓度）控制	氧分压过高	
		● 氧分子筛/膜分离与储存	降低大气含氧量

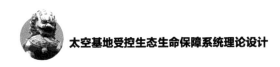

续表

序号	类别	控制方法	基本功能说明
5	氧分压（浓度）控制	● 增加废物处理量	临时增加耗氧量
		● 增加乘员活动量	临时增加耗氧量
		● 降低部分植物的光照水平或照光面积或减少照光时间	临时减少产氧量
		氧分压过低	
		● 从高压氧储罐/水电解制氧装置供气	增加大气含氧量
		● 减少废物处理量	临时减少耗氧量
		● 减少乘员活动量	临时减少耗氧量
		● 增加部分植物的光照水平或照光面积或增加照光时间	临时增加产氧量
6	二氧化碳分压（浓度）控制	二氧化碳分压过高	
		● 碳分子筛/膜分离与储存	降低大气二氧化碳含量
		● 减少废物处理量	临时减少二氧化碳产量
		● 减少乘员活动量	临时减少二氧化碳产量
		● 增加部分植物的光照水平或照光面积或增加照光时间	临时增加二氧化碳消耗量
		二氧化碳分压过低	
		● 从高压二氧化碳储罐供气	增加二氧化碳含量
		● 增加废物处理量	临时增加二氧化碳产量
		● 增加乘员活动量	临时增加二氧化碳产量
		● 减少部分植物的光照水平或照光面积或减少照光时间	临时减少二氧化碳消耗量

续表

序号	类别	控制方法	基本功能说明
7	乙烯/微量挥发性有机污染物控制	乙烯控制	
		● 高锰酸钾氧化法	氧化极性气体乙烯，小规模使用
		● 光催化氧化法	氧化极性气体乙烯，可大规模使用，是未来的发展方向
		其他微量有害气体控制	
		● 活性炭吸附法	可吸附多种有害气体，但对乙烯吸附效果较差
		● 光催化氧化法	可降解多种有害气体，是未来的发展方向。可与活性炭吸附法一体化使用，并拟与乙烯光催化氧化技术合并使用
8	微生物控制	物理法	
		● 物理隔离法	在舱内设置隔断，阻碍微生物随意流动
		● 高温蒸汽消毒法	适合对耐高温和潮湿的非电子或非精密仪器设备和材料进行消毒
		● 紫外线消毒法	适合对空气、物体表面或人行通道等进行定时、定点或流动消毒
		● 活性炭吸附法	适合对空气进行辅助消毒
		化学法	
		● 化学试剂消毒法	适合对物体表面或种子表面等进行消毒
		生物法	
		● 生物多样性对抗法	通过生物多样性的协同拮抗作用来抑制微生物增殖
		● 有益微生物对抗法	通过有益微生物的种群优势来抑制其他微生物的生长与繁殖

受控生态生保系统中大气管理系统的具体技术实施流程如图 7-7 所示。

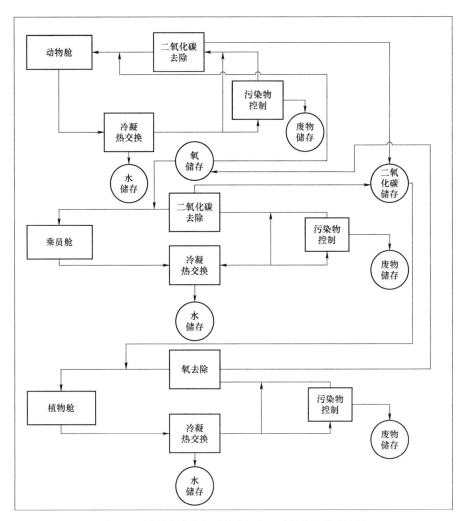

图 7-7　受控生态生保系统大气管理系统总体技术流程

第8章

水管理单元

受控生态生保系统中的水管理子系统同样是一个非常重要的结构单元，会决定该系统运行的成败与否。受控生态生保系统中的水资源非常宝贵，必须尽可能予以回收利用。水管理比较复杂，既有很多用水途径，也会产出很多种废水，因此必须达到高闭合度的循环利用。目前，水处理包括物理/化学处理和生物发酵处理两种途径，如何实现两者的高效配合使用应是研究的关键。另外，为了维持生理代谢平衡，人体每天必须要吸收一定量的氯化钠盐。然而，这种盐会随着尿液排出体外，并经过水处理系统最终进入植物栽培系统。但是，氯化钠盐被植物吸收得很少，这样其在植物营养液或固体栽培基质中会持续积累而造成盐碱化，从而抑制植物生长。因此，目前还需要着重探索去除或回收利用氯化钠盐的方法与措施。

| 8.1 用水流和废水流分析 |

在受控生态生保系统中，物质流中的水流包括多种用水流和被使用后的相应废水流。具体用水流和废水流情况如下。

8.1.1 用水流分析

在受控生态生保系统中，会涉及多种用水源，包括乘员所需的饮用水、厨房和卫生用水、烹饪用水、植物营养液补充水和营养液母液配制用水、动物饮用水、螺旋藻培养用水（假如培养时）、食用菌培养用水（假如培养时）、固废生物处理过程中所需用水、加湿器补充用水和冲厕用水等，另外，由于舱体泄漏，还会有一定的水损失量补充用水（部分见图 8-1）。

8.1.2 废水流分析

在受控生态生保系统中，同样会涉及很多种废水源，包括乘员产生的各种废水、从舱体收集的冷凝水、烹饪用过的水、植物营养液剩余液、动物液体排泄物、螺旋藻培养用过的水（假如培养时）、食物制备后的剩余水、厨房洗涤后排出水、各种卫生废水处理后剩液、固废生物处理中的渗出液等（部分见图 8-1）。

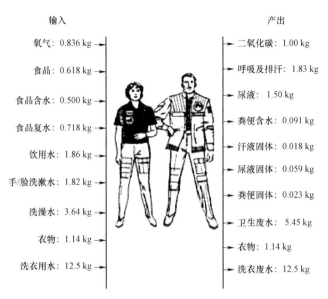

输入　　　　　　　　　　　　　　　　　　产出

氧气：0.836 kg　　　　　　　　　　二氧化碳：1.00 kg

食品：0.618 kg　　　　　　　　　　呼吸及排汗：1.83 kg

食品含水：0.500 kg　　　　　　　　尿液：1.50 kg

食品复水：0.718 kg　　　　　　　　粪便含水：0.091 kg

饮用水：1.86 kg　　　　　　　　　　汗液固体：0.018 kg

手/脸洗漱水：1.82 kg　　　　　　　尿液固体：0.059 kg

洗澡水：3.64 kg　　　　　　　　　　粪便固体：0.023 kg

衣物：1.14 kg　　　　　　　　　　　卫生废水：5.45 kg

洗衣用水：12.5 kg　　　　　　　　　衣物：1.14 kg

洗衣废水：12.5 kg

图 8-1　受控生态生保系统中与人相关的物质流关系，包括每人每天用水流和废水流的
种类及其数量关系（引自：Schwartzkopf，1991）

| 8.2　废水源成分分析 |

从上述情况可以看出，受控生态生保系统中的废水源成分相当复杂，会含有很多种有机物和无机物。例如，NASA 埃姆斯研究中心开展了小麦栽培试验，并对栽培系统蒸腾蒸发冷凝水中的化学元素进行过分析，具体成分及其含量见表 8-1。

表 8-1　植物舱蒸腾冷凝水、空间站饮用水上限值和引起植物毒性水之间的
比较情况（引自：Bubenheim 和 Wydeven，1994）

元素	植物舱蒸腾冷凝水/ （μmol·mol⁻¹）	空间站饮用水上限值/ （μmol·mol⁻¹）	引起植物毒性水/ （μmol·mol⁻¹）
磷	0.049	—	—
钠	0.363	—	—
钾	0.004	340	—
钙	0.232	30	—
镁	0.085	50	—

续表

元素	植物舱蒸腾冷凝水/ （μmol·mol⁻¹）	空间站饮用水上限值/ （μmol·mol⁻¹）	引起植物毒性水/ （μmol·mol⁻¹）
锌*	未被检出	—	2
铜*	未被检出	1	—
铁	0.001	0.3	—
锰	0.003	0.05	—
硼	未被检出	—	1
钼	0.009	—	70
铝	未被检出	—	—
锶	未被检出	—	—
钒	未被检出	—	1
钴	未被检出	—	0.4
镍	0.016	0.05	0.5
铬	0.004	0.05	0.02

*当使用铜线圈时，铜 =6.05 μmol·mol⁻¹，锌 =0.84 μmol·mol⁻¹。

在 20 世纪 90 年代，美国 NASA 组织实施了 CELSS 南极模拟计划（CAAP），这一期间所产生废水的各种组成成分见表 8-2 和表 8-3。从中可以看出，其废水样品中含有多种有机物和无机物，包括来自冷凝水的无机物和有机物、卫生废水中的表面活性剂及厨房厨具洗刷废水，主要为糖类、蛋白质和脂肪等。

表 8-2　取自美国南极站的废水样品分析结果

（引自：Flynn，Bubenheim 和 Straight 等，1994）

参数及地点	废水样品		
	样品 A[a] （食物烹饪期）	样品 B[b] （卫生清洁期）	样品 C[c] （低用水期）
pH（ARC[d]）	6.70	6.58	6.42
pH（Pole[e]）	7.04	7.61	8.14
密度（ARC）/（g·mL⁻¹）	0.997 0	0.997 4	0.996 5
密度（Pole）/（g·mL⁻¹）	0.993 0	0.998 2	0.990 3
电导率（Pole）/（μS·cm⁻¹）	1 253	900	825

续表

废水样品			
参数及地点	样品 Aᵃ（食物烹饪期）	样品 Bᵇ（卫生清洁期）	样品 Cᶜ（低用水期）
总固体物（ARC）/%	0.221	0.170	0.165
溶解固体物（ARC）/%	0.123	0.077	0.089
悬浮固体物（ARC）/%	0.098	0.093	0.076
非可燃部分（原样）/%	0.071	0.042	0.051
非可燃部分（基于固体物）/%	31.95	24.47	31.15
总固体物（McMᶠ）/%	0.255	0.172	0.189
溶解固体物（McM）/%	0.185	0.122	0.131
悬浮固体物（McM）/%	0.070	0.050	0.058
沉淀固体物（g）（McM）/%	＜0.2	＜0.2	＜0.2
沉淀固体物（v）（Pole）/%	＜0.2	＜0.2	＜0.2
碱度（等效 $CaCO_3$）/（mg·L⁻¹）	502	1 057	1 045
非挥发性有机碳/ppm	584	603	762
氨盐/ppm	75	87	119
锂	未被检出 ᵍ	未被检出	未被检出
钠/ppm	338	116	123
钾/ppm	77	83	80
镁/ppm	10	10	10
钙/ppm	21	25	24
氟化物/ppm	4	27	21
氯化物/ppm	14	112	80
硝酸盐/ppm	27	未被检出	未被检出
亚硝酸盐	未被检出	未被检出	未被检出
硫酸盐/ppm	31	35	35
磷酸盐/ppm	80	66	68
铁/ppm	0.4	0.2	0.3
铜/ppm	2.9	2.0	2.5
铅/ppm	0.004	0.012	0.001
硼/ppm	1.1	3.1	2.0

续表

废水样品			
参数及地点	样品 A[a]（食物烹饪期）	样品 B[b]（卫生清洁期）	样品 C[c]（低用水期）
苯酚/ppb	未被检出	150	1 650
碳酸钙饱和度 K_{sp}	−1.1/−0.7	−0.8/0.2	−1.0/0.7
油脂/（mg·L⁻¹）	192	179	133
漂浮物/%	5.67	4.21	5.81

[a]样品 A，取自 1993 年 1 月 20 日下午 1 点。在此期间烹饪了大量的食物，并清洁了餐具。
[b]样品 B，取自 1993 年 1 月 20 日下午 9 点。在此期间进行了大量的个人清洁工作。
[c]样品 C，取自 1993 年 1 月 21 日上午 9 点。在此期间只使用了少量水。
[d]ARC，在 NASA 埃姆斯研究中心进行分析。
[e]Pole，在美国南极站进行分析。
[f]McM，在 McMurdo Crary 实验室进行分析。
[g]数据来自 NASA 埃姆斯研究中心/南极站数据。

表 8−3　取自美国南极站的废水样品中半挥发性有机物的分析结果
（引自：Flynn，Bubenheim 和 Straight 等，1994）

废水样品			
半挥发性有机物	样品 A[a]（食物烹饪期）	样品 B[b]（卫生清洁期）	样品 C[c]（低用水期）
苯酚	未被检出	存在	大量存在
乙醛	大量存在	存在	存在
吲哚	未被检出	大量存在	大量存在
咖啡因	大量存在	大量存在	大量存在
甲苯	存在	未被检出	未被检出
庚醛	存在	未被检出	未被检出
壬二烯醛	存在	未被检出	未被检出
辛醛	存在	未被检出	未被检出
丙庚烯	存在	未被检出	未被检出
十一烷醇	存在	未被检出	未被检出
苯乙腈	存在	未被检出	未被检出
癸醛	存在	未被检出	未被检出
十二醛	存在	未被检出	未被检出
癸二烯醛	存在	未被检出	未被检出

半挥发性有机物	废水样品		
	样品 A[a]（食物烹饪期）	样品 B[b]（卫生清洁期）	样品 C[c]（低用水期）
十八烯	存在	未被检出	未被检出
氯吲哚	存在	未被检出	未被检出
十六烷酸	存在	大量存在	大量存在
二甲基硫醚	未被检出	大量存在	大量存在
甲基丁酸乙酯	未被检出	存在	存在
三甲基硫醚	未被检出	存在	存在
甲基吲哚	未被检出	存在	存在
癸酸	未被检出	存在	未被检出
十二烷酸	未被检出	存在	未被检出
十四烷酸	未被检出	存在	未被检出
丁酸	未被检出	未被检出	存在
十一炔	未被检出	未被检出	存在
十八烷酸	未被检出	未被检出	存在
Squanene	存在	未被检出	存在

[a] 样品 A，取自 1993 年 1 月 20 日下午 1 点。在此期间烹饪了大量的食物，并清洁了餐具。
[b] 样品 B，取自 1993 年 1 月 20 日下午 9 点。在此期间进行了大量的个人清洁工作。
[c] 样品 C，取自 1993 年 1 月 21 日上午 9 点。在此期间只使用了少量水。

8.3　废水处理基本方法

水的处理方法有很多种，主要包括物理/化学处理法、生物处理法以及两者的混合式处理法等三种类型。在受控生态生保系统中，往往需要采用物理/化学与生物相结合的混合式处理法而能够达到较为理想的处理效果。

8.3.1　物理/化学处理法

目前，应用于航天废水处理的物理/化学方法（简称物化方法或物化法），主要包括两种类型，即过滤法和相变法，而采用哪种方法主要由要被处理的水源及满足一定标准要求的产品水所决定。基于蒸馏技术的相变处理受到的重视程度较高，主要包括蒸汽压缩蒸馏（vapor compression distillation，VCD）、蒸汽相催化氨去除（vapor phase catalytic ammonia removal，VAPCAR）和热电集成膜蒸发（thermalelectric integrated membrane evaporation，TIMES）等三种技术，而基于过滤的多层过滤技术（multifiltration）和反渗透（reverse osmosis，RO）技术受到较多关注。美国 NASA 在其技术备忘录 101004（A Survey of Some Regenerative Physico-chemical Life Support Technologies）中，制定了操作基础和部分特殊输入及产品质量要求。

针对空间站，进行再生生保系统中的水回收子系统的选择主要基于源头质量和末端产品要求。空间站上的废水流主要包括尿液、冷凝水和卫生废水。假设水通过处理固体（如不可食生物量）或中度废水（如厕所废水）获得，并且需要进一步纯化时，这些稀释产品流可进一步在水循环系统中被处理。在空间站上，可供选择的有两种不同的水回收途径——蒸馏和过滤。另外，还具有离子交换（ion exchange）和正渗透（forward osmosis，FO）等技术。而对于受控生态生保系统，还可能会用到超临界水氧化法或电化学氧化法等水净化技术。下面主要就这两种技术进行简要介绍

1. 超临界水氧化法

超临界水氧化法（supercritical water oxidization），其原理是将处于超临界状态的水（温度高于 364 ℃，压力高于 22.064 MPa）作为反应介质，经过均相的氧化反应，将有机物快速转换为二氧化碳、水、氮气和其他无害小分子。水在超临界状态下会呈现出独特性而特别有利于废物降解。超临界水氧化法的主要优点是：① 在超临界水中，大部分有机物和氧气能够完全混合，所以在溶液中能够均匀氧化，并且质量转移不受限制；最终将有机物氧化为完全清洁的水、二氧化碳和氮气等物质，将硫和磷转化为最高价稳态盐类，这均可供植物等生物部件吸收利用；② 易于实现包括细菌和藻类等有机物的彻底降解，因为高温高压能够提高反应率；③ 反应温度为 900～1 100 ℃，而焚烧大概在 527 ℃，高温倾向于产生最少量的次生有害复合物，例如二噁英（dioxins）。

然而，该方法的缺点是：① 处于超临界条件下的水对金属的腐蚀性很强，这样会引起材料问题，例如，Bramlette 等（1990）注意到从超临界氧化反应釜排出的水流中含有有害重金属铬（Cr）；② 存在于处理液或操作中由于副作用所产生的无机盐，其在正常情况下溶于水，但在超临界条件下则会从溶液中沉淀，并堵塞反应器和辅助设备；③ 反应条件苛刻，并对某些化学性质稳定的

化合物所需要的处理时间较长。当前，为了加快反应速度、减少反应时间并降低反应温度，使其凸显技术优势，研究人员正尝试将催化剂引入其氧化处理工艺当中。利用该方法既可处理废水，也可处理固体废物。

2. 电化学氧化法

电化学氧化法（electrochemical oxidization），是基于电化学和紫外线产生的氧化剂如臭氧和羟基来氧化分解有机物。这一过程在常温常压下进行，需要直流和交流电，但不需要其他消耗品。近年来，在地面上电化学氧化法在处理印染废水等污水方面得到了一定程度的应用。电化学法具有环境兼容和友好、在废水处理过程中不需要再添加氧化剂以及不会或很少产生二次污染等优点。另外，该方法反应工艺简单，可控性好，易于实现自动化控制。而且，其反应条件温和，一般在常温常压下即可进行，并对生物难降解的有机物处理效果较好。然而，其虽然具有上述诸多优点，但也存在一些缺点，主要是人们直至目前对电化学氧化机理认识得不够清楚，并且由于电化学氧化反应受到电极材料和析氧反应（oxygen evolution reactor，OER）等的限制，因此其反应效率较低。鉴于此，目前避免析氧反应发生和开发新型电极材料，是电化学技术领域的重要研究方向。同样，利用该方法既可处理废水，也可处理固体废物。

8.3.2　生物处理法

1. 植物蒸腾/蒸发法

在植物生长过程中，植物栽培基质中的水分与部分无机离子可一同被植物根系所吸收。之后，这些离子和部分水分被植物组织吸收利用，而另外一部分自由水被植物叶片蒸腾和蒸发；接着，在舱内对植物所产生的蒸腾/蒸发水进行冷凝后，则冷凝水有可能被用作饮用水和卫生水源。

在植物体内，水的产生是一个动态过程，并且通过控制生长环境条件能够对产水速率进行调控。据 NASA 埃姆斯研究中心的 Bubenheim（1991）报道，在人工气候栽培系统中，当小麦产量达到最高时，其水生产率可高达 $6.4\ kg \cdot m^{-2} \cdot$ 天$^{-1}$。另外，当栽培环境被调整至蒸腾率达到最大时，同样的小麦冠层产水率可达到 $22.8\ kg \cdot m^{-2} \cdot$ 天$^{-1}$。如果按照空间站用水标准指南，则以上 $4.0\ m^2$ 和 $1.2\ m^2$ 的栽培面积可分别提供一个人一天的所有卫生水和饮用水需要量。

2. 微生物发酵处理法

洗澡、洗衣和刷盘等废水流通常被称为废水，是稀释性溶液，其中含有作为主要污染源的表面活性剂（surfactant）。已知表面活性剂能够改变植物中的细胞膜，并通常能够进入胞间组织而可能带来危害。因此，在面向植物的水回收系统中，则需要了解几种表面活性剂的毒性影响特征。例如，Igepon TC-42 是一种阴离子表面活性剂（anion surfactant），是拟被用于空间基地的许多洗涤剂和肥皂中的主要成分。这种表面活性剂甚至在所推荐的使用浓度以下就会对植物生长造成很强的毒害影响。尽管其不会导致植物凋亡，但会严重抑制植物生长。然而，该表面活性剂的毒性效应并非持续，并已确定存在于植物根部表面的微生物能够降解其植物毒性。

研究证明，可将取自遭遇过该表面活性剂污染的植物根部表面的微生物接种于需氧柱式微生物反应器中，这样将废水引入生物反应柱 24 h 后就能够消除其植物毒性。目前仍在探索生物反应器的操作优化措施及所需用的最少处理时间。因此，利用微生物反应器的方法能够有效降解废水中的表面活性剂等有害成分。微生物反应器形式有很多种，主要有搅拌式、中孔膜管式或膜片式、细胞固定化式或滴滤式等，以下分别予以简要介绍。

1）搅拌式生物反应器

搅拌式微生物反应器（stirred bioreactor，SBR），通过搅拌扇叶使之旋转，以带动整个反应器中的液体和微生物菌种一起旋转。其优点是微生物和处理液能够混合充分而便于快速高效降解，而缺点是微生物会伴随处理液一起被排出，这样就会影响微生物稳定菌群的建立。因此，搅拌式生物反应器尽管在地面上得到较多应用，但在空间应用中却较少得到考虑。

2）膜生物反应器

膜生物反应器（membrane bioreactor，MBR），其核心部件为微孔膜组件，主要包括中空管状和板状两种类型，从其中空管内或腔内供气（因此又叫供气膜生物反应器，aerated membrane bioreactor，AMBR），这是一种由膜分离单元与生物处理单元相结合的新型水处理技术，目前，应用最多的是中空纤维膜管技术，其优点是微生物可以在膜上附着，形成菌群相对稳定的生物膜，但其缺点是膜孔易被堵塞而经常需要进行冲洗。

3）细胞固定化式生物反应器

细胞固定化式生物反应器（immobilized cell bioreactor，ICB），也叫固定化细胞生物反应器，在其中将微生物固定在物体表面，依靠液体循环流动而使处理液与固定化系统接触，从而进行物质降解。该方法的优点是微生物菌群相对固定，不会随处理液的排出而排流失，但其缺点是微生物固定工艺较为复杂。

4）滴滤生物反应器

滴滤生物反应器（trickling filter bioreactor，TFB），是将生物反应器方法与过滤方法等结合起来，可进行废水的综合处理，处理后的水可被用于多种途径，包括饮用水、卫生水、植物营养液补充用水、加湿补充用水等。在反应器中的填料表面附着有微生物，从反应器顶部先后通过喷淋器和滴滤板加入处理液。进入该反应器的污水首先流经通气杯，后者被用于确保污水处理过程是在氧饱和状态下进行。该过程能够进行废水中氨的硝化作用（nitrification），即将氨（NH_3）转化为亚硝酸盐（NO_2^-）和硝酸盐（NO_3^-）。通过其他途径，这些阴离子较铵离子（NH_4^+）更容易被去除或被用作植物营养液。

3. 微藻处理法

大量研究证明，如螺旋藻或小球藻等微藻能够以尿液为培养液进行生长发育，因此利用微藻光生物反应器（photo-bioreactor，PBR）能够进行一定尿液量的净化处理，重点是对其中的氮和磷等元素进行有效脱除与净化。

8.3.3 生物+物化处理法

如前所述，对于受控生态圣保系统来说，污水处理较好的方法是将上述生物与物化处理技术适当结合，并合理控制工艺流程，则能够实现快速、高效、彻底、无毒或无污染的系统内污水处理，后处理液可被用作饮用水、卫生水或植物营养液或补液等。下面，以美国 NASA 约翰逊航天中心在 1997—1998 年期间组织开展的 4 人 91 天系统集成试验中废水处理为例加以说明。其水配置情况见表 8-4。

表 8-4 受控生态生保系统中与人相关的用水量分配情况
（引自：Pickering 和 Edeen，1998）

用途	每次用水量/kg	使用次数/（人·天）	总使用量/kg
洗澡	6.4	1	6.4
洗手	0.45	8	3.6
冲厕	0.13	4	0.5
剃须	0.4	1	0.4
刷牙	0.09	1	0.09
洗衣	12.5	1	12.5
做饭	约 0.7	—	0.7

续表

用途	每次用水量/kg	使用次数/（人·天）	总使用量/kg
饮用水	约1.8	—	1.8
每人用量	—	—	26.0
四人用量	—	—	104.0

在该集成试验中，污水处理系统主要由 7 个子系统组成，其中包括 2 套生物处理子系统和 5 套物化处理子系统。2 套生物处理子系统分别为固定化细胞生物反应器（ICB）和滴滤生物反应器（TFB），两者呈前后串联关系，是废物中有机物被降解处理的主要场所。这两种反应器以同向流动的方式进行运行，处理来自洗衣、洗澡、洗手、刷牙、尿液和湿度冷凝水的混合物；5 套物化处理子系统分别为反渗透子系统（Reverse Osmosis Subsystem，ORS）、气体蒸发子系统（Air Evaporation Subsystem，AES）、氨去除子系统（Ammonia Removal Subsystem，NHRS）、后处理子系统（Post-Processing Subsystem，PPS）和饮用水子系统（Potable Water Subsystem，PWS）。

后处理子系统中包括 Milli-Q™ 子系统或液相催化氧化子系统（Aqueous Phase Catalytic Oxidation Subsystem，APCOS）。第一种后处理选项——Milli-Q™子系统，利用高辐射强度的多波长紫外灯来氧化有机物，水流过净化单元以去除剩余的有机物和无机物。其中净化单元包括活性炭、离子交换树脂和专用有机物去除混合物等。其首先用紫外灯，然后用净化单元。第二种后处理选项——液相催化氧化子系统，为中温催化氧化器（Moderate Temperature Catalytic Oxidizer，MTCO），由可进行再生的热交换器、加热器、两个串联式反应器壳体及反向压力调节器等组成。在经过上述两者之一的选项处理后，水通过 0.2 μm 的过滤器进行消毒。之后，水通过微生物检测阀（Microbial Check Valve，MCV），在此向水中添加 $2\sim5$ mg·L^{-1} 的碘溶液进行最后消毒。产出水的总有机碳（Total Organic Carbon，TOC）通过水质检测仪进行检测。另外，对电导率和碘离子浓度也进行在线监测。

饮用水子系统含有四个饮用水储箱。将满足水质指标要求（包括总有机碳、电导率及碘浓度）的后处理子系统的来水收集在上述之一的饮水储箱。每两天补加一次水。一旦储箱被加满水，则对其进行取样并监测，以使其确保满足化学和微生物指标（如 NASA 制定的水质指标标准：STD－3000—人－系统集成要求）。一般来讲，一个储箱供乘员使用，一个供分析以确保可饮用，一个用于收集加工后的水，最后一个空着。在每个饮用水储箱的入口处安装 0.2 μm 的过滤器，以确保流进的水不会遭到微生物污染。在循环管路上也安装有微生物检测阀，可用于在必要时提高储箱中的碘浓度。对每个储箱也可以进行加热消毒，如图 8-2 所示。该系统的废水日处理能力设计为 108.4 kg，主要用于处理 104 kg 的卫生废水和尿液。其余废水为冷凝水。

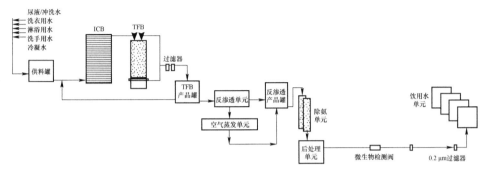

图 8-2　饮用水回收系统原理图（引自：Edeen 和 Pickering，1998）
ICB—固定化细胞生物反应器；TFB—滴滤生物反应器

通过 4 人 91 天的集成试验研究，验证了利用生物和物化集成技术从废水中进行饮用水回收的可行性。利用两种生物处理途径去除了绝大部分的总有机碳，并且通过硝化作用可以将氨转化为亚硝酸盐和硝酸盐；利用反渗透和空气蒸发技术能够去除绝大部分的无机物；利用紫外氧化和离子交换技术可以去除水中剩余的有机物和无机污染物。

此外，2016 年航天员中心主持开展了 4 人 180 天受控生态生保系统集成技术试验研究，其中采用需氧膜生物反应器并结合反渗透、离子交换和纳滤（nanofiltration）等技术进行了饮用水生产；采用厌氧与需氧相结合的膜生物反应器进行了卫生废水等其他废水的处理（Zhang 等，2018）。

8.4　钠盐去除与回收利用

人体营养需求除了其他因素外，还包括钠盐，并且其液体排泄物中也包含钠盐。地面农业上，一般对人体排泄的液体废物和植物及动物的不可食生物量进行堆肥处理来生产肥料，以便循环利用营养元素。堆肥产品中会含有较钾浓度高出很多倍的钠。在高浓度下钠对植物是有害的，一般植物在高钠盐浓度下不能生长。

在地球生态圈中，钠和钾的循环及在地球生态系统的每个部分中这两种元素的比例，是通过土壤和海床中黏土矿物的选择性吸收和解析、植物的选择性吸收和排出及其他过程来综合调控的，具有较强的高盐缓冲能力。地球生态圈中钠盐和钾盐的循环机理如图8-3所示。

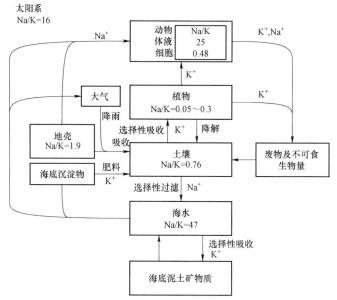

图8-3　地球生物圈土壤中钠盐和钾盐的代谢循环原理
（引自：Yamashita，Hashimoto和Wada，2009）

在空间受控生态生保系统中，通过人体进行的物质循环会主导着物质流的方向与水平，因此，其中盐碱化的发生可能是一个关键问题。应当采取措施将钠从堆肥和肥料中分离出来，或者通过其他方法使之含量下降，以阻止植物生产率下降。

8.4.1　物化处理法

国际上，已经提出几种太空农业中钠盐和钾盐回收的解决途径。一种途径就是通过物理/化学过程来分离这两种元素。由于钠盐和钾盐的溶解度在不同温度下不同，因此通过改变温度的方式来驱动溶解和沉降循环，从而对其进行分离。然而，这种方法的缺点是将如磷酸盐等溶解度较小但植物生长所必需的有用离子也一同给去除掉了。因此，目前来看这种方法基本上不可取，而必须探索新的物化分离方法。

8.4.2　生物处理法

解决高盐问题的一种可能的方法，是用被堆肥发酵处理过的尿液培养盐生植物（耐盐植物）。该植物能够生长在受盐影响的土壤中，并能够在其体内的可食部分积累钠盐。典型的耐盐植物包括冰叶日中花（*Mesembryanthemum crystallinum L.*）、草绿盐角草（*Salicornia herbacea L.*）、盐角草（*Salicornia europaea L.*）和番杏（*Tetragonia tetragonoides*（*Pall.*）*Kuntze*，又叫新西兰菠菜）。在这些耐盐植物中，已证明冰叶日中花修复盐碱土壤的能力最强，并且建议利用其来改良填海建造的田地，以便种植普通作物。以上植物将钠盐分泌到从其体内伸出的囊中，钠盐含量最高可以达到植物体干重的 30%。冰叶日中花在法国烹饪中被用作调料型色拉蔬菜，其具有独特的咸味和口感。另外，俄罗斯科学院生物物理研究所利用盐角草等开展了从尿液中脱除钠盐的研究工作，并取得了一定成效。

|8.5　水管理方案选择|

经过以上综合分析，并结合当前国内外的废水处理技术发展水平和趋势，提出未来受控生态生保系统中水管理系统的基本运行模式，具体如下。

采用生物与物化相结合的方式进行冷凝水、卫生废水、尿液和厨房废水等各种废水流的综合处理；拟采用耐盐植物或海藻或物化方法进行尿液或汗液中氯化钠的脱除与回收利用，具体处理方式见表 8-5。水管理系统的基本流程如图 8-4 所示。

表 8-5　水处理与管理方案选择

序号	废水流	拟采取的处理方式	用水途径
1	冷凝水	生物处理技术（厌氧+需氧或单独采用需氧生物反应器技术）+物化处理技术（采用紫外氧化、离子交换或液相催化氧化等后处理技术）	• 饮用； • 口腔卫生； • 食材加工与食物烹饪； • 厨房洗刷； • 动物培养； • 螺旋藻培养； • 水电解制氧
		非处理（进行紫外线消毒）	• 植物营养液或固体栽培基质补液； • 食用菌培养用水； • 大气加湿； • 冲厕； • 环境清洁

续表

序号	废水流	拟采取的处理方式	用水途径
2	卫生水	生物+物化技术（可不采用后处理技术）+耐盐植物或海藻（可能需要去除和回收利用洗澡、洗衣和厨房废水中的氯化钠盐）	<ul><li>洗澡；</li><li>洗手洗脸；</li><li>洗衣；</li><li>环境清洁</li></ul>
3	尿液	生物+物化技术（可不采用后处理技术）+耐盐植物或海藻	<ul><li>冲厕；</li><li>植物营养液或固体栽培基质补液</li><li>水电解制氧</li></ul>
4	垃圾渗液等其他废水	生物+物化技术（不必采用后处理技术）	<ul><li>冲厕；</li><li>植物营养液或固体栽培基质补液</li></ul>
5	原位开采水	地面少部分用水或原位水资源开采技术	<ul><li>各种用途，首先保证饮用和烹饪用水</li></ul>

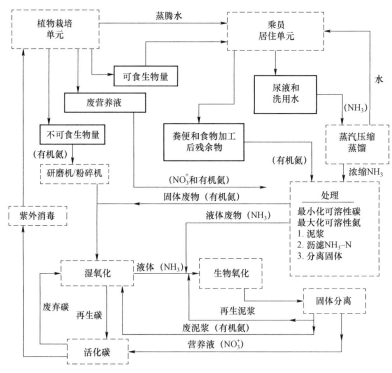

图 8-4　受控生态生保系统中水流循环情况
（图中也包含气体流和固体流的基本分配情况）

|8.6 小 结|

本章重点介绍了受控生态生保系统中水管理系统的水源，分析了目前可采用的废水处理方法，在此基础上提出未来水管理模式的基本方案。受控生态生保系统中水资源中的所有成分都需要尽可能回收利用。基于目前的技术发展水平和趋势，认为废水处理的主要方式应为厌氧+需氧生物反应器处理技术与物理/化学处理技术（包括反渗透、离子交换、过滤、吸附、紫外线氧化、液相氧化等）相结合的组合方式。另外，应采用耐盐/泌盐植物或海藻等进行尿液和卫生废水中氯化钠盐的提取与回收利用。水管理基本运行模式设计为：初期从地面携带+部分回收利用；中期主要依靠回收利用+少量原位水开采利用+少量后勤补给；远期则主要进行水回收利用+大量当地水开采利用+少量后勤补给。

第 9 章

食物管理单元

在过去的近 60 年间，太空食物经历了从管状物和方状物到接近地球上菜肴的发展过程。在目前的空间站飞行中，乘员食用的均是预存食物。如前所述，针对火星飞行等载人深空探测，必须建立 CELSS，以在深空载人航天器或星球基地上进行食物等生保物质的就地生产。在该系统中，目前主张重点依靠作物进行生物量生产，因为在地球上人们完全依靠素食即可生存。某些水生或陆生动物、藻类和食用菌等生物部件将来也可能在该系统中发挥作用，尤其是进行蛋白质生产。这里，食物管理主要涉及以下方面：产量、所含能量、营养、外观、质地、多样性、可口性、文化习俗和摄入量。此外，还需要考虑加工和制备食物所需设备、所需乘员工时、所产生废物量、所需能源、食用安全性及整体可接受性等若干重要影响因素。

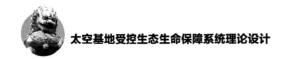

|9.1 乘员对食物的基本需求|

人体对膳食和能量具有基本需求。美国 NASA 和欧盟 ESA 均制定了各自的膳食摄入标准。NASA 制定的膳食摄入标准为 0.62 kg·天$^{-1}$,而 ESA 的为 0.45～0.8 kg·天$^{-1}$。可以看出,与 NASA 相比,ESA 的乘员膳食标准较宽,规定摄入量也相对较大。另外,乘员的能量需求标准大致范围为 2 300～3 100 kcal·人$^{-1}$·天$^{-1}$,平均为 2 600 kcal·人$^{-1}$·天$^{-1}$。

NASA 也制定了人体所需的各种大量营养物质（macronutrients,包括蛋白质、碳水化合物、脂肪和各种脂肪酸）、胆固醇（cholesterol）、膳食纤维（dietary fiber）及各种微量营养物质（micronutrients,包括各种维生素和各种金属及非金属营养元素）的日膳食摄入量推荐值,具体见表 9-1。在该表中,也给出了美国国家健康研究所（National Institute of Health，NIH）的日膳食摄入量上限推荐值（大量营养物质和水分为足量推荐值）,但少部分尚处于待定或未涉及状态,因此还有待进一步完善。可以看出,由于受到资源及其他各种条件等限制,因此 NASA 所确定的指标较为保守。我国航天员的日膳食摄入量推荐值与之也有相似之处。

表 9－1　美国 NASA 所推荐的长期载人飞行营养需求量
（引自：Cooper，2011；Kovalev，Manukovsky 和 Tikhomirov，2019）

营养物质种类	日膳食摄入量推荐值	
	NASA 标准值	NIH 最大值*
蛋白质（protein）	占日总能量摄取量比例： ≤35%，其中动物蛋白占 2/3， 植物蛋白占 1/3	56 g
碳水化合物（carbohydrate）	占日总能量摄取量比例： 50%～55%	130 g
脂肪（fat）	占日总能量摄取量比例： 25%～35%	待定
$\Omega-6$ 脂肪酸（$\Omega-6$ fatty acids）	14 g	—
$\Omega-3$ 脂肪酸（$\Omega-3$ fatty acids）	1.1～1.6 g	—
饱和脂肪酸（saturated fatty acids）	占总热量的比例：<7%	—
反式脂肪酸（trans fatty acids）	占总热量的比例：<1%	—
胆固醇（cholesterol）	<300 mg	—
膳食纤维（dietary fiber）	10～14 g	38 g
水分（fluid）	1～1.5 mL·kcal^{-1} 或≥2 L	3.7 L
维生素 A（retinol，V_A）	700～900 μg	3 000 μg
维生素 B1（thiamin，V_{B1}）	男性 1.2 mg，女性 1.1 mg	待定
维生素 B5（pantothenic acid，V_{B5}）	30 mg	待定
维生素 B6（pyridoxine，V_{B6}）	1.7 mg	100 mg
维生素 B12（cobalamin，V_{B12}）	2.4 μg	待定
维生素 C（ascorbic acid，V_C）	90 mg	2 000 mg
维生素 D（rachitasitero，V_D）	25 μg	100 μg
维生素 E（tocopherol，V_E）	15 mg	1 000 mg
维生素 K（menadione，V_K）	120 μg	待定
核黄素（riboflavin）	1.3 mg	待定
叶酸（folate）	400 μg	1 000 μg
尼克酸（niacin）	16 mg（烟酸当量）	35 mg（烟酸当量）
生物素（biotin）	30 μg	待定

续表

营养物质种类	日膳食摄入量推荐值	
	NASA 标准值	NIH 最大值*
钙（Ca）	1.2～2.0 g	3 g
磷（P）	700 mg，并≤1.5×钙的摄取量	4 g
镁（Mg）	男性 420 mg，女性 320 mg；如只是补充，则≤350 mg	350 mg
钠（Na）	1.5～2.3 g	待定
钾（K）	4.7 g	待定
铁（Fe）	8～10 mg	45 mg
铜（Cu）	0.5～9 mg	10 mg
锰（Mn）	男性 2.3 mg，女性 1.8 mg	11 mg
氟化物（fluoride）	男性 4 mg，女性 3 mg	10 mg
锌（Zn）	11 mg	40 mg
硒（Se）	55～400 μg	400 μg
碘（I）	150 μg	1 100 μg
铬（Cr）	35 μg	待定

*所有大量营养物质和水分均为足量推荐值而非上限值；"—"表示未涉及。

| 9.2　CELSS 中食物生产约束要求 |

在长期载人空间飞行中，需要提供充分的生命保障，而提供合理膳食是任何一个成功生保系统所应发挥的核心功能。在长期飞行任务中，乘员始终处于禁闭状态，那么食物就成为影响其健康的重要因素，这是基于对极地探索的历史分析及长期以来乘员的反馈而得出的结论。随着载人航天技术的发展，人们对 CELSS 技术的兴趣逐渐增加，这样则必须正视主要基于植物的乘员膳食和食谱的问题。

9.2.1　闭合度要求

目前来看，根据不同任务背景和不同的食物闭合度要求，在月球或火星基地 CELSS 中，一般需要培养几种到几十种不同种类的高产作物。这些作物拟提供膳食的大部分，而剩余部分可以由培养的动物、微藻或食用菌等提供，或从地面携带预制食物。在当地，食物闭合度（food closure）可能会低至 5%，但也可能会高达 90%以上，这要取决于技术、经济和生物医学等多种因素之间的相互平衡关系（Hunter 等，1998）。

9.2.2　多样性和可接受性要求

尽管存在上述若干约束条件，但一种好的膳食则应当具有足够的多样性（variety，包括食材和基于这些食材的食谱）和良好的可接受性（acceptability），即能够长期保持令人感兴趣和可口，并且营养价值要高，即能够满足乘员的基本营养要求。反过来说，所供应的膳食如缺少以上品质，则在几个月到几年的长期飞行过程中将会导致乘员出现营养吸收不充分或发生营养缺陷等问题。

因此，在任何闭合度条件下，在满足所有限制条件的同时，需要满足膳食结构，使之尽量满足品种多样性、味道可口性和营养充足性等要求。目前，空间飞行的食物只能是随船携带或后勤补给，而制备只被限于复水和加热而使得食物达到食用温度。对于 CELSS，所面临的主要挑战之一，是从有限的作物种类开发具有丰富多样性和可接受性的食物。尤其是需要新鲜的原料和食物来代替较为普通的乳制品和肉制品（假如在 CELSS 中未能饲养动物）。然而，在全套食谱中采用这些代替品，则必须能够在长期飞行中使其可口并可被接受。

9.2.3　食谱营养水平要求

长期空间飞行会对乘员造成若干生理影响，包括体重下降、体液向头部转移、脱水、便秘、电解质不平衡、钙丢失、钾丢失、红血细胞减少和出现空间运动病，因此，在长期飞行期间，需要对乘员食谱的营养水平进行一定调整。例如，在空间站乘员的钙日摄取推荐值为 1 g，然而，对于长期空间飞行，该值拟被调整为 1～1.2 g。相反，基于所观察到的空间所诱导铁储量的变化，拟将铁的日摄取推荐值从 18 mg 下调至 10 mg。除了身体变化外，长期飞行中乘员会遭受心理变化，例如失眠、孤独、易怒、对他人感到挑剔、自大情结、头痛、士气低落、焦虑、个人适应困难、注意力集中差和心理运动滞后（psychomotor retardation），那么，食物由于能够在不熟悉或恶劣的环境中会成为乘员所熟悉的部分，因此其不仅能够为乘员生存提供所需要的营养，而且能够促进其心理健康。

9.2.4　安全性要求

由于未来飞行时间较长，一次就可能达到几年，因此从地面所携带的预包装食物的保质期（即一种产品到这个时间时不再保持其质量水平）则非常重要。在运输食物系统中，大部分食物为预包装类，其类似于用在航天飞机和 ISS 上的产品。除了目前的保存方法外，还需要考虑能够提供优质食物的其他技术，尤其是假如这些方法能够使食物具备更长的保质期、更好的可接受性及更丰富的营养。例如，在 2.5 年期间的火星飞行中，会遇到的巨大挑战之一是所携带的可接受食物必须具有 3～5 年的保质期，即食物的保质期（安全性和可接受性）必须能够覆盖整个飞行任务阶段。显然，安全性是需要重点考虑的问题。另外，由于食物系统是乘员获取营养的唯一来源，因此营养的损失程度可能会决定何时到保质期。再者，保质期会由产品的外观、质地或气味等质量因子的变化所决定。此外，在月球或火星基地，也需要对在当地所生产的食物进行预包装与储藏，因此也存在保质期的问题。还有，在 CELSS 中大部分食物需要从废物再生，因此需要解决金属元素不平衡或微生物污染等导致的食物安全性问题。

9.2.5　系统兼容性要求

除上述要求之外，还需要对包装系统做进一步考虑，以使之与加工和储藏条件、体积限制及固废管理系统等的要求等相兼容。在整个运输过程中，估计由食物包装所产生的废物会在所产生的总废物量中占有很大比例，这样，包装材料应当是生物可降解、可回收利用或可食用，以便减轻对固废管理系统的压力。另外，如大量食物在被食用之前就被丢弃，则必然会对固废管理系统造成严重影响。因此，当进行食物系统研制时，必须对其进行统筹考虑，以确定对大气再生、水再生、生物量生产、固废管理及热控等系统所造成的综合影响。另外，必须考虑使其他生保系统的需求和约束条件与食物系统相协调，以便为长期空间飞行提供集成良好的生保系统。

此外，在进行整体食物系统研制时，需要考虑能源、体积、重量和水等资源的可利用情况。而且在长期飞行任务中生保系统的成本巨大，这样在设计食物系统时，也必须考虑其经济和劳动成本等问题。另外，需要考虑空间微重力或低重力环境对食物加工工艺等的影响。

| 9.3　候选作物种类选择 |

9.3.1　基本选择原则及种类

如前所述，在 CELSS 中作物应是食物的主要来源，因此，筛选什么样的作物十分关键。一般主要基于如下两个标准对系统中所需栽培的作物进行选择：① 使用标准，主要包括能量浓度（energy concentration）、营养组成、可口性、食用量（serving size）和频率、加工需求、使用灵活性（feasibility 或称为多用途性）、储藏稳定性、毒性及人们的种植经验；② 培养标准，主要包括可食生物量比例（即收获指数，harvest index）、可食生物量产量、连续或有限的可收获性、生长习性和形态学、环境耐受性、光周期和温度要求、共生要求与限制、对二氧化碳及光强的反应、进行无土栽培的适宜性、抗病性、人们对其的熟悉程度以及授粉与繁殖的复杂性（Hoff，Jowe 和 Mitchell，1982）。基于以上选择标准，美国 NASA 提出拟向 CELSS 引入的部分候选作物，见表 9 - 2。

表 9 - 2　美国 NASA 所推荐的 CELSS 食用植物*
（参考自：Salisbury 和 Clark，1996；Cooper，Catauro 和 Perchonok，2012）

粮食类	根/块茎类	蔬菜类	种子类	豆类	水果类	佐料类
小麦**	甘薯**	西兰花**	油菜**	大豆**	草莓	洋葱**
水稻**	马铃薯	羽衣甘蓝**	向日葵	花生**	番茄**	大蒜
燕麦	菜用甜菜	糖莴苣	花生***	黑白斑豆	甜瓜	辣椒
藜麦	萝卜#	糖荚豌豆	大豆***	鹰嘴豆**	绿番茄	—
小米	—	甘蓝	—	兵豆**	—	—
高粱	—	豌豆	—	豇豆	—	—
亚麻	—	莴苣**	—	—	—	—
—	—	胡萝卜**	—	—	—	—
—	—	冬南瓜	—	—	—	—

粮食类	根/块茎类	蔬菜类	种子类	豆类	水果类	佐料类
—	—	南瓜	—	—	—	—
—	—	西葫芦	—	—	—	—

*以上所有作物种类均由素食者推荐；**表示这些作物也由营养学家推荐；***表示在种子类中，这些作物均被看作油料来源，而在豆类中其又均被看作食物蛋白质来源；#原参考文献中将萝卜放在佐料类中，这里将其归为根/块茎类，作者认为这样分类更为合适。

9.3.2　重要作物营养等特性分析

针对以上拟选定的 CELSS 候选作物种类，以下就其重要的营养含量等特征进行简要分析。

1. 色拉作物——莴苣、番茄和萝卜

莴苣、番茄和萝卜均被认为是色拉作物，并且都是维生素和矿质营养元素的重要来源。当被生吃时，这三种蔬菜均被认为是清洁剂食物（detergent food），即它们对人的牙齿健康十分重要。番茄在汤中也是一种标配食料，并且是许多沙司和调料的基料。番茄既可以被生吃，也可以被按照很多形式进行烹饪，例如炖、煎或焙。这些作物并不是蛋白质的来源，并且通常并不含有大量的抗营养物质（antinutrient）或自然毒性物质。对莴苣和萝卜应在高湿低温下进行保存，而番茄应待其完全成熟后才能在低温下予以保存。此外，与莴苣和萝卜相比，番茄的茎、叶和根均不可被食用，即其可食生物量部分相对较少，因此番茄的收获指数相对较低。

2. 粮食作物——小麦和水稻

禾谷类作物的主要成分是淀粉。水稻的蛋白质含量较小麦要低很多，并且这些蛋白质普遍缺少赖氨酸（lysine）和色氨酸（tryptophan）。禾谷类作物的维生素和脂肪含量取决于提纯程度。禾谷类作物含有抗营养物质，例如肌醇六磷酸（又叫植酸，phytate）和蛋白酶抑制剂（protease inhibitor），这些物质如被加工不当，则会达到很高含量。另外，禾谷类作物的收获指数一般较低，这样，如何利用或处理其产生的不可食生物量对于 CELSS 的成功运行至关重要。

从禾谷类作物所获得的产品类型和质量，取决于所采用作物本身的类型

和质量，同时也取决于其加工工艺。例如，水稻往往是在被按照一定方式碾磨后而作为整粒仁米（whole kernel rice）被食用的，但其也可以被用来磨制面粉和制作烘烤食物。然而，小麦可能是被用来制备食物花样最多的粮食作物。例如，小麦蛋白（也叫面筋，gluten）具有独特的弹性和气体保持能力，这就能够利用小麦制成发酵和压面产品等。这样，该产品就可以被加工并以多种形式及其组合方式进行供应。为了充分利用这种作物，需要对其进行各种程度的精炼，然而这会受到 CELSS 所处环境条件的制约。另外，谷糠和麦芽的处置或利用会成为问题。鉴于此，近来有人在烤制面包或其他类似产品时开始使用全麦面粉。而且，脱粒小麦也可以被蒸煮到半熟时予以食用。

研究发现，与在成熟晚期或完全成熟时被进行收获相比，硬粒小麦（durum wheat）在成熟早期被进行收获时其蛋白质功效比（protein efficiency ratio，PER）相对较高（Takruri，Humeid 和 Umari，1990）。这一结果表明，有必要进一步对在早期进行小麦收获所具有的功能和营养优点开展研究，从而除了缩短栽培周期外还能够对 CELSS 带来其他好处。

3. 油料及豆类作物——大豆、花生、油菜和豇豆

大豆、花生和油菜均是油料作物，其所结种子中主要含有脂肪、蛋白质和碳水化合物，并且其蛋白质一般富含赖氨酸，但缺少含硫氨基酸。可通过机械方法从含油种子中榨取油料，后者适合作为色拉油、煎炸介质（frying medium）和面包配料等被食用。该油料种子的另一个好处是，其被榨取后的所剩残余物可被进一步加工而可供食用。

另一方面，应根据最终所需的产品来确定相应的加工水平。例如，可以利用大豆种子制造多种产品，如豆奶、豆腐、豆芽和酱油，以及多种配料，如豆粉、豆浓缩蛋白及分离物。然而，该过程还可能必须利用更为复杂的加工程序。例如，豆腐的制造一般需要若干单元操作步骤（unit operation），包括清洗、浸泡、湿磨、烹饪、过滤、凝结（例如用硫酸钙）、过滤、挤压和洗涤等。每一个单元操作步骤都会产生一定的废物，并且为了凝乳沉淀，还会将硫酸钙引入系统。这样，由于进行循环利用而导致了复杂性，因此可能就无法承受利用该化合物所带来的后果。然而，可以利用其可循环的替代品，如食醋。再者，大豆也能够在其早期成熟阶段作为蔬菜而予以收获。

众所周知，花生的可口性很好，并且能够被以多种形式进行食用，或作为许多食物种类的配料。豇豆并非是油料作物，其种子主要由碳水化合物和蛋白质组成，并可被制成多种食物。另外，豇豆的种子、豆角和/或其绿叶等均可被

食用。与禾本科作物相似，对该豆类作物的不可食部分实施利用或处理对于实现 CELSS 的良好运行极为重要。

生油籽和/或豆荚会含有大量的抗营养物质或天然毒素，如蛋白酶抑制剂（protease inhibitor）、肌醇六磷酸和植物血凝素（lectin）等。另外，如果对花生种子储藏不当，则其也可能会遭到黄霉毒素（aflatoxin）污染。值得重点关注的是，油菜籽含有大量芥酸（erucic acid）和硫代葡萄糖苷（glucosinolate）这两种刺激物，因此在食用前这两种物质必须被降低到很低水平。在油料种子和/或豆荚中，大部分抗营养物质或天然毒物可通过适当加热而被降低。除了酶处理外，也可以采用浸泡加烹饪、受控发芽或发酵等方法进行处理。

此外，在食物中使用豆类植物（如大豆和豇豆）的其他制约因素是，其中存在有豆腥味和不能被消化的碳水化合物，如棉子糖（raffinose）和水苏糖（stachyose），并且缺乏结构品质（structural quality）。然而，通过采取适当处理方法，能够减少或去除其中的豆腥味和不能被消化的碳水化合物。在食用时，往往是将豆粉与麦粉进行混合，这样既不会引起其结构品质问题，又能够提高该混合物的营养质量。而且，针对某一特定应用要求，该面粉混合物的最佳比例可通过混合试验来加以确定。

4. 根类作物——马铃薯和甘薯

马铃薯和甘薯均含有大量可消化淀粉和少量蛋白质；纤维含量较低，但具有良好的生理特性；含有大量的维生素和矿质元素；蛋白质含有所有的必需氨基酸，但其中的甲硫氨酸（也叫蛋氨酸，methionine）和半胱氨酸（cystine）对于人的营养需求略显受限。另外，马铃薯和甘薯均含有一定的抗营养物质或毒素，但其中有毒的蛋白酶抑制剂含量并不高。然而，这里重点受关注的是有毒性的糖植物碱（glyco-alkaloids）。例如，马铃薯中含有茄碱（solanine），后者在前者被储藏不当时会出现，并且呈热不稳定状态。因此，重要的是筛选生物碱含量低的马铃薯品种，并且在不利于茄碱生成的条件下对其进行种植和块茎储藏（例如，最好储藏在凉爽、干燥和黑暗的环境中）。与在低温下相比，在室温下马铃薯块茎如见光，则更容易变绿。然而，甘薯可被在常温低湿下进行储藏。马铃薯和甘薯均可被烹饪、蒸煮、烤焙和煎炸等，并可被制成多种十分可口的食物，而且它们也能够被掺入到其他各种食物当中，例如面包、蛋糕、饼干等。此外，甘薯的藤茎和叶片也可被食用，然而，马铃薯的叶片含有毒性生物碱而不能被食用。

综上所述，CELSS 中主要候选作物所含营养物质和抗营养物质及其主要用途见表 9-3 和表 9-4。

表 9-3　CELSS 中主要候选作物的主要营养物质、缺失营养成分、抗营养物质及用途
（引自：Fu 等，1996；Perchonok 和 Bourland，2002）

作物种类	主要营养成分	缺失营养成分	抗营养物质/毒性物质	主要用途
莴苣	纤维素、V_A、V_C、铁、钙	—	硝酸盐	色拉
番茄	V_C、V_A、钾、磷	—	—	色拉、番茄酱、番茄汁
萝卜	V_C、钾、镁	—	硫代葡萄糖甙	色拉、烹饪
水稻	碳水化合物、蛋白质、V_B、矿质元素	赖氨酸、酪氨酸	肌醇六磷酸	米饭、米浆、米面
小麦	碳水化合物、蛋白质、V_B、矿质元素	赖氨酸、酪氨酸	肌醇六磷酸、蛋白酶抑制剂	小麦面粉、小麦淀粉、面筋、麸质、面包、面条
大豆	脂肪、蛋白质、碳水化合物	甲硫氨酸、半胱氨酸	蛋白酶抑制剂、肌醇六磷酸、植物凝血素、皂角苷（saponins）、引起 flatulus* 的低聚糖	豆粉、豆腐、豆豉、豆浆、乳浆（whey）、豆渣、豆油
花生	脂肪、蛋白质、碳水化合物	甲硫氨酸、赖氨酸、苏氨酸	黄霉毒素、蛋白质抑制剂、肌醇六磷酸、植物凝血素	花生酱、花生油、花生饼粉
油菜籽	脂肪	甲硫氨酸	芥酸（erucic acid）、硫甙、肌醇六磷酸、甲状腺肿原（goitrogens）	菜籽油
豇豆	碳水化合物、蛋白质、纤维	甲硫氨酸	肌醇六磷酸、植物凝血素、蛋白酶抑制剂、引起 flatulus 的低聚糖	叶片可作为色拉蔬菜，种子可进行烹饪
马铃薯	碳水化合物、V_C、V_B、铁、磷	甲硫氨酸、半胱氨酸	茄碱、植物凝血素、蛋白酶抑制剂	煮马铃薯、马铃薯淀粉、甜马铃薯汁
甘薯	碳水化合物、V_A、V_C、矿质营养元素	甲硫氨酸	植物抗毒素（phytoalexins）、蛋白酶抑制剂	烘烤

* flatulus 是一个医学名词，但未能查到其中文意思。

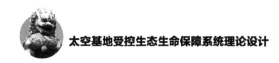

表 9-4　CELSS 中候选作物营养价值比较及其排名
（引自：Vanrobaeys 等，2005）

A	B	C	D	E	F	G	H	I	J	K	L	M
基于 H 栏的平均打分而得出的排名	作物种类	以下物质和能量排名					C~G 的平均打分排名	每 100 g 作物中的营养含量				
		P	L	C	F	E		P/g	L/g	C/g	F/g	E/kcal
1	花生	2	1	6	4	1	2.8	25.80	49.24	16.13	8.50	567
6	水稻	6	4	1	14	2	5.4	7.22	2.20	74.10	2.22	345
1	菜豆（干种子）	3	5	2	1	3	2.8	18.81	2.02	64.11	25.20	343
4	藜麦	4	3	4	5	4	4.0	14.80	5.04	58.50	6.64	334
3	大豆	1	2	9	2	5	3.8	34.30	18.30	6.29	22.00	327
5	小麦	5	6	3	3	6	4.6	10.90	1.83	59.60	13.30	298
7	甘薯	17	9	5	8	7	9.2	1.63	0.60	24.10	3.14	108
12	马铃薯	13	27	7	17	8	14.4	2.04	0.11	14.80	2.07	70
13	红甜菜	18	29	8	11	9	15.0	1.53	0.10	8.38	2.53	41
8	甘蓝	7	7	17	6	10	9.4	4.30	0.90	2.54	4.20	37
9	家独行菜	8	8	18	7	11	10.4	4.20	0.70	2.48	3.52	33
11	菜豆	11	16	11	19	11	13.6	2.39	0.24	5.09	1.89	33
14	草莓	27	10	10	21	13	16.2	0.82	0.40	5.51	1.63	32
10	意大利甘蓝	9	19	15	9	14	13.2	3.54	0.20	2.66	3.00	28
16	洋葱	21	15	12	20	15	16.6	1.18	0.25	4.92	1.81	27
18	日本南瓜	22	26	13	15	16	18.4	1.10	0.13	4.59	2.16	25
17	丝瓜	20	19	14	15	17	17.0	1.20	0.20	4.36	2.16	20
23	豇豆	14	24	21	25	18	20.4	1.91	0.16	2.04	1.31	18
25	番茄	26	18	16	28	19	21.4	0.95	0.21	2.60	0.95	17
14	菠菜	10	12	29	10	20	16.2	2.65	0.30	0.61	2.58	16
21	萝卜	24	25	19	12	21	20.2	1.05	0.15	2.39	2.50	15
20	瑞士甜菜	12	14	28	22	22	19.6	2.13	0.28	0.69	1.60	14
19	缬草	15	11	26	23	22	19.4	1.84	0.36	0.81	1.52	14

续表

A	B	C	D	E	F	G	H	I	J	K	L	M
基于 H 栏的平均打分而得出的排名	作物种类	以下物质和能量排名					C~G 的平均打分排名	每 100 g 作物中的营养含量				
		P	L	C	F	E		P/g	L/g	C/g	F/g	E/kcal
24	菊苣	16	19	23	26	22	21.2	1.75	0.20	1.24	1.22	14
21	白菜	23	12	23	18	25	20.2	1.07	0.30	1.24	1.90	12
28	黄瓜	29	19	22	29	25	24.8	0.60	0.20	1.81	0.54	12
26	莴苣	19	17	25	24	27	22.4	1.22	0.22	1.06	1.44	11
29	冰山莴苣	18	27	20	27	28	26.0	0.81	0.11	2.09	1.00	10
26	比利时菊苣	25	19	27	12	29	22.4	1.00	0.20	0.70	2.50	8

注：以上共包含 29 个作物品种。"P"代表蛋白质含量，"L"代表脂肪含量，"C"代表碳水化合物含量，"F"代表膳食纤维含量，"E"代表所含能量。

| 9.4　食物加工技术 |

9.4.1　食物加工技术对空间环境的适应性

1. 微重力环境条件下的适应性操作

空间环境条件，如低重力、低温和真空，均可能会影响流体运动、传热传质及微生物等的行为（Fu 和 Nelson，1994）。在这些条件当中，重力水平可能会是影响食物加工的最重要因素。针对微重力的影响，会存在两种不同情形：一种是出现在绕轨道自由飞行空间站中的微重力，另一种是出现在月球或火星表面上的低重力。在地球上，目前的食品加工工业已经足够先进，即在成本合理的情况下，基本的食物成分均几乎能被加工成各种食物类型。对于地基食品机械和加工设备，它们被设计成利用重力来控制液体、气体和固体等流体的方向，而重力往往被认为是理所当然而被忽视。例如，可通过气流将外壳从籽粒中进行分离、用食物装罐头或形成面团以用于烘烤等。那么试想一下，如果不借助于重力，还能够完成以上这些操作吗？目前，这些问题和挑战仍有待回答。

如不依靠重力，操作时则可能会要求所有液体或固体的转移借助从一个到另一个容器的压力来完成，这样，可能需要用到惯性力（inertial forces）、表面张力（surface forces）和黏滞力（viscous forces）等来运输物质，并定位或控制物质的运动。在此，自由对流将会被强迫对流所代替，并且密度分离（density separation）会被惯性分离所代替；材料必须被从正面加入设备；所有加热必须是在诸如强制对流炉、微波炉或射频（radio frequency）加热炉中，通过强迫对流、传导或辐射等进行。另外，需要用到通风式冰箱/冰柜，而不是无风冰箱/冰柜。

2. 不依赖/少依赖重力环境条件的操作

在微重力条件下，目前地面上的食物加工过程很少有不被进行大幅修改而能够被直接利用的情况。挤出（extrusion）和膜分离被认为是对重力不敏感的加工过程。通过实施挤出过程而能够完成大量操作，包括烹饪、成型（forming）、造型（texturizing）和对材料进行脱水，尤其是对于谷物、豆类和种子等更是如此。另外，挤出过程的能源效率也高，因为具有适当包装的被挤出产品通常耐储藏（shelf-stable），并且在储藏期间无须被冷冻。对于CELSS应用，另一个特别重要的优势是该方法不排出工艺废水。膜分离可被用于进行水分离和果汁浓缩等。此外，对于目前的绝大多数操作，如磨面、烤面包及含油种子的螺旋压榨，对其通过实施微小改动则可以适应空间微重力环境。目前，需要做的是收集有关食物加工参数的可靠数据，以便能够设计与空间微重力环境条件相容的食物加工系统。

3. 多功能性与耐久性操作

在CELSS中，较为理想的食物加工系统，其应当能够具备多功能性和耐久性。例如，通过适当改造，一台炉子不仅可被用于烘烤，而且能够被用于加热、蒸煮、煎炸、烤吐司及干燥，甚至能够实施汽蒸（steaming）。通过采用切割（cutting）、切片（slicing）和切丁（dicing）等，并采用如切碎（shredding）、刀锉（rasping）和磨碎（grating）等操作，也可以实现类似的强化做法。当然，为了充分适应在轨食物的加工和制备，需要进一步开展对能够与空间相容的设备和器具的设计、改造、加固或选择等研究。另外，需要考虑食谱食物的加工频率、食用率和储存场地等影响因素。

4. 基于空间资源利用的操作

在未来的空间食物加工中，可以利用部分空间条件/资源，如太阳能、低温和稀薄大气等。较低的夜温会使许多系统制冷而无须利用人工低温环境。另外，在月球或火星表面下的连续冰冻温度可被用作自然冰柜。例如，将通过挤压而制成的新鲜面食与番茄酱进行混合，并使之冷冻。当需要食用时，用微波炉对其进行加热即可。

低温、真空或稀薄大气可能会有利于某些食物处理，例如真空干燥或冷冻干燥。冷冻干燥是通过升华作用（sublimation）而将食物中的水分去除。只有当发生升华的冰锋（ice front）处的蒸气压和温度低于水的三相点（triple point）时，才有可能实现冷冻干燥。因为水是通过升华作用而被去除的，因此，食物中的维生素、矿质元素、味道、颜色、芳香和质地等要好于通过其他方法实现的脱水产品。在地面上，该过程相对昂贵，因为其需要低压和低温，然而这在空间则易被实现。后来，美国普渡大学开展了模拟空间条件下食物中物质成分的冷冻干燥行为学研究，并开发出模拟空间大气条件下的食物冻干技术（Fu 等，1996）。另外，在月球白天期间，高温和真空可能会更有利于对部分物质（例如马铃薯）进行太阳能干燥，这样则可以降低物质的氧化作用。

9.4.2　食料加工技术

Parks 等（1994）及 Hunter 和 Drysdale（1996）提出了三阶段食物制备概念（Three Stage Food Preparation Concept），即在月球或火星基地 CEI SS 中的大部分食物来自处于最基本收获状态的作物——小麦（麦穗）、大豆（豆荚）和番茄（藤蔓枝条＋浆果）等。因此，他们提出三级食物制备方案——收获后处理、原料加工和食物制备，这对于明确食物加工任务会是一种灵活而方便的做法。以下就其关键加工方法予以简要介绍。

1. 作物加工技术的一般要求

在早期月球或火星等星球表面驻留阶段，拟采用储藏食物及色拉作物，直到永久基地建成为止。当飞行时间延长后，系统分析表明，应当在永久基地栽培作物，并应成为食谱的基本组成。一旦星球表面基地建成后，则应当水培作物。当培养的作物逐渐多起来后，该食物系统则会代替部分预包装食物，即对所收获的作物进行加工而获得原料，并制备成食物。通过设计和开发食物加工程序及利用从作物到主要食料的转化设备，则食物加工系统会使得所种植作物的利用率实现最大化。

这些食料加工技术必须满足任务的约束条件，包括使食物的安全性与可接受性达到最大化，并使乘员工时、储藏体积、能源利用、水利用及维护时间等实现最小化。另外，对所使用的设备和加工区域必须易于进行清洁和消毒。再者，该食物系统必须能够适应作物多样性及制备乘员膳食的要求，并且比较关注作物的质量、产量和营养含量等变量。在栽培使用的营养液中，其营养变化会影响所收获作物的营养组成，这样就可能会影响所生产原料的实用性及最终食物产品的品质（包括加工条件要求和产品特性）。

此外，还必须继续考虑食物加工系统对其他生保系统的影响，例如，因为所有被利用的水都必须被再生，因此需要对设备进行专门设计，使其在食物加工期间用水量达到最少。鉴于此，由于商业化的食物加工设备并不需要最小化水的用量，因此在被应用于该食物加工系统前，需要对现有设备进行大幅度改造。否则，如果不能对相关设备进行改造，则必须对食物加工设备进行重新设计。而且，在食物加工期间需要对水进行再生。加工设备必须易被清洗，以确保用水量最少并产生最少量的废水。由于废水中可能包含有用的营养物质，因此对废水应进行循环，以确保从水中尽量多地回收这些物质。另外，需要使食物加工系统所产生的空气污染和噪声保持在最低限度。

2. 多用途食物加工设备开发

为了使体积和质量实现最小化，应当开发多种用途的食物加工设备。例如，美国 NASA 食物技术商业空间中心（Food Technology Commercial Space Center）等多个单位联合研制成 STOW（是 soy milk、tofu、okara 和 whey 的缩写）多用途食物加工设备样机（图 9 – 1），并开展了其验证试验（Wilson 等，2004；Perchonok，Cooper 和 Catauro，2012）。

该 STOW 食物加工装置能够被用于将大豆加工为多种可利用的原料。对该装置只要略做改动，就能够生产出像丝一样或规则型的豆腐，其质地具有松软、坚硬和特硬等三种类型。后来，在样机试验的基础上进行了更新换代。其他可能需要用到的食物加工设备包括面筋/淀粉分离器、脱壳机/浮式装置（floater）、豆豉加工机、谷物磨粉机、蒸锅、螺旋式压榨器和挤压器等。上述部分设备可以共用单元部件，例如发动机，这样就可以使体积和质量实现最小化。

3. 食用油加工方法

食用油是产能营养物质中最集中的类型，其可以作为调料而直接被用在食物制备中或作为基于 CELSS 作物所制成的食物原料。利用油料种子榨油是重要一步。当前，商业榨油过程并不适用于 CELSS 环境，这是因为其使用了易燃有机溶剂——正己烷（hexane）。食用油的机械榨取一般包括种子预备、加热和

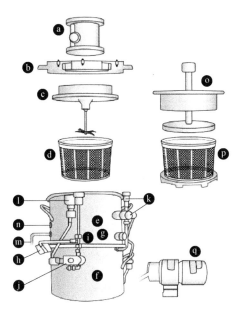

图 9-1　STOW 食物加工装置示意图（引自：Perchonok, Cooper 和 Catauro，2012）
a—磨床发动机；b—加工罐盖子；c—磨片组件；d—过滤框；e—加工罐；f—凝聚罐；g—入口阀门
（位于罐体背面）；h—流量计；i—加工罐阀门；g—凝聚罐阀门；k—凝聚液入口和阀门；
l—加热器元件接头（位于罐体背面）；m—加工罐温度探头接头；
n—加工罐排空阀门接头；o—手动压板；p—凝乳过滤罐；q—传送泵

压榨等一整套综合加工过程。其加工条件由压榨饼（press cake）的食用油质量、
蛋白质质量及提取效率等决定。一般所认为的低提取效率这一不利条件，对于
CELSS 可能就不会成为问题，因为该过程可形成的压榨饼将会被进一步加工后
供乘员食用，并且其与食用油一样重要。另外，需要对通过榨油而获得的低脂
肪压榨饼的特性及在各种食物系统中的应用等展开研究。

　　为了获得质量更好且成本更低的食物，需要对新的食物加工替代方法或现
有方法的新型组合方式等继续开展研究。例如，超临界流体提取法（supercritical
fluid extraction）就是这样一种处理过程，其也可能被用于从油料种子中提取食
用油。超临界提取法的一个重要特征是其可能会利用非易燃及无害介质，例如
CO_2。在 30 MPa 压力之上和在 60～80 ℃温度之间，种子油在压缩 CO_2 中溶解
度很高。该溶解油中不含磷脂（phosphatide），因此可以将该过程与上述机械化
油榨取方法相结合。可将经过上述压榨后所形成的剩余油利用超临界 CO_2 这一
附加程序进行处理。而且，最后没必要进行脱溶（desolventing），因为一旦加工
过程结束，则被压缩气体会快速从压榨饼中逃逸。在高压下，CO_2 也能够杀死
细菌、霉菌和酵母，因此能够与高温和酸性 pH 等相结合而实现协同增效作用。

高流体静压（hydrostatic pressure）是另一种新的加工方法，这可以被用在一定食物或食物配料中以使微生物失活。对于一种食物，流体静压的应用是不变和瞬间的。另外，可能需要与其他方法相结合，因为大部分细菌孢子很少受到压力影响，并且酶也具有很强的抗性。因此，可能必须通过加热而对其进行灭活。然而，不同食物的味道、质地和颜色等对压力所做出的反应会不同，因此就会出现相应不同的储藏效果。尤其在 CELSS 环境中，通过采用这一新型加工方法，有利于识别和开发新的食物种类。另外，该技术也可以被应用在其他许多方面，例如废物处理（如超临界水氧化）和植物栽培（如营养液消毒）。然而，在该技术能够被实际推广应用前，还需要对其进行适当改进。

除此以外，可以利用一种水提取方法来替代油料种子的碾碎工艺，以便同时能够提取油、蛋白质和淀粉。在 CELSS 中，也可以采用电阻加热（ohmic heating）、渗透干燥（osmotic drying）及新型受控大气包装技术等。然而，还需要进一步开展研究，以便掌握在 CELSS 环境中能够从这些加工过程中受益的食物类型。

4. 其他新型加工技术

将来，食品科学家/工程师仍会继续面对的主要挑战是，在生物量材料来源受限，以及可用空间和食物加工与制作设备受到严重约束的情况下，如何生产营养丰富、安全、可口和多样化的食物。目前来看，至少在以下方面需要开展研究：① 常规食物加工操作对空间环境的适应性；② 新的重力不敏感型加工系统开发；③ 空间资源在食物加工中的潜在应用；④ 非传统植物生物量或食物源作为食物或非食物的利用，这能够在降低 CELSS 中物质循环和再生负荷方面发挥关键作用。例如，可以通过废物回收获得葡萄糖和醋酸等食物成分，后者可被用来制造工程食物或其他食物产品。

在其他方面所取得的进展，如植物生产、遗传工程、废物处理和操作自动化，也可能会影响 CELSS 中食物加工系统的设计。植物的收获指数和成分等某些特性，可通过遗传工程改良或生长条件优化等得到改善。例如，早先美国普渡大学的 Mitchell（1993）通过遗传工程技术开发出一种矮秆的加拿大油菜品种。假如能够大幅度降低芥酸和硫甙的含量，那么该油菜种子所产生的油及其油炸饼则可以被乘员直接食用，而无须施加任何额外的加工程序。另一个例子是，通过遗传工程手段去除脂质氧化酶（lipoxygenase），这不仅会提高油的质量，而且也可以降低其加工需求（McGloughlin，2010）。此外，开发智能机器人必然会降低乘员的劳动负荷，并会影响食物加工硬件的设计；通过持续开展人对长期空间环境生理反应的研究，则必然会促进更好地了解人的营养需求，这样就可以影响食物制备的效果。总之，在空间进行食物加工之前，尚需要开展大量工作。

9.4.3 食物制备技术

在月球/火星基地食物系统中，其最后一道工序是在厨房进行食物制备。制备前需要进行食谱设计，并会考虑将加工自作物的食物与从地面补给的食物进行结合。补给食物被用于弥补从作物所生产的食物，并且其数量应被保持在最低限度。在厨房中进行食物制备时，需要明确可能用到的各种设备，主要包括一体化微波炉/对流式烤箱、脱水机、烤面包机、面食制作机、榨汁机/打浆机、料理机（food processor）、面包圈制备机（bagel maker）、搅拌器、电饭锅、天平和干燥炉等。在使用之前，可能需要对上述设备进行小范围适应性改造。

另外，需要明确用于食谱食物储藏的条件和可接受的食物包装材料。包装材料应当是重量和体积相对最小，而其保质期和可用性相对要最大。所有的厨房操作程序，包括食物制备和随后的清洗与消毒等，所占用乘员的时间都应最少。需要确定食物制备期间食物加工系统对饮用水的需求量，以及所产生的废水量和废物量，以供系统集成时综合考虑（Perchonok 和 Bourland，2002）。

| 9.5 食物综合特性设计与评价 |

9.5.1 食物能量和营养摄入量设计

在食物中，最重要的衡量指标是总能量。Hunter 和 Drysdale（1996）曾提出基线任务（baseline mission）的概念，即假定是 4 人 10 年的月球基地驻留任务，并假定食物闭合度为 85%，而水和大气均为 100%。Drysdale 等（1994）和 Parks 等（1994）估算每人每天的热量需求为 3 340 kcal，则其中的 85% 或者是 2 840 kcal 需由当地所生产的食物提供。

针对 CELSS 中的候选作物种类，国际上各个研究团队做出的选择不尽相同，但目前认为最有可能会包含 10～15 种作物，主要是小麦、大豆和其他豆类、马铃薯和甘薯及色拉作物（如莴苣和番茄）等类型。色拉作物主要包括：① 烹饪蔬菜（如瑞士甜菜、羽衣甘蓝或芥菜叶）；② 洋葱和大蒜；③ 常规蔬菜，如胡萝卜、豌豆、绿豆和西葫芦；④ 1~2 种水果，如草莓或香瓜；⑤ 可以包含几种香草类作物。另外，可用油料作物矮芸苔代替大豆。其中最重要的 4 种作物是小麦、大豆、马铃薯和甘薯，它们所形成的膳食营养组成为 10%~15% 脂肪、30%~35% 蛋白质、50%~60% 碳水化合物，以及每天 35~50 g 的膳食纤维（Langhans，1994）。

可以考虑采用酒曲（koji）工艺或其他酶水解（enzymatic hydrolysis）工艺，以利用小麦和甘薯等淀粉食物生产甜料，这样就有望用它们代替糖用甜菜或甘蔗。还可以通过压榨大豆或油菜种子或通过利用作物残渣培养产油微生物，从而在系统中生产部分精炼脂肪（Ratledge，1982）。地面所提供的食物会包括精炼食用油（可能占到热量的 50%）、甜料（包括干果、肉和奶制品）、调味品、酵母、奢侈食物（如咖啡和巧克力）及具有宗教或文化意义的食物。另外，可能会制备一些其他食物用于应急供应，或者由乘员带到基地，但是这些不能被包含在食物加工成本估算中，因为它们（来自包装而不是在基地加工）很可能将被直接食用。

在空间长期飞行中，乘员会承受高度的物理约束要求、认知负荷和生理及心理压抑等，因此会对营养提出较高要求。经验表明，由于存在飞行程序要求、微重力所诱导的体液向上运输及在几个小时的空间飞行当中所出现的空间适应综合征等不利因素，因此会导致乘员的生理发生改变，包括鼻腔通道出现阻塞，这样乘员会减少对水分和食物的摄入量。

一般来说，乘员的营养需求与通常的人体日摄取量推荐值（recommended dietary allowance，RDA）类似，但出现的主要例外是在钙离子、维生素 D、钠离子和铁离子等方面。由于在空间站上是微重力而在星球表面上是低重力环境，这样均会导致乘员出现骨丢失。因此，一般情况下乘员需要多吸收一些钙离子和维生素 D，其日推荐值分别为 1.2 g 和 10 μg（Lane 等，2007）。钠离子会促进骨丢失，因此必须将其日摄取量限制在 3.5 g 以下。此外，在太空微重力条件下，体液会从胞内向胞外隔间运输，这样会导致血浆体积下降及人体对红血细胞的生产需求下降，因此会对铁离子的需求出现相应下降。这样，将每日铁离子的摄取量建议限制在 10 mg 之内。

9.5.2 食物多样性设计

在受控生态生保系统中，所生产的食物主要为基于作物的素食，这对实现其多样性极为不利。尽管每个人对食物多样性的追求程度不同，但已有证据表明，单调的食物会降低动物和人的自主食物吸收量（spontaneous food intake）。食物多样性对于人的心理也非常重要，这在生物圈 2 号、"和平号" 空间站、长期南北极地、潜艇和 ISS 等多项任务中均已得到证明。

因此，在未来 CELSS 食物种类的设计中，应以植物性素食为主，主要包括蔬菜、粮食、油料和水果等，最终应不少于 10～15 个种类或品种。在系统发展的中后期也会考虑逐步引入少量动物（如水生动物罗非鱼和泥鳅等，以及陆生动物鹌鹑和乳猪等）、食用菌（如蘑菇、平菇和金针菇）和/或藻类（如螺旋藻和小球藻）等食物，以逐步提高系统中食物的多样性水平。

9.5.3　食物闭合度设计

如前所述，物质闭合度是指在当地生保资源被生产或再生的比例，换句话说，也就是不由地面所提供的比例。针对食物而言，其闭合度可以是 0%（目前空间飞行还都是如此），也可以是 100%，这时则需要完全依靠生物再生途径而无须储存或从外界提供。美国 NASA 针对 CELSS 的发展路径，提出食物闭合度的达到程度应当遵从技术的可行性和经济成本的核算结果，而不应是针对特定任务而作为一种专门设定的目标。

在 CELSS 中，所达到不同程度的食物闭合度应与选择应用于作物等生产和加工的不同方法有关。例如，在低级闭合度（5%～15%）下，适用于生产色拉型新鲜蔬菜，这时主要体现其改善乘员心理的价值；在中级闭合度（40%～60%）下，适用于生产马铃薯、小麦和甘薯等糖类作物；在高级闭合度（70%～100%）下，则必须包含如花生和大豆等脂类作物，以及多种低产量的水果和蔬菜作物，应对其进行循环或少量培养，从而使食物呈现多样性。如上所述，在系统中还可能会培养少量的动物、食用菌或微藻等，以进一步提高食物闭合度。然而，高闭合度系统也会要求利用复杂的加工方法，以将生产的食材制成品种多样的食物。另外，食物产品甚至还应包括所谓的再生于作物残余物（即不可食生物量）的"次级食物（secondary food）"。

9.5.4　食物可接受性评价

在最初的载人空间飞行中（如美国的"水星号"，Mercury），主要考虑的是乘员在空间能否食用和消化食物，这时对食物的可接受性考虑得并不多。但在后来，可接受性问题很快变得十分突出，即工程食物在气味、口味、颜色和质地等方面是不可接受的。例如，在美国的"水星号"和"双子星号"（Gemini）载人空间飞行中，其食物缺少所有的感官品质（sensory quality），即管装食物在质地和气味方面让人难以分辨，这样使得吃成为一种需要而不是一种享受。另外，块状食物在其制造过程中被进行了致密压缩，因此其质地较原始材料发生了明显改变；尤其是吃这些食物的方法奇特（例如，在嘴中挤管），这样会使人急需要改变药丸餐（meal-in-a-pill）（以前将太空食物做成药丸形式，以便于食用而不掉残渣）的这种概念。尽管在"双子星号"飞行任务中具有部分可复水的食物，但是直到"阿波罗"（Apollo）飞行任务才有了热水和凉水，这时的食物才基本可被接受。在"阿波罗"飞行任务中，配备了勺子碗（spoon bowl），即需要利用勺子食用，并对挤压管进行了很大改进。

这些年来，从"阿波罗"载人飞船到航天飞机再到国际空间站，太空食物的多样性和可接受性均得到显著改善，这主要是因为引入了进行过热稳定（thermostabilized）处理、含有中等水分（intermediate moisture）、被进行过辐射处理（irradiated）和被罐装（canned）等食物类型。在美国"天空实验室"（Skylab）的后期飞行任务中，在其中加进了各种调味品，以解决食物十分乏味的问题（Klicka 和 Smith，1982）。在国际空间站上，其食物系统的主要变化是其用水不像在航天飞机上那样易于获得。然而，在该站上具有冰箱和冷柜，这样就使得其中所储藏食物的味道、颜色和质地等像在地球上人们所熟悉的那样。

在 CELSS 中，由于所具有的作物种类有限，这样可能会有很多食物在东方或西方的基本饮食中并不常见，因此就会导致所制食物可能遇到特殊的可接受性问题。例如，美国 NASA 约翰逊航天中心（JSC）原计划在 BIO-Plex 综合集成平台试验中设计许多食谱项目，包括印尼豆豉、豆腐、大豆和麸质人造肉、大豆人造奶和人造蛋等，这些食物含有高纤维（由于对主食类加工较少及食用的蔬菜含量较高）和低脂肪，这就需要利用新原料来满足各种口味的需求。显然，利用新鲜蔬菜会增加许多产品的可接受性，然而，由于加工能力和原料有限，因此则需要尽力采取措施以避免出现食谱疲劳（因为上述这些并不符合西方的基本饮食习惯）。

味道差的食物会抑制人的食欲和食物摄入量，而不管怎样变化也都会如此。在进行食物可接受性评价时，摄入量被认为是关键参数之一，并且总体来说这可能是饮食持续可口的唯一客观评估方法。值得注意的是，食物偏爱（preference）和这里所说的可接受性由许多相关因素所决定，即除了被最常用于评价的直接感官属性外，还包括已经形成的饮食习惯、健康意识、预期（expectation）、了解程度（learning）及食用后感受（post consumption effect）等因素。在对航天食谱食物进行正式食用之前，一般需要对其可接受性进行感官评价试验。关于食物的可接受性，一般都会成立专门的品评小组（taste panel），以量化品尝者对直接感官属性的态度。

在美国 NASA 的指导下，针对长期载人飞行任务，相关单位就开展过多次这样的工作。例如，美国康奈尔大学的 Hunter 等（1998）曾经组织成立由 24 人组成的专门品评小组，其目的就在于评价所开发的不同食物的可口性。随后，还会再成立一个包含相同人数的品评小组，来重复该试验以增加其统计学效果。品评小组成员来自社会，年龄在 30～50 岁之间，品尝前要求受试者未食用过任何特殊食物（如食疗、减肥或吃素），并且其体重在过去一年基本保持稳定（约±2.3 kg）。另外，要求拟参加品评的小组成员列出其特别不喜欢的食物。如果其所列举的食物太多，则会将此人予以淘汰。有关品评小组的试验问卷调查可参考表 9-5。

表 9-5　食物可接受性问卷调查示例（参考自：Hunter 等，1998）

问题类别	打分等级	具体问题属性
喜爱程度 （特别不喜欢……特别喜欢）	1～9	总体可接受性、外观、颜色、气味、口味、质地硬度、甜度、咸度、辛辣度
品质适宜度 （太弱……太强）	1～5	质地硬度、甜度、咸度、辛辣度
开放-封闭式问题 （你喜欢/讨厌该食物的什么？ 对该食物的品尝还有其他评论吗？）	—	喜欢/讨厌该食物的特色
食物行动等级量表 （我一有机会就吃这种食物……只有 在被迫情况下才吃这种食物）	1～9	将来对食物的食用计划
合适的食用时间 （你认为该食物应在什么时间被 食用：早餐、午餐、晚餐、小吃）	—	合适的食用时间
满意程度 （非常不满意……非常满意）	1～5	对该食物的总体满意程度（目的是核对第一个问题）

问卷调查中的第一个问题是享受程度，其强调对食物不同感官属性的喜欢程度。第三个是开放-封闭式问题，在市场研究中被广泛用到，要求详细阐明食物产品的特点或缺陷，但这种信息在满意程度问题中不易被提供。"意见和建议"问题，表示在未来产品开发中，产品需要被改变的方向和程度（表 9-5 中未列出）。"食物行动等级量表（Food Action Rating Scale）"中的问题用于了解和预测品评小组成员在未来食物消费中的兴趣。该等级量表一般与食物的可接受度高度契合，但也可能对期望经常被食用的种类较为敏感。关于"合适的食用时间"的问题对食谱设计增加了新的尺度要求，因此就能够避免在专用食谱类型（例如早餐）中开发过量食物。人们发现，上面所提到的合适时间尺度的影响力很大，在工业中主要被用于鉴定特殊用途或为食物创造新的市场商机，其应用范围在不断扩大。表 9-5 中所列的最后一个问

题是用来评价整体食物的可接受性，以便为下一步进行食谱制定提供更多指导。

之后，他们陆续对上百种食物进行了品尝试验，对于起初其打分等级低于可接受性阈值的食物一般要重新进行研制与试验。例如，Hunter 等（1998）共对 91 种食物进行了试验，最后对其中受到差评的 4 种食物实施了再开发并再一次组织开展了品评试验。在"喜爱程度"方面，在 1～9 分的打分制中，只要达到 6 分，则使之入选，这与美国 NASA 约翰逊航天中心及陆军纳蒂克实验室（Army Natick Laboratories，该实验室首次建立了可接受性试验打分制）的类似试验相兼容。在这次试验中，有关所试食物的整体可接受性品评结果见表 9-6。

表 9-6　美国康乃尔大学由品评小组评选出的 10 种最受喜欢和
10 种最不受喜欢的食物（引自：Hunter 等，1998）

10 种最受喜欢的食物		10 种最不受喜欢的食物	
类别	偏爱打分	类别	偏爱打分
1. 草莓菜肴浇头	8.364	1. 大米奶	3.045
2. 草莓冰沙	8.217	2. 香草豆酸乳	3.957
3. 面筋肉丝碎菜干酪卷玉米圆饼	7.854	3. 芥末胡萝卜	5.130
4. 面筋炒菜	7.727	4. 巧克力豆浆	5.200
5. 球花甘蓝炒菜	7.667	5. 大豆啤酒	5.312
6. 面筋拌辣椒	7.652	6. 香菜印尼豆豉色拉	5.348
7. 烤蔬菜比萨饼	7.625	7. 豆腐蛋奶糕饼	5.417
8. 甘薯色拉	7.625	8. 亚洲生卷心菜切丝	5.500
9. 胡萝卜鸡腿	7.583	9. 大豆"魔力"奶酪	5.542
10. 小麦日式糙米糖浆华夫饼	7.545	10. 蒸兵豆芽	5.583

他们在品评过程中，给每个小组中同时设置对照食物，这样有助于纠正由于未能控制的因素而使小组之间的结果出现大的意外波动。未能控制的因素包含很多种，例如天气或施加于小组成员学期末的压力（小组成员中可能包含学生）。在经历了 11 个品评小组的试验后，将对照食物进行改变，以避免由于重复一种食物而出现厌倦反应，进而引起可塑性较低或不可靠的结果。

9.5.5　食物制备所需乘员工时评价

在载人空间飞行中，乘员的时间极为宝贵。在早期飞行中，需要的食物制备时间很少，但是由于其被食用的可接受性较差，因此就放松规定而包含了复水和加热食物（例如在天空实验室和航天飞机上）。在国际空间站上，安装了微波炉和强制对流烘箱（forced air convection oven），这样则能够减少获得热食所需要的时间。在 CELSS 中，所有食谱均是从头开始做起，因此需要解决其制备时占用乘员时间过长的问题。另外，也必须实现从作物到可利用食物原料的快速转变，这样则必须尽可能使其中的许多工作实现机械自动化。

9.5.6　食物质量和体积约束条件设计

人们一直在致力于使航天器上所有物品的体积和质量均达到最小化。质量增加会导致成本大幅度增加，而体积增加会导致发射有效载荷的数量减少。例如，在美国"水星号"任务的短期飞行中，减小了所被分配的食物体积，这样就能够安装乘员的杂物袋，其中包括适合一口咬的方状和管状食物（Klicka 和 Smith，1982）。对于这一当时 1.5 天最长时间的空间飞行，其重量为 1 995 g·人$^{-1}$·天$^{-1}$，所占体积为 3 129 cm³·人$^{-1}$·天$^{-1}$（Berry 和 Smith，1972）。另外，在"双子星号"任务中，飞行时间延长到了 14 天，并增加了一个人，但内部空间并没被增加多少。因此，对于这一最长时间的飞行任务，可利用的食物储藏体积被减小到 1 802 cm³·人$^{-1}$·天$^{-1}$，而质量也相应被降低到 771 g·人$^{-1}$·天$^{-1}$（Klicka 和 Smith，1982）。为了适应该如此小的体积和质量约束，引入了脱水食物。该食物产品为真空包装，并逐渐取代了管状食物，因为后者会由于包装而产生过多废物，并增加了不必要的质量。

对于"阿波罗"飞行任务，分配给食物的体积和质量与"双子星号"后期任务的情况类似（Smith 等，1974；Vodovotz，Bourland 和 Rappole，1997）。在"阿波罗"的后期飞行中，其质量和体积限值得到增加，这样就可以增加一些罐头食物；与在"水星号"为一人及"双子星号"为二人的乘组人数不同，在"天空实验室"飞行任务中，该实验室的内部体积达到 361 m³，因此食物的质量上限值被允许达到 1 990 g·人$^{-1}$·天$^{-1}$。在其内部有一个厨房，其中有一组用餐设备，乘员可以围着桌子坐，并能够像在地面上一样吃饭；到了航天飞机，其食物系统主要是脱水食物，后者利用在飞行期间燃料电池所产生的过量水进行补水。其中也具有被热稳定、装罐和辐射等处理过的食物。在航天飞机上，食物的质量和体积限制值分别为 1 750 g·人$^{-1}$·天$^{-1}$和 4 044 cm³·人$^{-1}$·天$^{-1}$；

在国际空间站上，其中的储藏食物大部分被冷藏或冷冻，食物的质量和体积限制值分别达到 2 380 g 人$^{-1}$·天$^{-1}$和 6 570 m^3·人$^{-1}$·天$^{-1}$，可以看出较前面航天器上的明显增多。

在 CELSS 中，食物的体积和质量问题会变得更为复杂，因为对食物生产的各个方面均需要进行考虑，例如从种植到收获的作物管理、食物加工及最后的食谱制定。尽管目前对食物系统尚未提出质量限制，但是通过利用多功能及小规模装置，则能够减小食物加工设备的质量和体积。不同于以前的飞行任务——航天器中所产生的大部分废物并不被带回地球，而在 CELSS 中，废物要么在食物生产中被处理而实现再利用，要么被焚烧处理。因此，应当对无法使用的废物实现体积最小化处理，包括在食物加工和制备中所产生的废物。

9.5.7　食物安全性保障措施

到目前为止，在美国、俄罗斯和我国等的载人空间飞行中，尚未听说出现过食物中毒的案例，这是对食物加工人员和被送达太空的食物产品进行严格指导和把关而取得成功的结果。首先，要求食物加工人员进行医学检查，并利用洁净间来加工和包装拟在空间食用的所有食物。另外，必须提出微生物指标要求。例如，在"阿波罗"食物系统中，对其微生物指标提出了严格要求，包括：菌落好氧平板计数（aerobic plate count）总量不超过 10 000 CFU·g^{-1}；总大肠杆菌（*Coliform*）数不大于 10 CFU·g^{-1}；粪便中大肠杆菌数小于 1 CFU·g^{-1}、链球菌（*Streptococci*）数小于 20 CFU·g^{-1}、凝固酶阳性葡萄球菌（coagulase positive *Staphylococci*）和沙门氏杆菌（*Salmonella*）数均小于 10 CFU·g^{-1}。对于航天飞机，许多食物是由食品工业单位加工的，在交付之前被要求进行常规测试。对于由 NASA 加工的食物，在航天飞机与"阿波罗"任务中所采用的标准类似，但不再对粪便链球菌进行测试。对于国际空间站，未建立其食物安全规则，但与在地面上所采用的冷藏和冷冻工业标准类似。

在 CELSS 中，食物安全是人们关心的首要问题，因为在该系统中的废水和废物都要被循环利用。例如，将来被用于植物栽培的养分可能会含有经过微生物反应器发酵处理过的废物。利用这些废物所栽培的植物随后会被加工为乘员的食物。因此，这里主要存在微生物安全的问题。另外，植物生长状态的好坏也会影响食物的安全供应问题。

为了确保食物安全，需要对作为食物重要来源的作物的生长健康状况进行自主监视，这样就能够使乘员相信所生产的食物是新鲜、营养和安全的。用于评估作物健康生长的主要方法是进行连续监视。目前，可通过无损伤方法对植物叶面积的日增长进行摄影分析，从而对植物生长率实现间接测量。然而，这一途径探测到的变化可能发生在叶面积的可视变化被观察到的数天前。因此，最好采用新方法，从而在可视症状出现之前即能够探测到植物的不良生长状态。最近，针对高通量表现型（high-throughput phenotyping，基于自动化图像分析而被用于评价种子/幼苗的特性）的遥感技术取得进步，其能够无创捕获植物对环境变化的特定反应。这样，可以给未来的食物生产系统装配多点传感器数据包，这样就能够对植物从其发芽到成熟的整个生长周期进行接近实时的成像分析。所被评价的候选传感器可包括一系列遥感工具，例如分光辐射（spectroradiometry）、可见光与红外光、高光谱（hyperspectral）、热及荧光到三色成像等设备。这些系统能够对所观察到的异常变化（可能包括营养缺乏、干旱、洪涝或细菌/真菌感染）做出警示反应，这样就能够给乘员留出时间来解决导致植物生长不良的问题，最终使这些系统能够成为基于机器人技术的自主运行单元。

对于所生产的即食新鲜食物，为了确保乘员食用安全，需要制定一套风险分析与关键控制点（Hazard Analysis and Critical Control Point，HACCP）实施方案。需要对贯穿播种、栽培、收获和后加工等食物生产各个阶段的关键控制点进行识别、评价和监视。在此过程中，当确定了潜在的风险时，则应能够采取适当控制措施而将微生物风险降到最低程度。通过对原材料、水、排出液和产物等开展微生物检验，则能够了解食物生产系统的微生物生态学，主要包括细菌和真菌的种群密度及类型的动态变化规律（Monje 等，2019）。

事实上，针对空间作物食物生产系统已开发了 HACCP。例如，对在俄罗斯的 LADA 空间温室（也叫蔬菜生产单元）中在轨栽培的可食植物进行了微生物分析，并被用于制定出 HACCP 方案。目前，美国 NASA 肯尼迪航天中心针对其所研制并在国际空间站上搭载的 Veggie 蔬菜生产系统中的作物整个生长周期期间的类似数据进行了采集，具体见表 9－7。另外，如对植物进行遗传改良而使其具有良好的生长习性，则也应能够增加食物生产的安全性。

表 9－7　对 Veggie 中所栽培作物的关键控制点分析（引自：Monje 等，2019）

处理步骤/控制点	食物安全风险	降低风险的方法	关键控制点
"枕头"地面处理	通过处理和材料引入微生物	对部件进行消毒；组装时采用无菌技术	1
种子地面处理	通过处理和出现在种子上的内源微生物而引入微生物	进行无病原菌种子的消毒确认进行消毒处理	2
包装	无	—	—
运输	无	—	—
集成	通过处理引入微生物	进行消毒处理	3

续表

处理步骤/控制点	食物安全风险	降低风险的方法	关键控制点
浇水	通过供水或非消毒处理而引入微生物	要求灌溉水达到饮用水标准，并用杀虫剂进行处理	4
栽培	可能遭遇大气和乘员的污染，以及由于添加营养物质而导致系统内菌群增加	进行消毒处理。在收获前尽量减少对植物的处理	5
采收	由于收获步骤/乘员的操作引入微生物	应当采用无菌设备，并戴上手套	6
采后	在植物栽培期间已经存在微生物，通过操作而引入	在食用之前应按照程序对作物进行消毒。对装置应进行彻底消毒	7

| 9.6 循环食谱制定 |

在历来的载人航天中，一般均要求航天员按照循环食谱进行进食，循环周期一般为 7~10 天。未来 CELSS 中太空食谱的设计也应当遵循循环设计的原则，即若干天内进行一次循环，并且循环期内必须按照食谱进餐。用于进行循环食谱的制备所占用的乘员时间应尽量少，并提供安全、营养、可口、多样和可接受的食物系统，以避免乘员长期食用一种食谱食物。美国洛克希德·马丁公司与 NASA 约翰逊航天中心合作，分别进行了素食和混合食谱等多种食谱的设计与评价，以下予以简要介绍。

9.6.1 素食食谱设计

素食食谱的食材全部来自植物。在表 9-8 中列出一套利用 CELSS 作物生产和预包装食物设计的素食食谱，共包含 100 种食物，循环周期为 10 天。

表 9-8 基于 CELSS 作物生产和预包装食物设计的素食食谱
（引自：Cooper，Catauro 和 Perchonok，2012）

用餐天数	早餐	午餐	晚餐	点心
第 1 天	● 炒蛋 ● 全小麦饼 ● 辣番茄调味汁 ● 巧克力 ● 大豆汁	● 花生酱和果酱三明治 ● 甘薯油煎片条 ● 大米牛奶糊 ● Ultimate 柠檬饼	● 菠菜和番茄 ● 烤制碎面包片 ● 色拉小扁豆混合物 ● 胡萝卜汁	● 草莓 ● 脆饼

续表

用餐天数	早餐	午餐	晚餐	点心
第 2 天	● 炒蛋 ● 全小麦面包 ● 马铃薯煎饼 ● 草莓酱 ● 萝卜汁 ● 香草豆汁	● 菠菜和番茄 ● 烤制碎面包片 ● 色拉蔬菜 ● 杂烩香草 ● 饼干、大米、布丁	● 莴苣楔块 ● 番茄和罗勒干调味品 ● 甘薯和黑豆 ● 玉米煎饼 ● 西班牙式什锦炒饭	● 草莓 ● 冰凉果汁
第 3 天	● 炒豆腐 ● 蔬菜香肠 ● 胡萝卜 ● 白吉饼 ● 面包圈 ● 草莓酱 ● 巧克力 ● 大豆汁	● 扁豆和菠菜汤 ● TLT 三明治 ● 辛辣烤薯片 ● 加罗勒的番茄汁 ● 加香料焦糖咖啡 ● 蛋糕	● 豆腐 ● 蘑菇 ● 俄式炒牛肉丝 ● 浇糖胡萝卜 ● 豌豆 ● 胡萝卜莳萝面包	● 巧克力 ● 花生酱 ● 奶昔
第 4 天	● 豆腐 ● 草莓松饼 ● 草莓 ● 甘薯小松饼 ● 破碎大米 ● 小馅饼 ● 大豆 ● 咖啡调味饮料	● 小麦面条 ● 菠菜和番茄 ● 无肉意大利酱汁面 ● 肉丸 ● 胡萝卜 ● 莳萝香味面包 ● 香草巧克力豆浆 ● 布丁	● 奶油浓汤 ● 扁豆 ● 面包 ● 烤马铃薯 ● 芥末 ● 胡萝卜和菠菜 ● 面包 ● 米饭 ● 牛奶	无
第 5 天	● 炒鸡蛋 ● 大豆 ● 小麦 ● 草莓法式薄饼 ● 巧克力牛奶	● 松脆的糖果 ● 沙拉 ● 小扁豆 ● 面包 ● 三明治 ● 大蒜 ● 马铃薯泥 ● 大蒜炒菠菜大豆 ● 香草布丁	● 素食莴苣沙拉 ● 面包 ● 番茄和培根比萨 ● 意大利面 ● 米浆 ● 象棋派	● 巧克力脆饼
第 6 天	● 豆腐 ● 培根 ● 甘薯 ● 煎饼 ● 花生酱 ● 枫叶色香草酱 ● 牛奶	● 黑豆 ● 辣椒 ● 香草饼干 ● 罗勒风味番茄汁 ● 摩卡布丁蛋糕	● 面筋 ● 肉丝蔬菜玉米卷饼 ● 甘薯 ● 红辣椒 ● 炸全麦 ● 玉米粉圆饼 ● 斑豆蘸胡萝卜汁	● 无面粉 PB 饼干

用餐天数	早餐	午餐	晚餐	点心
第7天	• 豆腐 • 培根 • 炒鸡蛋 • 肉桂 • 日出面包 • 烤马铃薯 • 巧克力 • 米浆	• 菠菜和番茄 • 油煎面包块 • 沙拉 • 波伦亚风味酱意大利面 • 胡萝卜汁 • 豆饼	• 奶油 • 马铃薯 • 无肉菠菜汤 • 肉丸 • 白酱 • 蘑菇 • 碎米 • 肉饼 • 蒸豌豆 • 面包 • 布丁	• 甘薯条
第8天	• 炒蛋 • 香肠胡萝卜肉丁马铃薯 • 布朗大豆摩卡 • 饮料	• 非洲甘薯和花生 • 莴苣汤面 • 丝质沙拉 • 调味米浆	• 白豆 • 甘薯 • 胡椒蔬菜炖肉 • 素食面包 • 胡萝卜 • 菠菜汁 • 面包 • 香草豆浆	• 姜饼 • 饼干 • • 姜饼 • 饼干
第9天	• 炒豆腐 • 煎饼 • 枫叶色花生酱 • 香草豆浆	• 麻辣Joes • 罗勒风味番茄汁 • 大米 • 布丁	• 小扁豆 • 菠菜汤 • 小麦面食 • 意大利面酱汁薄脆 • 素比萨 • 新鲜番茄 • 罗勒汁PB • 巧克力 • 豆花	• 巧克力 • 花生 • 黄油奶昔
第10天	• 炒鸡蛋 • 肉桂 • 法式吐司 • 枫糖浆 • 米浆	• 泰国比萨 • 亚洲凉拌卷心菜 • 焦糖巧克力冰淇淋 • 胡萝卜汁	• 面汤 • 香草炒糙米 • 豆浆	• 鸡肉沙拉 • 全麦 • 玉米粉圆饼

9.6.2　混合食谱设计

混合食谱是在素食食谱的基础上加入若干种预包装食物，虽然在早餐和午餐中仍然以植食性食物为主，但其晚餐中含有肉食、小吃和其他甜点。表 9－9 列出了针对长期空间飞行的混合食谱，预包装食物以斜体表示。

表9-9 基于原地作物生产食料、携带食料及预制食物制定的混合食谱

（引自：Cooper，Catauro和Perchonok，2012）

用餐天数	早餐	午餐	晚餐	点心
第1天	• 炒蛋 • 豆腐 • 培根 • 煎饼 • 枫糖浆 • 巧克力豆浆	• *蓝莓* • *树莓* • *酸奶* • 花生 • 黄油和果酱三明治 • 薯条 • 柠檬蛋糕	• 菠菜和番茄沙拉 • *炖牛肉* • 香草饼干	• 无面粉 PB 饼干
第2天	• 蔬菜 • 鸡蛋 • 小麦面包 • 马铃薯煎饼 • 草莓酱 • 香草豆浆	• 莴苣 • 甘薯片 • 黑豆卷 • 西班牙米 • 罗勒风味番茄汁	• *烤猪扒* • 烤马铃薯 • 胡萝卜 • 豌豆	• 草莓脆饼
第3天	• 素食香肠 • 胡萝卜 • 百吉饼 • 草莓酱 • 大豆 • 摩卡咖啡 • 饮料	• TLT 三明治 • 辣烤薯片 • 罗勒风味番茄汁	• 扁豆 • 菠菜汤 • *金枪鱼* • 胡萝卜 • 莳萝面包 • 米浆 • 焦糖咖啡 • 蛋糕	• 巧克力 • 花生 • 黄油 • 奶昔
第4天	• 豆腐 • 培根 • 草莓松饼 • 甘薯迷你松饼 • 大米 • 糖 • 大豆 • 摩卡饮料	• 无肉肉丸 • 小麦面食 • 蔬菜 • 番茄酱通心粉 • 菠菜 • 面包 • 巧克力布丁	• 奶油浓汤 • *烤牛排* • 马铃薯 • 芥末 • 胡萝卜 • 炒白菜	• 豆饼
第5天	• 炒鸡蛋 • 大豆 • 小麦 • 法式薄饼 • 草莓 • 巧克力牛奶糊 •	• 酥脆的糖果沙拉 • *牛肉烧烤* • *牛腩* • 碎甘薯 • 小麦 • 玉米饼 • 姜饼 • 曲奇	• 腌制樱桃 • 番茄沙拉 • *烤火鸡* • 菠菜 • 大蒜 • 全麦饼干 • 面包 • 布丁	• 巧克力脆饼

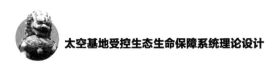

续表

用餐天数	早餐	午餐	晚餐	点心
第6天	• 素香肠 • 炒鸡蛋 • 日出面包 • 肉桂 • 烤马铃薯 • 番茄酱 • 巧克力牛奶糊	• 面条汤 • *鸡肉* • 沙拉 • 全麦玉米饼 • 胡萝卜汁 • 摩卡布丁蛋糕	• 亚洲凉菜 • 泰国比萨 • *鸡肉* • *花生酱* • 糙米 • 巧克力 • 豆腐 • 布丁	• PB 饼干 • 巧克力 • 豆腐 • 布丁 • 草莓
第7天	• 豆腐 • 培根 • 甘薯 • 煎饼 • 枫糖花生酱 • 香草豆浆	• 黑豆 • 辣椒 • 芹菜 • 胡萝卜 • 香草饼干 • 草莓冰淇淋	• 莴苣丝 • 沙拉酱 • 番茄 • 培根 • 薄皮面包	• 清新柠檬派
第8天	• 炒蛋 • 香肠 • 全麦饼干 • 胡萝卜 • 马铃薯 • 煎饼 • 草莓 • 果酱 • 大豆咖啡饮料	• *鸡肉* • *牛肉* • 大豆 • 西班牙全麦米 • 墨西哥玉米饼 • 豆腐 • 番茄沙拉	• 非洲甘薯 • 花生汤 • 菠菜 • 草莓 • 沙拉 • *肉卷* • 米饭	• 大米布丁
第9天	• 煎饼 • 甘薯 • 红辣椒 • 薯条 • 花生酱 • 豆浆	• 菠菜 • 番茄 • 油煎面包块 • 沙拉 • 小麦面食 • 通心粉加蔬菜汁	• 奶油马铃薯 • 菠菜汤 • *烟熏火鸡* • 香草马铃薯 • 胡萝卜 • 豌豆 • 豆子巧克力冰淇淋	• 无面粉 PB 饼干
第10天	• 炒鸡蛋 • 肉桂 • 法国吐司 • 枫浆 • 米饭 • 米糊 •	• *碎牛肉饼* • 炸甘薯条	• *鸡肉* • 大蒜 • 马铃薯泥 • 蒸豌豆 • 菠菜 • 面包 • 巧克力 • 焦糖冰淇淋	• 巧克力 • 花生 • 黄油奶昔 •

注：预包装食物或含有预包装食物的菜以斜体表示。

9.6.3　食谱能量与营养价值设计

在食谱设计中，需要首先保证充分的能量和营养供应。因此，以上两种循环食谱在热量供给量上是非常接近的，第一套食谱每人每天的热量供给平均值为 3 023 kcal，第二套食谱的为 3 043 kcal。另外，在营养供应上也应尽量保持一致，至少保证乘员在一个循环食谱期间能够获得平均足量的营养物质（详见表 9−10 和表 9−11。Cooper，Catauro 和 Perchonok，2012）。

表 9−10　所设计的一套太空基地素食食谱所含的能量及主要营养成分

用餐时间	热量/kcal（取决于个人的能量需求）	碳水化合物/g（能量的50%～55%）	脂肪/g（能量的25%～35%）	蛋白质/g（≤35%的能量，2/3 动物蛋白）	膳食纤维/g[10～14 g/（1 000 kcal）]
第 1 天	3 145.1	501.0	101.6	83.1	49.8
第 2 天	2 808.7	461.6	75.2	82.8	57.9
第 3 天	2 861.9	434.4	81.3	119.2	64.2
第 4 天	3 078.1	559.6	65.3	88.3	59.6
第 5 天	2 967.9	427.1	99.6	100.0	46.2
第 6 天	3 303.4	490.1	109.3	129.5	70.3
第 7 天	3 363.0	542.0	78.7	137.3	60.1
第 8 天	2 752.2	406.5	88.0	100.9	59.4
第 9 天	2 884.7	443.5	77.6	118.5	67.7
第 10 天	3 060.7	371.1	132.0	102.3	32.1
平均值	**3 022.6**	**463.7**	**90.9**	**106.2**	**56.7**

表 9−11　所设计的一套太空基地混合食谱所含的能量及主要营养成分

用餐时间	热量/kcal（取决于个人的能量需求）	碳水化合物/g（能量的50%～55%）	脂肪/g（能量的25%～35%）	蛋白质/g（≤35%的能量，2/3 动物蛋白）	膳食纤维/g[10～14 g/（1 000 kcal）]
第 1 天	3 472.4	469.0	127.8	136.7	37.3
第 2 天	2 731.1	395.8	82.4	111.6	48.8
第 3 天	2 792.0	496.5	48.2	106.8	60.4
第 4 天	3 031.7	508.1	76.7	98.6	42.8

续表

用餐时间	热量/kcal（取决于个人的能量需求）	碳水化合物/g（能量的50%～55%）	脂肪/g（能量的25%～35%）	蛋白质/g（≤35%的能量，2/3 动物蛋白）	膳食纤维/g[10～14 g/（1 000 kcal）]
第 5 天	2 880.3	366.8	108.8	124.4	42.6
第 6 天	3 138.0	411.5	125.7	97.5	41.6
第 7 天	2 928.6	444.5	96.0	83.2	42.6
第 8 天	3 207.9	449.8	100.5	137.1	48.3
第 9 天	3 077.5	446.8	101.2	115.8	56.0
第 10 天	3 172.8	474.8	93.2	120.9	46.5
平均值	**3 043.2**	**446.4**	**96.0**	**113.3**	**46.7**

相对而言，素食食谱中碳水化合物每天所提供的热量百分比为 61%，高于推荐值，而在混合食谱中，碳水化合物每天所提供的热量百分比为 59%，这是由于混合食谱的脂肪和蛋白质含量略高于素食食谱的所致。此外，两种食谱的可食用纤维含量均超过了推荐值，分别超出了 32% 和 7%。

9.6.4 循环食谱的可接受程度评价

对循环食谱完成设计后，需要对食谱食物进行可接受性评价。图 9-2 所示为对某种食谱食物进行评价的结果。可以看出，绝大部分食物均受到评价小组的喜爱。按照 9 分制的评价标准，所有食物的平均可接受程度分数为 7.4。另外发现，热量差异对该食谱的可接受程度影响的差异不显著。此外，在口味、质地和外观等受欢迎程度的评价中，也表现出类似情况。

9.6.5 不同循环食谱所需食物质量需求分析

表 9-12 列出一种用于 6 人乘组 600 天长期载人空间飞行循环食谱所需的食物量。由于混合食谱中预包装食物的可携带数量有限，因此素食食谱和混合食谱的食物量差异并不显著。可以看出，混合食谱的补给食物量较素食食谱减少了 510 kg。另外，与素食食谱相比，混合食谱所需的植物性食物量减少了 864 kg，这对减少航天器或太空基地中的能耗和乘员工作负荷等都具有重要意义。

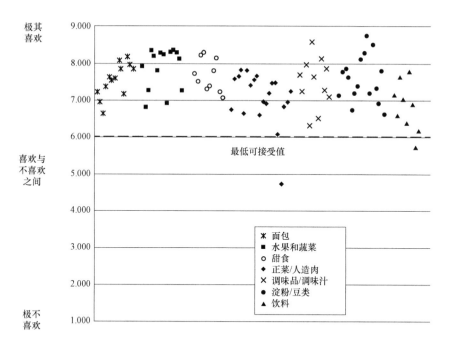

图9-2　火星基地中所建议的一种循环食谱的总体可接受度评价情况
（引自：Cooper，Catauro 和 Perchonok，2012）

表9-12　太空基地基于当地生产的植物性食物与运送食物的总量比较

食谱类型	原地生产的植物性食物/kg	补给食物（包括各种调味品）/kg	预制食物/kg
素食型	3 839	2 975	0
混合型	2 975	2 465	807

|9.7　小　　结|

　　本章介绍了受控生态生保系统中食物管理的基本要求和实施措施。在食物管理中会涉及诸多方面的问题，主要是在食物来源和环境等极其受限的条件下，如何保证食物的营养、可口、多样和安全等基本要求，同时所需要的体积、质量、能源和乘员工时等资源应尽量少。在制定食谱时，必须考虑任何一天食谱食物的可接受性、多样性、能量和营养需求平衡以及制备工艺的简单性、安全性、经济性和工时成本等。首先，对于一种小食谱，其很难精确满足所有的营养需求。然而，即使是非常好的食谱食物，只在一天的食物中也很难满足所有的营养需求。因此，通常需要制定循环食谱，循环周期一般为 3～10 天，这样则基本能够满足营养要求。另外，需要进一步开发食谱，并对有代表性的食谱的营养质量和人力成本等进行评价。而且，需要营养学家和有经验的厨师来进行食谱开发，并需要食物加工工程师协助完成必要的收获后加工、原料制造和生物量升级操作等相关工作。

　　另一方面，需要通过长期研究，即让试验者重复食用 CELSS 食物，才可能对食谱的吸引力做出最好判断。此外，需要进行轮流餐饮服务操作，以供应新推出的 CELSS 食谱和快餐。品评人数的规模应得到进一步扩大，例如达到 50～100 人，而且时间要更长，例如达到一年或两年。通过该操作，也可能会对配方实施微调并进行人力成本估算。太空食物经历了很长一段发展历程，即从不熟悉及营养致密的调和物到得到认可并开胃的食物。当载人深空探测更加深入时，则在获得可接受食物供应中所面临的挑战会更大。在飞行任务中，一般情况下如果植物提供大量食物，则需要调整系统途径来合理加工、制备和储藏食物，以获得所需要的食谱，同时最小化所产生的废物和尽可能减少乘员介入。食物系统所有方面的安全处理，即从植物营养液配制与管理，经过收获和加工而到达膳食制备阶段，都是最为重要的。充分的营养和最终食物种类的可接受性对于保持乘员的健康、快乐和高效作业等极为关键。在未来月球或火星基地能够被投入运行之前，在食物管理方面还会继续面对许多挑战，因此还必须积极开展大量相关研究与开发，以解决其中存在的大量科学与技术难题。

第 10 章

废物管理单元

像水管理单元一样，废物管理单元在整个受控生态生保系统中同样占有十分重要的地位。受控生态生保系统的根本任务是实现食物、氧气和水等生保物质的高效、连续与稳定生产，而实现这一目标的重要前提条件就是实现系统中所有废物的循环再生与高效利用。由于废物在受控生态生保系统中是极为珍贵的资源，因此必须采用各种行之有效的途径而使之转化为系统中植物、微藻或食用菌等物质生产单元所需要的各种原料，例如植物和微藻光合作用原料——二氧化碳和水，以及生物生长代谢所需的矿质营养元素等。废物经过植物、动物、食用菌或藻类等重新利用而转化为乘员所需要的生保物质，从而实现系统中物质的闭合循环。

|10.1 废物种类与数量分析|

这里，废物指固体废物，而不包括废水和废气。废物有很多种，其种类和数量取决于任务的性质。废物一般由人体、生保系统及其他系统所产生。人体产生的废物主要包括固体排泄物（俗称大便）、脱落的头发和皮肤等。固体废物处理中一般也会涉及水。来自生保系统的废物包括离子交换组件、空气过滤器、备件、食物包装物及吃剩的食物，可能还有来自水处理系统的盐分及来自所有植物等生物部件的不可食生物量。另外，来自其他系统的废物可能包括舱外活动消耗品，如废弃的服装面料、二氧化碳去除组件（甚至再生的也会存在寿命问题）、电池、备件及纸张，以及产生的普通垃圾。废物产量取决于飞行时间的长短。

早期，有人对废物产量进行过估算。他们假定食物闭合度为75%，但可能并未充分识别各种废物。由于每种技术一般并不能够处理所有废物，因此需要分别对各种废物流进行处理。另外，假如不可食生物量被用于进行糖类或单细胞油等食物的次级生产，或者作物的不可食部分被用于进行蘑菇或鱼类生产，那么无论是出于视觉还是实际技术流程的需要，则基本上都必须使之与人体的代谢废物保持分离。

在选择和规划拟用于受控生态生保系统中的废物处理技术路线和规模之前，必须先要了解每种废物流的组成和数量，具体见表 10－1。

表 10－1　一种受控生态生保系统废物模型及其产量估算值
（引自：Drysdale 和 Maxwell，2003）

固体废物组成	探索任务，75%食物闭合度，6人乘组，干重 /（kg·天⁻¹）	预期鲜重 /（kg·天⁻¹）
人体代谢废物	0.72	4.32
不可食植物生物量	5.45	27.00
垃圾（生物可降解）	0.57	0.63
包装物	1.92	2.02
纸张	1.16	1.28
胶带	0.25	0.25
过滤器	0.33	0.33
杂物（含塑料）	0.07	0.07
总计	10.47	35.90

| 10.2　废物处理基本原则与预期产物 |

10.2.1　废物处理基本原则

针对受控生态生保系统的性质和特点，一般认为其中废物处理的基本原则如下：

① 与整个系统具有较好的相容性，尽量在舱内常温常压下进行处理，运行具有较高的安全可靠性。

② 处理快速、高效、节能。

③ 废物转化较为彻底，降解物应当主要是预期所要获得的有用产品。

④ 尽量不产生或少产生有害物质，包括挥发性无机物或有机污染物。

⑤ 处理后的剩余物可直接全部或部分被应用于进行植物等生物部件培养，并且对其培养系统的长期安全有效运行有利或不构成严重影响，包括有助于植物栽培基质具备良好的土壤特性，而不会导致植物栽培基质的土壤特性发生严重变化，例如酸化或盐碱化，以及持水性、导水性、透气性或肥力等下降。

10.2.2　废物处理预期产物

就技术选择来说，对需要再生的产品进行识别就像确定系统中物质输入流一样重要。表 10-2 列出了主要的 CELSS 废物流、产率和预期从这些次生原材料再生的产物等。另外，虽然能量作为预期产物在该表中未予列出，但必须予以重视。由于在空间供应能源很困难并且成本很高，因此在从次级原材料再生物质的过程中，应当考虑能量的存储与再生。例如，将不可食生物量焚烧产生的热量可用于相变水净化，并且在设计基于空间基地的废物处理系统时必须对之加以考虑。

表 10-2　CELSS 可能出现的主要废物流、产率和预期再生产物
（引自：Bubenheim 和 Wydeven，1994）

废物流	所产生的质量/ （kg·人$^{-1}$·天$^{-1}$）	预期产物
厕所废物	2.7	水、CO_2、营养物质
不可食生物量	6.4	水、CO_2、营养物质
食物制备中产生的废物	0.1	水、CO_2、营养物质
垃圾	0.9	水等其他不明物质
总计（鲜重）	**10.1**	

分析表明，每人每天所产生的可以提供二氧化碳和无机营养元素的废物干重不足 1 kg。不可食生物量是主要原料来源，其干重组成中氧约占 43%、碳约占 43%、氢约占 6%、无机营养元素约占 8%。在受控生态生保技术的早期应用中，可能需要从固体废物尤其是从不可食生物量中回收碳和水。例如，把小麦作为模式植物，那么提供每人每年 100%食物所产生的总生物量干重约为 500 kg。假定小麦作物的收获指数为 45%，那么每人每年不可食生物量中含有的无机元素为 11 kg，这样每人每年的总无机营养元素需求量应为 24 kg。

| 10.3　废物处理技术 |

10.3.1　总体情况分析

在早期长期空间飞行中，要么将废物储藏，要么将其带回地面。例如，在美国天空实验室（Skylab）上将废物储存在 Saturn SIVB 储氧罐中，当该实验室再入大气层时将这些废物烧掉。俄罗斯的"礼炮"号（Salyut）和"和平"号（Mir）空间站长期飞行，由无人"进步"号（Progress）货运飞船进行补给，其返回时则被装载垃圾并再入大气层时连同垃圾一起被烧掉。目前，国际空间站上的垃圾也是被热熔（hot melt）压缩并打包后定期由货运飞船带回地面或再入大气层时被烧掉。在国际空间站上并没有用于垃圾储存的通风设施，因此湿垃圾的储存是问题，因为其会向舱内释放废气。另外，向火星飞行一趟需要近三年的时间，在此期间不会有补给，这样就需要特别关注废物处理问题。还有，以前的飞行也未考虑星球保护的问题。例如，即使"阿波罗"任务中的航天员到达月球，也未太多顾及倾倒垃圾会污染月球表面这方面的问题。然而，当飞往火星时，则应考虑做到不污染火星表面。

一般来讲，在处理废物时有三种选择，即储存、倾倒或转化，但对于受控生态生保系统来说，则主要选择降解转化方式来回收有用物质，但在飞行初期也有可能运用到倾倒方式。废物转化有许多方式，包括热解（Pyrolysis。回收水及一些其他化学物质）和氧化（回收有用化学物质和灰分）。另外，也包括将不可食生物量向食物原料的转化，这样在转化为其他有用物质的同时，会减小这些物质被运输的质量、减少包装和其他运输费用，并能减小被处置后物质的质量。

在早期火星飞行中，采用氧化及非氧化都应可行。之后，直到建立起较高的食物闭环体系，即生物再生能够占到乘员所消费食物的50%以上时，才会有剩余氧气可被用于进行废物氧化，并且在大气再生系统中去除所产生的二氧化碳是另一种耗损。因此，如果按照这种方案进行废物氧化，则需要增加大气再生能力（即增加更多的设备、能源和补给物），并需要考虑整个水的平衡。然而，对于后期飞行，当设备运行了许多年时，生物再生就会成为一种很经济的方式，并且食物的闭合度会接近 100%。

食物闭合度本身是一个复杂议题，但高闭合度对于若干年飞行来说有利，或许时间上要超过十年。在这种情况下，需要考虑其他的废物处理问题，主要是植物矿质营养元素的回收。当食物闭合度增加超过了所有作物的平均收获指数时，二氧化碳的需求量会超过乘员所产生的量，这样则可以通过氧化废物获取或从火星大气获得二氧化碳。对于中等食物闭合度，生物废物处理系统更可行。该系统不需要高温和高压，并且耐用且自主运行，其余废物则被消毒、干燥和倾倒（系统质量通过补给食物来保持）。当食物闭合度接近100%时，则需要某种类型的物理化学氧化法。然而，即使食物闭合度达到100%时，也不必氧化掉所有的固体废物。在表10-1所示的废物中，只有一半的废物是不可食生物量。假如所有的废物都被氧化，则要用到上述两倍量的氧气，也就会产生植物生长所需两倍量的二氧化碳。另外，高温氧化的一个明显优势是能够稳定物质，因此或许能够使废物降解为被倾倒后不会破坏星球环境的物质形式。

10.3.2 废物处理技术种类及适用范围

基于上述分析，在了解空间基地受控生态生保系统中的各种原材料种类和数量，以及希望得到回收资源的基础上，在设计资源回收与再生系统前需要进行技术选择，考虑的范围包括目前在地面上所应用的固废处理技术以及其他先进技术。表10-3列举了在地面已用过的物理、化学和生物废物处理方法，但同时也列出了一些更为先进的概念技术，例如等离子体处理（plasma treatment）、酶处理（enzymatic process）、微波焚烧（microwave burning）或射频焚烧（radio frequency burning）。另外，以下有些技术也可被用于进行卫生废水和冷凝水等废水处理，具体见第8章。有时将废物和废水进行混合处理效果会更好，在本章后面会做相关介绍。

表10-3   不同废物种类相对应的适宜物理/化学或生物处理技术
（引自：Bubenheim 和 Wydeven，1994）

处理设施	厕所废物	不可食生物量	食物制备中产生的废物
物理/化学法			
焚烧法	×	×	×
热解法	×	×	×
湿式氧化法	×	×	×
超临界水氧化法	×	×	×

续表

处理设施	厕所废物	不可食生物量	食物制备中产生的废物
电化学氧化法	×	×	×
紫外氧化法	×	×	×
等离子体处理法	×	×	×
微波焚烧法	—	—	—
射频焚烧法	—	—	—
生物法			
需氧微生物处理法	×	×	×
厌氧微生物处理法	×	×	×
酶解法	×	×	×
高等植物处理法	×	—	—

注：名词中英文对照：焚烧—incineration；热解—pyrolysis；湿式氧化—wet oxidation；超临界水氧化—supercritical water oxidation，SCWO；电化学—electrochemical；紫外线氧化—UV oxidation；等离子体处理—plasma treatment；需氧微生物—aerobic microbe；厌氧微生物—anaerobic microbe；酶解—enzymatic。"×"代表可用，"－"代表不可用。

10.3.3 物化处理法

1. 干式焚烧法

干式焚烧法（dry incineration），是对浓缩固体废物的燃烧。在废物流进料中，其中所含的可燃烧固体物质的质分数必须高于 50%。最好是用纯氧作为氧化剂，但在接近常压时空气是可以接受的，反应温度约为 540 ℃。焚烧的末端产品无菌，由无机灰分和气体组成，后者主要是二氧化碳和氮气，但如果不用纯氧而用空气，那么还会形成水。

焚烧法的优点是，其产生的固体产物中所含的灰烬是以非常稳定的氧化物形式存在，而其中存在的大量固体在水中可溶，因此后者易被获取而可被用作植物养分。然而，焚烧法存在的缺点是：① 能耗较高；② 燃烧不彻底，甚至带有补燃室也是如此；③在重新利用之前，对形成的水可能需要实施进一步加工处理，由于含有蒸气的气体在冷凝温度之下会发生凝结，因此对生成的冷凝水进行再利用之前需要进行深度处理；④ 对产生的气体可能需要进一步从中去除颗粒物。

2. 热解法

热解法（pyrolysis），是指物质在缺氧条件下由加热所引起的化学降解或改变。在地面上，利用热解法进行有害废物处理包括两个步骤。第一步是吸热反应，废物被加热，从非挥发性的木炭和灰烬中分离挥发性组分，如可燃气体和水蒸气等。第二步，将这些挥发物在适当条件下进行燃烧，以确保所有有害成分都被焚烧掉。第一步通常在 425～760 ℃下进行。将热解与焚烧结合使用要比单独使用热解易于控制，因为热解是吸热反应，而焚烧是使气体而不是固体的燃烧，这样所形成的固体其颗粒大小、组成和密度等可能并不相同。然而，热解后许多碳由于未被氧化而留在了剩余的木炭中而得不到回收，但该木炭可被作为活性炭来进行大气和水净化。

另外，日本等国将微波和热解技术结合起来，进行商业化的家庭废物处理。该技术包括三个处理过程：① 废物干燥；② 废物降解；③ 降解形成的有机气体焚烧。前端形成的气体产品在第二个焚烧炉中得到氧化。其中含有贵金属氧化剂，反应温度在 500 ℃以上。因此，假如需要使留在木炭中的碳含量达到最少，则这一方法就会成为一种很好的选择。

3. 湿氧化法

湿氧化（wet oxidation），也叫湿式氧化或 Zimpro 处理（Zimpro Process），是利用空气或氧气在较高的温度和压力下对废物稀释液或浓缩废水流进行氧化处理。湿氧化分为高压湿氧化和低压湿氧化两种方式。高压湿氧化，其反应压力一般高于 6.92 MPa，可达到 14 MPa；温度约为 290 ℃，一般不超过300 ℃。低压湿氧化，其反应压力一般低于 3.46 MPa，温度一般低于 230 ℃。高压湿氧化比低压湿氧化的设施一般要重一些，但其氧化效率较高。与焚烧法不同，上述两种湿氧化法的共同特点是，其不需要对处理材料进行预干燥，因此可利用该技术对稀释废物（含有质量约占 5%的可燃烧固体）进行氧化处理。湿氧化法的主要优点是可直接回收有用水（不需要对出口气体进行浓缩），并且氧化较彻底，因此能够大幅度减小固体废物的质量和体积，并使灰分达到无菌状态。通过湿氧化处理，有机物焚烧产生的二氧化碳、液相中的矿质营养及剩余残渣等均可被用作植物养分。另外，经过湿氧化后，可能需要对未被完全燃烧而形成的有机气体和液体在被利用之前实施净化处理。

4. 等离子体处理法

等离子体（plasma），又叫电浆，是在固态、液态和气态以外的第四种物质形态（又称第四态），是气体在高温和强电磁场下电离后形成的，是由电子、离子、原子、分子或自由基等粒子组成的集合体，具有宏观尺度内的电中性和高导电性，因此，其特性与其他三种物质形态的大不相同。利用等离子体－电弧法（plasma-electricarc treatment），可产生极高温度（可接近 10 000 ℃）来进行高毒性废物的降解处理。当用高温高压的等离子体去冲击被处理的废物对象时，则被处理废物的分子或原子将会重新组合而生成新的物质，这样就使有害物质变得无害，甚至转变为再生资源。因此，废物的等离子体处理是一种物质的分解与重组过程，可将有毒或有害的有机或无机废物转变为有用产品。

经等离子体－电弧法处理后的剩余物质是气体（如氢气、一氧化碳和酸性气体）和灰分。该技术的优点是：①　能够处理有毒、危险及非危险废物，包括有机或无机气体、液体或固体等物质；②　能够降解难处理化合物，尤其是焚烧炉难以处理的废物；③　能够彻底并安全地将有毒废物转化为无毒无害且有利用价值的产物，并且减容率高；④　所使用的仪器可以小型化；⑤　处理周期一般较短。等离子体－电弧处理技术在地面上得到开发并被用于进行液体和固体废物处理，然而应用相对较少，而针对空间资源的回收利用则还只是刚刚起步。该技术存在的主要缺点是：①　制造成本较高；②　能耗较大；③　在过程控制中要求自动化程度较高。

5. 超声波辐射+酶催化法

超声波辐射＋酶催化法（ultrasonic radiation and enzyme catalysis），是将专用酶催化剂与超声波辐射能结合起来，以促进废物降解。这一新型系统能够对植物的不可食生物量进行快速、有效、环保及彻底的转化，而从中释放植物无机营养元素，并且从纤维材料再生食物。超声波的作用与催化剂类似，能够促进化学反应而不会成为其一部分。该方法与催化剂结合很重要，因为在基于催化剂的反应过程中，超声波是最有效的。尽管对超声波的生化作用原理并不完全清楚，但一般认为"声冲流（acoustic streaming）"现象能够清洁酶表面而使之与目标底物材料进行充分混合，从而进行更为充分的化学反应。超声波辐射＋酶催化法会使处理时间缩短，并且在受控生态生保系统的物质循环应用中无须焚烧而能够使得纤维素得到更为彻底的降解（图 10－1）。

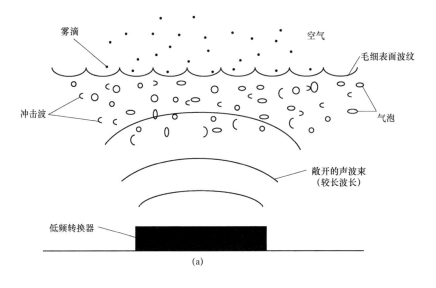

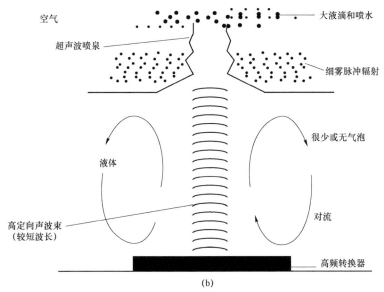

图 10-1　低频（a）和高频（b）超声波辐射工作原理图
（引自：Schlager，1998）

　　美国 Biotronics 技术公司的 Schlager（1998）开展了植物不可食生物量的
一系列相关降解试验研究。结果证明，添加酶能够显著增加不可食生物量的生
化转化效率，而这些酶在超声波的刺激下会进一步增加降解效果。在可溶性有

机物初期转化之后，这种作用效果尤其明显。剩余的纤维素底物对于微生物较难降解，而超声波则会提高其转化效率。

10.3.4　生物处理法

与废水生物处理类似，各种固体废物的生物处理，也是利用微生物在常温常压下氧化分解有机物，来产生二氧化碳或微生物生物量（包括可食的和不可食的）等。不像大部分物理/化学处理法，如焚烧法可被用于进行生物可降解和生物不可降解等两种物质类型的降解处理，生物处理法一般只能够被用于处理生物可降解的废物流，如不可食生物量、被丢弃的食物和纸制品等，而不能够被用于处理非生物可降解的废物流，如塑料包装物。然而，通过尽量减少向空间带入非生物可降解材料，则可能会显著增加通过生物法降解的废物比例。生物处理法主要包括好氧微生物降解、厌氧微生物降解和酶降解等三种类型，以下分别予以介绍。

1. 好氧微生物处理法

微生物处理包括好氧微生物处理和厌氧微生物处理等两种技术。顾名思义，好氧微生物处理（aerobic treatment）需要氧气（因此也叫需氧微生物处理），最终会产生氧化彻底的产物，如二氧化碳和水。堆肥（composting）是利用混合微生物种群进行异质有机废物处理的常用方法。该过程在较高温（60～70 ℃）、湿润和有氧环境中进行，反应处理后往往会留有大量剩余物，其中含有植物生长所需的大量无机元素。这些剩余物需要进一步被进行氧化处理来回收碳和无机物，并被加入植物生产系统。好氧微生物处理技术又主要包括以下三种类型。

1）堆肥毛细蒸发器技术（Composting-Wick-Evaporator Technique，CWET）
美国亚利桑那大学设计并研制成生物循环舱（Bio-Recycle Module）（图 10 - 2），在其中装配了堆肥毛细蒸发器（Composting-Wick-Evaporator，CWE，以下简称蒸发器），这对于固体废物中碳和水的回收来说很关键（图 10 - 3）。在该原始的固体废物流中，其绝大部分被转化为二氧化碳和水，而乘员产生的废水流被加入该蒸发器中，以保持降解所需要的最优水分含量。污染程度不同的废水进料得以蒸发或通过微生物呼吸而作为蒸汽被释放，这样会使得该蒸发器内部的湿度水平得到提高。之后，其内部蒸汽被冷凝和收集，而将固体留在该蒸发器中。所获得的冷凝水被提供给植物水培系统，以对温室营养液水分进行补充。被加入植物营养液中的这部分冷凝水接着被植物吸收和蒸腾，并作为湿气进入温室大气，之后被进行冷凝和收集而被用作乘员饮用水，这样就完成了半闭环水循环。

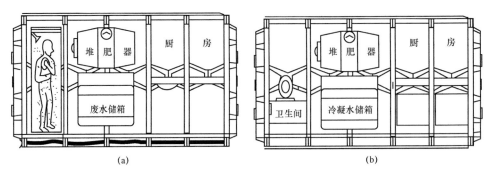

图 10-2　生物循环舱内部结构布局（引自：Furfaro 等，2017）

（a）左侧观；（b）右侧观

图 10-3　卧式堆肥毛细蒸发器外观（引自：Furfaro 等，2017）

通过该循环处理，在水中的固体废物、肥皂和其他有机物则留在了堆肥器中，由微生物进行降解。该堆肥技术能够降解废物流中约 90%的物质，其余约 10%的物质需要被碳化，以提取其中的剩余资源。通过以上处理过程，则可实现废物和废水的综合再生利用。

2）超嗜热需氧堆肥技术（Hyper-Thermophilic Aerobic Composting Technique，HTACT）

历史上，将人体排泄物转化为大田肥料的做法从古代就开始实施。一旦生活方式发生改变并实现现代化，并且食用原生植物成为时尚，则认为使人体大小便到土壤的循环是不合适的，因为存在寄生虫和病原菌的高传播风险。目前认为，即使堆肥还存在技术问题，但其仍是解决固体有机废物收集与降解处理问题的非常有益的实用技术。进行废物降解的一种有效方法就是通过堆肥这种生物焚烧技术来处理垃圾，例如，日本九州大学报道了一种新的堆肥方法是在 80～100 ℃进行高温发酵处理。一台厨房垃圾箱大小的堆肥器，其一般在 4.5 h 内能够处理 1.5 kg 的鲜重蔬菜和其他有机废物。在小型堆肥器中，因为其表面积和体积之比较大而导致热丢失占主导，因此需通过电力加热来提高堆肥器的反应温度。

在这一新的堆肥系统中，超嗜热需氧细菌（hyperthermophilic aerobic bacteria）较在普通堆肥系统中会获得更高的反应温度。在超嗜热堆肥器中，细菌在 80～100 ℃甚至更高的温度下仍呈现出很高的活性。当对反应床加注高压空气时，生物则发生燃烧反应，因此就会释放热并使堆肥器的温度升高。因为在较高温度（高于 100 ℃）下微生物的活性出现下降，因此反应床的温度就被调节到以上温度范围之内。基于超嗜热需氧微生物系统的大型需氧堆肥装置已被用于处理来自污水处理厂的活性污泥，并也被用于处理来自农田和食品相关工业的其他废物材料。该堆肥的生态学原理，是建立在一同参与各种反应的多种细菌之间高度协同作用的基础之上。

当在火星基地受控生态生保系统中进行超嗜热堆肥系统操作时，反应床的热力学条件可能会与地面设备的不同。在低压条件下，氧气扩散率会提高。然而，氧分压最高也只能被设定为总压的一半（假如总压为 20 kPa，为了安全起见，氧分压一般不应大于总压的 50%，即 10 kPa。但更多人认为氧分压一般不应大于总压的 30%，即 6 kPa）。另外，低重力和低气压会导致堆肥器表面的散热能力下降。因此，以上这些因素会影响大型装置在不予进行补充加热的条件下能否具有维护较高反应温度的能力。

Kanazawa 等（2003）利用超嗜热需氧细菌进行堆肥生产，并对农田中的肥料应用开展了深入研究。结果表明，施用这种堆肥的土壤，其中的营养元素容易被植物根部吸收。有机化合物中的氮元素经过超嗜热需氧发酵处理，会被转化为铵离子。由于堆肥的 pH 一般情况下偏弱碱性，因此氨从堆肥产品中有可能会消失。另外，由于亚硝化单胞菌（Nitrosomonas）或硝化杆菌（Nitrobacter）在高于 80 ℃的温度下不能存活或不活动，因此在堆肥中不会出现生成硝酸根离子的氧化过程。由于同样的原因，也可能不会启动反硝化作用过程。对于有机氮，一般指生物化学中的氨基或异杂环族类的化合物，其会被转化为铵以未被降解的形式保留在堆肥中，因此就减少了氮的损失。在超嗜热需氧堆肥系统中，磷酸盐的转化情况尚未得到详细研究。有试验观察到，反应器经过长期运行后，会在其侧壁上出现像是磷酸钙的沉积物，但并不清楚这种沉淀物究竟是什么以及它是怎样形成的。

在土壤中，微生物和其他有机体对农业生产均很重要，其既具有积极作用，但也具有消极作用。目前，有很多事例说明超嗜热需氧堆肥发酵技术在农业中应用效果良好，并且对土壤细菌和丛枝菌根（*Arbuscular mycorrhizal*）等之间的共生生态学具有良好作用，但目前尚未开展关于这一优势的发生机制和作用因素研究。已知土壤微生物对于向植物根系周围提供营养元素是有效而必要的。迄今为止，未见到嗜热需氧发酵产品对植物根系与土壤细菌和真菌之间的共生体系产生不良影响。另外，由于在发酵期间处于近 100 ℃的高温，因此有害或病原有机体均会被该自然消毒过程所杀死或抑制。尽管还需要进一步证实，但基本认为堆肥细菌本身对人、植物和动物等都是安全的。超嗜热细菌只是在高温下活跃，而在常温下可能并无害。在农田中应用堆肥的另外一个优点是，即使超嗜热需氧细菌本身并不活跃，但由其作用而产生的堆肥的化学和微形态特征能够有效控制细菌和其他有机体的生态学。

另外，为安全起见，应当在堆肥器反应床的进风口和出风口处分别安装高效空气过滤器而对细菌进行隔离。这种隔离较为简单，并且与焚烧技术相比，所需能源较少。超嗜热需氧堆肥在许多方面都优于普通堆肥，包括处理时间短和生物安全性高等优点。与物化废物处理技术相比较，该微生物废物处理技术能耗较少、不需要高温（＞300 ℃）或高压（例如湿氧化过程会＞3 MPa）。对于厌氧微生物废物处理系统，其释放臭味和有害挥发性有机物是令人关注的一大问题。有臭味的化合物一般是在厌氧条件下产生的，而超嗜热需氧堆肥系统却能够捕获其中许多有异味的成分（Kanazawa 等，2008）。

3）蚯蚓+微生物共处理技术

蚯蚓在土壤中储量丰富，种类多达 3 000 余个。蚯蚓活动的主要方式就是挖洞，并吞食有机物和泥土。在蚯蚓的消化道内，能够分泌大量蛋白酶、脂肪酶、纤维素酶、甲壳素酶及淀粉酶等。在这些酶与体内共生微生物的协同作用下，能够将吞食的有机物分解为简单的碳水化合物、脂肪和醇等低分子化合物，这些物质再与土壤中的矿物质结合而形成高度融合的有机－无机复合体，并最终被以蚯蚓粪便的形式排出。同时，通过蚯蚓在废物中的运动，还可以改进其中的水气交换与循环，并改善其中的微生物生长环境，从而加强蚯蚓和微生物对废物处理的协同作用。因此，蚯蚓事实上就是一种天然并可自主活动的高级生物反应器。蚯蚓的消化能力很强，例如一亿条蚯蚓一天内可吞食 40 ~ 50 t 垃圾，并排出约 20 t 粪便。蚯蚓是通过皮肤呼吸的，在含氧量很低的情况下也能够维持生存，因此蚯蚓独特的生活方式和强大的消化能力为太空废物处理提供了可能性。

自 20 世纪 90 年代后期开始，该技术在俄罗斯科学院西伯利亚分院生物物理所得到了较好发展（Manukovsky 等，1997），并证明蚯蚓最好的品种是杂交红色蚯蚓（例如红色爱胜蚓（*Eisenia foetida*））。他们利用红色蚯蚓进行了小麦、黑麦或莴苣等多种作物秸秆或其混合物的降解处理。在利用蚯蚓进行废物处理前，一般需要预先对秸秆等废物原料进行微生物发酵处理，然后利用该经过初步处理的秸秆进行平菇（例如佛罗里达侧耳（*Pleurotus florida* Fovose））等食用菌种植。之后将种植后的基质剩余物用于进行蚯蚓培养与降解处理，最终将所形成的后处理物（称为类土壤基质，soil-like substrate，SLS）用于植物栽培。目前为止，他们先后利用经过不同工艺制备的类土壤基质进行了小麦、蚕豆、黄瓜、荸荠、萝卜等多种作物的培养试验研究，证明其培养效果与水培对照的基本相当（Gros，Lasseur 和 Tikhomirov，2004；Gros 等，2005；Velichko 等，2013）。另外，我国北京航空航天大学与该单位合作也开展了相关探索性研究，初步显示了较好的应用前景（He 等，2010）。

2. 厌氧微生物处理法

（1）基本概念与工作原理

厌氧微生物处理（anaerobic treatment），是相对于需氧微生物处理而言的，即其生物化学反应在缺氧或无氧条件下进行。厌氧微生物绝大部分指的是细菌，很少有放线菌，极少有支原体，而厌氧真菌则十分罕见。

在城市垃圾处理中，多年来成功应用的生物处理方法之一是厌氧降解。厌氧降解是一种自然发生的生物处理过程，在此期间有机物被转化为小的末端产品。固体有机废物的厌氧降解按照三个连续步骤进行，即液化（liquification）、产酸（acidogenesis）和甲烷生成（methanogenesis）。在液化过程中，微生物在固体物质上繁殖，并将其中各种组分水解为糖和氨基酸。然后，这些可溶性产物被微生物所吸收，并被转化为 CO_2 和挥发性脂肪酸（volatile fatty acid，VFA），主要是乙酸（acetate）、丙酸（propionate）和丁酸（butyrate）。由于这些挥发性脂肪酸是这一阶段形成的主要产物，因此这一厌氧降解阶段被称为产酸阶段（acidogenic phase）。另外一类微生物是产甲烷菌（methanogen），其通过实施降解过程而将挥发性有机酸转化为被高度还原的甲烷（CH_4）。在传统的厌氧废物处理中，甲烷气体是一种很有价值的能源。

然而，在受控生态生保系统中，其能源可能会主要依赖太阳能或核能，这样甲烷气体可能就是一种不良产物，并会导致系统中发生碳丢失。因此，需要对反应器条件进行调节，使其尽量多地产生挥发性有机酸并尽量少地产生甲烷。在 CELSS 中，这些挥发性有机酸可能具有一定用途，例如用于单细胞蛋白生产、各种系统的 pH 控制及用作食物防腐剂。美、法等国的学者，利用厌氧生物反应器，对水培作物的不可食生物量降解及向挥发性脂肪酸转化等开展了评价研究（Williams，Kull 和 Schwartzkopf，1992；Schwingel 和 Sager，1996；Christophe，Creuly 和 Dussap，2005）。

与好氧生物反应器类似，厌氧生物反应器具有多种设计形式，但一般均包括罐体、进出料、搅拌、温控、pH调控和监控等单元，有时还对氧化还原电位（redox potential）进行监视。然而，厌氧生物反应器与好氧生物反应器的最大区别是前者的罐体需要始终保持缺氧状态（图 10-4）。

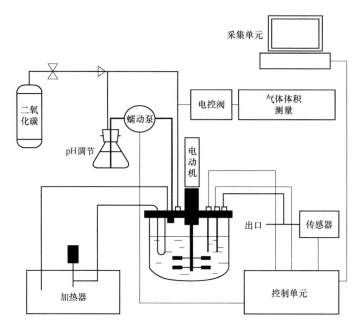

图 10-4　一种厌氧生物反应器的基本结构构成示意图
（引自：Christophe, Creuly 和 Dussap，2005）
说明：细直线代表电线，较粗直线代表气路，粗直线代表液路

厌氧生物反应器的罐体材质一般为不锈钢或玻璃钢。通常，需要进行连续搅拌，速度根据物料性质和反应要求等可进行调节。利用 pH 电极和变送器可对物料的酸碱度进行监视，并根据需要可通过加酸或碱对其进行调节。在有些情况下，对反应器的酸碱度不予控制，而是使之稳定在自己的酸碱度水平。反应器温度控制范围一般为 35~45 ℃，通常通过被安装于反应器外壁上的加热夹套或内置加热管进行加热，通过冷凝热交换器进行降温。有时需要向反应器内喷射氮气，以使其内部保持缺氧状态。

（2）利用植物不可食生物量制备营养液的基本技术

如前所述，厌氧反应器不需要利用氧气作为氧化剂进行物质氧化降解，而是发生在缺氧条件下，主要产生甲烷——一种被还原的化合物，并且一般产生的微生物生物量较需氧处理的要少。因此，该技术具有其独特优势，在应对作物秸秆和粗根等较难降解的生物不可食生物量处理与利用方面，已经得到较为广泛的应用。事实上，厌氧降解是人们在地球上经常用来处理废物的过程，这是获得批量处理和循环利用的有效方式。几十年来，将植物不可食生物量降解为营养液或固体基质，并利用其进行植物栽培已有很多事例。

这里，以较为经典的美国 NASA 肯尼迪航天中心利用厌氧生物反应器进行马铃薯不可食生物量的降解处理试验研究为例，来说明厌氧生物处理的一般技术流程（Schwingel 和 Sager，1996）。第一步，向反应器中加马铃薯不可食生物量（包括根、茎、叶）物料，而这些物料来自肯尼迪航天中心生物量生产舱中所水培的马铃薯；第二步，在反应器中接种取自厌氧咸水湖的沉积物，后者曾经被用于进行猪粪处理；第三步，向反应器中加水，最好是去离子水，以便使得反应器中的物料能够悬浮起来。一般是将马铃薯等的不可食生物量在 70 ℃下烘干，之后在研磨机中将其磨碎成 1～2 mm 的颗粒大小。在最初 16 天的启动期过后，即从第 17 天直到第 42 天，这一时间段每天在进料前首先收获占到反应器工作体积（8 L）1/16 的处理物，并每天向生物反应器添加 25 g 干重的不可食生物量物料，从而使物料在反应器中停留 16 天。而在第 42～64 天之间，每天向反应器中批次添加 50 g 的马铃薯干重物料，同时每天收获占到 1/8 反应器工作体积的处理物，这样物料在这一阶段于反应器中的停留时间被保持为 8 天。可以看出，在反应器起初运行阶段是一次性进料而不出料；一定阶段后，则每天既出料又进料，但出料量和进料量均较少，并且物料在反应器中的停留时间较长；再后，反应器的处理能力基本达到旺盛而稳定的时期，这时出料量和进料量均可以相对较大，并且可以缩短物料在反应器中的停留时间。对于小麦等其他作物的不可食生物量，其厌氧微生物反应器的处理工艺与上述马铃薯的基本相同。

通常，每天应在进料前从反应器取样，以便测定其中总固形物（total solids，TS）和挥发性固形物（volatile solids，VS）等物质的含量。对于挥发性脂肪酸，应至少每三天采一次样并进行分析；对于硝酸盐和氨，应在整个运行期间定期采样与分析。再者，在对小麦不可食生物量和反应器排出物的总固形物进行测量之前，需要将前者在 70 ℃下烘干 24 h，并计算其烘干前后的质量差；而对于挥发性固形物的测量，是求在 550 ℃下烘干 4 h 后的质量差。通常，通过气相色谱仪对挥发性有机酸进行分析。可利用 Nukoi 色谱柱（美国 Suppelco 公司生产）进行分离，并利用火焰离子检测器进行测量。硝酸盐和氨可通过 EPA 方法进行分析。

许多研究发现，在厌氧反应器中往往会生成氨和硝酸盐，但前者的比例一般相对很高。这样，就需要对反应器中的微生物菌群实施操控，以便缩小硝酸盐与氨含量之间的巨大悬殊，否则，如此高浓度的氨就会导致植物生产系统出现问题。另外，在厌氧反应器排出物中，挥发性脂肪酸浓度也可能会抑制植物生长。因此，为了将厌氧反应器处理物应用在植物栽培系统，可能需要降低氨和挥发性脂肪酸的含量。然而，这些化合物对于 CELSS 的其他方面可能会有作用，例如作为营养液或人工土壤 pH 控制的质子供体、单细胞蛋白质生产的底物或作为食物防腐剂（Schwingel 和 Sager，1996）。

（3）厌氧微生物反应器固废处理改良技术

近年来，人们在厌氧微生物反应器固废处理技术领域取得了较大进展。例如，美国宾夕法尼亚州立大学地球科学系克里斯托弗·豪斯（Christopher House）教授领导的团队已经证明，利用一系列微生物反应器可以快速分解固体和液体废物来生产食物，同时能够最大限度地减少病原体滋生。他们设想并试验了用微生物处理航天员废物的概念，以生产安全并可直接或间接食用的生物量。这听起来有点奇怪，但是这一概念有点像 Marmite（一种酸制酵母）或者 Vegemite（一种澳大利亚酵母酱料）等这些可以食用的"微生物黏性物质"。为了验证其想法，研究人员使用了废物管理试验中常被用到的人造固体和液体废物。他们制造了一个长度和直径均为约 1.2 m 的封闭圆柱形系统，使专用微生物与废物能够充分接触。微生物利用厌氧消化来分解废物，类似于人体消化食物的过程。该研究的新颖之处在于将营养物质从流体中提取出来，并专门将它们放入微生物反应器中以生产食物。研究发现，在厌氧降解人体废物期间，容易产生甲烷，但后者可被用于培养不同的微生物，如荚膜甲基球菌（*Methylococcus capsulatus*），该菌可被用作动物饲料。在所培养的荚膜甲基球菌中，蛋白质和脂肪的含量分别达到 52% 和 36%，因此可成为航天员的营养潜在来源。此外，由于病原体易于在封闭潮湿的环境中生长，因此他们还研究了在碱性或高温环境下培养微生物的方法。令人惊奇的是，一种嗜盐单胞菌（*Halomonas*）在 pH 为 12 的强碱性环境中仍能旺盛生长，其体内的蛋白质和脂肪含量分别达到 15% 和 7%。在 70 ℃ 条件下，大部分病原体已被杀死，但所培养的可食用嗜热水生菌（*Thermus aquaticus*）仍然活着，分别含有 61% 的蛋白质和 16% 的脂肪。

进一步研究发现，位于反应器中薄膜材料表面上的微生物从周围流体中吸收固体废物并将其转化为脂肪酸，后者在同一表面上由不同的微生物转化为甲烷气体。试验结果表明，该方法在 13 h 内能够降解 49%～59% 的固体废物，这较现有的废物处理方式要快很多，因为后者一般需要几天时间才能完成。因此，该技术被认为在未来的太空飞行中应用潜力巨大。可以想见，如果能让航天员从自身产生的"废物"中回收 85% 的碳和氮，而不必培养植物和藻类，这对于解决载人深空探测中的食物供应问题无疑将发挥重要作用。

3. 酶解法

除利用上述好氧或厌氧微生物反应器技术外，也可以利用酶处理技术来水解不可食生物量中的纤维素、半纤维素或果胶等，并回收其水解产物葡萄糖等。例如，在资源回收系统中该技术可被作为前处理步骤。在分离和提炼后，来自酶反应器中的葡萄糖能够被用作补充食物。例如，真菌类里氏木霉（*Trichoderma reesei*）可被用作纤维素酶源。在经过酶处理后，可将酶反应器中的其他产品，包括未被反应降解的不可食生物量，转移到好氧或厌氧微生物反应器或焚烧等物化反应器中来实施进一步降解处理。

酶解法对次级原料进行处理的优点是，其反应能够在接近常温常压下进行，并且通过该方法处理蛋白质和其他有机氮化合物而能够产生植物生长所需要的氨或硝酸盐离子。相反，微生物处理法的主要缺点是要产生微生物，并对纤维素、半纤维素、木质素和果胶等植物组织材料不能完全降解。

|10.4　废物处理技术选择 |

如前所述，等效系统质量（equivalent system mass, ESM）是在整个飞行任务中实际质量和技术质量补偿（mass penalty for technology）的总和。目前普遍认为，占有最低 ESM 并同时还能满足飞行任务要求的废物处理途径应是最好的途径。因此，ESM 必须包含充分的安全性和可靠性保障（在这一点上无法对这些要求进行精确描述），以及对可预期废物流的处理能力。早期，美国波音公司的 Drysdale 和 Maxwell（2003）对所了解的各种废物处理技术进行过综合 EMS 评价，并给出针对 6 人乘组 600 天火星表面飞行的 ESM 计算结果（假定生物再生率达到 75%）（表 10-4）。

表 10-4　废物处理技术基本分级数据（引自：Drysdale 和 Maxwell，2003）

技术种类	质量 /kg	体积 /m³	电力 /kW	制冷 /kW	ESM /kg	ESM /（kg·天⁻¹）	界面影响 /（kg·任务⁻¹）	产品
酸解法	360	3.15	3.00	1.00	694	117	—	糖类
批次焚烧法	65	0.40	1.50	1.70	310	28	4 300 kg O_2	CO_2、水和灰分
堆肥法（21 天）	909	3.46	0.01	0.09	923	198	1 500 kg O_2	CO_2、水和堆肥
堆肥法（7 天）	345	1.25	0.01	0.08	354	119	1 000 kg O_2	CO_2、水和堆肥

续表

技术种类	质量 /kg	体积 /m³	电力 /kW	制冷 /kW	ESM /kg	ESM /（kg·天⁻¹）	界面影响 /（kg·任务⁻¹）	产品
连续焚烧法	303	4.53	8.42	9.37	1 670	153	4 300 kg O_2	CO_2、水和灰分
电化学氧化法	230	2.80	750	700	112 000	10 300	4 300 kg O_2	CO_2、水和灰分
沥滤/厌氧处理法	172	1.16	—	0.08	180	30	—	矿质元素
磁助气化法	50	2.00	1.00	1.00	208	19	4 300 kg O_2	CO_2、水和灰分
过氧化氢氧化法	—	0.16	0.75	0.95	129	12	9 100 kg H_2O_2	CO_2、水和灰分
等离子体电弧法	1 150	4.01	67.8	38.1	9 600	899	4 300 kg O_2	CO_2、水和灰分
热解法	43	—	0.60	0.40	121	11		CO_2、水和灰分
热解+亚临界水法	6	—	2.00	2.00	313	45	—	CO_2、水和灰分
单细胞蛋白法	80	1.40	—	—	83	46	少量	蛋白质、CO_2
超临界湿氧化法	613	0.29	1.10	—	709	64	4 300 kg O_2	CO_2、水和灰分
储存法	25	1.00	—	—	27	2	—	—

注："—"表示缺少数据。

然而，需要说明的是，在表 10-4 中所列的这些数据还只是初步的。有些数据看去明显偏大或偏小，有些还有缺失，而且尤其是乘员时间要求和后勤保障普遍未予考虑，但某些技术方案对后勤保障要求很高，例如焚烧需要提供大量物资保障来处理废气。在这一分析中未包括预处理技术，但有些预处理实际上具有与初级处理一样高的 ESM。然而，有些预处理成本较低，例如，烘干法的 ESM 估算值为 45 kg，而消毒法（需要较高温度，因此需要较重设备和较高能耗用于加热和制冷）的 ESM 估算值为 58 kg。

有些废物处理技术成本并不高，但却并非所有技术都适合用于处理所有物料，尤其是酸解法（acid hydrolysis）、单细胞蛋白生产法（single cell protein production）和沥滤法（leaching），主要针对不可食生物量，但也可能对纸张有效。因此，每天加入的每千克物料所具有的 ESM 可能是一种技术效果的更好体现，而并非是该途径的总 ESM。再者，废物的降解并不总是很彻底。一般情况下，可食生物量的生物氧化只降解 50%的生物量，而其余部分最终能够被分解，但占用的时间可能会很长。另外，从表 10-4 可以看出，热解法（pyrolysis）的 ESM 达到了 121 kg，相比之下略微显高，但其会额外释放水，并且假定仅利用干燥法并不能实现正水平衡（positive water balance）时，则这种方法会显现出一定优势。此外，一些相关技术，例如磁助气化法（magnetically assisted gasification）的 ESM 并非特别高，这对于特殊应用场合可能会有用（例如在微重力环境中操作）。

在上述多种氧化法中，有的 ESM 较热解法要高一些（例如批次焚烧法为 310 kg），但有的 ESM 则非常高（例如电化学氧化法为 112 000 kg）。对于高成本技术途径，其可能具有一些特殊用途，但在普通废物处理中似乎前景暗淡。然而，这些得到很高 ESM 值的技术可能未得到正确评估。另外，在表 10-4 中并未考虑对氧的需求，这就使得氧化技术在早期飞行任务中并不会引人关注，因为该技术一旦被采用则会导致 ESM 增加约 4 t，这取决于废物被完全氧化的方式及供氧方式。另外，该技术同样会产生大量的二氧化碳，这可能需要通过去除和倾倒而得到处理。显然，只能是必须满足其他需求特别是界面负荷（interface payload）需求时，氧化法才会成为一种相对较好的选择途径（Pisharody，Wignarajah 和 Fisher，2002）。

一旦部分或全部废物需要氧化，那么其他几种处理技术才具备可行性。生物废物，包括纸制品和部分衣服，其能够被通过液相或固相生物反应器而得到生物氧化。生物处理的优点在于，能够相对易于回收植物矿质营养元素及避免利用高温高压的反应条件，并在一定情况下能够降低病虫害的发生程度。但其缺点是较物化过程要慢，并且一般在适当时间内只能氧化部分生物量。对于剩余废物，包括未被降解的不可食生物量，可采取多种方式进行物化氧化。超临界湿氧化法（supercritical wet oxidation）和等离子体处理法（也叫等离子体焚烧法，plasma incineration）能够将废物进行更为彻底的降解。然而，除非基地在规模上需要进行快速扩张，否则，由于上述两项技术需要更多的氧气并产生更多的二氧化碳，因此不必采用这样的方法（Drysdale 和 Maxwell，2003）。

针对几种食物闭合度方案，对其所涉及的氧气和二氧化碳质量进行了分析与计算，具体结果见表 10-5。需要注意的是，并非所有的再生水都可被任意使用，其中部分水需要被提供给植物栽培系统以保障植物生长。然而，只要在进行植物栽培，则必须对大部分水进行回收利用。部分再生水是新生水，其由包括以前被储存的食物、纸张或垃圾等废物产生。当要求食物闭合度增加时，则必须对其中更多的水进行回收利用。

表 10-5 基于 6 人乘组 600 天的受控生态生保系统废物处理建议途径及其界面关系
（引自：Drysdale 和 Maxwell, 2003）

食物闭合度方案	所建议的废物处理途径	O₂需用量/kg	CO₂释放量/kg	水回收量/kg
早期—低食物闭合度	灭菌、干燥、倾倒	无	无	5 900
早期—低食物闭合度	热解、倾倒	无	无	9 300
中期—75%食物闭合度	堆肥、热解和倾倒	1 700	2 400	19 000
后期—接近 100%食物闭合度	堆肥/焚烧、热解和倾倒	4 400	6 100	42 000
总废物氧化	焚烧	5 500	7 600	42 000

|10.5 小   结|

基于上述初步分析，对于近期月球或火星飞行，认为储存或倾倒是处理废物最合适的方式。在以上任何一种情况下，都需要对废物进行干燥来回收水并还可能需要进行消毒。通过热解法进行水回收是较好的选择，但目前并不能确定闭环水路所需的水量。对于火星长期驻留（例如超过 10 年），利用堆肥技术进行不可食生物量处理是一种最好的选择，而对其他废物，则像以前一样进行储存或倾倒。当月球或火星基地受控生态生保系统规模扩大及食物闭合度接近 100%时，则最好采用好氧与厌氧相结合的微生物堆肥技术。在堆肥处理之后，还可能需要利用一种或几种物化氧化法以加速植物纤维素、半纤维素、木质素和果胶等难降解废物的快速降解与转化。目前，倾向于利用批次焚烧法或热解法，但根据将来技术的发展情况，也不排除采用其他物化氧化技术。因此，在将来长期太空基地运行中，需要采用生物堆肥与物化氧化法相结合的方式进行生物可降解废物处理，从而制备成营养液（系统运行初期）或类土壤人工栽培基质（系统运行中后期）而供植物生长利用（图 10 - 5）。

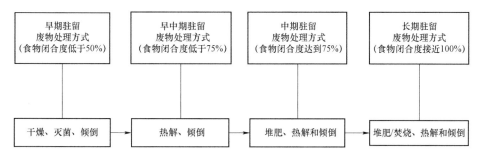

图 10 - 5　一种受控生态生保系统废物管理建议途径

第 11 章

原位资源利用单元

在向火星长期载人飞行中，遇到的最大挑战之一是携带足够消耗品的能力。例如，有人估算，面对 4 人乘组 6 年的载人深空飞行，火星温室将至少需要 602 L 水、7 556 kg 二氧化碳和 46 141.5 mol 的惰性气体，这还不包括植物生长所需补充的营养元素等消耗性材料。显然，这从地球上进行补给是非常困难的，即便可能，代价也会十分高昂。因此，未来建立月球或火星等地外星球基地必须依赖当地资源，即实现原位资源利用（ISRU）。严格来讲，ISRU 并不属于受控生态生保系统的技术范围，但是其可能会显著影响该系统的最终设计和运行效果，因此，这成为考虑将基地建立在月球或火星表面的先决条件和优势之一。针对 CELSS，月球或火星等星球表面能够提供的原位资源包括大气、水、土壤、阳光和真空等，可分别用于进行系统中大气、水和矿质营养元素等补充，以及用于进行栽培基质支撑、植物光照和热控等。通过实现 ISRU，可以节省大量发射质量，并能够增加 CELSS 的物质闭合度和自给自足。然而，由于从未在外太空实施 ISRU 技术开发，因此目前并不存在真正得到验证的相关技术，但已在地面上开展了卓有成效的模拟试验研究。

| 11.1 重要元素的作用 |

已有分析表明，自然界所存在的碳、氢、氧、氮等非金属和金属等元素是构成植物、动物、微生物及人等生物体所必需的成分。在表 11－1 中，给出了关于植物和人体组织成分有代表性的数据，以及碳水化合物、脂肪和蛋白质等有机成分所占的一般比例。从该表中可以看出，氧、碳、氮、氢四种成分就构成了植物组织中 95% 以上的份额，而人体组织中超过 87% 的份额也是由这四种相同元素组成的。

表 11－1 所选植物和人体组织及有机复合物的相对元素组成
（引自：Schwartzkopf，1992）   %

元素	植物（玉米）	人体	碳水化合物	脂肪	蛋白质
氧（O）	44.43	14.62	51.42	11.33	24.00
碳（C）	43.57	55.99	42.10	76.54	52.00
氢（H）	6.24	7.46	6.48	12.13	7.00
氮（N）	1.46	9.33	—	—	16.00
硅（Si）	1.17	0.005	—	—	—

续表

元素	植物（玉米）	人体	碳水化合物	脂肪	蛋白质
钾（K）	0.92	1.09	—	—	—
钙（Ca）	0.23	4.67	—	—	—
磷（P）	0.20	3.11	—	—	—
镁（Mg）	0.18	0.16	—	—	—
硫（S）	0.17	0.78	—	—	1.00
氯（Cl）	0.14	0.47	—	—	—
铝（Al）	0.11	—	—	—	—
铁（Fe）	0.08	0.012	—	—	—
锰（Mn）	0.04	—	—	—	—
钠（Na）	—	0.47	—	—	—
锌（Zn）	—	0.01	—	—	—
铷（Rb）	—	0.005	—	—	—

可以看出，氧、碳、氢、氮这四种元素占植物和人体组织干重的比例都很大。因此，基于质量占比分析，这四种元素对于实施 CELSS 最为重要。在这四种元素中，只有氧大量存在于月壤中。这样，从生保系统的角度来看，从月壤中提取氧气则成为（in-situ resource utilization，ISRU）技术开发的初始目标及向 CELSS 实现物质原位供应的主要焦点。另外，碳、氢和氮在月壤中也存在，但含量很少，这样，开发这些元素提取技术的优先性要低于氧气。

| 11.2　大气获取与利用 |

11.2.1　月球土壤中氧气提取

20 世纪 60—70 年代，美国和苏联分别开展了"阿波罗号"载人登月任务和"月球号"（Luna）无人月球探测任务，并都对月球土壤（lunar regolith 或 lunar soil，简称月壤，实际上是带电的岩石风化层或颗粒）进行了采样及带回地面，并对其性质、形态和元素含量等进行了综合测试与分析（表 11-2）。结果表明，在上述四种重要元素中，只有氧气大量存在于月壤中，占 40%左右。因此，月壤有可能为植物和人体等提供最普通的组成成分之一——氧气资源。

表 11-2　月球土壤元素组成（引自：Schwartzkopf，1992）　　　%

元素	月球土壤来源							
	静海（阴影部）					盆地		
	A11	A12	A15	A17	L16	A14	A15	A17
铝（Al）	7.29	7.25	5.46	5.80	8.21	9.21	9.28	10.90
钙（Ca）	8.66	7.54	6.96	7.59	8.63	7.71	6.27	9.19
铬（Cr）	0.21	0.24	0.36	0.31	0.20	0.15	0.19	0.18
铁（Fe）	12.20	12.00	15.30	13.60	12.70	10.30	9.00	6.68
钾（K）	0.12	0.22	0.08	0.06	0.08	0.46	0.14	0.13
镁（Mg）	4.93	5.98	6.81	5.80	5.30	5.71	6.28	6.21
锰（Mn）	0.16	0.17	0.19	0.19	0.16	0.11	0.12	0.08
钠（Na）	0.33	0.36	0.23	0.26	0.27	0.52	0.31	0.30
氧（O）	41.60	42.30	41.30	39.70	41.60	43.80	43.80	42.20
磷（P）	0.05	0.14	0.05	0.03	0.06	0.22	0.07	0.06
硫（S）	0.12	0.10	0.06	0.13	0.21	0.08	0.08	0.06
硅（Si）	19.80	21.60	21.50	18.60	20.50	22.40	21.70	21.00
钛（Ti）	4.60	1.84	2.11	5.65	2.11	1.02	0.79	0.97

说明：表中 A11、A12、A14、A15、A17 分别代表美国"阿波罗号"载人登月任务 11、12、15 和 17 号载人登月飞船采集并带回地面的月壤样品；L16 代表苏联"月球号"无人登月探测器采集并带回的月壤样品。

综合分析研究表明，从月壤中的钛铁矿（ilmenite）提炼氧气应是最为明确的 ISRU 生产技术之一，而基于能耗和质量的综合评价分析表明，这也是最可行的技术之一。假如从月壤中能够获得氧气，则可能会将有效发射载荷分配给其他从地球携带但在月壤中储量很少的主要元素（如碳、氮和氢），并使得从地球携带的碳、氮和氢等这些元素能够与月球氧元素进行结合，从而为 CELSS 提供水及必要的二氧化碳等植物和藻类的光合作用原料。

11.2.2　火星大气中氧气提取

月球表面为高真空环境，不存在大气，但火星表面存在稀薄大气，其压力约为 0.6 kPa（不同地域和季节会有所波动，但一般认为不大于 1%），这不及地球表面大气压的 1/100。火星表面大气的基本组成成分及其含量见表 11-3。

表 11-3　火星大气的主要组成气体（引自：Munson 等，2002）　　%

组成气体	所占比例
二氧化碳（CO_2）	95.32
氮气（N_2）	2.70
氩气（Ar）	1.60
氧气（O_2）	0.13
水蒸气（water vapor）	0.03
氖气（Ne）	0.000 25
氪气（Kr）	0.000 03
氙气（Xe）	0.000 008
臭氧（O_3）	0.000 004

从表 11-3 可以看出，在火星大气中只应有约 0.13%的氧气，理论上讲对其可以进行提取，但的确较为困难。

11.2.3　火星大气中二氧化碳提取

正常情况下，在受控生态生保系统中能够基本实现大气交换的动态平衡调控。然而，由于系统舱内外存在一定压差，因此不可避免地会发生一定程度的泄漏，这样就需要定期补充一定量的气体。如前所述，火星表面大气中约 95% 的气体为二氧化碳（表 11-3），而植物进行光合作用恰好需要二氧化碳这种原料。因此，可以从火星大气中提取二氧化碳以供植物进行光合作用。

目前认为，可以通过吸附法或膜过滤法，对火星大气中的二氧化碳进行收集与净化，并随后进行储存。例如，当舱内需要补充二氧化碳时，可以将舱外富含二氧化碳的火星大气通过孔径为 30 μm 的膜过滤后排入舱内而进行补充。

11.2.4　火星大气中惰性气体提取

在受控生态生保系统中，除氧气和二氧化碳分压外，其内部其余压力需要由惰性气体来进行填充。例如，在 20 kPa 和 22.75 ℃下，填充 4 383 m³ 的内部容积需要 23 071 mol 的惰性气体。当被压缩到 3 000 psi（204 个标准大气压）时，其体积相当于 189.2 m³，质量相当于 646.0 kg。而用液氮时，其只占用 0.8 m³，但需要被冷却到 −196 ℃。由于上述二氧化碳气体需要从火星大气中进行提取，则成本较低且占用体积较小的解决办法同样是从火星大气中收集氮气和氩气（两者在火星大气中的浓度分别为 2.7% 和 1.6%，见表 11−3）。可以对外部大气进行处理，以除去其他气体而只保留氮气和氩气，并按照其在温室中的比例来补充内部其余压力。

据报道，美国 NASA 埃姆斯研究中心研制成火星原位运载气体发生器（Mars In-situ Carrier Gas Generator），其能够利用类似于二氧化碳的吸附技术来分离氮气和氩气。这一装置的特别之处体现在其具有独立的能源系统，能够依靠白天的火星能量循环来进行所有能源生产。

| 11.3　水获取与利用 |

在星球基地中，水是乘员所需要的最重要生保资源之一，并且需求量会很大（Pickett 等，2020）。另外，在星球表面上实现有人驻留后所要进行的矿质熔化、材料加工和制造过程等，均离不开水。

11.3.1　月球永冻土中水提取

月球表面为高真空环境，因此不可能有液态水，但根据美国 NASA 的研究分析表明，在其南北两极有可能至少存在痕量永冻土（permafrost），其水量较天文学家的预估要高出 50%，而湿润程度大约是撒哈拉沙漠的两倍。早先有人提出两种火星土壤水分提取技术——对流热传递技术（convective heat transfer technique）和微波能技术（microware energy technique）。

Sadler 等（2014）提出利用热井（thermal well）技术概念进行月球或火星地下永冻土中水的提取。该技术基于 Rodriquez Well 系统（被用于从美国科学基金会的 Mundsen-Scott 南极站下面几千米深的冰中提取新鲜水）及地热家庭加热系统（Geothermal Home Heating System）（Bergholz，2007）的原理（图 11−1）。该热井概念利用驻地下面的蓄热体（thermal mass）和升华过程，并作为不同于平板热辐射器的备份系统进行排热操作。将来自产热过程用到的抗冻液加入到位于基地附近基岩（bedrock）中岩芯钻孔（core hole）的囊中，而岩心钻孔是由位于火星探测器（Rover）上的岩芯钻机（coring drill）所开凿（图 11−2）。

当抗冻液在热井中进行流动时，则将热排入到基岩的蓄热体中，然后再使该被制冷的液体返回基地而继续收集热量。

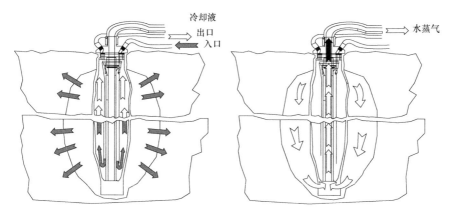

图 11 – 1　一种基于 Rodriquez Well 系统的热井概念原理

图 11 – 2　带有取岩芯钻的漫游车

将该过程作为在火星上的一种"副产品"，假如间隙冰存在，则热液就会融化冰，这样所产生的水就会立刻升华，因此会从热井中提取水蒸气并将其运输到基地，之后对该水蒸气进行冷凝而作为液体进行收集。另外，月壤是陨石和微陨石几百万年来撞击月面的结果，是一种很好的绝缘体。然而，由于热井是在月球上进行排热，因此为了防止热井排热受阻而需要去掉表层月壤，以使热井所排的热量能够到达岩床的蓄热体。

11.3.2　火星结冰土或永冻土中水提取

已有探测结果表明，从火星土壤中提取水的技术要根据位置而定。在较高和较低纬度,发现绝大部分水存在于结冰土(frosting soil)和永冻土(permafrost soil)中。针对坚硬的火星土壤,可以选择两种挖掘途径,即对流热传递技术和微波能技术,并且认为它们是从火星表土中提取水分最可能被采用的方法。微波能技术与对流热传递技术的工作原理有些类似,但前者首先是利用钻孔机进行打孔,然后向其中射入微波能而加热每一个钻孔周围冻土中的水分,并由漫游车对蒸发水进行冷凝和收集。微波加热有可能会更深地穿入表土,并以较对流热传递更快的速度来加热水分子。据估计,钻孔和微波系统能够产生更多水,但与对流热传递相比,所利用的能量相当,即每开采 0.3 kg 的水约需要利用 1 kW 的电能。

在位于火星北纬 40° 位置的结冰土中,上述两种基于钻孔机的系统极有可能仍然可以发挥重要作用,但也可以采用其他提取效率更高的方法,如温室或暖房加热法,它们之间的不同之处是热源——前者是太阳能,后者来源于外部。基本方法是,在其中装填结冰土或永冻土,并在其内部进行加热。这样其中的水分就会蒸发并冷凝在结构内壁上,然后对其进行收集。然而,这些技术均存在较大问题:采用太阳能加热具有较高要求,例如,需要在结构上采用透明材料、保持结构表面不存在灰尘及避免由于频繁发生火星尘暴而对太阳辐射造成干扰,这些与采用透明温室进行直接太阳光照射植物所遇到的问题相同。然而,利用外部热源,例如建在火星表面的核反应堆或太阳能电池,也会具有自身的局限性,即与主基地的距离较远而限制了其机动性,这样就可能阻碍接近可被发掘而进行水提取的土壤。因此,今后需要设法面对目前遇到的这些地外星球基地能源供应方面的挑战。

另外,拟通过对从火星表面下层开采出来的冻土进行融化而获得水分。从火星冻土获得的水可能含有盐分,例如氯化钠($NaCl$)、硫酸钠(Na_2SO_4)、碳酸氢钠($NaHCO_3$)、碳酸钠(Na_2CO_3)、氯化钙($CaCl_2$)、硫酸钙($CaSO_4$)和碳酸氢钙($Ca(HCO_3)_2$)等。可以看出,这样的高盐溶液不适合用于乘员饮用和植物灌溉,而是需要通过蒸馏或其他方法进行净化处理。有些生物体有助于火星大气和水的改造。例如,某些石灰质藻类能够在盐水中生长,从中沉降碳酸钙($CaCO_3$)。另外,有证据表明,螺旋藻、光合细菌及罗非鱼等能够在非洲的碱性湖和/或咸味湖的盐碱水中茂盛生长。在其高速生长期,螺旋藻通过光合作用能够将二氧化碳快速转化为氧气,并生成可食生物量。

11.3.3　火星水合矿物中水提取

1. 矿物松散水提取

水是最有价值的资源,可能存在于水合矿物(hydrated mineral)中,尽管尚未对其进行过专门的矿物学鉴定。美国"海盗号"火星登陆器（Viking Lander）试验结果表明，当火星土壤被加热到 550 ℃时，从中会出现水，这就表明火星土壤中至少含有约 1%被松散结合的水。另外，火星土壤中含有紧密结合型水（结构水），其可以通过热解作用得到释放，但所需要的能量输入会随矿物的一致性和丰富度而变化。

在火星的赤道区域，预计这里的表土中含水量能够达到 2%～13%，并证明是以水合矿物的形式存在的。有人推测，在更深的表土中可能会存在更多的水。然而，甚至在接近赤道的位置，含水量均较低并且表土很硬，因此难以大量开采。与从结冰土和永冻土中升华水相比，从水合矿物中释放水要消耗更多能量。在火星土壤中，尽管发现的几种水合矿物具有相对低的脱水温度（表 11－4），但是从水合矿物中脱去所有的水一般都需要超过 600 ℃的温度。

表 11－4　已证明在火星表面几个地方存在的水合矿物（引自：Ralphs 等，2015）

矿物	化学式	脱水温度/℃
水镁矾（kieserite）	$MgSO_4 \cdot H_2O$	—
泻利盐（epsomite）	$MgSO_4 \cdot 7H_2O$	28
石膏（gypsum）	$CaSO_4 \cdot 2H_2O$	800
绿矾（melanterite）	$FeSO_4 \cdot 7H_2O$	90
方沸石（analcime）	$NaAlSi_2O_6 \cdot H_2O$	500
芒硝（mirabilite）	$Na_2SO_4 \cdot 10H_2O$	33
过氯酸盐（perchlorate）	$M(ClO_4)_2 \cdot nH_2O$	327
乳白石（Opal-A）	$SiO_4 \cdot 4H_2O$	700

在美国"好奇号"（Curiosity）火星探测器上的火星样品分析表明，高于 450 ℃的加热会引起表土中的碳酸盐和高氯酸盐分解，并产生可能并不需要的盐酸和硫化氢。现在，拟采用上述两种看起来有希望的方法来从水合矿物中提取水。目前认为，基于钻孔机的系统较为理想，因为其能够穿过坚硬的火星土壤并能够移动土壤。利用对流热传递系统需要采用钻孔机往深层挖土，将土壤挖出并使之结块而返回后进入火星车，在此利用对流热来蒸发水分而使之成为蒸汽，并在冷井中进行收集而冷凝。预计该系统的水提取率能够达到 0.2 kg·h⁻¹，并需要约 350 W 的热能来蒸发水，以及另外需要电能来操作钻孔机和漫游车，因此，总共所需的电能约为 1 kW。尽管上述两种水开采技术都可能奏效，但目前正在为月球和火星表面开发更为先进的表土开采系统，以便能够挖掘更多表土，

从而开采更多水分。

2. 矿物束缚水提取

目前，推断火星土壤中存在束缚水（bound water，也叫结合水），但尚不清楚其确切含量。美国"海盗号"火星登陆器的探测结果表明，只要将火星土壤加热到 500 ℃这样一个相对低的温度，就能够从中稳定获得1%的水，因此说明火星土壤中含有束缚水而会成为可靠水源（Todd，2006）。图 11 – 3 显示一种火星土壤束缚水提取系统的概念示意图。

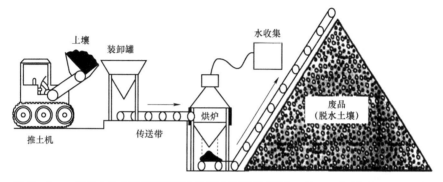

图 11 – 3　一种从火星土壤提取束缚水的概念示意图（引自：Meyer 和 McKay，1989）

该用于收集土壤的方法是一种有轨履带式挖土机，其给装卸罐定期装填土壤。装卸罐通过传送带与加热炉进行连接，在这里对土壤进行加热并进行水分收集。之后，将加热干燥的土壤通过另外一条传送带转移到渣土堆。

那么，按照上述 1%的水提取量计算，如果要获得 1 000 kg 的水，系统则必须加工 100 000 kg 的土壤。投入系统的巨大能量主要用于土壤加热，要获得 1 kg 水，约消耗 10.3 kW 的电能。另外，还需要一小部分电能来驱动挖土机和传送带，即生产 1 kg 水估计需要消耗 0.12 kW 的电能。另外，Meyer 和 McKay（1984）介绍了一种从火星大气提取水分的概念系统，即采用冷凝和压缩的连续循环原理进行。然而，该方法存在的困难是水在火星大气中的混合比很小（平均为10 ppm），因此，为了获得水，需要处理大量空气。通过冷凝与压缩火星空气而获得 1 kg 水所消耗的电能估计为 102.8 kW。通过比较可以看出，从火星土壤获得水分的技术简单并且成本相对低廉，因此成为首选。

另外，除了普遍存在于火星土壤中的束缚水，在火星表面上可能存在富含水的矿床（ore deposit）。许多矿物含有大量的束缚水，其可以通过加热进行提取。图 11 – 4 展示了火星土壤有代表性的几种矿物质的含水量及提取这些水所需要的电能。特别有趣的是石膏，其在三种类型的火星陨石中均被探测到。提取这些水所需要的热能计算公式标在图 11 – 4 的上方。图 11 – 5 所示为月球或火星表面当地水资源开采的方法种类概括。

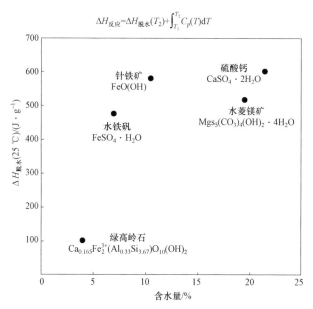

$$\Delta H_{反应} = \Delta H_{脱水}(T_2) + \int_{T_1}^{T_2} C_p(T) \mathrm{d}T$$

图 11 – 4　在火星上可能被发现的几种代表性矿物中的束缚水含量（引自：Meyer 和 McKay，1989）

（图上方为用于提取这种水所需要的加热能计算公式）

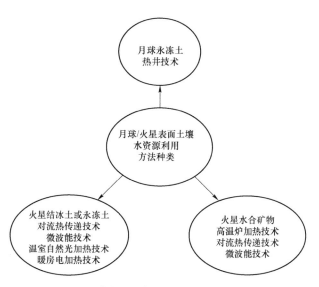

图 11 – 5　月球或火星表面当地水资源开采方法种类

11.3.4 火星大气中水提取

火星大气中含有 0.03% 的水分。目前初步认为，可利用类似于火星大气资源回收系统的大气加工系统进行水提取。该系统将会按需要而提高水提取能力，以保障基地不断扩大的氧需求。然而，由于该系统将根据居住系统中氧再生的量而变化，并且实际生产的水会量少和不恒定，而且能耗较大，因此，现在并不认为火星大气是一种较好水源。

| 11.4 土壤改造、元素提取与利用 |

11.4.1 月球/火星土壤基本矿质组成

1. 月球土壤基本矿质构成

20 世纪 60—70 年代，美国 NASA 实施的"阿波罗"载人登月计划前后共采集了大约 300 kg 的月壤样品。返回地面进行分析后的结果证明，其中含有绿玻璃、橄榄石、石英石、玄武岩、斜长石、辉长石和橄长石等多种矿石，在其中测量到硼、碳、氟、钠、硫、氯、氩、铜、锌、镓等 24 种元素。表 11-5 所示为"阿波罗"载人登月计划（A11～A17）和月球土壤探测器（L16 和 L20）带回月球土壤样品的化合物及部分元素的分析结果。可以看出，其中含有植物生长所需的部分大量和微量元素，包括碳、氢、氧、氮、磷、钾、钙、镁、硫、铁、锰等。因此表明，月壤中存在植物生长所需 16 种元素中的 11 种，其中所需的大量元素都存在，只不过碳和氢均以 ppm 量级存在；微量元素中只检测到铁和锰，而缺少铜、锌、氯、硼、钼 5 种。

表 11-5 "阿波罗"载人登月计划（A11～A17）和月球土壤探测器（L16 和 L20）
带回月壤样品的化合物及元素组成分析（引自：Schwartzkopf，1991）

组成	化学式	A11	A12	A14	A15	A16	A17	L16	L20
（%）									
氧化硅	SiO_2	2.47	46.17	48.08	46.20	45.09	39.87	43.96	44.95
氧化铝	Al_2O_3	13.78	13.71	17.41	10.32	27.18	10.97	15.51	23.07

续表

组成	化学式	A11	A12	A14	A15	A16	A17	L16	L20
氧化钛	TiO_2	7.67	3.07	1.70	2.16	0.56	9.42	3.53	0.49
氧化铬	Cr_2O_3	0.30	0.35	0.22	0.53	0.11	0.46	0.29	0.15
氧化亚铁	FeO	15.76	15.41	10.36	19.75	5.18	17.53	16.41	7.35
氧化锰	MnO	0.21	0.22	0.14	0.25	0.07	0.24	0.21	0.11
氧化镁	MgO	8.17	9.91	9.47	11.29	5.84	9.62	8.79	9.26
氧化钙	CaO	12.12	10.55	10.79	9.74	15.79	10.62	12.07	14.07
氧化钠	Na_2O	0.44	0.48	0.70	0.31	0.47	0.35	0.36	0.35
氧化钾	K_2O	0.15	0.27	0.58	0.10	0.11	0.08	0.10	0.08
氧化磷	P_2O_5	0.12	0.31	0.50	0.11	0.12	0.07	0.14	0.11
硫	S	0.12	0.10	0.09	0.06	0.06	0.13	0.21	0.08
（ppm）									
氢	H	51.0	45.0	79.6	63.6	56.0	59.6	—	—
氦	He	60	10	8	8	6	36	—	—
碳	C	135	104	130	95	106.5	82	—	—
氮	N	119	84	92	80	89	60	134	107
镍	Ni	206	189	321	146	345	131	174	208
钴	Co	32	43	35.8	54.4	25.3	35	37	40.5

2. 火星土壤基本矿质构成

目前，已知火星土壤被赤铁矿（hematite）广泛覆盖。与其他太阳系星球相比，火星具有特别红的颜色，这是因为其土壤组成中含有特别高的铁含量，氧化铁几乎达到整个土壤的 20%。另外，可以看出硅酸盐在火星土壤中占有很大比例，然而样品中的铝含量与在地球和月球上绝大多数玄武岩相比要低，而镁含量与地球上熟悉的超碱火成岩相比并未特别高。这就表明，橄榄石（olivine）、辉石（pyroxene）和闪石（hornblende）等铁矿石（ferruginous mineral）被风化而释放二价铁，二价铁被不明原因氧化为三价铁。再者，硫酸钙和黄钾铁矾（jarosite）的存在则表明，甚至如长石（feldspar）这样富含钙、钠和钾离子的矿石也被风化了。然而，橄榄石的普遍存在表明风化的程度普遍较低，黄钾铁矾的存在意味着表土呈酸性；相反，美国"凤凰号"火星探测器的探测结果表明存在碳酸镁或碳酸钙，则意味着表土呈一定碱性。

另外，也进行了火星陨石与火星土壤之间所含金属元素尤其是植物矿质营养元素的比较。目前，已经基本掌握了与火星土壤元素组成相关的第一手原位资源利用的数据，但还无法进行综合矿物学分析。因此，首先需要按照资源提取的相关程序来建立火星土壤矿物学。一般利用 X 射线荧光光谱测定法(X‒ray fluorescent spectrometry，XRFS) 进行元素分析，但还需要引用其他数据来制定火星的全息矿物学信息图。

11.4.2　月球/火星土壤用作植物栽培基质可行性分析

1. 基本物化特性分析

火星土壤特性分析表明，其可以成为良好的植物栽培基质。火星土壤在火星全球分布较为均匀，因此到处都可以获得，并且其质地和化学组成高度一致。土壤材料看上去能够形成松散包装的多孔基质，这样就能够很好地支撑生根植物。虽然光谱证据基本排除了土壤的主要成分是黏土，但土壤可能含有一定的蒙脱石（smectite）黏土，这与其能否作为植物栽培基质有很大关系。在碳酸盐矿物质不存在的情况下，土壤中的蒙脱土黏土矿物将作为有效的缓冲系统来稳定土壤的 pH，可使之保持在弱酸性范围(pH=5～6)。另外，蒙脱土矿物质具有较高的离子交换能力，能够提供很大的可交换离子库。然而，富含蒙脱土的土壤会具有过细的孔隙度和过高的膨胀系数，这样会引起水传导性下降，并导致根基质中的水/气比例失调（即水多气少而会导致根部缺氧）。然而，在火星土壤中水合氧化铁（iron oxyhydroxide）可能会作为一种凝结剂而形成稳定的微团粒，这样就可能会抑制蒙脱土的膨胀趋势。

1）月球土壤基本物化特性

20 世纪 70—80 年代，美国 NASA 通过月面勘查和对月球土壤返回样品进行了详细测试分析，从而对月球表层土壤的物理特性有了较为深入的了解，其相关情况见表 11－6 和表 11－7。

表 11-6　月球土壤相关物理特性分析结果（引自：Schwartzkopf，1991）

序号	参数名称	参数值
01	基本组成（原子百分比）	氧 60，硅 20，铝 7（均为原子百分比）；铁 5%（洼地）～2%（山地）（百分比）
02	颗粒大小/μm	2～60
03	内聚力/（N·cm⁻²）	0.02～0.2，或 0.05（标称）
04	内部摩擦角/（°）	31～39
05	有效摩擦系数（量纲为 1，从金属到土壤或岩石）	0.4～0.8
06	黏结强度/（N·cm⁻²）	0.0025～0.01
07	渗透性	$1 \times 10^{-8} \sim 7 \times 10^{-8}$
08	地震波速度	压缩波 30～90，剪切波 15～35
09	密度/（g·cm⁻³）	1.6（表层 5 cm 深处）～2.0（表层 40 cm 深处）
10	孔隙率	0.465（量纲为 1，表层 5 cm 深处）

从表 11-6 可以看出，月球土壤与地球土壤具有一定的相似性，但区别很大，尤其是含有高硅和铝，并且含有镍、镉等重金属（该表未显示），这对植物生长均不利，甚至具有很强的毒害作用，这样在利用前必然需要进行改造处理。

2）火星土壤基本化学特性

目前，对火星土壤的物理特性了解很少，而对其化学特性了解较多，具体如表 11-7 所示。如前所述，金属元素主要是铁，而非金属主要是氧。另外，几乎含有植物生长所需的各种金属和非金属元素，但也含有对植物生长不利甚至有害的金属元素铝及非金属元素氯。

表 11-7　从可能来自火星克里斯平原（Chryse planitia）的 Shergotty 陨石和火星表面沉积物（"海盗号"火星探测器 1 号）测得的与植物生长相关的元素组成（引自：Cordell，1984）

序号/元素		Shergotty 陨石中元素含量	火星表面沉积物中元素含量/%
1	碳（C）	430～620 ppm	—
		44～210 ppm*	—
2	氮（N）	132～794 ppb	—
3	氧（O）	40.7%～43.6%	—
4	钠（Na）	0.95%～1.09%	—

续表

序号/元素		Shergotty 陨石中元素含量	火星表面沉积物中元素含量/%
5	镁（Mg）	5.40%～5.70%	3.6
6	铝（Al）	3.60%～4.02%	3.9
7	磷（P）	0.24%～0.35%	0.3
8	硫（S）	0.13%～0.16%	2.7
9	氯（Cl）	108 ppm	0.8
10	钾（K）	0.12%～0.16%	＜0.4
11	钙（Ca）	6.80%～7.15%	4.1
12	锰（Mn）	0.40%～0.42%	—
13	铁（Fe）	15.1%～15.6%	12.2
14	铜（Cu）	25～54 ppm	—
15	锌（Zn）	62～83 ppm	—
16	钼（Mo）	0.37 ppm	

* 不包括在 600 ℃以下提取的量。

2. 大量和微量营养元素含量分析

研究表明，土壤的肥力由主要营养元素的含量及植物对其离子的可利用率决定，主要营养元素含量、存在形式及其作用具体如下。

1）氮

氮化合物的含量和形式对于植物生长特别重要。推测在火星土壤中会存在一定量的硝酸盐，其作为外来陨石有机材料分解后的剩余物形式存在。氮是一种对植物生长非常重要的土壤营养元素，但在地球生物圈中通常受到限制。在地球土壤中，氮的存在主要是由于土壤微生物对大气氮的固定作用所致，因此，对火星土壤有可能需要补充硝酸盐肥料，以提高其保障植物生长的能力。

2）磷

磷的含量对于保障植物生长也非常重要。磷和氮一样，也是植物生长所需的最为重要的营养元素之一。磷在地球土壤中的含量较少，往往限制了土壤肥力。在"海盗号"火星探测器的 X－射线荧光光谱学（X－ray fluorescence spectroscopy，XRFS）试验中未能测量到磷元素，但对被认为来自火星的陨石分析表明，其在火星土壤中应当存在，并且其含量要大于在地球普通土壤中的磷含量（火星和地球土壤中磷含量分别为 0.3% 和 0.1%～0.15%）。

3）钾

与磷一样，钾在"海盗号"火星探测器的 XRFS 试验中也未被测量到，因为其含量低于仪器的测量下限值。在火星土壤中，钾这种元素看来含量太低而不足以保障植物生长，因此可能需要在土壤中对其进行补充。可以利用在火星土壤或蒸发沉积物中发现的盐类进行肥料生产，或者筛选耐这一火星土壤条件的作物。

4）微量元素

除了上述大量元素外，还需要考虑保障植物生长的火星土壤中微量元素的合适含量（表 11–8）。

表 11–8　地球或火星土壤中植物生长必需的微量营养元素（引自：Cordell，1984）

元素	地球土壤		火星土壤	
	浓度范围 /ppm	平均数 /ppm	SNC 陨石浓度范围 /ppm	Shergotty 陨石浓度范围 /ppm
铁（Fe）	7 000～550 000	38 000	107 100～210 600	150 000
锰（Mn）	20～3 000	600	4 600～7 900	4 000
锌（Zn）	10～300	50	62～220	62～83
铜（Cu）	2～100	30	2.6～100	26～54
硼（B）	2～100	10	未确定	未确定
钼（Mo）	0.2～5	2	0.2～0.37	0.37

从表 11–7 可以看出，铁在火星土壤中含量很高，是以含铁矿石的非晶体结构形式存在的。另外，在火星土壤中具有略微偏酸反应，表明缺铁（即不另外补充铁）不会成为植物生长的限制因素。类似的情况是，锰也不可能成为限制因素。另外，锌、铜和钼三种必需微量元素在火星 SNC 陨石中出现，其浓度与地球土壤的相同，这样对植物可能不存在不足或有害的问题。

3. 土壤物理特性改良

具有精细织构（指颗粒大小分布）的土壤沉淀物具备有利于农业的一些特性，例如具有较高的阳离子交换能力（cation exchange capability，CEC）、保持有机物的能力和较高的矿质营养成分含量。然而，采用这样的土壤沉降物也会存在问题，因为其通气和排水不畅，这样就会导致其中的植物根系和微生物缺氧。另外，通过滤除进行脱盐也存在困难。在细粒而有织构的沉淀物中，大部分孔隙由于毛细作用而易于全部充满水。因此，有织构的土壤对于地面农业中普通旱地植物是需要的，这也同时表明火星土壤的沙壤土或壤土沙质对于低重力下火星农业是需要的。然而，土壤的通气和排水不仅受质地控制，而且受土壤颗粒的集聚模式控制。例如，具有沙子沃土或壤土质沙子质地的地面土壤其排水往往较差。关于上述存在的地面土壤物理特性的问题，往往能够通过促使具有合适大小（例如大于几个毫米）的团粒形成而得到解决。团粒可通过生物与非生物的协同作用而自然形成，或通过应用聚合物或具有粗大孔隙的一些材料而人工形成。团粒的孔隙率要大到能够满足所需要的通气和排水，因此，对火星土壤进行人工造粒应当会提高其物理特性。一种有希望的候选材料是聚乙烯醇（polyvinyl alcohol，PVA）；另外一种改善月球或火星土壤的方法，是应用草炭地沼（peat moss）或应用在 CELSS 中所产生的等量被降解处理过的植物材料。以上材料都具有足量的粗孔隙，因此可方便进行通气和导水。

4. 土壤有害元素滤除

除上述问题外，在月球或火星土壤中还可能会存在具有干扰元素或称为有害元素的问题。例如，虽然铝的浓度要低于地球土壤中的一般范围，但在火星土壤普遍呈酸性的条件下，其有可能达到毒性水平。这是因为，在地球的酸性土壤中已经观察到铝对农作物生长会造成毒害。另外，在火星土壤中，氯的浓度相对较高，这可能导致植物体内的渗透压升高而阻碍水分的获得与吸收。然而，这样的问题可以通过从土壤中滤除过多的可溶解盐而加以改善。

1）脱盐处理

火星土壤中通常含有水溶性盐。除了耐盐或亲盐的有机体外，如果其浓度高到会损害大多数有机体，则必须对其进行脱盐处理——去除水溶性盐。方法之一是利用非盐水来滤除高含盐表土而实现脱盐，然后可以将富含盐的滤出水用于增加由表土制成的砖块强度，以用于建设空间基地。例如，在火星上发现了几种高氯酸盐化合物，其对人体健康会造成危害。高氯酸盐与碘的功能类似，可以干扰人体中甲状腺激素的合成与分泌，从而影响人体正常的新陈代谢与生长发育。因此，有必要将高氯酸盐从所有人需要使用的材料中去除。尽管该过程会消耗一定水量，但是这部分水几乎都可以被再生利用，这样则不会对水资源提出较大需求。

2）中和处理

研究结果表明，火星表土层的 pH 在不同地方变化范围很大。在黄钾铁矾存量多的地方，pH 应该非常低，而在碳酸氢钠和碳酸钠存量多的地方，pH 则应该会高。然而，在大部分地方，只要存在碳酸钙或碳酸镁，则这里的 pH 可能会高一些。已知，一般植物在过低或过高 pH 的土壤中均会受到伤害，因此，必须建立对表土过酸或过碱实施中和的方法。例如，在富含碳酸钙的表土中施用石灰质藻类或富含橄榄石的细粒表土，对于提高酸性表土的 pH 是有效的。对于碱性表土，可施加从地球所携带的低 pH 的草炭地沼，这样则可能会解决这一问题。

11.4.3 有用元素及化合物提取

1. 化学提取法

目前基本认为，能够从火星土壤中提取有用元素和化合物。火星上存在许多矿物质，包括石膏（含水率为 21%）、水镁矾（含水率为 13%）、针铁矿（goethite，含水率为 10%）和绿脱石（nontronite，含水率为 5%～6%）。针对高硫含量及硫可能作为可溶性盐出现的推断表明，从火星土壤中提取硫比较容易。硫及硫化物可被用于制造酸、碱、氧化剂和还原剂、肥料、染料、催化剂、去污剂、溶剂或爆破器材等多种有用材料。另外，也能够从火星土壤中提取可被机械加工的金属，如铁、镁和铝。火星土壤含有质量比为 18% 的氧化铁，其可能是以晶状体或纳米晶状的氧化铁矿物质的形式存在。

另外，能够通过在硫酸中溶解金属氧化物来对其进行提取。为了提取这些化合物，可利用氧化镁来缓慢中和溶液，以便有选择性地沉降相对纯的氧化物粉末。这些粉末可以被进一步加工来生产金属矿物质。不过，该加工会导致大量用水，大概会在几百升的量级，但是所有用水几乎都在加工期间能够得到回收利用。

2. 微生物提取法

有些物质，如钙、钾、镁等元素，在月壤中也大量存在，这对实施 CELSS 可能会很有用。除上述方法外，利用细菌等生物法对这些元素进行提取可能是一种低成本的可行方法。然而，仍需要开发优良细菌菌株来对这些元素进行生物集聚。假如能够开发出低成本的提取方法，这将会有助于 CELSS 中大量和微量营养元素实现闭环。

从月壤中提取大量和微量矿质营养元素时，对这种技术的界面要求较难判断，因为所提取的元素形式会决定随后向 CELSS 添加的方法。对于通过细菌开采所获得的元素，最容易的添加方法是直接将含有元素的细菌生物量加入固体废物处理系统。待被处理之后，所提取的成分会被加工过的废物流所携带，而来自生物量的氧、碳、氢和氮等非金属以同样方式被处理，就像是从 CELSS 废物加工系统所获得的成分一样。

11.4.4　月球土壤中碳、氮、氢等元素提取

在月壤中，由于太阳风而导致其中留有微量的碳、氮、氢等元素，这对于实现 CELSS 的自给自足可能会发挥重要作用。假如这些元素能够作为另一过程（例如氦-3 开采）的副产品，或者已经开发出从月壤中对其进行低成本提取的方法（如热萃取），那么这些元素就能够与 CELSS 中的氧结合而生成必要的水和大气。当然，目前尚未能够完全确定这些元素的提取技术途径，因此将来还需要进一步加以探索。

11.4.5　建筑结构材料生产

火星表土被加工的同时，应该会形成大量有用材料，包括金属铁粉末、氧化铝、氧化镁、二氧化硅及剩余物，这些可被用于制造备份件、结构件、先进陶瓷、爆破物和水泥产品等。水泥产品可被广泛应用于制造辐射保护屏障、通道、结构和保护性障碍物，但它们需水量较大，约为 2.5（kg 水）·（kg 产品）$^{-1}$。制造水泥产品会用掉绝大部分被制造的水，并且这部分水不易被回收。另外，尽管早期居住对制造产品可能会有较大需求，但是其用量最终将会趋于正常化而达到驻地乘员的所需量。此外，火星土壤能够被加湿而制成砖块，其强度与水泥相当，因此可被用作建筑结构材料。

最后，对月球或火星土壤的主要作用与功能进行简要总结，具体如图 11-6 所示。

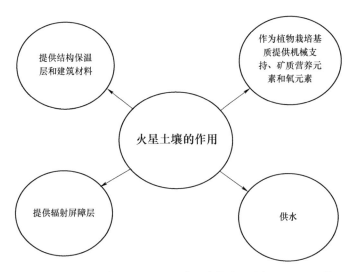

图 11-6　月球或火星当地表土资源开发用途概念设计（引自：Phinney 等，1977）

|11.5 小   结|

严格来说，月球或火星等地外星球基地原位资源的开发与利用并不属于 CELSS 的技术范畴，但其对该系统的建设、运行、维持、发展和扩大等关系重大而密不可分。月球表面上不存在大气层，可供 CELSS 利用的资源包括地下的永冻水、土壤、氧元素和阳光等。月壤含有钛铁矿等多种矿物质，其中含有几种植物和动物所需的矿质营养元素，但其中含有很高的硅和铝等元素，这可能会对植物生长造成伤害。另外，火星表面上具有稀薄的大气层，其中绝大部分为二氧化碳，并含有极其微量的氧气、水蒸气和惰性气体氩等。火星的地下永冻土中含有水，岩石中含有结合水和氧气。另外，火星表面岩石中含有以赤铁矿为代表的植物生长所需要的多种矿质营养元素。本章分别介绍了月球和火星表面上大气、水和矿质营养元素的提取方法或直接被利用的方法、开采的难易程度及可能存在的毒害等风险。目前来看，月球或火星表面资源是有可能得到开采与应用的。

第 12 章

能源供应单元

　　在月球或火星基地受控生态生保系统中，温湿度与通风等大气环境控制、植物舱光照、植物栽培、气体成分控制、大气有害气体和微生物净化、系统测量与控制、原位资源利用等方面都需要大量的驱动能源。太阳能是人们在地球生物圈中生存和生活最重要的能源，这一点也应同样适用于月球或火星基地。严格来讲，与原位资源利用一样，能源供应也不属于受控生态生保系统的技术研究范畴，但该问题的解决与否是决定受控生态生保系统能否正常运行的关键决定因素之一。下面分别介绍目前可供受控生态生保系统选择的能源供应方案规划。

| 12.1 能源供应系统种类及选择 |

能源供应问题是未来月球或火星基地受控生态生保系统实际运行可行性的重要决定因素之一，因此，历史上针对这一问题有过很多讨论与探索研究，但直到现在仍在争论不休。目前来看，主要认为有三种途径可用来解决未来能源的供应问题，包括核能机组发电、化学燃料电池发电和太阳能电池发电。另外，也有人考虑利用生物燃料电池发电，但目前该技术只是处于初步摸索阶段，应用前景并不明朗。因此，下面重点介绍上述三种发电方案及其比较情况。

12.1.1 核能机组发电

目前，关于核能发电（也叫核反应堆发电）提出了两种方式，即放射性同位素热电发电机组（radioisotope thermoelectric generators，RTGs）和核裂变反应器（nuclear fission reactor）。事实上，RTGs 在 NASA 的载人航天飞行中已有很多应用，几乎每次均会用到。作为利用原子衰变热量的一种被动方式，RTGs相当可靠，一般具有 25 年的有效寿命期。该核能发电机组绝大部分由钚 238（^{238}Pu）驱动，并依赖于在半导体两端形成稳定温差电动势的塞贝克效应（Seebeck effect，又称作第一热电效应）来发电（Munson 等，2002）。

然而，Munson 等（2002）提出，在受控生态生保系统植物舱中，可采用斯特林环发动机（Stirling cycle engines）来利用上述这一温差，因为其能效是利用塞贝克效应的 2～3 倍。在 RTGs 中，几百个小型的斯特林环（Stirling cycle）被平行连接，即使发生故障，也能够产生充分能源。因此，拟由斯特林环发动机利用由 RTGs 芯体所产生的热量来驱动植物舱运行。因为 NASA 已经制定了规范的 RTGs 模块化使用标准，这样针对每次任务不必独自进行系统设计。由 18 个 RTGs 组成的标准反应堆的大小约为 1.14 m×0.41 m×7.38 m，质量为 1.008 t，能够产生 5.4 kW 电能。当然，这种反应堆的体积相对较大而会导致其用量受到限制。另外，也有可能采用微型斯特林发动机，这样可以使其发电量增加一倍还多。

　　然而，就目前来看，由于受到体积和质量等的限制，已在空间应用的核反应堆技术还很难满足受控生态生保系统的能源需求，因此还需要开发新一代的微型核反应堆技术。

12.1.2　化学燃料电池发电

　　采用化学燃料电池（chemical fuel cell），拟为受控生态生保系统提供补充和备份能源。化学燃料电池技术所具有的最大优点是其尺寸微小、不产生有害副产物，并能够与生物系统连接。目前，针对受控生态生保系统，人们开展了以下两种燃料电池的研究。

1. 直接甲醇液体饲喂燃料电池（direct methanol liquid–feed fuel cell，DMLFFC）

　　直接甲醇（CH_3OH）液体饲喂燃料电池的化学方程式如下：

$$CH_3OH+H_2O \rightarrow 6H^++CO_2+6e^- \qquad （12-1）$$

$$3/2O_2+6H^++6e^- \rightarrow 3H_2O \qquad （12-2）$$

$$CH_3OH+3/2O_2 \rightarrow CO_2+2H_2O \qquad （12-3）$$

　　直接甲醇液体饲喂燃料电池产生二氧化碳，后者对于植物生长和水生产是必需的，并且其在火星大气中普遍存在。从植物舱向外排放二氧化碳应当对航天员、温室和星球不造成危害。所生产的水将通过植物营养液输送系统进行循环，并且大部分被植物舱中的冷凝热交换器重新回收。根据计算，每个功耗为 5 kW 的直接甲醇液体饲喂燃料电池的大小约为 131 cm³，并且质量小于 1 kg。其寿命为 2 000 h，但不利因素是每年至少需要更换四次电池。例如，一个 6 人乘组在基地居住 6 年（假如设计寿命共 20 年，有人居住期为 6 年，其他 14 年为停用维持期），则估算必须携带 240 组这样的燃料电池堆来满足所有的能源需求。在系统无人值守即停用期间，系统会处于最小能源需求状态，但仍将另外需要 56 组燃料电池。这样，该燃料电池总的体积和质量分别会达到 4.625 m³ 和 296 kg。然而，这并不包括携带氢和甲醇的储存系统，以及持续提供 3%甲醇液的储罐等。

2. 硼氢化钠燃料电池（sodium borohydride fuel cell，SBFC）

硼氢化钠（$NaBH_4$）燃料电池的化学方程式如下：

$$NaBH_4 + 2H_2O \rightarrow 4H_2 + NaBO_2 \qquad (12-4)$$

硼氢化钠燃料电池虽然将氢从其他混合物中进行分离，并使之通过燃料电池而分解为电子和正氢离子，但电子在与氢和氧结合生成水之前，必须先到达受控生态生保系统的电力网。其他生成物只有硼酸钠（$NaBO_2$，也叫硼砂），后者是一种无害物质，通常用于制作硼砂肥皂。

硼氢化钠燃料电池在用法上与直接甲醇液体饲喂燃料电池类似，但其具有一些明显优势。"硼砂电池（borax cells）"的主要优点是硼氢化钠具有良好的稳定性和耐储藏性，当与水结合时，会产生一种通常不发生反应并易于保存的硼砂这种白色粉末。运输氢时通常需要笨重的增压装置和/或冷却装置，而硼氢化钠能够被保存在相对简单的储藏装置中。只有催化剂存在才能促使产氢，而一旦去除催化剂反应则立即停止。当需要用电时，将硼氢化钠溶解在水中，并将溶液浓度调整为 44%。这样每升溶液会产生约 5 kW 电能。按计划，受控生态生保系统一旦被运抵月球或火星基地，就需要生产绝大部分的用水。因此，必须在发射前精确计算飞行中所需硼氢化钠固体粉末的携带量。硼氢化钠粉末的储能能力为 11 000 kW·m⁻³ 或 9 300 kWh·kg⁻¹，因此，每生产 1 kW 的电能则会分别需要 9.09×10^{-5} m³ 或 1.08×10^{-4} kg 的硼氢化钠。计算表明，只增加 40 个这样的燃料电池，就可以满足驱动飞行所需的所有被携带燃料电池的数量。

3. 化学燃料电池方案选择

通过以上综合分析，拟选用硼氢化钠燃料电池而不选用直接甲醇液体饲喂燃料电池，具体原因如下：① 前者需要的燃料电池数量较少，因此能够节约成本、空间和质量；② 前者不会产生导致其结构性能发生衰变的物质。直接甲醇液体饲喂燃料电池还具有其他许多缺点，包括原始能量利用率不高、需要高激发驱动能、燃料源与水生产系统不兼容等。然而，硼氢化钠燃料电池也存在缺点，即其低原始能量浓缩技术得到开发和使用的时间不长，但其相对于直接甲醇液体饲喂燃料电池的优点是很明显的。

然而，由于化学燃料电池要求携带大量燃料来驱动其长期运行，因此目前来看该方式并不大可能成为一种首选主电源。

12.1.3　太阳能光伏电池发电

在所有被考虑的选择方案中，太阳能光伏电池板能够最好地利用当地太阳光这种自然资源。然而，在火星表面上的太阳光强度大概只是地球表面上的一半，因此这里的光强较弱。一般来说，让太阳能电池板始终对着太阳而不断转变角度时，其工作效率会达到最高。然而，火星环境必然会对此造成影响：在晴天时，其光学深度（optical depth，OD。指物质层不透明性的程度）只达到0.4，这时间接的太阳光占到抵达火星表面总光照的 30%；而遭遇尘暴天气时，OD 会达到 6.0，这时到达火星表面 99% 的太阳光是间接光。这就意味着，如果采用复杂聚光器或太阳追踪系统，则采用大块的平面太阳能电池板的效果要好于小块。因此，在火星表面上，由于会出现严重的尘暴和黑暗状态等，因此会导致难以预见能源生产的实际效果。尽管太阳能电池板的质量很小，但要使之展开而覆盖整个有效表面积可能会很困难。然而，可以利用受控生态生保系统舱体外的空闲表面积。当位于植物舱顶部的窗口被打开时，则会使窗户暴露于太阳光，那么这些窗口的内部也就能够对着太阳方向接受照射。

目前，针对太阳能光伏电池发电所采用的技术主要包括：① 基于光伏电池的能源系统，将太阳能直接转换为电能，例如目前国际空间站上的发电方式；② 热能系统，利用基于兰金循环（Rankin cycle）的热动力系统；③ 混合系统，集成了光聚集和传输系统、光伏电池及热能利用系统。美国麻省理工学院研究发现，对于太阳能发电，火星北纬约 30° 处是相对最好的位置，并且要始终好于南纬约 30° 处的对应位置（Cooper 等，2010）。另外，最近美国亚利桑那大学将光波导光照系统（optical waveguide lighting system）进行升级，以利用太阳光谱中的红外线部分进行发电。其总的思路是，利用一面分光镜将红外线反射到光伏电池板进行发电（图 12 - 1）。

将来，针对该技术的重点工作主要包括：① 进行非 PAR 收集及其特性分析；② 提高 PAR 收集系统的性能（也就是实现性能的最大化）；③ 确定菲涅耳太阳光收集器中透镜大小的上限值及其对焦点组件失灵的影响，其主要的目的是确定有多少非 PAR 能量（即红外线）能够被基于菲涅耳透镜的太阳光收集器收集并以有用方式进行能量转换，以证实在火星和月球前哨应用这一技术的理论估算值。针对这一问题，将需要建立和运行光伏系统，以便太阳光中的红外线能被转化为电能。另外，需要对光伏系统中进行液冷热沉的光学单元焦点等进行设计、建设和运行。此外，计划开展充液光缆试验研究，以提高当前的光电转换效率等系统性能指数。

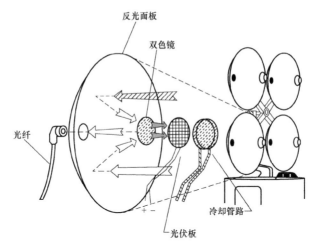

图 12-1　太阳能光伏发电基本原理（引自：Sadler 等，2009）

| 12.2　能源优劣评价 |

12.2.1　能源优劣主要评判标准

针对太空基地受控生态生保系统，其能源供应的优劣标准主要如下：

① 要求保持一定的能源多样化和冗余度。

② 在各种代价下均需要避免生产有害副产品。

③ 产热量必须被保持在最低水平，以减少对所照射的植物造成伤害。

12.2.2　能源优劣综合比较

根据以上评判标准，上述两种核能反应堆、其他一种化学能燃料电池（暂无上述数据，这里只作为参考）和两种太阳能光伏电池等共五种能源供应系统的基本优劣情况比较见表 12-1。

表 12-1　能源供应系统优劣比较（引自：Munson 等，2002）

发电种类	应用历史	机组质量/kg	可靠性影响因素	缺点	优点
放射性同位素热电发电机组（^{238}Pu，RTGs）	包括火星登陆器，在空间飞行中应用不少于23次	5~7	无运动部件	产生 α 粒子、成本高	产生附加热

续表

发电种类	应用历史	机组质量/kg	可靠性影响因素	缺点	优点
质子交换膜（PEM）燃料电池	在汽车样机、家庭发电机、医院供电备份和其他系统中用到	5 000	膜退化	需要携带燃料	清洁
光伏电池	在地面和空间均得到应用	40	用于可部署的移动部分；在火星上的尘暴和光学密度（OD）	在夜间需要能源储存	成本低、无副产品
Scarlett 太阳能电池阵列	深空探测器	5～7	移动部分来部署；在火星上的尘暴和高 OD	在夜间需要能源储存	成本低
核裂变反应堆	在地面上得到应用，也在 NASA 的参考飞行纲要中列出	100～3 000	具有运动部件	产生 α 粒子、成本高	产生附加热

　　根据以上对能源供应系统的对比分析，并结合月球或火星表面上的各种条件、乘组人数和飞行时间长短等情况，Munson 等（2002）认为将来 RTGs 有可能会被作为主要的能源供应系统，而化学燃料电池和太阳能光伏电池被作为辅助和备份能源。美国麻省理工学院的 Cooper 等（2010）认为，随着未来太阳能薄膜光伏电池技术和可再生燃料电池储能技术的进一步发展与产品性能的提高，太阳能发电技术有望代替基于核裂变的传统核能发电技术而成为火星基地受控生态生保系统的主能源。因此，这三种途径极有可能需要配合使用而形成所谓的"能源三脚架（Power triangle）"供电格局，以增加多样化和冗余度，进而提高能源供应的可靠性。它们三者之间互为备份，但又不完全是备份关系（图 12-2）。

图 12-2　受控生态生保系统能源三脚架结构体系（引自：Munson 等，2002）

除此之外，国内外正在开发生物燃料电池技术。待该技术将来一旦成熟，则其也可以被纳入 CELSS 的能源供应体系，这样则又会多出一种选择，并能增加系统的冗余度和可靠性。另外，有人还提出利用轨道太阳能卫星接收微波能发电的概念。

|12.3　能源供应系统安装位置布局|

月球或火星基地受控生态生保系统中的能源供应系统，具体要根据其使用条件、大小和产生辐射（如核能发电站）等情况来选择安装位置，具体如下。

12.3.1　核能反应堆安装位置布局

1. 位于基地内部

对于放射性同位素热电发电机组（RTGs），由于其具有体积小及辐射程度不高等特点，可以将其安装在基地内部，但需要采取较好的防辐射和散热措施。例如，在 Munson 等（2002）设计的可展开火星温室中，将 RTGs 安装在温室中主要用于安装设备的下半部分（图 12-3），并且使四套 RTGs 机组尽量靠近舱

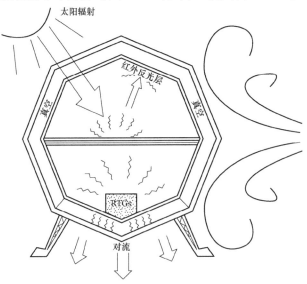

图 12-3　位于火星基地可展开温室底部的 RTGs 安装位置
（引自：Munson 等，2002）

体中心和壳体内表面，以保证其与热敏感的子系统进行隔离，并实现向温室外最大化的热对流转移。在其周围，拟放置约 39.5 m³ 的硼氢化钠（化学燃料电池用原料），以作为 RTGs 与所有其他子系统之间的热障和热沉。

2. 位于基地外部

针对较为大型的核能发电装置，如核裂变反应堆，由于其尺寸较大，并且会存在产生较高辐射等安全问题，因此会考虑将其安装在基地外面，并使之与基地保持安全距离。例如，美国轨道技术公司（Orbital Technologies Corporation，ORBITEC）空间中心与 NASA 先进概念研究所（NASA Institute for Advanced Concepts，NIAC）等单位合作，提出自主月球基地（O'Handley，2000），以及美国 Laguarda. Low Architects 公司提出火星永久基地（Petrov 等，2005），其太阳能帆板电池均位于基地外的空旷地（图 12 – 4）。

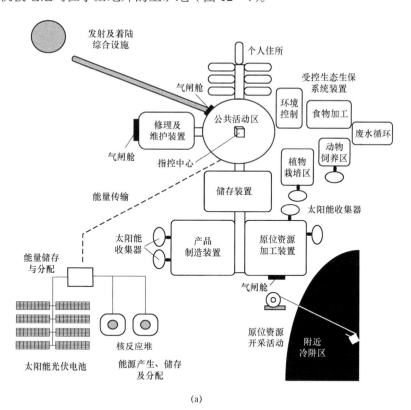

(a)

图 12 – 4　位于受控生态生保系统外的能源供应系统位置布局图（引自：O'Handley，2000）

（a）自主月球基地

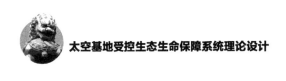

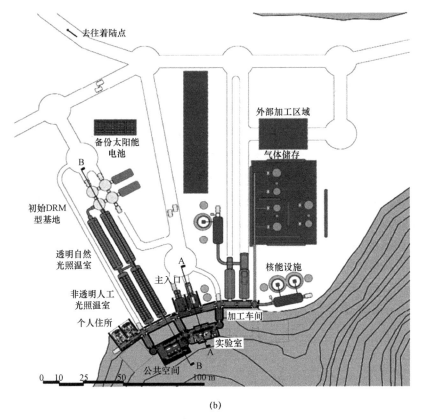

(b)

图 12-4　位于受控生态生保系统外的能源供应系统位置布局图（引自：Petrov 等，2005）（续）

（b）火星永久基地

　　美国 Laguarda. Low Architects 公司与火星基金会及麻省理工学院合作开展了火星永久基地（A Permanent Settlement on Mars）的设计，其能源拟由三套核反应堆提供，每套可输出 400 kW 的电力。另外，还具有两个电厂辅助设施（balance of plant，BOP）舱，其中装有能源转换机械设施和一些大气热交换器，以用于从反应堆工质（被压缩的二氧化碳）和各种工业过程中排除废热。反应器芯体的辐射屏障由集成水箱和土壤隔板提供，拟达到与地球工业标准相一致的辐射屏蔽水平。该设备满负荷运行的设计寿命为 40 年，这样则能够确保其足够耐用和可靠。另外，针对其大小、结构复杂性和辐射屏蔽水平的研究结果表明，该核反应堆在大学校园和研究中心已经具有几十年的安全运行历史。通过综合考虑辐射暴露的安全性和可靠性，以及对开矿、冶炼和制造过程中的关键集成，则会推动对这些反应堆进行合理选址（Petrov 等，2005）。另外，这些假设已经得到麻省理工学院 Kadak 等（2004）的试验验证。

12.3.2　太阳能光伏电池安装位置布局

1. 永久型固定式布局设计

如图 12−4 所示，太阳能帆板电池被布置在基地外的开阔地，并与基地保持一定距离。这样安装的好处是永久固定，可靠性高，但缺点是需要单独建立，这样会增加制造和运输成本。

2. 顶盖式可移动布局设计

如果将火星温室设计为透明结构，由于其保温和防辐射能力较弱，因此这样的结构需要设计顶盖，即白天照光时打开，夜间黑暗时或遇到尘暴时则及时关闭。为了降低成本，可以考虑在透明植物舱顶盖的内侧设计柔性太阳能电池帆板，其形状应与顶盖的基本结构形状相适应（图 12−5）。

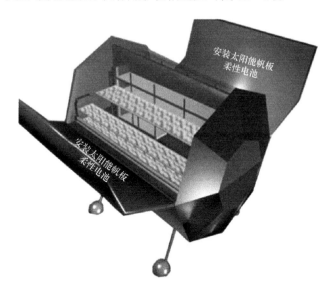

图 12−5　火星可展开温室（MDG）顶盖示意图，柔性太阳能帆板电池被安装在顶盖内侧
（引自：Munson 等，2002）

该太阳能柔性电池的发电方案是，在运行期间，对其每天白天打开而夜间关闭，这可以借助气动装置、电动机或液压系统来实现。这样做的确有助于夜间/白天的热循环，并能够阻止系统停用期间不必要的磨损和热损失，然而这种选择的可靠性最低。这是因为，其高度的复杂性和危险性需要结构坚固的部署机构和更多的保障能源。基于这一研究，有必要采取在运行期间关闭太阳能柔性电池的设计，以便提高热能效率，降低磨损，并减少部件在环境中的暴露时间，因此可以避免在设备停运期间紫外线导致的衰变和冲蚀。否则，这也会阻碍太阳能柔性电池发电、增加部署操作机构的质量，并会在一定程度上降低系统操作的可靠性。

在向火星飞行期间，可利用爆炸螺栓将太阳能柔性电池组固定在一起。待温室着陆和充分冷却后，使爆炸螺栓点火断裂，从而使上述温室的两块盖板实现分离，然后点火来部署太阳能柔性电池。在整个飞行任务期间，可以使该太阳能柔性电池保持展开状态，以便发电。

12.3.3 化学燃料电池等安装位置布局

化学燃料电池一般体积较小，而且也没有辐射，因此可被放在基地内。以后微生物燃料电池如能得到应用，也同样可以置于室内。最好将微生物燃料电池安装在 CELSS 废物舱内，以方便利用在这里集聚的生物可降解废物。

| 12.4 能源供应系统供电能力分析 |

受控生态生保系统从发射、部署到应用的每个阶段，对能源均会具有不同需求。例如，Munson 等（2002）设计的火星可展开温室在不同阶段对能源需求量的估算值见表 12−2。

表 12−2 能源供应需求分析（引自：Munson 等，2002）

操作类别	不同阶段能源需求/kW				
	登陆期	部署期	停运期	植物栽培期	植物收获期
登陆	1.00	0.00	0.00	0.00	0.00
营养液输送	0.00	0.00	0.00	0.60	0.60
废物处理	0.00	0.00	0.00	0.00	0.06
作物收获	0.00	0.00	0.00	1.30	1.30
综合运输	0.00	0.00	0.50	0.50	0.50
水生产	0.00	0.00	0.12	0.12	0.12
植物光照	0.00	0.00	0.00	42.00	42.00
计算机/通信	1.00	1.00	1.00	1.00	1.00
总能源需求	2.00	1.00	1.62	45.52	45.58

植物光照需要大量能源，这主要是因为光照系统必须为植物提供充足能源来驱动其进行光合作用。从表 12-2 可以看出，该可展开火星温室的总能源需求的峰值约为 46 kW。然而，为了确保能源供应，在峰值时期至少需要达到 50 kW 的能源。因此，针对系统的具体规模大小、物质闭合度要求和运行时间长短等，需要进行具体的发电能力设计。一般来说，发电能力的冗余度应不低于 20%。

| 12.5　小　　结 |

目前来看，受控生态生保系统耗能较大，这主要是由植物光照系统的放热所引起。因此，能源供应对于受控生态生保系统的运行可行性具有重要作用，是决定其成败的关键因素。当前，关于受控生态生保系统能源供应的基本看法是：需综合采用太阳能、化学燃料电池和核能等不同方法进行综合发电，形成"三脚架"式的能源供应结构体系，它们互为备份，但又不完全是备份关系，这样即能够增加系统能源供应的冗余度和可靠性。

有人认为，将来随着技术进步和产品性能的进一步提高，太阳能光伏发电技术有可能成为月球或火星基地受控生态生保系统的主能源供应途径。太阳能光伏发电电池最好采用柔性结构设计，在室外可独立安装或安装在透明温室顶盖的内侧，即随顶盖的打开或关闭而运行或停运。化学燃料电池可安装在室内。核能燃料电池可安装在室外（规模较大）或室内（规模较小），而要安装在室内，则必须具有一定的辐射屏障防护措施和良好的对流散热措施。"三脚架"式能源供应系统的发电能力需要根据具体的规模大小、物质闭合度要求和系统运行时间长短等进行综合设计，冗余度一般不能低于 20%。另外，生物燃料电池一旦被开发成熟后，也可以将其纳入该能源供应集成系统，从而进一步促进系统实现高效率和高可靠性能源供应。

第 13 章

远程监控与专家支持单元

按 照目前的技术发展水平与研究成果进行推断，火星等地外星球基地受控生态生保系统的发展应经历先无人后有人、先人少后人多的过程。在基地发展初期，系统的部署和植物栽培运行等都应当在无人状态下进行。因此，这就对远程通信、自动化控制水平和可靠性运行等提出了很高要求。

在国际空间站的实际操作中，即使有六名乘组人员，也还是需要地面人员的支持。这是因为乘员的时间有限，不可能对每一个可能的程序或活动都接受训练，这一点在地外星球前哨或基地等任务中就更为关键。月球或火星等地外星球（尤其是火星）与地球相距遥远，即使有乘员操作，也不可能掌握所有必要的技能来自主执行系统的所有操作。因此，需要有专家介入，以帮助乘员进行作物疾病诊断和故障排除等，并解答各种疑难问题，从而确保系统安全并可靠运行。这同样对遥测遥控与专家支持技术提出了很高要求。

|13.1 远程监视与控制技术|

13.1.1 基本控制逻辑

控制逻辑一般会基于微处理器和专用软件进行，以便自动控制用于确保植物健康生长等所需要的各种环境参数，同时，也能够使远程用户与系统实现互动。例如，前面介绍的火星绿洲（MarsOASIS）温室中采用了BeagleBone Black微处理器，其控制逻辑关系如图13-1所示。

该逻辑控制的基本设计思路为：当系统首次被启动（即加电）时，则启动"初始"模式。在这一期间自动完成系统健康巡检，并向用户报告系统健康状态。如果系统呈现正常运行状态，则其会进入"等待"模式。在此期间，系统需要等待指令，以便明确如何从用户这里往下继续进行。另外，用户可以选择"启动发芽"或"自动操作"或"远程操作"模式，这些可通过基于网络的图形用户界面（graphical user interface，GUI）实现。例如，如果发芽程序被启动，相关组件则被随即启动，这样就从储箱释放调制水而进入栽培基质，并启动大气环境控制程序。在发芽启动阶段之后，系统会进入"自动"模式，这时通过"浇水功能"给栽培基质加水，使其水分保持在一定水平。"浇水功能"会读取水分传感器，当栽培基质的含水量达到其设定阈值下限时，启动主泵。另外，通过

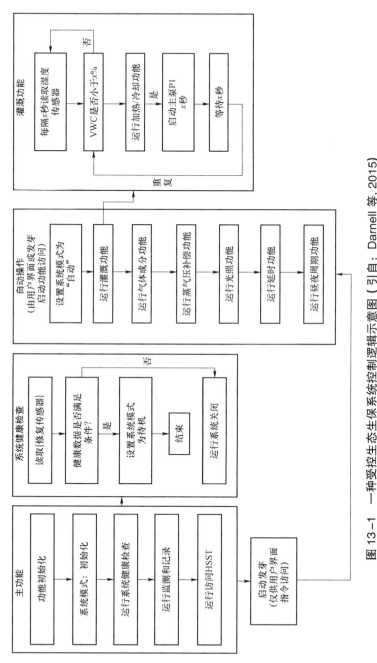

图 13-1　一种受控生态生保系统控制逻辑示意图（引自：Darnell 等，2015）

（说明：HSST 是 Habitat Sensing Specifications Table 的缩写，表示环境测量规范表；VWC 是 Variable Water Content，表示土壤含水量变量）

"气体成分功能"进行大气中二氧化碳、氧气和总压控制，主要方法是平衡来自火星大气的模拟二氧化碳输入量、氧收集器进行的氧气去除量及氮气的供应量；通过"蒸气压补偿功能"，利用主动加湿和除湿系统进行大气温度和相对湿度的控制；光合有效辐射（PAR）水平通过"光照功能"进行控制；通过"延时功能"定期进行植物图像的拍摄与储存；最后，通过"昼夜周期功能"保持一定的昼/夜周期循环。

针对图 13-1，举一个水功能控制回路的例子：如果用户选择更改环境参数的受控设定点，那么其就可以借助图形用户界面做到这一点；另外，如果用户希望独立操作系统部件，则可以通过图形用户界面的"暂停"按钮来自主控制回路，这样就又把系统调回到"等待"模式。

13.1.2　传感器组件

1. 传感器配套方案

受控生态生保系统需要长期安全而可靠运行，并且该人工生态系统由于比较脆弱而必须得到精确控制，因此对系统中的传感器寿命和精度都会有很高要求，同时需要增加一定的冗余度设计。例如，在上述一套火星绿洲温室（Mars OASIS）中共安排了 36 组传感器，用于进行所有参数的综合测试。具体情况见表 13-1。

表 13-1　植物温室中一种传感器组件配套方案（引自：Darnell 等，2015）

传感器类型	数量	功能	单位	量程	分辨率要求
营养液电导率（EC）	2	栽培基质和储箱营养液中的电导率测量（监测营养缺失量）	$\mu S \cdot cm^{-1}$	3～3 000	1
营养液 pH	2	栽培基质和储箱中的酸碱度测量	—	2～12	0.2
营养液溶解氧浓度（DO）	1	混合储箱营养液中溶解氧浓度测量	$mg \cdot L^{-1}$	0～15	0.1
营养液液位	7	混合液、营养液、pH 调节液、沥滤液和冷凝水储箱中的液位测量	cm	0～40.5	1.25
栽培系统温度	5	栽培基质（4 个）和水箱（1 个）中液体的温度测量	℃	0～100	1
栽培基质含水量	4	栽培基质中基于体积比的含水量测量	%	0～50	1
营养液流量	2	进/出栽培床的营养液流率测量	$g \cdot min^{-1}$	0.2～2	0.05

续表

传感器类型	数量	功能	单位	量程	分辨率要求
大气相对湿度/温度	3	内部（2个）和外部（1个）大气相对湿度和温度测量	% ℃	5～99 −40～80	1 0.2
大气总压	2	内部（1个）和外部（1个）大气总压测量	kPa	30～110	1
大气氧浓度	3	内部（1个）和外部（1个）氧气浓度测量	%	0～100	1
大气二氧化碳浓度	2	内部（1个）和外部（1个）二氧化碳浓度测量	ppm	0～2 000	100
光照强度	2	内部（1个）和外部（1个）光合有效辐射强度（PAR）测量	$\mu mol \cdot m^{-2} \cdot s^{-1}$	0～2 000	2
相机	1	植物健康图像监视	——	1～255 （RGB）	＞1 000× 1 000 像素

　　基于从上述传感器收集的数据，系统能够自动启动必要硬件，以保持理想的植物生长环境。按照设计，拟利用该传感器组件系统进行内部大气、储液箱、栽培基质和外部大气等的相关参数测量。在该系统中，使传感器组件与两套 BeagleBone Black 微处理器之间进行相互作用。另外，使控制逻辑算法进行连续运行，以便其能够对系统实施监视并启动必要的硬件设施。

2. 重要传感器选型考虑

　　Munson 等（2002）在设计上述火星港（Marsport）可展开温室时，提出了其中各种传感器的选型建议，具体举例如下：

　　1）大气组分传感器

　　大气中二氧化碳、氧气、氮气、氩和乙烯等气体拟采用红外气体分析仪进行监测，该方法被认为简单、可靠。

　　2）大气温/湿度传感器

　　在植物舱中的不同温度区域，拟分别装配湿球和干球温/湿度传感器。干球为计算机提供温度读数，而湿球提供参比温度，这样能够使主计算机得出相对湿度。所采用的温度传感器其电子部件不应直接暴露于植物舱环境中，否则，随着设备运行，其性能可能会不断衰减。理想的情况是，温/湿度传感器的运行范围分别为 5～35 ℃ 和 40%～80%，其温度的控制精度为 ±2 ℃，相对湿度的控制精度为测量值的 ±4%～5%。例如，澳大利亚 Environdata 气象站公司生产的

WT20 湿球和干球湿度传感器的温度校准精度能够达到 ± 0.2 ℃。其在 − 10～ 50 ℃温度和0%～100%相对湿度的运行条件下，操作精度可以达到 ± 0.3 ℃，这完全可以覆盖植物舱的温度与相对湿度的条件控制范围。另外，由于每次需要进行更换或大修之前的平均运行时间为 5 年，因此也需要携带备份传感器。而且，给植物舱两侧栽培区的每侧另外携带 4 支传感器，并以每 5 年的时间间隔更换旧传感器并启用新传感器。

3）压力传感器

一般情况下，利用压力传感器测量植物舱内的大气压力和由循环风扇产生的风压。在垂直和水平方向上，可利用同一种传感器类型进行以上两种情况的测量，这是因为它们具有同样的环境约束条件。在多个传感器同时出现故障这样一种非常极端的情况下，可以使风速传感器转变为进行水平测试而使之用作大气压力传感器。可采用硅压力传感器，因为其可靠性已经得到验证。目前，这些设备同时已被成功应用于监测气流系统中 100 Pa 的压力变化。其他应用场所一般是在人体的心脏中及机动车所处的恶劣环境中。例如，美国霍尼韦尔（Honeywell）公司生产的硅压力传感器具有植物舱所需要的测量范围。可利用 24PC 系列传感器来测量从 13.8 kPa 到 103.4 kPa 的绝对压力。该传感器可以在温度范围为 − 40～85 ℃的工况下工作，并能够经受住在 150g（重力加速度）下进行的冲击试验。该传感器既小又轻，每个只有 2 g 的质量。然而，该传感器系列并不具有温度补偿这一必要特性，因此需要对植物舱内的温度进行精细调节，甚至在停用期间也是如此。

4）光照传感器

在火星港植物温室中，拟对整个栽培区的光合有效辐射强度（PAR）进行测量，以确保植物能够获得充足光照，并确保人工光照在不需要时能够实现停用。光照传感器将读数传送到计算机，后者则计算需要多大的人工光照强度而达到合适的光合有效辐射强度，并进行或多或少的人工光照以补偿季节变化或意外火星尘暴。光照传感器具有一支光电二极管（photodiode），其能够将光能转变为微小电能，并利用过滤膜挡住光合有效辐射范围以外的光。采用光电二极管的优点之一是其很少消耗能源。例如，早年间美国 LI-COR Biosciences 公司生产的 LI-190 Quantum Sensor 传感器，被专门用来测量 PAR，并被用于光合作用研究；其工作温度和相对湿度范围分别为 − 40～65 ℃和 0%～100%；大气压力不影响读数。将这些传感器的工作寿命设计为几十年，除非传感器能得到重新校准，否则，在长期使用过程中某些因素有可能会导致其精度降低。高湿和尘土等有可能导致每年的测量误差达到 ± 2%。例如，他们计划给作物两个部分中的每一部分安装两套传感器（每套中小麦 3 个、马铃薯 2 个、甘薯 1 个、大豆 2

个、草莓/番茄 2 个、水稻 1 个、花生/莴苣 1 个），这较火星绿洲温室中的光照传感器数量增加了很多。按计划，拟调节 LED 灯的输出以满足不同植物对各种光照的需要。另外，将每种传感器向下悬挂在植物叶片的附近，并在安装传感器时使其具有一个轻微斜度，以阻止过多的尘土和花粉沉积在上面。

13.1.3　自主远程操作方法

在飞行任务期间，需要对系统的运行监控模式进行设计。根据任务性质，可以设定为连续模式，也可以设定为间断模式，但大部分为连续模式。一般情况下，通过传感器组件将测量数据读入微处理器，并根据相应的数据范围对其进行处理和检查，以确定所测量的参数是否在系统理想的环境条件控制范围之内。例如，可接受的温室数据控制范围大致见表 13 – 2。然而，针对不同作物，可能需要进行相应调整。

表 13 – 2　受控生态生保系统植物舱中基本栽培条件设定参考范围
（部分参考自：Tibbitts，Sager 和 Krizek，2000；Wheeler，2003）

类别	参数	单位	一般最小值	一般最大值	巡检/（次数·h^{-1}）
内部大气条件	二氧化碳分压	ppm	1 000	10 000	60
	总压	kPa	20	70	60
	相对湿度	%	50	70	360
	温度（昼）	℃	20	28	360
	温度（夜）	℃	18	22	60
营养和水输送条件	土壤/基质温度	℃	15	20	60
	营养液温度	℃	22	24	60
	营养液电导率（EC）	$\mu S \cdot cm^{-1}$	1 600	2 200	60
	营养液 pH	—	5.5	6.5	60
光照条件	光合有效辐射强度	$\mu mol \cdot m^{-2} \cdot s^{-1}$	200	2 000	60
	光周期（启动时间）	h	8	24	未知

按照传感器的测量值是否低于或高于这一范围，软件会启动相应的控制行为。例如，控制算法会命令打开或关闭系统中的不同执行机构（包括泵、加热器、制冷器、风扇、紫外过滤器、加湿器、除湿器、氧收集器、电磁阀、线性

传动装置、伺服电动机和光源等），以便将环境条件调整到植物生长所需要的范围。之后，通过进行系统信息反馈，直到数据达到设定范围。这里，不仅可以利用传感器进行大气和营养含量控制，也可以对系统相机进行编程来定期自动摄取图像（例如 1 h 拍摄一次），以便就植物的生长发育状态给出图像反馈。例如，可以将图像进行拼接，以形成慢转速拍摄而后用普通转速放映的视频。同时，可以通过系统网站对这些图像及来自传感器的数据进行查看。

尽管系统能够自主完成功能，但也可以给指定用户提供超驰控制（override control）的功能，使之能够操作微控制器，并通过改变泵、阀和设定范围等来直接控制系统中的环境条件。另外，该远程操作也能够使用户控制相机沿着支架的位置及相机支架本身的位置，因此对栽培系统能够进行宽视野立体监视。

| 13.2　远程控制基本思路 |

如前所述，美国科罗拉多大学的 Darnell 等（2015）开展了火星绿洲温室的概念设计，其认为系统必须具备自主遥测遥控的能力。例如，能够遥控最初的温室处于无人状态下的种子发芽，主动监视和控制子系统来自动调整栽培参数，并能够向地球上的用户和操作人员对所监视的数据提供图形可视化界面显示，还可以向特许用户提供超驰控制的能力。

其具体的设计思路是，在接收到启动植物种子发芽的指令后，系统就会启动水泵。当水被泵入栽培床后，处理器就会自动运行来监视环境参数，并在需要时执行程序来启动部件，以维护温室中理想的生长环境。利用传感器系统对生长参数进行综合监测。另外，该系统包括多台照相机，以进行可视化图像处理，并利用遥测发送器将系统传来的数据或图像传送到地面。在从火星传送之前，应对所处理的数据或图像进行压缩以形成数据包。之后，拟将数据上传到火星轨道器，后者可通过深空网（deep space network，DSN）与地球进行远程通信。这一过程的可视化描述如图 13 - 2 所示。

为了尽量增大在地球上接收数据的频率，所需的火星轨道器可能不只一个，以用于向深空网进行数据中转。当然，这还需要细化以便未来能够开展可行性飞行设计。在地面上，包括普通大众、科学家、工程师和系统操作人员等用户，可通过安全网来接触温室数据。另外，根据用户类型，网络会提供不同层次的情报和远程操作功能。

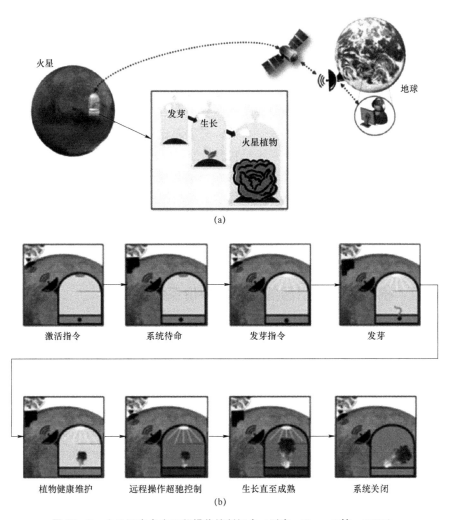

图 13-2 火星温室自主远程操作控制概念（引自：Darnell 等，2015）
（a）地球与火星之间的通信关系；（b）温室从启动到关闭的整个自动控制过程

|13.3 远程专家网络决策支持系统|

近十多年来，美国亚利桑那大学受控环境农业中心致力于月球–火星温室的开发。目前，已经建成四套月球–火星温室样机，并开发出远程专家网络决策支持系统（Remote Experts Network Decision Support System，RENDSys）（Story，

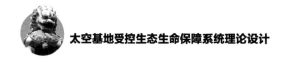

Hall 和 Kacira，2014）。该系统主要包括以下三方面内容。

13.3.1 大气环境和作物监视与控制系统

要实现受控生态生保系统的成功运行，需要进行信息获取、监测与连续控制。受控生态生保系统的功能取决于光照强度、大气温度、二氧化碳和氧气浓度及经过植物冠层的风速等因素，因此，必须对这些影响因素进行精确监测与控制。这样应当给现代空间温室装配监视与控制仪器设备，以便能够控制作物的生长与健康，并且其应当处于非侵入和自动化模式。植物对栽培环境较为敏感，因此，其可以用作"传感器"来显示自身的健康和状态，然后将这样的信息整合纳入大气环境控制和决策保障系统中。在以前的研究中，采用了非接触和非侵入机器视觉感应法，其通过监视单叶或单株植物成功判断了植物状态，然而，如对冠层进行监视和采样，则监控效果会更好。

13.3.2 机器视觉所引导的监视与评价系统

美国亚利桑那大学的 Story 等（2010；2011；2014）开发了基于计算机视觉引导的作物监视系统，并进行了水培系统中莴苣作物生长和健康状态监视研究。该系统能够在人进行视觉监测的前一天确定钙缺陷症状。通过增加基于多相机和多传感器的平台来提高已有系统的监视能力，这样就能够获得作物的多种图形，包括在可见光波段、红外线波段（例如利用热红外相机（IR thermal camera，FLIR A325））和近红外线波段（例如装配有 NIR 过滤器 DFK41AU02 的彩色相机、装配有过滤器 DMK41AU02 的单色相机及成像源），从而使种植人员/专家能够获得多层作物的状态信息，并评价作物冠层温度、植被指标（例如植被覆盖指数（NDVI）、绿色近红外光谱（NIR/绿色）和红色近红外光谱（NIR/红色））及其形态学等。然而，将来还需要进行机器视觉引导系统、相机平台、实时图像采集和处理程序的设计、研制、集成与试验。另外，还应当开展试验设计来建立植物生产故障模式，以便能够同时并连续监测生长在水培 NFT 系统中的莴苣等植物冠层生长和健康的变化情况，并能够评价作物在营养缺陷条件下的生长和健康状态，以确定及时探测植物遭遇胁迫和偏离正常生长模式的能力（图 13 - 3）。

13.3.3 基于网络的数据获取和决策保障平台

除上述外，亚利桑那大学受控环境农业中心通过建立基于网络的平台，从而能够使操作人员顺利访问 RENDSys 数据库（图 13 - 3）。该平台允许用户登录和实时查看月球/火星温室样机的数据与图像资料、对文档信息进行储存与管

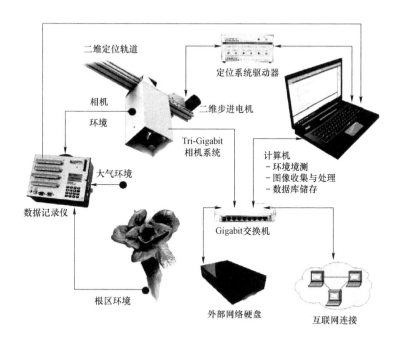

图 13-3　美国亚利桑那大学开发的一种机器视觉系统，被用于监视莴苣的生长特性，以便确定植物的整个生长和健康状态（引自：Story，2013）

理，并可以留言。该 RENDSys 数据库还能够协调温室中作物、茎叶气生区和根部营养区之间的条件信息，并可以协调与外部条件及资源消耗/再生单元之间的信息。另外，需要预备一个动态数据库以满足将来的访问，并提供偏离设定点的及时报警功能。该数据库会生成系统实时操作参数数据，例如所产生的冷凝水、生物量和氧气量以及所消耗的能量和所需要的乘员时间等。

通过构建该数据库，则可以与世界各地的同行合作，以利用其中的数据来对机械和预测模型（mechanistic and predictive models）进行评价，进而阐明温室系统及其资源输入/输出的各种相关特点。该数据库还可以被用于提高地球上温室和食物生产系统的食物生产能力及资源利用效率。此外，该月球/火星温室样机还是面向大、中学生的大型拓展项目（outreach program）。通过利用该数据库的照相平台和实时数据，来提供充满诱惑力的"陷阱"和通信"链条"，以便激发人们的兴趣，从而使来自世界各地的每个初学者都能够积极参与这一活动（Munday 等，2014）。

13.4 远程监控系统南极模拟试验与应用

除进行了上述各种概念设计外，国外还在地面开展了南北极等远距离的监控和专家支持系统的验证试验与应用。例如，从 20 世纪 90 年代初开始，美国 NASA 与国家科学基金会（National Science Foundation，NSF）合作，在其南极高纬度科考站（Amundsen–Scott South Pole Station）建成受控生态生保系统南极模拟计划食物生产舱（CAAP South Pole Food Growth Chamber，SPFGC）（Patterson 等，2012）。另外，美国 NASA 与加拿大航天局合作，在加拿大境内的北极高纬度地区建成了无人照料的模拟火星温室（Arthur Clarke Mars Greenhouse，ACMG）（Giroux 等，2006）。以上这些项目均用到了远程监控及专家支持系统。

13.4.1 南极远程监控实施情况

近年来，德国航空航天中心（German Aerospace Center，DLR）在受控生态生保技术研究领域表现得比较活跃，在这方面做了大量而详细的工作。例如，2018 年报道，DLR 的 Schubert 等研制成 EDEN ISS 温室（EDEN ISS Greenhouse），其栽培面积约为 20 m²，相当于月球或火星温室模拟舱，目的在于将来用在月球或火星基地，以便为乘员提供新鲜蔬菜和水果（图 13–4）。EDEN ISS 温室已于 2017 年年底被运抵并部署在位于德国的 Neumayer Ⅲ 南极站附近。2018 年 4 月 5 日，研究人员利用该温室在南极生产出绿叶蔬菜、黄瓜和小萝卜等多种蔬菜，并从 5 月份开始每周可以收获 4~5 kg 的水果和蔬菜（Zeidler 等，2019）。

从科学的观点来看，开展该温室性能监测的关键点之一是植物的健康监测，并且绝大多数情况是植物疾病的早期诊断，并随后启动适当的应对措施。由于这一原因，预计植物监视系统能够给地面专家提供一种工具，来每天进行植物拍照，或者根据要求对其进行分析。当然，图像资料在所需的科学数据中还只是一部分，地面专家会收到该未来探索温室的遥测数据（如温度、二氧化碳浓度、光强等），并对数据或其与图像及来自被收获植物的其他数据之间的关系等进行比对分析。

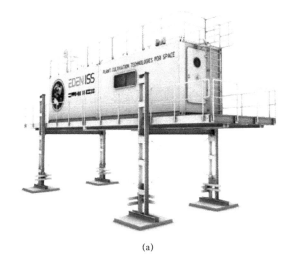

(a)

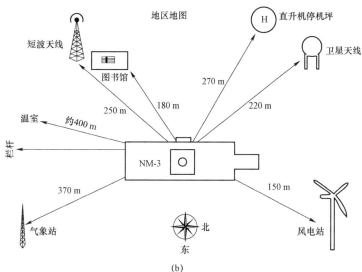

(b)

图 13－4　EDEN ISS 温室外观图（a）及该温室与 Neumayer Ⅲ南极站（NM－3）
及相关设施之间的位置关系图（b）（引自：Zabel 等，2016）

　　该温室的另外一个控制关键点，是对设备运行状态进行全程监测。一般来说，当地操作人员的责任应当限定于温室的规定操作、在已知情况下和/或故障条件下的异常情况解决及针对主要问题进行初步故障排除。当然，只有当内部处理的遥测数据被提供给远处的专家时，远程支持工程才能够得到保障。由于这些原因，应当将系统设计成能够向远处用户（有可能分布在不同国家）提供所有必要的数据。EDEN ISS 温室的控制网络如图 13－5 所示。

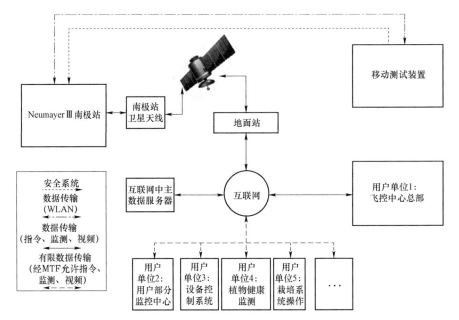

图 13 - 5   EDEN ISS 温室的控制网络（引自：Zabel 等，2016）

从图 13 - 5 可以看出，该控制网络可以与多个远程用户总部（user home bases，UHB）相连而给位于世界多个不同地方的用户主页提供系统和工具，以使其可以接受 EDEN ISS 温室的图像和数据，从而提供实时支持。

当地操作人员主要负责所规定的操作程序，例如播种/收获、植物生长监视及样品制备，以进行离线分析及系统和子系统管理等。在非正常情况下，要求当地操作人员根据预定程序进行管理，或者只要求其采取初步反应行动，并按照远程专家的指导进行。

需要注意的是，在 EDEN ISS 温室的服务段（Service Section）和 Neumayer Ⅲ 南极站中均安装了工作站，以对温室的不同部分进行温度控制。尤其是该南极站作为德国航空航天中心的控制室，能够给当地操作人员提供如在该中心一样的能力，也就是提供与所有相关子系统互动的能力。相关协同系统的职能情况如下：

1）用户单位 1

负责 Neumayer Ⅲ 南极站，会通过卫星收到温室的数据，并将其作为整个数据流中的一部分而通过因特网传输到 DLR。该单位并不直接参与 EDEN ISS 温室的机动试验装置（Mobile Test Facilify，MTF）操作，但按要求会对所有 Neumayer Ⅲ 南极站的食物提供保障。

2）用户单位 2

德国航空航天中心负责上述温室项目，因此在该中心具有温室响应中心和飞行控制中心。DLR 负责该温室的所有操作，因此其会协同调度整个温室试验团队，并负责计划制定及所有的初始指挥活动等。同时，DLR 是与当地操作人员进行联系的一级单位，因此其负责所有必要的远程操作，对远处的其他单位发出或取消指挥命令。该单位也会协调所有的检修活动和恢复行为。

3）用户单位 3

其作为职能单位之一，负责植物栽培系统的操作。这里安装有操纵面板以对栽培架进行监测，并专门显示遥测/遥控指令的管理情况。在此任务中，一旦与 DLR 进行协调，其则会负责所有栽培系统的远程操作，包括设备的指挥。

4）用户单位 4

作为职能单位之一，主要负责植物的健康监测。这里具有工作站、科学数据可视化显示界面及图形处理工具，以便进行植物生长状态监视和早期植物疾病诊断。一旦发现异常情况，研究人员会与 DLR 进行协调，通过采取所有必要行动来解决这些问题，诸如从系统设定的变化（例如光强）到植物疾病治疗的确切描述等。对于非正常管理需要新的程序，该单位应负责对程序开发提供输入信息。

5）用户单位 5

负责温室的控制系统，并作为用户总部，在此配备有工作站和显示设备等。该用户单位主要监视和管理控制系统的性能，如有必要，需要提供另外的程序和指令。

6）用户单位 6

该职能单位主要负责用户部分的监视与控制。这里安装有各种控制和显示设备并与其他实物连接，从而能够解决问题及提升软件应用水平，包括需要时进行显示。该单位作为工作包程序开发的牵头单位，会参与所有的异常解决方案讨论，并对异常管理程序的输入值和推荐值负责进行收集。所有用户单位一般都需要与 DLR 联系，以进行数据收集。相反，无论任何时候需要，所有指令都将通过 DLR 而被发送到 Neumayer Ⅲ 南极站温室。温室用户方的图形显示如图 13 − 6 所示。

13.4.2　北极远程监控实施情况

2002 年，美国 NASA 研究园火星研究所（Mars Institute，NASA Research Park）和加拿大航天局合作，在位于加拿大的高纬度北极地区德文岛的豪顿火星计划研究站（Haughton Mars Project Research Station，HMPRS）内建成阿瑟·克拉克火星温室（Arthur Clarke Mars Greenhouse，ACMG）试验装置，以

促进高级生保（ALS）计划的研究。从 2003 年开始，开展了季节性的自动操作和全年环境监测与能源管理试验（图 13－7）。

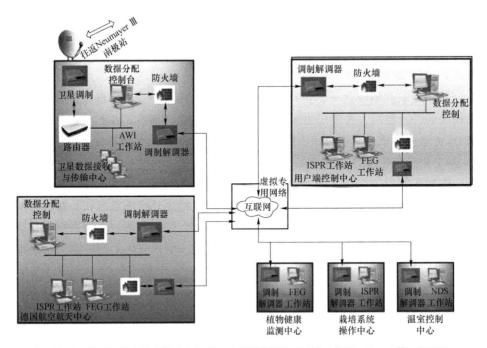

图 13－6　EDEN ISS 用户部分布局图（包括不同的工作站）（引自：Zabel 等，2016）

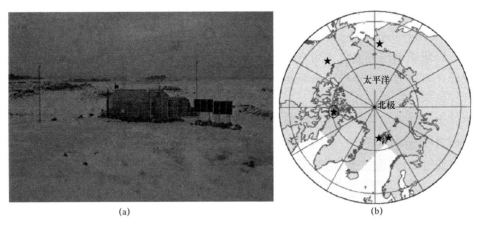

(a)　　　　　　　　　　　　　　　(b)

图 13－7　位于北极高纬度地区的阿瑟·克拉克火星温室试验装置的外观图（a）及其
在北极地区所处的地理位置（b）（标★的地方）（引自：Giroux 等，2006）

该 EDEN ISS 温室由许多单元组成，主要包括舱体结构、植物栽培、环境控制、能源供应、通信及数据采集与控制等系统，而数据采集与控制系统是各个系统之间相互作用的结合点。

　　该温室具有一个局域以太网，其利用一台嵌入式计算机来管理网络，并在外界和数据获取系统之间交换信息。上述嵌入式计算机具有 2 个以太网口和 4 个串行口，其与温室其他部分的通信是通过以太网和 IP 协议进行的。借助一台调制解调器（modem，串行通信），通过卫星向南发送数据，也可以向北发送指令。图 13−8 表示温室网络通信系统的结构框架。

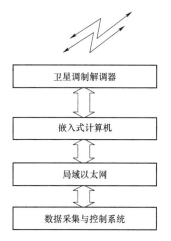

图 13−8　温室网络通信系统架构

　　该双向传送都是基于文档进行的。通过使用嵌入式计算机，而获取数据采集与控制系统所收集的数据。其操作中心位于加拿大温哥华市的西蒙·菲莎大学（Simon Fraser University）内，这里的工作站控制通信。当工作站检测到故障问题时，则从计算机自动获取数据，并能够指挥温室内的数据包卫星终端，以重新启动数据采集与控制系统。该研究以一种独特的方式进行，其能够支持与火星相关的科学和操作研究，并具有很高程度的真实性和复杂性。开展该研究的目的是，开发在遥远而严酷的环境条件下受到遥测遥控而能够实现自主运行的温室系统。这一网络、通信和遥测技术接受了许多模拟火星基地的挑战试验，主要包括：① 在操作时间要求短和频次少的情况下进行维护和检修；② 在极端环境下栽培植物；③ 电能供应和热生产能力均受限的情况下进行系统运行；④ 采用低频带宽度通信方式进行远程监测与控制。因此，在后来的运行中对其中部分软硬件尤其是软件进行了逐步升级。

13.5　小　　结

　　地外星球尤其是火星距离地球遥远，因此需要覆盖面良好的地−月或地−火深空网络通信系统。目前认为，火星温室在起步阶段很可能需要高度自动化运行，但即使在后期的有人操作阶段，也需要地面专家支持。本章介绍了受控生态生保系统天地通信系统、自动化控制系统和专家决策支持系统的概念设计情况，并较为详细地介绍了在地面上进行的南北极模拟试验研究与应用情况。研究表明，南北极的模拟研究手段与地−火通信和遥测技术手段在保真度与复杂性方面具有很好的相似性，因此，地面南北极地模拟研究取得的结果对于将来地–火通信和遥测技术应该能够发挥良好的技术支撑或借鉴作用。当然，目前这还只是一种初步概念设计，下面还需要进一步深入开展研究，以促使该技术途径更具有可行性和可操作性。

第 14 章

系统接口关系与整体结构优化评价

月球或火星基地受控生态生保系统是一个异常复杂的多层次人工封闭生态系统，系统内部本身具有很多复杂的接口关系，包括舱间压力、机械、电、信息、大气、水、固体物质、生物与生物及生物与乘员，而且与舱体外部环境也有很多接口关系。在系统整体结构的设计过程中，统筹考虑并优化配置所有的接口关系，对于推动受控生态生保系统建设与运行的可行性和可靠性应具有重要的支撑与保障作用。

|14.1 系统接口设计 |

与受控生态生保系统相关的接口关系包括舱内和舱外两个方面，有很多种，这里就主要方面进行了梳理，认为其中舱内接口关系主要有 8 个，舱外接口关系主要有 10 个，其具体情况如图 14 - 1 所示。

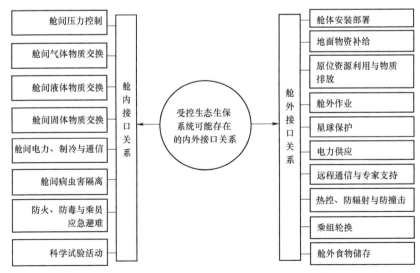

图 14 - 1　受控生态生保系统可能的内外接口关系图

14.1.1　舱内接口关系设计

1. 舱间压力控制

如前所述，受控生态生保系统应当是处于低压环境。一般认为，该系统中除植物舱外的所有舱体均保持一定低压，并且维持在 60 kPa 左右（一般认为 50 kPa 对人的生存是极限），在这样的环境下无须采取任何措施，乘员就可以生存。然而，关于植物舱的压力控制，目前存在两种观点：一种为低压控制（20～30 kPa），另一种为高压控制（50～60 kPa），并且目前倾向于采取低压控制。如果对植物舱采取高压控制，则植物舱与乘员舱等其他舱体在压力控制上不存在接口关系；如果对植物舱保持低压控制，则在低压植物舱与乘员舱之间会存在很大压差，这样在此植物舱与其所对接的舱体之间必须设气闸舱，这种情况下航天员每次进植物舱操作都必须穿舱外服，而且必须通过气闸舱出入。另外，为了保证低压植物舱能够为乘员提供正常的呼吸用氧，需要对其氧分压进行专门设定，否则，乘员在该低压植物舱操作期间必须携带氧气瓶以保障其呼吸供氧。在气闸舱内需要装配压力传感器，以用于监视其中的压力变化情况。因此，植物舱保持低压下的接口关系可能包括舱间气闸舱、舱外服和氧气瓶等。

2. 舱间气体物质交换

在受控生态生保系统中，植物舱与其他舱体之间需要进行气体交换，以实现大气的基本动态平衡。当植物舱氧气浓度达到其设定值上限时，需要通过分子筛膜分离法进行分离，将分离的氧气储存在气体储藏间内的高压氧气储箱中；当植物舱内的二氧化碳浓度达到其设定值下限时，则需要从位于气体储藏间的高压储箱中添加二氧化碳。相反，当乘员舱等其他舱体的氧气浓度达到其设定值下限时，则需要从位于气体储藏间的高压储箱中添加氧气；当乘员舱等其他舱体的二氧化碳浓度达到其设定值上限时，则需要利用碳分子筛法进行二氧化碳分离，并将其储存在位于气体储藏间的高压储箱中。因此，舱内的气体接口包括植物舱和乘员舱等舱体与位于气体储藏间中氧气和二氧化碳高压储箱之间的输气管路系统。

3. 舱间液体物质交换

在受控生态生保系统中，在各个舱体中都会产生冷凝水而需要对其进行收集。所收集的冷凝水一部分被重新用于加湿，一部分需要被运输到植物舱用作植物栽培补充水分，而还有一部分需要被运送到水管理系统进行水净化处理，然后再被分配到乘员舱供饮用或卫生清洁用，或被运送到厨房供烹饪用，或被运送到卫生间供洗漱、洗衣和冲厕等用。因此，舱间水交换几乎涉及系统内的各个舱体，包括收集、处理与再分配水管路等。另外，在居住舱，乘员所产生的卫生水和尿液需要被运送到水管理系统进行处理。这些废水被生物、物化或生物+物化等技术处理后，一般需要被返回到植物舱作为灌溉用水，或返回居住舱作为卫生冲洗用水等。因此，舱间卫生废水交换主要涉及居住舱与水管理系统及植物舱之间的运输管路、处理设备及再分配输液管路等。

4. 舱间固体物质交换

在受控生态生保系统中，舱体间的固体物质交换主要指植物舱会产生可食生物量而需要被运送到食物加工舱进行加工，然后将加工好的食料运送到居住舱供烹饪及食用。由动物舱产生的肉类等、微藻单元产生的藻体或食用菌单元产生的蘑菇等，也可能需要被运送到食物加工舱进行加工，或直接被运送到居住舱供烹饪及食用。另外，以上舱体或单元所产生的不可食生物量需要被运送到资源舱进行再生处理，而后处理物可能需要被运送到以上舱体，以分别供植物、动物、微藻或食用菌培养。其他舱体会产生垃圾或残余物，因此后者也需要被运送到资源舱进行再生处理，之后可能将后处理物作为培养基质回用到植物舱等。因此，这里涉及的舱间接口关系是运输车等运输工具与盛装容器，可能还会包括扎带等固定器具的物品。

5. 舱间电力、制冷与通信

在受控生态生保系统中，各个舱体均需要有电力供应、制冷和通信，但这些子系统不可能在各个舱内独立运行而必须被进行穿舱。因此，舱体之间必然要有保证系统内供电、制冷和通信的电缆与制冷管路，以及法兰盘接口等。例如，Zeidler 等（2017）设计了一种受控生态生保系统舱体间的接口关系，如图 14-2 所示。该接口界面包括气路、液路、电路和通信线路等。气路包括浓缩二氧化碳气体管路（作为系统运行处理的副产品）、输入大气管路（富含大舱二氧化碳气体）和输出大气管路（富含大舱氧气气体）；液路包括制冷液路（输入/输出管路）和净水管路；电路包括多条输电线；通信线路包括多条数据线。

6. 舱间病虫害隔离

在受控生态生保系统中，植物舱与乘员舱等其他舱体之间可能会有病虫害传播，从而影响乘员、植物、动物或其他生物部件的健康，甚至有可能危害其

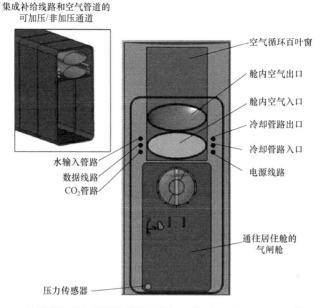

集成补给线路和空气管道的
可加压/非加压通道

空气循环百叶窗

舱内空气出口

舱内空气入口

冷却管路出口

冷却管路入口

水输入管路

数据线路

CO$_2$管路

电源线路

通往居住舱的
气闸舱

压力传感器

图 14 - 2　一种受控生态生保系统舱体间的接口关系（引自：Zeidler 等，2017）

生命，因此必须加以防范。首先，在各个舱内要有一定的消毒措施。例如，在植物舱内对植物种子（如次氯酸钠等化学试剂溶液消毒）、营养液（如过滤和紫外线照射）和大气（如紫外线照射）等进行定期或连续消毒，在乘员舱等其他舱体进行大气（如紫外线照射）、水（如过滤和紫外线照射）和固体表面（如酒精擦拭等）消毒。其次，在植物舱和与其对接的其他舱体之间的过渡舱中最好安装风淋设备。另外，需要在植物舱内进行通风设计，以确保风场基本在植物舱内循环而不会有外溢现象。最后，在舱体之间进行空气隔离，或进行过滤或紫外线消毒。

7. 防火、防毒与乘员应急避难

受控生态生保系统必定是既小型又紧凑，其中容纳的东西会非常多，因此，如果某个舱体中发生火灾和微量污染物超标等异常情况，则有可能在系统内扩散而造成严重后果。为了防止舱间火灾扩散，需要在每个舱体配备一定数量的火灾报警装置、灭火器和防毒面具；所用材料和设备应尽量阻燃；在舱内和舱间应具有物理隔断设施，以阻止火灾扩散；为了防止有毒气体过多出现与扩散，所选材料必须是环保型的。另外，需确保选用的所有工艺或再生过程等不会产生有毒气体等有害物质。此外，需要加强对各个舱段一旦燃烧后产生的有毒气体及未燃物的净化功能。另外，更为重要的是，应设有紧急避难所，以确保某个舱体出现破裂泄压等紧急事故时，乘员能够避险。

8. 科学试验活动

建立月球或火星基地受控生态生保系统的主要目的，是保障乘员开展各种科学探索等实践活动，因此，在基地中应当建立科学实验室，以便乘员能够开展舱内植物等生物部件的采样与显微观察，其他各种材料的采集与观察，舱外大气和土壤等样品的采集、观察与分析等。因此，这里的接口关系主要涉及舱体间样品、采样工具及一定的测试分析仪器和设备等。

14.1.2 舱外接口关系设计

1. 舱体安装部署

目前来看，受控生态生保系统的质量和体积均比较大，即使被运抵低重力的月球或火星表面，其质量也不会太小。因此，将该系统运抵目的地后，会面临拆装、移动、安装和调试等问题，尤其是移动和部署的问题。如前所述，可能需要吊装机进行各个舱体的运输与拼接安装等。因此，这一阶段需要专用起重机等机械工程设备。

2. 地面物资补给

受控生态生保系统运行的最终目标是实现自给自足，即实现 100%的物质闭合循环与供应，但这是一个逐渐发展完善的过程。因此，在飞行初期还需要有一定量的物质后期补给，主要包括部分预制食物、面粉等食物原料、氯化钠等食物调料及一定量的氧气、氮气和水等。物品被运抵后，需要使之通过相应的气闸舱进入系统内。系统中应具有相应的食物储藏间、储水间和储气间等。由于每次运抵的后勤补给物资会较多，体积也会较大，即使分批次运输，也会占用较大体积。因此，在设计物资运输气闸舱时，要考虑使其体积尽可能大。该气闸舱最好只被用于进行物资运输，否则，如果频繁使用，则会泄漏气闸舱内的大量宝贵气体。

3. 原位资源利用与气体排放

如前所述，受控生态生保系统的持续运行必须依靠利用原位资源。原位资源的利用包括抽取火星大气，使之储存于储气间的二氧化碳储箱中；需要从月球或火星土壤中开采冻土水和结合水；需要开采矿石或从矿石中提取矿质营养元素。因此，可能需要在受控生态生保系统的附近建立制气场、制水场和制矿场，在它们与基地之间有道路和运输车等，并且能够将运输车开进气闸舱而将外部开采的气、水和矿物质等运进舱内。另外，有可能会将火星气体直接排入舱内，但由于在火星上经常会发生尘暴而导致大气中尘土较多，因此要求大气净化系统具有良好的尘土过滤效果。

一旦舱体内大气总压达到设定值上限，同时氧气、二氧化碳或者中性气体的存储设备已满，而且采取其他措施（例如临时增加废物处理量、或增加乘员活动量，或减少植物的栽培面积和光照强度等）均无效，则需要向舱外排放一定量的气体，以降低舱内总压或主要成分的分压值。另外，在紧急情况下，也可能需要向舱外排放少量液体或固体物质，以解决部分物质过度累积而导致物质流失衡的问题。

4. 舱外作业

乘员驻留月球或火星的主要目的是从事各种实践活动，包括原位资源的开采与利用、科学考察（包括天文观测、大气与土壤采样等）、建立与运行工厂等。这些活动均需要进行相应的出舱活动，因此需要有漫游车、运输车和作业设备等。气闸舱的容积应尽量大，以盛放漫游车、运输车和舱外服等。另外，出舱作业还可能包括对透明植物舱体外层顶部的尘土清理或设施维护与检修、电力供应系统及其他所有舱外设备的维护与检修等。因此，需要配备相应的尘土清理及设备检修工具等。

5. 星球保护

乘员在月球或火星上出现，可能会面临三方面的污染风险：① 月球或火星微生物（假如存在）对乘员构成威胁；② 带回的月球或火星微生物对地球生命构成威胁（无意或有意带回）；③ 引入的地球微生物对月球或火星构成威胁。对于第三种情况，国际空间研究委员会（Committee on Space Research，COSPAR）所倡导的星球保护协议要求采取如下措施：所有在月球或火星上登陆的机动车和设备均应当被集中停放在洁净室，并通过适当程序对其进行消毒，以满足降低微生物数量的要求。在月球或火星基地建设或被建成后的运行过程中，乘员必然会在月球或火星表面上进行活动，甚至会向舱外抛撒物品，这些都可能污染月球或火星。因此，乘员在开展活动或抛撒物品之前，要求必须采取一定的消毒措施，以避免对月球或火星造成有害污染或疫情传播。另外，在乘员出入气闸舱之前，应采取紫外线照射等一定的消毒措施。

6. 电力供应

受控生态生保系统耗能较大，因此充分的电力供应是受控生态生保系统正常运行的根本保证。如前所述，电力供应拟主要包括太阳能、核能和化学燃料电池三种发电方式，它们共同作用，互为备份，但也不完全是备份关系。因此，设计电力供应系统时，需要充分考虑每种发电装置的规模大小、相互之间的协同关系以及电能被输入系统的方式及其在舱内所被分配的方式等。

7. 远程通信与专家支持

对于受控生态生保系统来说，远程通信十分重要。然而，当前所面临的最重要的问题是地球与月球或火星之间具有较长的延迟时间，这对地面上的专家支持决策必然会造成影响。在月球或火星上，一旦出现某种问题并需要地面上的专家支持团队协助解决时，则至少需要推迟 45 min 的时间后乘员才可能得到答案，这必然对一些故障的处理产生较大影响。因此，以后需要对这一难题设法加以解决。

8. 热控、防辐射与防撞击

目前来看，受控生态生保系统的舱体结构以柔性舱为主，为了减小舱体质量和体积，则必然会牺牲其保温、防辐射和支撑等能力。一种观点是主张将受控生态生保系统部署在月球或火星表面，上面覆盖 1～3 m 厚的月球土壤或火星土壤，另外一种观点是主张将该系统建在半地下或地下，并在舱体外表面同样覆盖一定厚度的月球土壤或火星土壤，但也有人提出在舱体外可以覆盖水袋或冰袋。此外，可以利用舱外真空环境对植物舱内的部分热负荷进行去除。

9. 乘组轮换

在未来长期运行的月球或火星基地中，乘组会往返于地球与月球或火星基地之间，因此乘组成员需要定期或不定期轮换，人员会或多或少。该轮换过程对系统会造成较大扰动，包括到达之后的临时住和吃的问题、对系统中大气和水平衡的干扰问题以及对固废和废水处理系统能力的要求等，因此这都需要着重予以考虑。当然，如果每次安排先走人再进人，那么上述影响可能会小一些。然而，火星飞行每年的发射窗口期较窄，并存在很多不确定因素，这样实际上很难达到上述理想状态。因此，有必要增加受控生态生保系统中水和气管理等关键功能部件的冗余设计。

10. 舱外食物储存

如前所述，月球或火星表面均为高真空和高寒冷环境，因此，在月球或火星基地受控生态生保系统中无须准备冰箱。然而，在真空条件下水分容易蒸发而适合储藏干的或者湿的食物，但对后者在储藏前必须进行密封包装，而包装内最好使之处于接近真空的状态，否则容易自内向外发生爆裂。

|14.2　系统整体设计分析|

对系统整体运行设计进行分析时，一般会包括所设计系统的大小、质量、电力、占用乘员时间及其工作负荷等，以用于评价该整体系统设计的可行性与合理性，从而决定其未来的实用性和可应用性。

14.2.1　质量、电力和水需求分析

总体来讲，对系统中各个子系统完成设计后，应当在系统水平上就整个系统的大小、质量、电力和资源占用等要求进行估算，以便评价该系统整体设计的合理性。例如，Zeidler 等（2017）就其设计的温室舱（Greenhouse Module，GHM）的质量和电力等需求进行了预估。其冗余度的设计原则是，当技术已知并被应用时，其质量和电力需求均采用 5%的冗余；当技术仍然处于发展阶段时，则采用 10%的冗余；当技术还未被试验时，则采用 20%的冗余。在整个预算中，从系统水平上对每个参数又额外增加了 20%的冗余。

上述人员所设计的温室舱系统的质量总共为 95 吨（包括 20%的系统冗余），其能够适应一次向地球低轨道的发射。在标准运行模式下，电力约为 418 kW（在紧急/休眠模式下约为 40 kW）（表 14-1）。因为该系统的质量是干重，因此在温室舱系统的启动和完全运行过程中所需的水应是从地球运输，之后可能在月球表面直接进行原位生产。这样，应当考虑原位水生产系统，并估算温室舱系统完全运行时的总需水量，共计要达到约 29 t，其中包括植物、大气、光源系统冷却管路及营养液输送系统储罐和管路等内部含有的水。

表 14-1　一种受控生态生保系统植物舱的质量和电力需求估算值
（引自：Zeidler 等，2017）

子系统	每个子系统的质量（包含冗余）/kg	标准运行模式下每个子系统的能耗/kW	紧急/休眠运行模式下每个子系统的能耗/kW
大气管理	5 873.43	33.34	15.38
植物健康监视	1 769.18	5.50	1.51

续表

子系统	每个子系统的质量（包含冗余）/kg	标准运行模式下每个子系统的能耗/kW	紧急/休眠运行模式下每个子系统的能耗/kW
营养液传输	3 135.58	7.35	2.22
光照	10 567.85	277.77	0.00
舱体结构	52 549.37	0.00	0.00
食物加工	1 882.77	2.18	0.65
种植	394.73	0.00	0.00
热控和供电	2 631.20	21.78	13.75
在系统水平上的总量	78 804.15	347.91	33.51
增加20%的系统冗余	15 760.83	69.58	6.70
总计	94 564.98	417.49	40.21

14.2.2 植物栽培面积需求分析

在受控生态生保系统中，植物栽培面积需求量受到多种因素影响，而光照水平，包括光照强度、光照周期和光质等，对这一需求量影响较大。例如，Gertner（1999）初步研究并定义了所在火星生产的可食植物量与可获得自然光之间的数量关系：

$$\text{Edible} = 0.77\text{PAR} - 6.1 \qquad (14-1)$$

式中，Edible 代表产生的可食植物量（$g \cdot m^{-2} \cdot 天^{-1}$）；PAR 代表温室内光合有效辐射强度（$mol \cdot m^{-2} \cdot 天^{-1}$）。假定是 6 名乘员，他们每人每天所需的食物为 0.89 kg（DW），并假定在当地生产 100% 的食物，那么在一火星年中生产的食物总量为 3 995.4 kg。所需要的栽培面积和温室数量（假定每个温室所具有的栽培面积为 90 m^2）与 PAR 水平及光照方法之间的关系（Eckart，1996）如图 14-3 所示。

14.2.3 ESM 评价

1. ESM 的概念

ESM（equivalent system mass），其中文名称为等效系统质量。从目前所掌

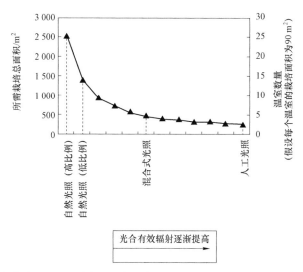

图 14-3 所需栽培面积和温室数量（假定每个温室的栽培面积为 90 m²）与 PAR 水平及光照方法之间的关系（引自：Eckart，1996）

握的资料来看，ESM 这一概念是从美国"阿波罗"载人登月计划所提出的载人航天器等效质量（equivalent mass）的设计思想发展而来的（Jones，2003）。在高级生保（Advanced Life Support，ALS）优先选择方案研究（trade study）中，ESM 通常被用作一种运输成本的测算方法，以避免在利用美元进行成本核算时在技术和政治上出现难题。由于载荷的运输成本与其大小成正比，因此，会利用像 ESM 这种基于质量的测算方法，来量化受控生态生保系统和相关基础设施的发射成本。对于一项乘员和时间均明确的特定飞行任务，一个 ESM 值代表受控生态生保系统的质量与支撑系统质量的适当份额的总和，包括加压容器体积、质量、电力、制冷、人力（所需的乘员工作时间）和后勤保障等（Levri 等，2003）。

具体来讲，该方法是对完成一项飞行任务所需要的受控生态生保系统的总质量进行评价。该总质量主要包括以下四个方面：① 仪器、系统用品及补给必需品（含消耗品和备件）的实际质量；② 含有受控生态生保系统的压力容器质量（包含乘员占用的空间）；③ 用于支撑受控生态生保系统的能源和散热基础设施的分摊质量（amortized mass）；④ 操作和维护受控生态生保系统所需要的乘员时间的质量大小（mass number）。因此，ESM 是真实质量与被认为对受控生态生保系统重要的成本因素质量补偿的总和。成本因素应尽可能通过客观决定，以便减少先入之见对优先选择方案研究的影响。ESM 反映的是一种给定技术条件下的计划性成本（programmatic cost），因此，其并不考虑飞行的容易性和需求选择，而考虑的是能力和安全需求能否得到满足，以及保持系统长期运行的任何因素，如配件、补充气体、乘员时间等（Drysdale，Ewert 和 Hanford，2003）。

当然，在优选方案研究中，不应将 ESM 作为唯一的衡量标准。作为一种成本衡量标准，采用 ESM 测算方法可能并不足以体现优选方案之间的可靠性、安全性和性能差异。因此，为了使 ESM 这种成本衡量方法得到适当应用，则通过该方法所得出的优选方案还必须满足某些共同的前提条件，并且某些特性可能需要利用除 ESM 以外的其他方法进行综合比较（Levri 等，2003）。

2. ESM 的评价目标

建立 ESM 评价方法的主要目的，是将其作为一种用于进行 ALS 系统优选方案研究的工具，其既可以面向空间飞行，又可以被用在地基试验平台。利用 ESM 对运行成本的影响进行检查，并对 ESM 未能涉及的其他相关问题一同进行评价，这样则有利于对研究和开发做出决定。目前 ESM 也被作为计算 ALS 系统度量大小（metric）的一种工具。

此外，ESM 评价方法也可以被用来评估试验平台的设计及其性能状况。在计划对后试验平台（post-test-bed）进行 ESM 评价时，在试验期间所收集的数据则应当包括质量、体积、电力、制冷和乘员工时等信息。在试验平台运行结束之后，可以将 ESM 的评价结论用于对被用在试验平台中的特定系统硬件、配置（configuration）和控制途径等的飞行运输成本进行评价。

再者，ESM 可被用于评价诸如在美国 ALS 参考任务文档中所提到的潜在参考任务（Stafford 等，2001）的特殊执行情况。对于某一项参考任务，可利用 ESM 对各种变量给受控生态生保系统设计和运输结构等造成的影响进行评价，并一同对其他重要特性实施评价，从而对该项参考任务的各种选项给出等级评定结果。

3. ESM 的计算

ESM 可以包括对系统质量造成影响的所有方面，但实际上令人感兴趣的参数一般被限制在以下 5 个方面：质量、体积、电力、制冷和乘员工时。尽管这 5 个参数能够以各种方式相互关联，但是 ESM 是按照这些参数的质量等效值的总和被进行计算的。在进行 ESM 计算中，会包含大量数据和假设，并且如果希望其结果能够有助于方案优选，则该计算应当以一种连续方式进行。

1）决定和假定分析

在进行分析时，一般需要考虑以下 6 个相关事项，并同时考虑所有关键的假定：① 确定分析目的；② 确定任务的兴趣和相关假设；③ 确定在分析中应当掌握的系统特性；④ 明确详细情况的系统范围和水平；⑤ 数据应用；⑥ 结果解释。

如图 14-4 所示，由于信息是在分析过程中获得的，因此分析过程可能需要重复。在分析过程中的任何节点上，都可能有必要反复提到以前的步骤。当该过程被重复时，则应当适时复查分析的目的、关键特性、系统定义和数据应用等情况，并在必要时对其做出调整。另外，由于 ALS 本来就是指轮廓并不清晰的前瞻性任务，因此，在研究过程中需要记录所有的设计假设。

2）一般计算方法

根据上述 ESM 的基本定义和内涵，在一般情况下，某一特定系统的 ESM 计算等式如下（Levri 等，2003）：

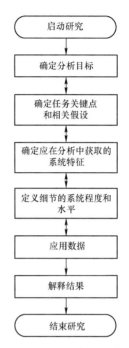

图 14-4 ESM 分析过程流程图
（引自：Levri 等，2003）

$$\text{ESM} = \sum_{i=1}^{n}[(M_{\text{I}i} \cdot \text{SF}_{\text{I}i}) + (V_{\text{I}i} \cdot V_{\text{eq}_i}) + (P_i \cdot P_{\text{eq}_i}) + (C_i + C_{\text{eq}_i}) + (C_{\text{T}_i} \cdot D \cdot C_{\text{T}_{\text{eq}_i}}) + \cdots + (M_{\text{TD}_i} \cdot D \cdot \text{SF}_{\text{TD}_i}) + (V_{\text{TD}_i} \cdot D \cdot V_{\text{eq}_i})] \tag{14-2}$$

式中，ESM——某个特定系统的等效系统质量，kg；

$M_{\text{I}i}$——子系统 i 的初始质量，kg；

$\text{SF}_{\text{I}i}$——子系统 i 的初始质量储藏因子，kg·kg^{-1}；

$V_{\text{I}i}$——子系统 i 的初始体积，m^3；

V_{eq_i}——子系统 i 的加压体积保障设施的质量等价因子，kg·m^{-3}；

P_i——子系统 i 的电力需求，kW；

P_{eq_i}——子系统 i 的发电保障设施的质量等价因子，kg·kW^{-1}；

C_i——子系统 i 的冷却需求，kW；

C_{eq_i}——子系统 i 的冷却设施的质量等价因子，kg·kW^{-1}；

C_{T_i}——子系统 i 的乘员工时需求，h·年$^{-1}$；

D——特定飞行任务持续时间，年；

$C_{T_{eq_i}}$——子系统 i 所需乘员工时的质量等价因子，$kg \cdot h^{-1}$；

M_{TD_i}——子系统 i 与时间或事件相关的质量，$kg \cdot 年^{-1}$；

SF_{TD_i}——子系统 i 与时间或事件相关的质量储藏因子，$kg \cdot kg^{-1}$；

V_{TD_i}——子系统 i 与时间或事件相关的体积，m^3。

3）一种星球温室的 ESM 计算方法

基于上述 ESM 的一般算法，这里以一种月球或火星温室为例，具体说明其 ESM 的计算方法。同样，需要对该温室所涉及到的各子系统的质量、体积、电力、制冷和乘员工时需求等进行求和（Hublitz 等，2004）。具体计算等式如下：

$$ESM_{total} = \sum ESM_i$$
$$ESM_i = M_i + \gamma_V V_i + \gamma_P P_i + \gamma_T T_i + (C_T D \gamma_{CT})$$

（14－3）

式中，ESM_{total}——整个温室的 ESM；

ESM_i——子系统 i 的 ESM，kg；

M_i——子系统 i 的质量，kg；

V_i——子系统 i 的体积需求，m^3；

P_i——子系统 i 的电力需求，kW；

T_i——子系统 i 的制冷需求，kW；

γ_V——体积基础设施成本因子，2.08 $kg \cdot kW^{-1}$；

γ_P——电力基础设施成本因子，87 $kg \cdot kW^{-1}$；

γ_T——制冷基础设施成本因子，66.7 $kg \cdot kW^{-1}$；

γ_{CT}——乘员工时基础设施成本因子，1.25 $kg \cdot kW^{-1}$；

C_T——子系统 i 对乘员工时的总需求量，$h \cdot 年^{-1}$；

D——特定飞行任务持续时间，年。

在该 ESM 等式中，每一项都可以从子系统 $i=1$ 到 n 被累积相加。这里的子系统属于该特定系统的任何子集。

在该研究中，同样采用了 ESM 方法的简化版，包括质量、能源和热控需求等。所被分析的温室包括高压和低压两种类型，而且在其中各采用了 3 种植物光照方法，包括自然、人工和混合照明。其 ESM 分析结果表明，低压温室表现出比高压温室较低的 ESM；具有混合光照的温室比具有人工光照的温室具有较低的 ESM，而进行自然光照的温室具有最高的 ESM 值（图 14－5）。

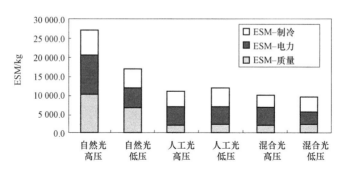

图 14 - 5　质量、电力和制冷等因素对温室系统 ESM 的贡献作用
（引自：Hublitz 等，2004）

4. ESM 分析事例

1）案例一：植物舱总体 ESM 分析

本研究利用 ESM 方法对植物舱的总体成本进行分析，其主要目的是通过将系统的体积、电力和所需乘员工时等转换为质量单位而量化系统的总质量（采用由 NASA 提供的转换因子）。ESM 的转换因子见表 14–2。

表 14–2　不同火星温室舱体建设方案中的体积、电力、制冷和
乘员工时等各自的 ESM 转换因子
（引自：Levri，Vaccari 和 Drysdale，2000；Janssen 等，2005）

转换因子	火星表面的 ESM 转换
刚性体积因子	4.96 kg·m⁻³
可膨胀体积因子	6.48 kg·m⁻³
ISS 体积因子	4.24 kg·m⁻³
电力因子	86.9 kg·kW⁻¹
制冷因子	66.7 kg·kW⁻¹
乘员工时因子	5.01 kg·[h·(人·周)⁻¹]⁻¹

上述这一总 ESM 与投入的精力及成本直接相关。另外，通过识别需要开发和/或升级的技术，以便能够进一步降低相关成本。需要说明的是，当前所完成的 ESM 分析利用了已被公开发表的因子，而将来随着项目的发展，有可能需要对 ESM 进行重新计算与分析。

体积基础设施成本因子的计算主要基于四个方面：多层隔热（刚性和可膨胀）、电子设备、能源管理和膨胀系统（只是可膨胀的），而并不考虑外部结构的设计。针对能源基础设施成本因子的计算，假定在火星表面部署一套小型核能发电站，其发电能力可达到 100 kW。有文献报道，制冷结构成本因子的范围为 121～145 kg·kW^{-1}，具体数量取决于在舱体上所安装的辐射器或该辐射器被部署的系统规模（Rodriguez 和 Bell，2004）。假设在火星赤道位置能够利用涂有银特氟龙（Teflon）的垂直辐射器，由于在此处的制冷效果可能很不理想，因此针对当前分析，将这里的制冷结构成本因子设定为 66.7 kg·kW^{-1}。此外，乘员工时基础设施成本因子的计算基于逐渐形成的火星基地规模和受控生态生保系统的物质闭合度。关于植物舱外部整体结构的 ESM 分析结果见表 14-3。

表 14-3　火星表面温室 4 种外部结构设计概念下的 ESM 分析结果
（引自：Janssen 等，2005a）

火星温室种类	质量/kg	加压体积/m³	电力/kW	制冷/kW	乘员工时/(h·周$^{-1}$·人$^{-1}$)	ESM/kg
可膨胀温室	2 922	148	0	0	5.0	3.9×10^3
刚性温室	2 899	148	0	0	4.8	3.7×10^3
ISS 型温室	3 920	148	0	0	4.8	4.5×10^3
透明温室	待定	待定	待定	待定	待定	—

在开始阶段并未考虑透明温室的概念，因为在这方面还缺少进行 ESM 计算所需的重要数据。表 14-3 表明，在每个概念设计中，均被要求提供一个 148 m³ 的加压体积。分析结果表明，火星温室 ISS 舱结构概念具有最高的 ESM 值，可膨胀结构和刚性结构处于较低的同一数量级，但刚性结构具有最低的 ESM 值。然而，未来的发展可能会使舱体用更薄的柔性材料建成，以减小质量和增加热导。另外，采用可膨胀结构会减小运输体积。因此，将来火星温室的可膨胀概念较其刚性概念会更有发展机会，这样从 ESM 的角度来看，会对可膨胀结构较刚性结构优先做出选择。表 14-4 和表 14-5 分别表示火星温室各子系统的各项重要指标特征及其 ESM。

表 14－4　一种火星温室各子系统的主要指标特征（引自：Janssen 等，2005a）

子系统	质量/kg	加压体积/m³	电力/kW	制冷/kW	乘员工时/(h·周⁻¹·人⁻¹)
灌溉	1 572	29.00	0.00	0.00	3.0
光照	171	0.07	130.00	130.26	0.0
水和营养输送	5 158	9.58	2.55	2.55	0.0
大气控制	1 693	8.93	2.88	2.88	2.0
废物管理	52	2.16	1.42	1.42	0.0
作物和种子储存	592	2.35	3.07	3.07	0.0
作物管理	270	0.50	2.00	2.00	3.0
植物支持结构	2 154	127.00	0.00	0.00	0.0
外部（可膨胀）	2 922	147.00	0.00	0.00	5.0

表 14－5　一种火星温室各子系统的 ESM 分析结果（引自：Janssen 等，2005a）

子系统	质量/kg	加压体积/m³	电力/kW	制冷/kW	乘员工时/(h·周⁻¹·人⁻¹)	ESM/kg
灌溉	1 572	0	0	0	15.0	1 587
光照	171	0	11 319	8 688	0.0	20 178
水和营养输送	5 158	0	221	169	0.0	5 549
大气控制	1 693	0	250	192	10.0	2 146
废物管理	52	0	122	94	0.0	270
作物和种子储存	592	0	266	204	0.0	1 063
作物管理	270	0	173	133	15.0	592
植物支持结构	2 154	0	0	0	0.0	2 154
外部系统（可膨胀）	2 922	956	0	0	24.8	3 904
总 ESM/kg			37 443			

　　火星表面温室最终的 ESM 值通过累加各个子系统的 ESM 值而获得。应当可以看出，在计算 ESM 时，只有当所有其他子系统被置于外部结构中时才会考

虑外部结构的体积。基于 ESM 分析得出以下结论（Janssen 等，2005a）。

① 大于 50%的 ESM 来自光照系统。由于具有自然电力提供，因此自然光照是合适的光照方式。另外，需要开展对这一应用合适的透明材料研究，并还需要开展高效光照技术研究。

② 植物支持系统应为全自动，即除了进行检测和可能的维护外，其他操作不需要人为干预。这样，可以使植物较少受到乘员可能带入的疾病和其他有害物质的影响。当外部结构为非透明时，则应对植物支持系统尽量采用叠层结构，这样能够非常有效地利用体积。相反，平面结构需要更多体积，但将这一平面结构与透明外部结构结合在一起时，可以大幅度减少用电。另外，其可抵达性也能够得到提高，这样在部件发生故障时，可以减少维修所需的乘员工时。

③ 火星表面温室设计得益于为其他方案设计所形成的思路。通过开展火星表面温室设计所取得的主要技术进步是，完成了具有自动防止故障性能的透明外部结构的生产，从而由于减少了光照需求而降低了电力消耗。

总之，如果只采取人工光照，则会导致电力消耗大幅增加。另外，将植物支持系统设计为叠层结构，可更好地利用有限空间。因此，最终设计成非透明可膨胀火星温室，其主要特征见表 14-6。

表 14-6 一种基于 ESM 分析结果的非透明可膨胀火星温室的基本性能指标
（引自：Mas 等，2005）

指标类别	指标范围
质量/kg	1.4×10^4
半径/m	2.66
高度/m	6.65
栽培面积/m^2	145
体积/m^3	148
电力/kW	142
制冷/kW	142
乘员工时/（h·周$^{-1}$·人$^{-1}$）	5
食物供应	6 名乘员 40%的食谱需求
其他	未考虑 ISRU 和废物循环

2）案例二：基于一名乘员所需植物舱规模的 ESM 分析

基于目前的设备和技术水平，科学家也开展了针对一名乘员的受控生态生保系统 ESM 计算分析。例如，德国航空航天中心的 Czupalla 等（2005）对当时国际上著名的 3 种 CELSS 地面试验设备进行了比较，并分别得出其 ESM 评估结果，具体见表 14-7。

表 14-7　3 种 CELSS 地面试验设备的系统参数及每人所需的 ESM 评估结果
（引自：Czupalla，Horneck 和 Blome，2005）

系统参数	MELISSA	BIOS-3	ALM
总质量/kg	5 492	2 490	2 687
总作物栽培面积/m²	28.62	25.17	31.67
总体积/m³	32.76	28.56	34.79
总电力/kW	35.88	26.27	31.87
总制冷/kW	35.88	26.27	31.87
乘员工时/（h·天⁻¹）	4.02	3.42	2.13
ESM/kg	26 961	19 634	21 638

从表 14-7 可以看出，欧空局的 MELISSA 具有最大的 ESM 评估值，达到 26 961 kg·人⁻¹，其次是美国的 ALM（即 BIO-Plex），其 ESM 值为 21 638 kg·人⁻¹，最小的是俄罗斯的 BIOS-3，其 ESM 值仅为 19 634 kg·人⁻¹，较最大的人均要少 7 t 多。另外，Czupalla 等（2005）采用线性编程途径（linear programming approach，LPA）对受控生态生保系统开展了进一步优化设计，使其 ESM 值最终下降到 18 088 kg·人⁻¹，这样较上述最小的 ESM 值人均又下降了 1.5 t 还多（表 14-8）。

表 14-8　保障一名乘员所需的最佳化 CELSS 的相关技术指标和 ESM 分析结果
（引自：Czupalla，Horneck 和 Blome，2005）

最佳化 CELSS 相关参数	总值
不含植物的舱体质量/kg	829.58
舱内植物质量/kg（FW）	295.63
营养储箱质量/kg	247.64
营养质量/kg	106.14
水缓冲剂质量/kg	54.22
pH 调控用酸液质量/kg	53.53
石英反应器质量/kg	122.60

续表

最佳化 CELSS 相关参数	总值
藻光生物反应器质量/kg	708.32
后勤保障物质质量/kg	163.75
补充食物质量/kg	70.12
食物包装材料质量/kg	73.73
食物储藏设备质量/kg	115.08
植物栽培面积/m²	20.64
植物栽培体积/m³	21.26
藻类光生物反应器体积/m³	0.43
光催化反应器体积/m³	0.05
储藏设备体积/m³	1.29
电力/kW	25.06
乘员工时/（h·天⁻¹）	2.39
ESM/kg	17 287

3）案例三：基于单位种植面积的植物舱 ESM 分析

以上分别介绍了针对火星表面温室整体结构设计和满足一名乘员所需受控生态生保系统设计中所开展的 ESM 计算分析，下面介绍针对单位植物栽培面积的植物舱 ESM 分析。美国波音公司与犹他州立大学合作，基于完全人工光照条件开展了该计算研究，具体结果见表 14-9。

表 14-9 每平方米种植面积的植物舱 ESM 分析结果
（引自：Drysdale 和 Bugbee，2003）

项目	质量/kg	体积/m³	电力/kW	制冷/kW	乘员工时/（h·年⁻¹）	补给/（kg·年⁻¹）	ESM/kg	ESM占比/%
生物量（FW）	2.78	0.396	—	—	3	—	59.8	21
风扇	0.73	—	0.187	0.187	—	—	22.9	8
通风管路	1.18	—	—	—	—	—	1.18	0
光源							—	47
灯具	0.705	0.15	0.933	0.933	0.010	0.32	122	43
镇流器	0.54	—	0.05	0.05	0.01	0.01	6.27	2
水屏障等	3.96	—	—	—	—	—	3.96	1

续表

项目	质量/kg	体积/m³	电力/kW	制冷/kW	乘员工时/(h·年⁻¹)	补给/(kg·年⁻¹)	ESM/kg	ESM占比/%
光源窗帘	0.079	—	—	—	—	—	0.08	—
机械设备	—	—	0.1	0.1	—	—	11.9	5
运输车	1.76	—	—	—	—	—	1.76	1
绞车	0.00	—	—	—	—	—	0.00	0
传送带	0.75	—	—	—	—	—	0.75	0
机器人	0.69	—	—	—	—	—	0.69	
营养输送系统	—	—	—	—	—	—	—	15
水	5.00	—	—	—	—	—	5.00	2
托盘，顶盖	3.24	0.134	—	—	—	—	9.29	3
管道	0.77	—	0.14	0.14	—	—	17.4	6
营养	—	—	—	—	—	1.15	1.15	4
营养回收	0.27	0.00	0.03	0.03	0.00	0.00	3.93	1
结构	4.53	—	—	—	—	—	4.53	1.6
线路	0.84	—	—	—	—	—	0.84	0.3
总值	28	0.68	1.44	1.44	3.15	1.48	284	—
ESM 合计/kg	28	30.83	77.55	93.35	39.32	14.79	284	—
ESM 占比/%	9.81	10.87	27.34	32.91	13.86	5.21	100	—
等效因子		45.2	54	65	1.25	周期=10 年		

注：① 体积等效因子被调整为允许 50%的额外空间供乘员进入；② ESM=230 kg+ 5.41 kg·年⁻¹× 飞行年限；③ 电力为平均值。

如上所述，在当时评价时实施了一些改进，例如针对荧光灯光源，利用电子镇流器替换了传统的电感镇流器。在进行该 ESM 评价时，采用的等效因子如下：体积为 45.2 kg·m⁻³，假设在当地利用火星土壤进行辐射屏蔽；电力为 54 kg·kW⁻¹，假定用核能发电；制冷为 60 kg·kW⁻¹；乘员工时为 1.25 kg·人⁻¹·h⁻¹，其基于火星表面成本（Hanford，2002）。计算得到的 ESM 值会随着所采用的等效因子及所选用技术的变化而变化。即便这样，光照仍然占总 ESM 的 43%。然而，当电力成本被提高到 749 kg·kW⁻¹ 时，则光照在 ESM 中的占比会上升到 60%。在此，他们将 ESM 总结为两项，其中一项固定，另一项随时间变化。在该事例中，每平方米植物栽培面积的 ESM = 230 kg + 5.41 kg·年$^{-1}$×任务时间（年）。因此，有必要进一步开展优化设计，以使该等式中的两项数值均能下降，这样才会降低系统的总 ESM。

另外，他们也开展了不同光照类型条件下每平方米植物栽培面积的 ESM 计算，最后证明采用自然光照具有优势，而最好的火星温室植物光照模式是：白天自然光+夜间补充人工光照。

| 14.3　小　　结 |

开展系统接口设计和整体结构设计评价，对于掌握受控生态生保系统的实用性和可应用性具有非常重要的作用。本章介绍了受控生态生保系统内部舱段之间及内部与外部之间可能存在的各种接口关系，解决这些问题对于确保受控生态生保系统持续、平稳、高效、安全及可靠运行至关重要。另外，本章重点介绍了系统整体结构设计合理性评价的主要方法——ESM 分析计算方法。利用该方法，重点对系统中各个子系统的体积、质量、电力、制冷和所需乘员工时等五大参数分别进行了等效质量换算与求和，并对各个子系统的等效质量分别进行求和，从而得出系统的总 ESM 评估值。从 ESM 评估值的角度来讲，该值越小，说明该受控生态生保系统越是得到了优化。此外，本章从不同规模和层次对各种受控生态生保系统进行了较为详细的 ESM 评价。评价结果表明，从整体来看，电力、制冷和体积 3 个因素占总 ESM 的 70%（尽管这部分的 ESM 是用最坏情况下的等效因子进行计算的），这应该是受控生态生保系统所面临的主要问题。因此，为了使 ESM 值实现最小化，需要对系统做进一步节能降耗（例如植物光照以自然光为主，而以补充人工光照为辅）和轻质可膨胀舱体结构等优化设计。

第 15 章

系统可靠性与安全性保障措施

受控生态生保系统是人工密闭微生态循环系统，其基于地球生物圈的基本原理，为适应月球或火星基地等空间环境特点而被设计建造的。在深空探测任务中，乘员会远离地球，并且处境会不断变化，而后勤补给会变得十分困难，这就需要系统具有很高的可靠性和安全性，以确保长期飞行任务中乘员的生命安全。然而，在建设、部署和长期运行受控生态生保系统的过程中，会面临诸多系统可靠性和安全性方面的问题与挑战，因此，必须综合分析并制定严密的可靠性和安全性保障措施，以及可能出现的风险应对预案。

|15.1　可靠性与安全性概述|

15.1.1　基本概念

在月球或火星基地，受控生态生保系统必须实现高效、高稳定、高可靠和高安全性运行。然而，在距离地球遥远、环境条件恶劣、各种资源极其受限的情况下如何实现上述目标是必须要回答的问题。其中，可靠性和安全性是两个极其重要的方面，是实现受控生态生保系统高闭合度、高效率和高稳定运行的重要保障基础。

可靠性（reliability）与安全性（safety）紧密相关，但又存在差异。在我国国标 GB/T 3178《可靠性维修性术语》中，将可靠性定义为："产品在规定的条件下和规定的时间内，完成规定功能的能力。"在国军标 GJB 900—90《系统安全性通用大纲》中，将安全性定义为"不发生事故的能力"，事故是指"造成人员伤亡、职业病、设备损坏或财产损失的一个或一系列意外事件"。可见，两者在研究的对象及目的上是有差异的。可靠性研究的对象是故障，其目的是减少故障的发生，而安全性研究的对象是危险，其目的是减少事故的发生。对一个实际工程系统而言，可靠性与安全性的关系可以概括为以下 4 句话：

① 一切都不可靠，则肯定不安全。

② 一切都可靠，但不一定安全。例如舱门的开启是非常可靠的，但开启的时间过长，在某种特定情况下可能会造成人员伤亡。

③ 某些部分不可靠，但不一定不安全。例如采用容错技术，即使某些部分发生故障，而系统仍有可能是安全的。

④ 可靠性是安全性的基础。

虽然目前人类载人航天出现的几起重大事故都发生在发射前、发射段或返回着陆段，而在轨飞行任务中的多起故障尚未造成安全性事件，但是可以预料，在深空载人长期飞行中，受控生态生保系统的可靠性和安全性会直接关系到整个任务的成败。

15.1.2　可靠性与安全性设计准则基本制定方法

对于长期太空飞行受控生态生保系统的建造，需要有针对性地制定可靠性与安全性设计准则，将系统的可靠性与安全性要求和规定的约束条件转换为系统设计中应遵循的具体并有效的技术设计细则。在此基础上，应根据系统的组成、特点、任务、要求及其他约束条件，将通用的标准及规范进行剪裁，同时加入已有设备研制的相关经验，从而形成系统专用的可靠性与安全性设计准则。

可靠性与安全性设计准则的内容涉及面较广，包括降额设计、热设计、简化设计、冗余度设计、环境防护设计、电磁兼容设计、容错设计及人因工效学设计等诸多方面。通常，制定可靠性与安全性设计准则的方法包括以下几个步骤。

① 收集并分析国内外资料，例如有关的规范或指南等，特别是对成功或失败经验（例如生物圈 2 号）加以归纳和整理，形成初始的可靠性与安全性设计准则。

② 将初步形成的设计准则提交相关设计人员，以供其讨论、修改或补充完善，从而使该准则进一步体现系统化及产品化。

③ 对可靠性与安全性设计准则加以整理，进而使之条理化、系统化和科学化。

对上述步骤反复进行几次后，即可形成完整而系统的可靠性与安全性设计准则，经对相关人员进行适当培训后，可在整个项目设计工作中得以贯彻执行。然而，在此过程中还需要对该准则不断总结经验教训，并不断修改完善。

15.1.3　可靠性分析基本方法

可靠性分析的常用方法之一是进行故障模式影响分析（failure mode and effects analysis，FMEA），即通过对系统组成的各层次单元所存在的各种潜在故障模式及其对系统功能的影响进行分析，把每一个潜在故障模式按其后果的严重程度予以分类，并提出可以采取的预防改进措施，因此是提高系统可靠性的一种定性分析方法。这里，举一个实例，具体见表 15-1。表中的几个基本概念如下。

① 故障模式：是指故障的一种表现形式，如参数漂移、功能或部分功能丧失、断裂、接触不良、泄漏、腐蚀等。

② 故障影响：是指每种故障模式对其使用、功能或状态所导致的后果。可以分为三个层次的影响：局部影响是指该故障模式对当前所分析层次产品的影响；高一层次影响是指对当前所分析层次再高一层产品的影响；最终影响是指对最高层次产品的影响。

③ 严酷度：是指某故障模式所产生后果的严重程度。其可被分为四类：Ⅰ类（灾难型）是一种会引起人员死亡或系统（如飞行器或运载火箭）毁坏的故障；Ⅱ类（致命型）是一种会引起人员的严重伤害、重大经济损失或导致任务失败或系统严重损坏的故障；Ⅲ类（临界型）是一种会引起人员轻度伤害、一定的经济损失或导致任务延误或降级的轻度损坏的故障；Ⅳ类（轻度型）是一种不足以导致人员伤害、一定的经济损失或系统损坏的故障，但它会导致出现非计划性维护或修理。

这里以受控生态生保系统中植物 LED 光照单元为例加以说明。LED 光源是目前适用于植物生长所需的主要人工光源，其工作的可靠性直接关系到植物能量的有效获取，对光能到化学能及相关物质成分的转换具有重要作用。LED 灯板出现故障的各种可能模式及影响分析见表 15-1。实际故障的严酷度与受损 LED 灯板的面积呈正相关。因此，若 LED 灯板备份件不够充分，将引起植物生长光源得不到保证，从而会导致整个飞行任务时间缩短，进而严重影响任务计划的顺利完成。

表 15-1　故障模式与影响分析实例

| 项目名称 | 功能 | 故障模式 | 故障原因 | 任务阶段工作模式 | 故障影响 | | | 故障检测方法 | 补充措施 | 严酷度 | 备注 |
					局部影响	高一层次影响	最终影响				
LED灯板	为植物生长提供光照	亮度不足或不亮	LED性能下降或损坏	全任务阶段	使得相应生物部件功能下降或丧失	导致向舱内提供的氧气量减少及二氧化碳净化能力下降，并导致食物生产能力下降	任务飞行时间缩短	目测	更换备件	Ⅲ	影响与LED损坏面积成正比

15.1.4　安全性分析基本方法

安全性分析的常用方法之一是危险分析，其主要目的是识别危险，以便在寿命周期内采取各种措施来消除或控制这些危险。国军标 GJB 900—90 中规定主要的危险分析有 4 种：初步危险分析（PHA）、分系统危险分析（SSHA）、系统危险分析（SHA）及使用和保障危险分析（O&SHA）。以初步危险分析为例，说明其分析方法。

初步危险分析是在系统或设备的寿命周期内进行的第一种安全性分析方法，是其他危险分析的基础。它应在系统或设备研制的初期进行，最好在论证阶段就开始。初步危险分析的主要目的是识别危险、确定安全性关键部位、评价各种危险会导致的风险、确定安全性设计准则，并提出消除或控制危险的措施。进行初步危险分析时，至少应考虑下列内容，以确定和评价危险。

① 危险源。载人航天飞行的主要危险源包括环境、火灾、爆炸、振动、冲击、噪声、静电放电、辐射、电磁干扰、污染、极限温度、毒性物质、生物、生理及心理等。

② 系统部件间接口的安全性。例如，材料间相容性、电磁干扰、意外触发、火灾或爆炸的发生和蔓延、硬件和软件控制等，包括软件对系统或分系统安全性的可能影响。

③ 对控制安全性关键的软件指令和响应的安全性设计准则。例如，识别错误指令及不适时的指令或响应等，因此，应采取适当措施，并将其纳入相关软件和硬件设计要求中。

④ 与安全性有关的设备和保险装置等的可能备选方法。例如，联锁装置、冗余技术、硬件或软件的故障安全设计、分系统保护、灭火系统、人员防护设备、通风装置、噪声或辐射屏蔽等。

⑤ 操作、试验、维修和应急规程。例如，人因工效学、操作人员的作用及任务要求等的人为差错分析；设备布置、照明要求、可能外漏的有毒物质等因素的影响；噪声或辐射对人能力的影响。

⑥ 保障设备。例如，用于含有危险物质的系统或组件的储存、组装、检查、检验等方面的设备，射线或噪声发射器及电源等。

常用的初步危险分析工具是表格，表格的形式及内容会随着被分析的系统或设备的特点而异，但大部分内容类同。美国 NASA 对航天飞机进行初步危险分析的事例见表 15-2。另外，在该表中列举了大气环境中乙烯浓度高于 50 ppb 时对植物生长与发育影响的初步危险分析方式。

表 15-2　初步危险分析事例说明

危险状态	危险原因	危险影响	危险等级	安全性要求	危险控制
电源中断（航天飞机总动力丧失）	氢气或氧气系统污染	乘员死亡、航天飞机坠毁	灾难型（Ⅰ）	1）在验收期间应证明低温系统是干净的，对系统维修后，应重新进行验证； 2）在每次维护保养前，应对地面保障设备的低温源抽样验证其纯度； 3）设有独立的燃料电池污染检测点； 4）在每个接口前应装有过滤器； 5）所选材料应与反应剂相兼容	1）在合规鉴定试验期间，应证实燃料电池工作在所规定的纯度条件下； 2）对冷却剂进行预加装抽样检查和纯化；每次打开抽样验证时，应将污染控制在所规定的要求范围内
大气环境中乙烯浓度高于50 ppb	乙烯去除装置功能下降或失效	植物早熟和果实腐烂	轻度型（Ⅲ）	1）对环境中乙烯浓度进行监测，一旦出现明显上升趋势，需对去除装置进行及时检查； 2）若发现物理光催化氧化法失效，需及时启动备份的化学高锰酸钾氧化法	1）对物理光催化氧化法中的催化剂需考虑一定备份； 2）高锰酸钾为强氧化剂，具有一定的腐蚀性，因此需按规定对其采取防护措施

进行初步危险分析时，应注意以下几个问题：

① 应在研制初期进行，并随着设计的进展而不断修改和完善。若（分）系统的设计已达到可进行详细的（分）系统危险分析时，应终止初步危险分析。

② 由于初步危险分析是其他危险分析的基础，应尽量全面识别各种危险状态及由此带来的各种系统问题。

③ 应提出危险控制措施的建议，以便改进设计而消除或减少危险，从而将风险控制在可以接受的水平。

|15.2　系统可靠性分析与措施|

月球或火星基地远离地球导致其后勤补给十分困难，加之面临的环境比较恶劣，从而给受控生态生保系统的正常运行及维护等带来很大挑战，因此，必须使该系统能够实现高自动化和高可靠性运行。为了实现系统的高可靠性运行，可能需要考虑以下多方面的因素，具体如图 15-1 所示。

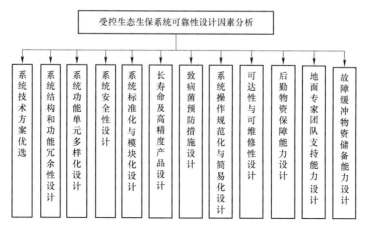

图 15-1　受控生态生保系统可靠性运行设计因素分析

15.2.1　系统技术方案优选

实现受控生态生保系统的功能应当有多种途径，那么采用哪种途径才能够达到可靠性最优的运行效果呢？这就需要对选择的技术方案进行综合论证与评价，包括系统的大小、质量、功耗、结构层级关系及操作的复杂难易程度等，以便从中遴选出较优方案，从而提高系统的高可靠性运行水平。

15.2.2　系统结构和功能冗余性设计

为了保证受控生态生保系统的高可靠性，一般需要在系统结构和功能上设计一定的余量。结构余量设计一般在 5%～20%。例如，Zeidler 等（2017）在设计月球温室舱的重量和能源需求时，遵照了如下基本原则：当技术已知并被应用时，其质量和能源需求均采用 5% 的冗余度；当技术仍然处于发展阶段时，则采用 10% 的冗余度；当技术还从未得到试验时，则采用 20% 的冗余度。在整个预算中，从系统角度又额外增加 20% 的冗余度（见表 14-1）。另外，还需要增加系统中的重要结构零部件和材料的备份设计。

15.2.3　系统功能单元多样化设计

一般认为，提高受控生态生保系统安全性与可靠性运行的重要方法之一是增加其功能单元的多样性，这样就能够起到一个"三脚架"稳定的作用。例如，在本系统的能源供应单元中，拟采取核能、太阳能和化学燃料电池三种混合式产能供电方式，它们之间互为备份，但又不完全是备份关系，这样就构成了一种"三脚架"稳态关系，从而能够保证能源的稳定供应。另外，在植物光照系统中也拟采用自然光直接光照、自然光间接光照和人工光照三种混合式光照方式，目的也是使系统中植物光照保持稳定而可靠的运行状态。对于植物、动物和微生物等生物功能部件，也应当考虑互补性和相容性好的生物多样性设计，并需要尽量选择抗逆性和抗病虫害能力强的生物物种，从而提高系统抵御不利环境条件的能力和自恢复能力（self-restoration）（Bartsev 和 Okhonin，1999）。

15.2.4　系统安全性设计

在受控生态生保系统的安全性设计中，所采用的技术应成熟而可靠；所选用的材料应无放射性，并极少有挥发性；对外太空环境和舱外环境等应具有良好的适应性，例如，舱外设备或材料应分别具有抗高真空、低重力、低压、高温差、高辐射或流星体撞击等的能力，而且舱内外设备应具有适应在低重力环境下工作的能力。系统应具有良好的舱体防撞击和泄漏处置措施。另外，应具有防火、防意外有害气体发生与扩散等能力。通过采取各种强化措施，从而提高系统的坚固性（robustness，也叫健壮性或鲁棒性），进而提高其运行的可靠性（Escobar, Nabity 和 Klaus，2017；Escobar 和 Escobar，2019）。

15.2.5　系统标准化与模块化设计

受控生态生保系统是一个异常复杂的人工密闭环境体系，涉及的接口关系非常多。因此，需要尽可能采用标准化设计，这样一方面容易掌握系统的性能特点，另一方面便于从地面进行保障。另外，应尽量采取模块化设计思路，这样便于设备的安装部署和维修更换，也有助于保障系统的安全及可靠运行。

15.2.6　长寿命及高精度产品设计

受控生态生保系统距离地球遥远，可采用的维修或更换的方法措施必定十分有限，因此必须实现设备和产品的长寿命运行。为了保证系统能够长寿命运行，需要强化产品以下方面的高标准规范要求：设备工作负荷、工作场地、使用流程和日常的维护保养措施等。另外，需要研制长寿命的氧气等传感器，并能够对传感器等测量产品实施定期校准。

15.2.7　致病菌预防措施设计

在受控生态生保系统中，加强可能出现的致病菌防治对于确保系统的高可靠性运行至关重要。系统内应当具有一套真菌等微生物防治措施，以确保实现包括仪器设备或电缆表面的紫外线或化学试剂消毒、营养液等液体的紫外线消毒、各种固体表面的化学试剂消毒及空气的过滤或紫外线消毒等。另外，需要在舱间采取微生物隔离和在气闸舱中安装风淋设备等措施。

15.2.8　系统操作规范化与简易化设计

系统的规范操作对于提高其安全及可靠运行具有很大作用。因此，在设备运行过程中，必须制定严格的操作工作手册，要求乘员必须严格按照该手册进行规范操作。另外，必须按照简单化原则进行系统设计，这样才有可能保证少出错或不出错，从而提高系统的安全与可靠性运行水平和能力。

15.2.9　可达性与可维修性设计

可达性（accessibility 或 reachability），即指可到达性或可接触性。在受控生态生保系统设计中，应确保对每一件产品都能够接触到，以便掌握各个产品的基本运行状态，并便于日常保养（如果有些产品不需要保养，则除外）。另外，可维修性（maintenanceability）首先要包括可达性。其次，要包括实施拆卸、保养或更换的方便性（convenience）。

15.2.10　后勤物资保障能力设计

后勤保障，主要指用于维修更新所需的设备零部件和密封等材料从地面的补给运输，可能包括气/水泵、电磁阀、过滤组件、LED 光源、垫片及密封胶等。另外，需要包括乘员的部分生保物资的后勤补给，这样才能间接提高系统的可靠性运行水平。

15.2.11　地面专家团队支持能力设计

受控生态生保系统的良好运行离不开地面专家团队的有力支持。这一专家团队应当由工程、技术、电子、植物栽培、动物饲养、微生物废物降解、藻类培养和食用真菌栽培学等专家成员组成，其主要职责是根据基地传回的数据和图像等进行诊断、答疑解惑并予以决策等。

15.2.12　故障缓冲物资储备能力设计

故障缓冲物资是指储藏于基地的氧气、水和食物等储藏物，其被用于一旦某个植物栽培舱出现故障时，来应急保障航天员的生命安全。对于储备来说，由于无法预料食物是否会出现过剩生产，因此，一旦某个舱出现故障，则可能会导致可用资源不足。故障缓冲物资的规模与植物栽培舱的数量成反比，植物舱的数量越多，则所需的故障缓冲物资的储备量就可以越少。另外，应该对所需缓冲物资的储备规模进行评估，以便达到保障系统在一定时间内处于发生意外事故而能够继续运行的基本要求，包括恢复系统中生物再生和/或从地球进行资源补充的时间。另外，需要预测氧气、氮气、二氧化碳、水和养分等缓冲物资的合适储备量，从而增加系统的稳定性和持久性。

| 15.3　系统安全风险分析与措施 |

尽管会尽力提高系统的高可靠性运行能力，但是系统遭遇风险甚至故障是不可避免的。因此，在发射之前，根据地面试验验证的结果、经验及结合太空的环境条件，必须进行严密的风险评价，阐明各种会导致性能下降的潜在故障模式及其可能产生的危险，并制定相应的防范措施。经梳理，以下简要介绍受控生态生保系统可能遭遇的部分较为严重的危险分析及其基本应对措施（图 15-3）。

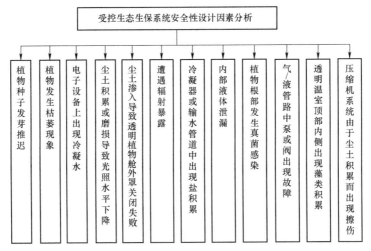

图 15-3　系统安全性运行设计因素分析

15.3.1　植物种子发芽推迟

目前初步认为，未来载人火星飞行的基本程序是，先发射火星温室并在乘员到达基地前一定时间内，自主启动植物种子浇水和大气环境控制等作物栽培程序，待乘员到达基地后，作物则基本达到成熟而可供乘员食用。在地球与火星的转移轨道上，假定具备多个轨道器或登陆器以从地球工作站到火星基地来回传送数据，然而，在数据发送与接收之间，仍然会具有约 45 min 的延迟。显然，这种延迟有可能会阻碍地面操作人员对系统故障做出快速反应。因此，未来应模拟通信时间延迟来评价其对系统性能的影响，以及在各种故障模式下恢复系统的能力，其中也包括开发与验证太空植物种子发芽推迟的补救措施。

15.3.2　植物发生枯萎现象

在一天当中，由于火星与地球之间的通信可能会被限制在一个较窄的时间段内，因此，假如出现植物萎蔫或其他紧急事件，在地面操作人员对此情形能够探测或做出反应之前，这些植物有可能就已经受到伤害。该系统应能够处理植物图像，以判断萎蔫是否发生。如发生，则应切换到应急模式，并通过深空网络向地球工作站发送紧急信号。目前，由于在地球与火星之间尚不具有可靠的遥测通信技术，因此对恶化的环境参数无法立即做出反应，从而会对作物造成威胁。鉴于此，应部署多个火星轨道器，以增加地球与火星之间的通信能力。

15.3.3　电子设备上出现冷凝水

在受控生态生保系统植物舱中，大气中的水蒸气有可能会冷凝在裸露的电子设备上而导致电线短路，这样必然会导致电力系统性能下降或发生故障。因此，在系统设计中，应尽量减少电子部件在大气中的暴露程度，并且所暴露的部件应当能够抗水或防水。

15.3.4　尘土积累或磨损导致光照水平下降

在火星表面上发生尘暴时，其波及范围会很广，并且会持续数天或数周，这样尘土会积累在透明温室（假如采用这种类型）的外顶部或擦伤该系统，因此可能会导致温室壳体的透光率下降到乘员生存和太阳能发电的可耐受水平之下。因此，在大风和/或低光照期间应关闭外罩，这样在尘暴期间实施人工光照并保护太阳能电池板免遭受损。据初步估算，所存储的电量能够在中等长度的尘暴期间维持供电。然而，当尘暴持续时间超过两个月时，则可能无法为人工光照提供足够动力。

15.3.5　尘土渗入而导致透明植物舱外罩关闭失败

Darnell 等（2015）提出，如果采用透明温室，则需要设计蛤壳式的两半外罩，拟在夜间或出现尘暴天气时被用于覆盖透明温室。由于蛤壳式的外罩在白天期间被打开以使温室接受自然光照,因此尘土有可能渗入活动关节(或合页处),这样就可能会导致关闭外罩时出现机械故障,进而由于夜间低温而导致植物受损。因此,在设计蛤壳式的外罩时,需要引入气密关节。

15.3.6 遭遇辐射暴露

与地球相比,火星表面的太阳和银河辐射量均呈现大幅增加,因此透明温室内的植物可能由于遭遇辐射暴露而受到损害。一般认为,植物对辐射的耐受极值为 1 000 REM。在 100 天飞行期间,预计所接受的辐射暴露量为 20 REM。因此,对于短期驻留,无须对辐射采取任何措施,而对于长期飞行(根据上述计算,应该在 10 年以上),则应采取一定的防护措施。

15.3.7 冷凝器或输水管道中出现盐积累

在植物舱栽培系统中,已溶解于营养液中的固体物质有可能会出现盐沉淀,并在温控系统的水蒸气冷凝器、水泵、栽培基质通向水储箱的输水管道等设备中积累,从而会出现阻塞物并导致冷凝效率或流速下降。如果长期或多代使用,则应当对系统进行定期维修,主要措施是用干净水冲洗上述设备和输水管路。

15.3.8 内部液体泄漏

在受控生态生保系统中,由于液体在压力作用下会经过水管理系统,从而有可能使水从该系统中渗漏,这就会导致其中植物可利用的整体水量降低,并可能损害其他系统部件。鉴于此,必须对各种部组件进行选择与试验,以使其能够承受预期水压并尽量减少发生泄漏的各种可能性。

15.3.9 植物根部发生真菌感染

在受控生态生保系统中,由于富营养的水会被再生并回流进入水储箱,这样则有可能导致真菌孢子生长并感染植物根系(出现根腐病),进而导致植物生长受损和整个种植失败。因此,最好对根基质进行连续通气,并对水进行连续循环。另外,可利用紫外线消毒器来去除或杀死真菌孢子或其他病原菌。

15.3.10 气/液管路上泵或阀出现故障

在月球或火星表面的极端温度、高真空、低压力和低重力等综合环境条件下,机械装置或运动部分的部件出现故障的风险较高。以上风险有可能导致泵或阀出现故障,从而导致植物根部出现水分损失等问题。因此,应当对这些关键机械部件考虑增加冗余度设计等措施。

15.3.11　透明温室顶部内侧出现藻类积累

由于月球或火星温室内的大气条件有利于藻类生长，因此后者则有可能在温室的透明顶部内侧或人工光照系统上生长和积累，这样就会降低或阻碍来自太阳和人工光源系统的光线输入。在未来的透明温室设计中，应评价其风险程度并考虑阻止藻类生长的可能方式。

15.3.12　压缩机系统由于尘土积累而出现擦伤

假如从火星大气提取原位二氧化碳并使之进入系统，则可能会导致压缩机系统被尘土擦伤而降低其性能或引起系统故障。因此，在设计中可以通过利用特殊过滤器来减轻这一问题。然而，未来的工作应当考虑其他设计方法来进一步减轻这一问题。另外，尽管在火星尘暴期间蛤壳状外罩会被关闭，但还是存在由于尘土在温室顶部积累而导致其透光率下降的可能。这样，在未来的系统可靠性研究中，应开展在温室顶部和光伏太阳能电池板上预期出现的尘土积累模拟试验，并探索相应的解决措施。

在系统结构局部泄漏、大气环境控制、植物栽培、植物光照、废物回收、能源供应和原位资源利用等诸多方面，也会出现不同程度的安全风险与隐患等问题，因此，也必须对其逐项进行分析并制定分级措施预案。

|15.4　小　　结|

月球或火星基地受控生态生保系统远离地球，其可以得到的后勤补给、维修保养和地面支持等手段十分有限，因此必须加强该系统的高可靠性设计，包括高度自动化、结构加强、设备和材料冗余度增加及操作运行必须符合规范要求等。本章介绍了可能影响系统运行可靠性的 12 种因素，并初步提出 12 种可能面临的主要风险及其应对措施。然而，针对可靠性设计及故障应对模式，还应该进一步开展工作，以尽可能掌握影响可靠性设计的各种因子，并尽力考虑到各种可能的应对措施或手段；另外，需要在地面上开展各种模拟或仿真研究，以验证这些理论或措施的有效性，并提出相应的改进措施和严密的防范措施预案等。

除了以上考虑外，还需要认真对待系统中生物多样性的设计问题。增加生物多样性能够提高系统中生物部件功能的互补性和物质流的稳定性，并提高系统抵御病虫害和其他诸如大气高低温、高二氧化碳浓度、高乙烯浓度、土壤盐害、干旱或水涝等各种逆境环境条件的能力，进而增强系统的自恢复能力，以便最终提高系统的可靠性运行水平。另外，在植物光照和能源供应等方面，同样需要强调方式多样性的设计思路。

第 16 章

系统运输、部署和运行措施

航天发射运输和部署能力是建设受控生态生保系统的重大瓶颈因素。众所周知，就目前的发展水平来看，受控生态生保系统的体积和质量都比较大，超出了现有任何航天器的发射能力。因此，为了适应航天器的发射能力和达到月球或火星表面后的部署能力，对于受控生态生保系统的结构设计、材料和仪器设备选用及技术途径与手段等，都需要探索相应的措施来加以解决。纵观国际研究进展，目前的一种看法是，先进行无人发射，实现受控生态生保系统的完全自动化部署及启动食物自动化生产操作，并进行一定量的食物自动化储藏。待系统能够满足少数乘员（例如 4～6 人）的基本生存保障需求时，再进行有人发射。随后，拟采取系统逐渐扩大、驻留人数越来越多、物质闭合度越来越高这样一种发展路线图来稳步发展。下面就该系统的星际运输、地外星球表面部署和初始运行等方案予以阐述。

| 16.1 系统包装与运输方案 |

16.1.1 发射与登陆基本要求分析

在进行受控生态生保系统设计时，必须考虑航天发射器的能力问题。载荷可具有的体积和质量是由所选择航天器的整流罩直径及航天器的发射能力所决定的。例如，美国 NASA 所制定的相关设计指南允许设计 30 t 的有效载荷航天器，这一载荷重量被用作进行航天器筛选的基本准则。

苏联 20 世纪 70 年代研制成"能源（Energia）"超重运载火箭（与美国的"土星 5 号"运载火箭相竞争），目前还没有这样的重型火箭。声称"能源"火箭能够将 100 t 的货物运达低地球轨道（LEO），然而该项目在 1993 年已经停止。接下来的是美国的"泰坦 4 号"运载火箭和航天飞机，能够将 24 t 的载荷发射到 LEO，然而，要发射到火星轨道，则载荷只能被减小至约 15 t。因此，基于以上数据，目前航天器的运载能力还不能满足针对受控生态生保系统的发射要求，所以只能寄希望于正在研制的发射器。目前，最有希望的是美国 NASA 马歇尔航天飞行中心设想的 Magnum 运载火箭，据称，其近地轨道的运载能力可达 80 t。虽然该运载火箭尚未得到研制和试验，但假定其到任务期间能被使用，则可以将 30 t 的载荷发射到火星。

Munson 等（2002）设想，利用 Magnum 运载火箭将其设计的火星可展开温室（Mars Deployable Greenhouse，MDG）及其中所包含的"其他重要载荷"发射到 LEO，在此其会与之前被另一枚 Magnum 运载火箭发射的核热火箭（Nuclear Thermal Rocket，NTR）驿站进行对接。这里假定"其他重要载荷"也是要被发往火星的。

另外，在地火转移轨道（Trans-Mars Injection，TMI）阶段，拟由核热火箭发动机驱动，尽管目前尚不存在这样的推进方法。假如 MDG 中包含进行植物栽培所需要的各种系统，则必然会超过现有发射技术所能达到的能力。最初，利用 NTR 发动机从 LEO 开始出发，随后在飞往火星的过程中会做一些路线调整。一旦 MDG 进入环绕火星轨道，则将启动气动刹车（aerobraking），同时利用 NTR 发动机来实施离轨驱动，并帮助其在进入火星大气层之前分离巡航段减速伞（cruise stage aeroshell）（Munson 等，2002）。

16.1.2 设备发射前包装方法案例分析

为了满足上述发射的基本要求，在地面发射前，需要对受控生态生保系统舱体进行包装。其基本的运输包装原则是，把系统处于正常展开状态的各个舱体进行折叠、压缩、拆卸和装填等，从而使其包装体积实现大幅度压缩，以便能够适应航天发射器整流罩内部的有效载荷容积。另外，在包装中需要注意产品的质量分布，以满足航天发射器对被发射产品的基本重心要求。

1. 案例一

前面介绍过，美国亚利桑那大学设计成"轮毂+辐条型"的受控生态生保系统结构构型，又被称为月球温室样机，如图 16-1 所示。其核心理念就是将呈辐射状的各个柔性舱体打包放入处于轮毂部位的金属刚性结构中心舱。该系统顶部具有保护帽，底部具有六条刚性腿，系统着陆后可垂直站立，这样有利于保护系统不受碰撞伤害并有利于随后的拆装与部署等（图 16-1）。

2. 案例二

德国航空航天中心空间系统研究所的 Zeidler 等（2017）认为，可以利用美国 NASA 正在研发的大推力空间发射系统（Space Launch System，SLS），经过单次发射将前

图 16-1 美国亚利桑那大学设计的"轮毂+辐条型"概念月球温室被包装后的外观图（引自：Sadler 等，2009）

面介绍过的 4 个花瓣状温室舱运输到 LEO 轨道,之后由转运器将其运输到月球表面。SLS 的总质量为 70～130 t,整流罩尺寸约为 8.4 m(直径)×17.3 m(高度),因此其中能够装下可膨胀温室及刚性中心舱外面的载荷承载横梁和地板等次级结构。另外,与 ESA "阿丽亚娜 - 5 型"火箭和其他现存的火箭相比,SLS 载荷整流罩的高度增加可以装载刚性中心舱顶部的太阳能收集器,如图 16 - 2 所示。接着,可将中心舱和可展开温室平躺在月球表面,必要时可将其安装在预制的支撑平台上。之后,在温室中安装刚性地板,以便在温室到月球表面/保障平台之间安装载荷通道。另外,这些刚性地板可为乘员到达温室的储藏区提供行走通道,并为结构部分提供界面,以支撑温室舱壁及其内部结构。

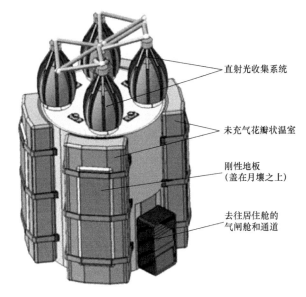

直射光收集系统

未充气花瓣状温室

刚性地板
(盖在月壤之上)

去往居住舱的
气闸舱和通道

**图 16 - 2　德国航空航天中心空间系统研究所设计的花瓣状概念温室舱
发射前被打包后的状态(引自:Zeidler 等,2017)**

此外,可对包装结构中温室非膨胀刚性中心舱的体积进行调整,使其不仅能够包含实际的温室壁材料(为进一步提高包装率留出空间),还能够包含可展开结构中所需的结构部件,以及大量的可展开子系统部件(如撑杆和地板)。下一步,还需要详细开展精确的包装方法优化研究。需要利用限制带对被打包的温室进行固定,并且最可能的是将可折叠居住通道在发射和转移飞行阶段固定在适当位置。

在上述温室舱的被打包结构中,在其中心舱内部不仅包括被安装前的系统,还包括种子盘管、LED 灯板、风扇及其他子系统组件,同时还需要为航天员提供通道,以供其在部署阶段能够通行。

| 16.2 系统部署方案 |

系统产品被发射并到达月球或火星表面后,尽管其质量较在地面上会减小很多,但由于其体积和质量本身均比较大,因此如何进行产品拆卸、移动、安装和调试运行等,均会存在很大问题。下面将结合具体案例加以分析。

16.2.1 设备搬运方案

一般认为,产品一旦到达月球或火星表面后,需要依托吊装设备进行搬运,但吊装设备的大小又不可能像在地面上的一样大。针对这一问题,美国 Sadler 机器公司的 Sadler 等(2014)提出,可以借鉴美国 NASA "好奇号" 火星探测器的空中吊车(Sky Crane)概念来使受控生态生保系统在火星表面安全着陆,然后由航天员重置来改变其用途,从而使之作为遥操作器而实现运行,如图 16 - 3 所示。在空中吊车与需要被搬运的舱体设备之间连接有缆绳,一旦需要挪动或搬动设备,则可通过无线电遥控空中吊车而使之向前倾斜并拖动舱体前行,并最终到达所要求的安装位置和达到所要求的角度(图 16 - 3)。

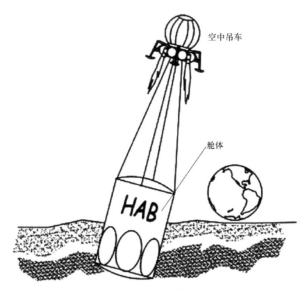

图 16 - 3 空中吊车(Sky Crane)倾斜后拖动舱体向前移动示意图
(引自:Sadler,Furfaro 和 Patterson,2014)

16.2.2　舱体组装方案

1. 案例一

1）总体部署思路

一般情况下，受控生态生保系统应被分批次发射与组装，种植面积随舱体数量逐渐增多而增加，这样可以保障的乘员人数也就会相应增加。例如，意大利的 Finetto 等（2010）设计了拟被部署于月球南极的永久性人类月球探测基地（Permanent Human mOon Exploration BasE，PHOEBE）。该基地的人员和舱体规模等发展规划见表 16-1。

表 16-1　永久性人类月球探测基地人员规模发展和舱体组装方案
（引自：Finetto，Lobascio 和 Rapisarda，2010）

乘组规模 /人	栽培面积 /m²	完全照料 FARM 的乘员人数	舱体数量（包括连接单元）/个
3	77	0.7	2
9	231	2	3
18	538	5	5
满足维生素和矿质营养元素供应，以应对乘组人员增加			> 5

2）舱体组装程序

① 在月球表面登陆，如图 16-4 中的第一步所示。这一阶段共部署两个舱，包括一个中间连接舱和一个植物舱，植物栽培面积可达到 77 m²，拟保障 3 名乘员（见表 16-1 中的第一行）。

② 增加一个舱，如图 16-4 中的第二步所示。这一阶段共包括 3 个舱，植物栽培面积达到 231 m²，拟保障 9 名乘员（见表 16-1 中的第二行）。

③ 再增加两个舱，如图 16-4 中的第三步所示。这一阶段共包括 5 个舱，植物栽培面积可达到 538 m²，拟保障 18 名乘员（见表 16-1 中的第三行）。

另外，在连接单元上还包括对接口，以便将来可能增加新的连接单元和舱体，从而继续增加栽培面积，以应对将来乘组规模的进一步扩大。

2. 案例二

如前所述，美国亚利桑那大学提出概念性月球温室的基本部署思路。计划

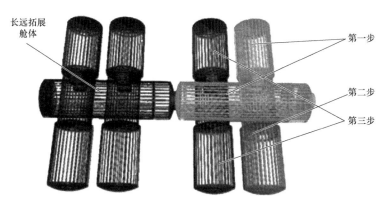

图 16-4　一种井字形永久性人类月球探测基地舱体
组装集成方案（引自：Finetto，Lobascio 和 Rapisarda，2010）

分三个阶段实施运输与部署：初期只设一个温室，中期加一个温室，后期再加
两个温室，最终共达到四个温室。拟保障四个人不同程度的氧气、水和食物等
生保物资的供应，如图 16-5 所示。同时，在不同发展阶段会分别运送其他舱
体组件、配件和材料等。

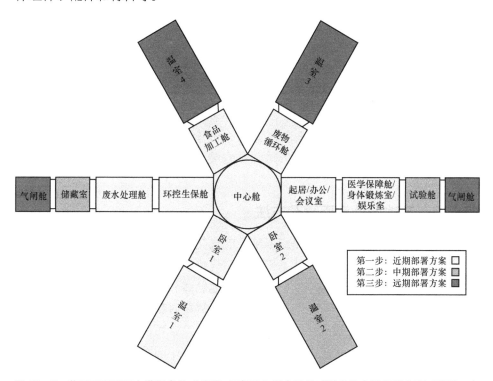

图 16-5　美国亚利桑那大学提出的"轮毂+辐条型"概念性月球温室的安装部署方案（说明：本
图参考自 Sadler，Furfaro 和 Patterson（2014）的大致文字描述）

3. 案例三

如上所述，系统舱体着陆后，一般由于带腿而处于站立状态。那么，如何拆装而进行之后的组装呢？Munson 等（2002）针对其设计的 MDG 提出的方案是，将温室舱体进行倾斜，这可以借助登陆腿和气囊完成。将可伸缩腿进行伸长，并将一侧的气囊进行泄气，以帮助推倒温室舱体。将非伸缩登陆腿自由旋转，以帮助完成该过程。另外，在温室顶部（相对于下降引擎面的这一面），对另外两个登陆腿和几个气囊也进行部署，这样就会把该温室置于垫子上并使之倾斜，从而到达最终位置。一旦温室处于水平位置，则将登陆腿固定到位，并且给其余气囊放气，以使之皱缩。上述过程应在登陆后几小时内实施完成，以便留出时间供航天器进行冷却和完成系统检查等操作。

4. 组装注意事项

如前所述，针对所设计的四个花瓣状温室舱，Zeidler 等（2017）就其组装程序也进行了规划：将刚性核心舱和可展开温室平躺在月球表面，必要时将其安装在预制的支撑平台上。之后，在温室中安装刚性地板，以便在温室到月球表面/保障平台之间提供载荷通道。这些刚性地板也为乘员到达温室的储藏区提供走道，并为结构组成提供界面，以支持温室舱壁和内部结构。另外，由于被打包仪器和消耗品的体积较大，因此可能需要依次竖起四个温室。一旦完成第一个温室的部署及必要设备的装配后，则在刚性中心舱中会腾出充足空间来满足第二个温室到达，并依次等待第三个温室和第四个温室来临。当完成了其所有安装步骤后，则开始对各个温室进行初始充气。

16.2.3　基地所处地面平整方法

由于月球或火星表面往往崎岖不平，而且又比较坚硬，因此想要填平较为困难。目前，拟采取的一种方法是采用可充气垫平技术，亦即使整个基地结构坐落于可充气和可膨胀的垫子上，以便为基地舱体和崎岖地面之间提供坚固界面。待舱体登陆后，首先对充气垫进行部署。需要对垫子进行特殊设计，以使其能够在运输期间具有最小化的包装体积。另外，也可以使垫子作为植物产生的氧气储罐，或作为从火星大气中提取的二氧化碳中间整备区。此外，需要对舱体的形状和质量、所选地点的地面坡度及预期风速（如在火星上）等进行综合分析，以评估舱体是否具有发生倾斜的危险（Janssen 等，2005a）。

16.2.4　基地舱体固定方法

由于火星上有大风和尘暴，因此必须对位于其表面上的直立或卧式舱体进行适当固定（对于位于地下或半地下的舱体，则无须固定，对于位于火星表面的金属刚性组合舱体，一般也无须固定）。一般是在舱体底部装支撑腿，使舱体能够稳定停坐在其上面，并利用缆绳和钉子固定到位（即缆绳的一头被固定在装置顶部，而另一头被斜拉，利用钉子将其固定在火星表面）。将支撑腿固定在舱体的中心之下，这样乘员就能够通过位于舱体底部的气闸舱进出系统。具体固定方法如图 16-6 所示。

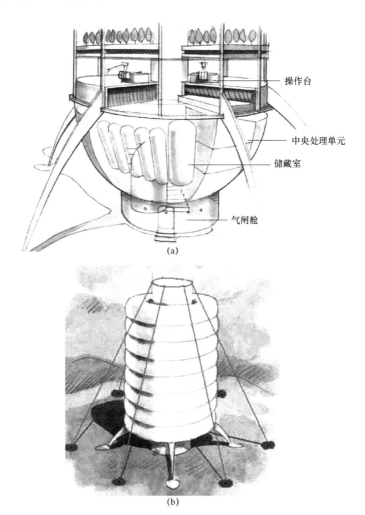

操作台

中央处理单元

储藏室

气闸舱

(a)

(b)

图 16-6　一种火星基地受控生态生保系统舱体固定方案（引自：Janssen 等，2005a；2005b）

16.2.5 辐射屏蔽方法

针对月球或火星表面上的高强度辐射，一种选择就是将受控生态生保系统舱体安装在表面下或在其舱外表面覆盖一定厚度的月球或火星土壤，这样可以直接避免太阳光中的紫外线照射并能够屏蔽宇宙射线。然而，这样会导致无法直接引入太阳光，从而可能需要在星球表面建立一系列太阳光收集器，并将太阳光在滤除短波和红外线长波后（通过改变光学透镜的色差），利用光导纤维导入地表之下的系统中，如图 16－7 所示。

图 16－7　一种"轮毂+辐条型"受控生态生保系统，其舱外拟覆盖 1～3 m 厚的月球/
　　　　　火星土壤（引自：Sadler，Furfaro 和 Patterson，2014）

| 16.3　启动运行模式 |

在火星大气中，存在有维持生命过程的二氧化碳、氧气和水蒸气等主要气体，但这些对于地面植物生长所需的气体成分的量都不足（二氧化碳除外）且比例也不合适。然而，可能没有必要从地球向火星运输这些气体，主要任务是在火星表面收集这些数量不足的气体(主要是氧气)，然后启动植物栽培。

另外，一旦能够收集到用于植物栽培的液态水，则水蒸气将会适量出现在蒸发过程中。然而，所有这些计划的施行，均需要对技术设备的质量与所收集的资源进行比较，以证明其可行性。

16.3.1　整体运行安排

基于以上分析，在月球或火星表面，受控生态生保系统的初始运行阶段大致包括以下过程：系统充气、最初水生产、系统启动、植物栽培与收获及乘员到达等，具体程序见表 16－2。

表 16－2　月球或火星基地受控生态生保系统初始运行基本方案设想

阶段划分	任务	所需技术	所需大致时间
1	到达星球、物理壳体安装与充气、工程设备安装与启动	为地面所开发的工程技术；在稀薄大气中进行弹性壳体充气等	约为 7 天（地球日），取决于在火星上的地理位置和技术与工艺发展水平
2	资源收集、人工气候和包括水循环的环境运行条件等的建立与启动	从系统外部收集对生物无害的气体和水；当地土壤的收集、校准及富集等	$n \times 30$ 天（地球日，n 为 1），需用 30 天
3	植物栽培启动：不同作物种植、氧气积累与提取等	为地面温室所研发的技术；大气氧浓缩技术	90～100 天，取决于最慢作物的发育时间及人工环境及区域培养
4	人员到达、温室面积扩大、要求人为控制的技术提高	当地土壤面积的隔离及其处理技术	$n \times 30$ 天（地球日，n 为 1，2，…），取决于技术和工艺发展水平
5	大气交换闭环启动、营养供应和水循环、固体植物材料的收获、加工和运输等	针对受控生态生保系统所开发的技术	180 天或更长时间

从表 16－2 可以看出，基于火星表面大气的人工大气环境建立与维持技术非常重要。然而，目前尚未完全掌握这些技术，因此需要实施进一步开发。这一途径将会取决于以下两个方面：① 植物栽培所要求建立的适宜环境条件（如光照、温度、相对湿度、二氧化碳浓度和氧浓度等）；② 地外星球的自然环境组成。例如，在此初始运行阶段，关于受控生态生保系统植物舱中的一种大气管理基本方案规划见表 16－3。

表 16-3　月球或火星基地受控生态生保系统不同实施阶段大气管理基本方案设想

序号	实施阶段	作用	具体措施
1	● 大气基本环境条件建立； ● 充气（泵入二氧化碳）； ● 准备（添加氧气和水，从地球携带或在火星收集）； ● 发芽（保持根区的氧分压）	通过利用火星二氧化碳和内部氧气及水源进行火星温室充气，建立合适的压力和大气组成	从系统舱外泵入火星大气（主要提供二氧化碳）； 补充大气氧气和水（从地球携带或火星收集）； 向植物根区通气（利用供气泵，使根区保持合适的氧分压）
2	大气动态平衡调控	为植物进行光合作用提供二氧化碳原料	将受控生态生保系统舱外大气泵入植物舱
3		去除多余氧气（植物呼吸作用会连续需要部分氧气）	将植物舱内大气向外面排出或泵入氧储罐（采用氧气分离器）
4	乙烯及其他微量气体控制	清除有害气体	采用过滤和催化氧化技术

16.3.2　植物栽培启动程序

1. 乘员到达前操作程序

一般认为，在受控生态生保系统植物舱的操作早期，并不能够完全为航天员提供新鲜食物，而更多的是考核其各种能力。在以后的驻留过程中，则会逐渐增加其功能而为航天员生产所需量的食物，以补充其膳食。

Munson 等（2002）在其 MDG 的初期运行方案设计中，拟定在航天员到达前 130 天开始实施该温室的启动过程。在这一时刻，气闸舱将会被轮转一次，以验证其功能的有效性。完成气闸舱试验之后，则启动大气成分（包括温度、压力、湿度和气体组成）的控制功能，以逐步建立所预设的温室环境。在航天员到达前 128 天，进行植物 LED 光照系统及其传感器的检查和轮转。在航天员到达前 125 天，启动植物水和营养输送系统，包括水泵、营养控制单元和过滤/净化单元等。同时，也将启动和试验植物栽培盘移动单元。通过以上一系列操作，则该温室处于种植准备就绪状态，这时即可按照每种植物从播种或种植到收获的平均时间进行种植安排。

下面的基本种植安排是，在航天员到达前 120 天，在该温室中将自动种植第一批马铃薯，这到收获的预计生长周期为 132 天。其他种植按照表 16-4 所示安排继续进行，并计划在航天员到达 12 天后启动第一次收获。

表 16-4　火星可展开温室起始作物种植程序安排（引自：Munson 等，2002）

航天员到达火星前的时间/天	拟种植作物种类
120	马铃薯
108	草莓
107	甘薯
100	花生
85	大豆
68	水稻
67	小麦
33	番茄
12	莴苣

在种植和收获期间，在该温室中会持续保持合适的环境条件并监视植物生长。假如某种植物比预计的成熟要快，则应对其进行自动化收获、加工并储藏，直到航天员到达。然而，番茄和莴苣例外，由于它们不便于储藏，因此，如果早熟，则必须被丢弃。

2. 乘组到达后操作程序

除上述外，需要将植物温室设计得尽量具有自主功能，因为航天员的时间应主要被用于探索、采集样品和分析等，而其他所有事情都不应当干扰该科学目标。在理想条件下，植物温室的设计应为完全自主，即航天员无须参与就可以自动吃上由温室产生和传送的食物。在非理想条件下，也必须尽量减少对航天员的参与需求。

1）日常操作

每天的操作安排拟包括收获成熟作物，当必要时，需要清除非生产性植物，并重新播种和进行作物运输。以上这些操作将被自主完成。

2）植物收获

植物成熟后，拟通过各种收获机自主完成收获。这些收获机被固定在栽培盘位置，而其他部分处于机动状态。可利用 CCD 相机进行栽培盘监视，并利用计算系统筛选植物，以确定收获植物的合适时间。将收获的植物运输到气闸舱附近，以进行加工、储存和运输（通过火星漫游车完成运输）；按照航天员发出的指令将加工好的食材运输到住处（假如航天员缺乏新鲜食物，或者加工间已无处堆放食材时）。据估计，每周大概需要运送食材两次。

3）繁殖与种子储藏

对于受控生态生保系统植物舱中拟种植的植物，可以从块茎克隆马铃薯和甘薯、从插条克隆番茄，并利用组织培养法来无性繁殖草莓。正常情况下，利用插条而不是种子进行番茄雾培，则可以解决其发芽时间要长于其他绝大多数温室植物的问题。然而，尽管利用克隆方法进行马铃薯和番茄的繁殖既方便又快捷，但是有时从种子繁殖植物会具有优势。由于病虫害较易毁坏整株植物，因此克隆一般并不令人满意。Munson 等（2002）在火星可展开温室设计中，拟携带前三年所需要种植的种子。莴苣种子每克约为 881 粒，在储存条件下一般具有 5 年保质期。所有种子中，实际上只有 80%～90%的能够发芽，并且随着时间延长，其发芽率还会下降。因此，为了尽量延长寿命，应将种子储存在气密且避光的低温容器中（温度范围 2～10 ℃）。

| 16.4　长期运行模式 |

在完成受控生态生保系统的初始运行后，会逐步转入稳步发展与扩大阶段。为了在恶劣的火星条件下使受控生态生保系统能够长期运行，应采取不同于地面农业建设的策略。一般情况下，会将此过程分为两步或按照两个阶段进行实施。在第一阶段，将水装进加压结构中进行携带，而不是使循环回路实现闭合。主要通过人工方法而非依靠受控生态系统中的自主控制，对 CELSS 中的土壤、大气和水进行调节，以使其接近地球上的水平。在第二阶段，在 CELSS 中主要通过循环生物部件来充分提供生活必需品而实现生命保障。另外，应将当地资源带入循环回路，这样将会使 CELSS 逐渐扩大其规模并得到发展。

16.4.1　早期发展阶段

在航天员登陆火星表面后不久，首先需要建立居住和农业结构设施，并进行大量太阳能电池帆板的部署，以解决急迫需要的能源供应问题。

1. 大气和水获取方式

在大气方面，除了少量携带外，首先应抽取利用舱外的火星大气。根据所栽培植物的生长和产量等要求，对舱内的大气总压、氧分压及其他气体的分压值进行设定与控制;有选择性地收集火星上的微量氮气并对系统进行定量补充;利用螺旋藻,通过其光合作用将二氧化碳转化为氧气,并生产生物量。在水获取方面,除了少量携带外,主要通过开采地下的冷冻土壤而融化蒸发获得。然而,通过以上方式所获得的水分可能含有高浓度盐,如氯化钠、硫酸钠、碳酸氢钠、碳酸钠、氯化钙、硫酸钙或碳酸氢钙等,而这样的高盐溶液并不适合乘员饮用或植物灌溉,因此,在利用前需要通过蒸馏或其他方法进行净化处理。某些有机体可能有助于改造上述所开采的火星地下水。例如,一些钙质藻类生长在盐水中并从中沉降碳酸钙。另外,正像在非洲的碱性或高盐湖中所证明的,螺旋藻、光合细菌和罗非鱼在这样的盐碱水中可能会旺盛生长,因此,这些生物或许可以被用于上述高浓度盐水的净化处理。

2. 土壤制备方式

1)火星表土基本情况

在火星上,植物舱最初的栽培模式应是无土栽培。之后,需对系统中逐渐产生的不可食生物量和人体代谢废物进行堆肥处理,并使之与火星表土结合使用来逐渐形成类土壤,以进行植物固培,这样,则会有利于植物根系和土壤微生物的生长发育。在火星上,其表土被赤铁矿(hematite)所广泛覆盖,这表明含铁矿物如橄榄石(olivine)、辉石(pyroxene)和角闪石(hornblende)等被风化而释放出铁离子,但人们迄今尚未完全了解其被氧化的机理。表土中还存在硫酸钙和黄钾铁矿(jarosite),这表明其至像长石(feldspar)等富含钙、钠和钾的矿物也被风化,然而,橄榄石的普遍存在表明该矿物的风化程度一般比较低。另外,表土中存在黄钾铁矿,这表明其呈酸性;相反,碳酸镁或碳酸钙的存在则意味着表土略微偏碱。然而,目前存在的问题是,有关表土的资料比较零散,并且在有些方面还互相矛盾,因此,应当绘制和收集有关表土的综合数据,这样便于设计受控生态生保系统,并有利于建设选址。

2)土壤脱盐与中和化处理模式

① 脱盐处理:火星土壤通常含有水溶性盐,如果其浓度高到会损害绝大多数有机体(除了耐盐或亲盐植物),则必须对其进行脱盐处理(去除水溶性盐)。可以利用非含盐水浸滤高盐表土进行脱盐。另外,浸滤出的富盐水可被用于增加由表土制成的砖块强度(这种砖可被用于基地建设)。② 中和化处理:不同地方的表土,其 pH 有所不同。在黄钾铁矿多的地方,其 pH 应该很低;而在碳酸氢钠或碳酸钠多的地方,则其 pH 应该很高。然而,在大多数地方都存在碳酸钙和碳酸镁,因此其 pH 应该都偏高。一般植物在具有太低或太高 pH 的土壤中都会受到伤害,因此,必须设法对过酸或过碱的火星表土进行中和化处理。

例如，通过利用富含碳酸钙的钙质藻类或富含橄榄石的精细表土，应能有效增加酸性表土的 pH。对于碱性表土，可施加从地面带上去的酸性泥沼（peat moss）来解决这一问题。

3）表土/土壤特性改良模式

通常，呈精细质地（质地指颗粒大小分布）的表土沉淀物具备有利于植物栽培的一些物理特性，例如其阳离子交换能力（cation exchange capability，CEC）、矿质营养含量和保持有机物的能力等均相对较高。然而，该沉淀物也存在问题，即其中的大部分孔隙通过毛细作用而易于完全充满水，从而导致其排水性和透气性不佳，最终会引起其中的植物根系和微生物菌群缺氧。另外，这样的沉降物也难以通过浸滤进行脱盐处理。在地面农业中，认为一般陆地植物均需要壤土质地的土壤。由此说明，在低重力下，火星表土需要具备沙质壤土或壤土沙质的特性。然而，土壤的通气和排水不仅由其质地决定，还由土壤颗粒的聚集方式所控制。例如，具有沙质壤土特性的地面土壤往往排水不畅。通常的做法是，在具有该物理特性的地面土壤中加入合适大小（例如大于几毫米）的聚合物来解决这一问题。该聚合物可人工合成，但其孔隙度应该足够大。通过生物与非生物过程的协同作用，使该聚合物与土壤相互作用而形成松质土壤，从而使之达到所需要的通气和排水效果。因此，在火星表土中加入人工聚合物应能改善其物理特性。一种有希望的聚合物是聚乙烯醇（polyvinyl alcohol，PVA）。另外一种改善火星表土物理特性的方法是，应用泥沼或在系统中加入被适当加工的植物材料，两者均富含粗孔，从而便于通气和排水。

3. 植物营养管理模式

绝大多数的植物营养元素在火星上都存在，并且其通过风化后被从矿物中释放出来而呈现植物可以吸收的形式。然而，所有矿物中均不存在氮，因此必然要求施用氮肥（如硝酸铵或尿素），以及培养如红萍等能够固氮（nitrogen fixation）的一些绿色肥料作物。然而，假如可获得的磷远远不能满足绿色肥料作物的需求，后者则不会进行固氮。火星表土矿物中含有磷，并且也可能按照与其他营养元素类似的方式通过风化而被释放。然而，有人认为植物根系不能利用上述所释放的磷酸盐，因为后者被很牢固地吸附（磷酸盐固定）在硫酸钙、碳酸钙和氧化铁上。因此，在应用磷酸盐肥料时，需要采取适当方法来避免该磷酸盐被固定的问题。目前认为可采取三种方法：第一种是将磷酸盐肥料与泥沼混合使用；第二种是假如硫酸钙是主要的磷酸盐吸附物，则通过浸滤去除硫酸钙；第三种是假如碳酸钙和氧化铁这两种物质是主要的磷酸盐吸附物，则将 pH 调节到约为中性的水平，这样就能够在很大程度上抑制它们对磷酸盐的吸附。

有些元素如果过量使用，则会对一般地面作物造成伤害，这一问题在火星上也可能发生。例如，如果火星表土中富含橄榄石，则其中的镁（Mg）、镍（Ni）和铬（Cr）等金属元素一定会出现过量，那么一旦使用这种土壤，则必然会伤害普通农作物。已知使用碳酸钙可以凝固过多的镁，而采用泥沼则能够大量吸收镍和铬，这样就可以有效对抗由这三种元素过量所引起的伤害。

4. 土壤有机物和微生物管理模式

土壤中的有机物能够发挥许多重要功能，但有两种作用是必需的：一种是在精细表土中形成和保持具有合适大小的团粒，另一种是储存营养（生物元素），尤其是氮元素。当有机物被微生物降解后，储存在有机物中的营养将被释放出来。因此，为了建立火星农业，必须在表土中进行含氮有机物的积累，这可以通过应用堆肥并处理动物和人的排泄物来实现。

16.4.2 后期发展阶段

当上述第一发展阶段的目标基本实现后，应当启动空间农业的第二发展阶段。在这一阶段，主要目的就是建立可持续农业，以期能够长期为乘员连续提供清洁的大气、水及食物等（其物质流基本运行模式如图 16-8 所示）（Kanazawa 等，2008）。在这一阶段，大气和水的管理模式基本同第一阶段，即将生物与物化再生技术相结合，并结合原位资源利用，从而实现大气氧气、二氧化碳、氮气及水的供应。然而，与前一阶段相比，这一阶段重点在于提高系统中食物生产和废物循环的能力，并实现其高效、稳定、安全、可靠的运行水平。在食物生产中，一方面是扩大植物的种植面积和种类，即逐渐增加粮食和油料等作物的种植面积，另一方面是尽可能在系统中逐渐引入动物（如水生动物和昆虫类，与植物和人之间不存在食物链竞争关系）、微藻或食用菌等生物功能部件，以丰富乘员食谱食物的多样性和营养品质。另外，还需要考虑种植树木，以增加系统中的大气交换能力，并为系统建设生产结构材料。在废物循环中，应重点采用超嗜热微生物需氧堆肥技术与焚烧等物化处理技术相结合的途径，对植物不可食生物量等废物进行降解处理，并将后处理物施用于植物栽培基质（也可能用作动物饲料或食用菌培养基质），从而提高其肥力并改善土壤的物理特性。因此，在这一阶段维持良好的土壤条件（包括肥力、物理特性、pH 和微生物菌群）至关重要。另外，不足或需要补给的植物营养元素应从当地表土和矿物中开采获取。

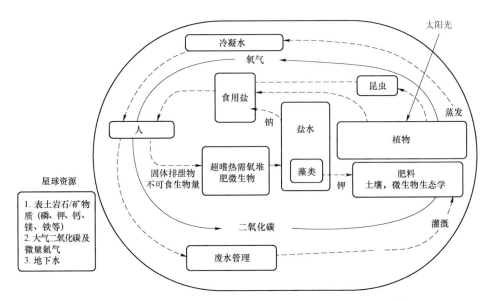

图 16 - 8　一种受控生态生保系统物质流循环参考图（引自：Kanazawa 等，2008）

1. 废物堆肥处理方式

有机废物来源于乘员舱、植物舱和动物舱等。废物在被应用于植物土壤中之前，应当进行堆肥发酵处理。这是进行废物循环的主要方法，因为通过这种方式能够在受控生态系统中利用氧化分解作用来实现从消费者向生产者的有效物质转移。再者，在堆肥处理中，地杆菌（*Geobacter*）可作为另外一种选择，其处理有机废物不用氧气，而是利用在火星上一般都可以获取的氧化铁。当紧急需要快速并安全进行大量有机废物降解时，则在第二阶段可主要采用超嗜热需氧堆肥处理过程。

2. 土壤条件管理模式

对于在早期形成于表土的火星土壤，到后期时，则应当使之保持肥沃多产并得到良好管理。其主要措施是应用适当数量的堆肥和/或有机废物，这对实现物质循环和保持土壤肥力都很有必要。在土壤中实现有机物的积累不仅有助于保证空气维持高氧浓度，而且也成为必要的生物元素（bio-elements）。另外，灌溉时必须保持谨慎，因为首先是要节约用水，其次是要保持植物蒸腾率低于灌溉率，以避免在土壤中出现盐分积累，最后应尽量避免形成扰动（turbation）和深层裂缝而损坏土埂和其他农业地貌。这样的问题在地面富含蒙脱石（smectite 或 montmorilonite）的黏土质土壤（被称为变性土或转化土，vertisols）中会出现。当变性土被加湿时，会发生膨胀，而干燥时则会进行收缩，这势必会导致形成裂缝和扰动。假如这样的问题在火星土壤中也出现，则应避免不当灌溉而导致土壤出现明显湿干交替所引发的问题。

|16.5　小　　结|

受控生态生保系统的体积和质量均较为庞大，必然会对将来的运输、部署和运行等带来很大挑战。鉴于此，目前关于其在未来月球或火星基地部署和运行模式的一般看法是：应当是从小到大、从无人到有人、从简单到复杂的一个渐进发展过程。具体步骤如下。

发射运输：对系统舱体进行大幅度压缩打包后，开展分步骤发射运输，同时，打包携带所有必要的仪器设备和植物种子等生物与非生物材料。

安装部署：对舱体应从少到多分步骤完成集成组装，即舱体数量和植物栽培面积等逐步增多，可保障的乘员人数也逐渐增多。在设备安装部署过程中，需要借助空中吊车等微型灵巧的机械工程设备进行系统舱体的拆卸、吊装、挪动和拼接等。如植物舱为非透明结构，则需要在舱体外覆盖一定厚度的月球/火星土壤或水囊/冰袋等，以实现辐射屏蔽和保温隔热等；基地地基下挖或不下挖；可利用柔性充气可膨胀垫子来找平地面，这样系统舱体可被建立在充气垫子之上，并通过缆绳固定在地面。

操作运行：系统分无人和有人两个阶段，先无人后有人，从人少逐渐发展到人多。在乘员上天前，需要先启动植物舱充气、制水、植物自动化栽培等程序，以便为乘员到达做好生保物质供应的准备。在后续发展过程中，需要逐渐开始利用当地资源，包括制造氧气、二氧化碳、惰性气体和水等消耗品；同时，逐渐开始利用当地矿质资源作为植物的营养源，并进行人工土壤的制备与改良；初期拟采用水培方式进行植物培养，之后则逐渐向基于人工土壤的固培方式转变。系统运行初期主要培养植物，之后则逐渐开始培养水生或陆生动物、食用菌或螺旋藻等其他生物功能部件，以增加食物的营养价值及其多样性，并提高食物的闭合度。

第 17 章

地面关键技术验证简况

前面主要介绍了未来月球或火星基地受控生态生保系统的概念性设计结果，初步阐述了该系统的总体发展思路，本章则是在此基础之上，对地面部分关键样机研制与验证的进展情况予以介绍。首先，在美国 NASA 的支持下，亚利桑那大学研制成月球温室样机（Lunar Greenhouse Prototype，LGHP），并开展了相关技术的验证试验；其次，美国、日本、加拿大和我国均研制成低压植物装置，并开展了面向月球或火星表面真空环境条件的低压植物栽培试验研究，初步验证了受控生态生保系统中植物栽培方案规划的可行性。

17.1 月球温室样机研制与试验验证

近十多年来，在 NASA 的支持下，美国亚利桑那大学与 Sadler 机器公司合作开展了月球温室样机（Lunar Greenhouse Prototype，后来改称为火星-月球温室（Mars-Lunar Greenhouse，MLGH）样机）的研制与验证试验，主要进展情况如下。

17.1.1 舱体结构构成

1. 舱体可折叠基本框架结构

亚利桑那大学与 Sadler 机器公司合作，共研制成四个植物舱，即四个温室。每个温室的直径和长度分别为 2.06 m 和 5.5 m。基本框架为刚性铝结构，可折叠存放，如图 17-1 所示（Sadler 等，2009；Furfaro 等，2017）。

每个温室中包含 7 个直径为 2.06 m、由工字形铝材制成的圆环，它们之间的间隔均为 0.914 m，通过四个可折叠铰链来实现相互连接。底部铰链之间的宽度为 0.61 m，而在地板和人行道处，铰链数量加倍，以增加强度，以便支持水培和管道系统等。上面的铰链被用于固定光源、冷却水循环管路及电缆，而两侧的铰链被向内折叠并锁紧，这样则形成刚性结构，可以支撑 1 m 厚的月球土壤。在该结构的一端装有纤维玻璃舱壁，其上装有通道门，在其中有空调管道、输水和输气管道及供电和监控系统电缆等穿过。该铝/纤维玻璃结构质量约为250 kg。当以水平方向展开时,该温室的体积为 23 m³,单层冠层面积为 11.2 m²。另外,假如高秆植物覆盖了舱壁周围,那么基于混合培养(poly-culture)布局和所使用的栽培品种,则可以另外具有 14 m² 的垂直栽培面积。

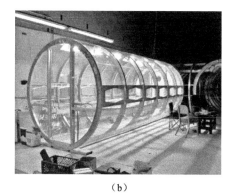

(a)   (b)

图 17 – 1 月球温室样机舱体框架结构(引自:Sadler 等,2009)
(a)折叠状态;(b)伸展状态

2. 舱壁膜层结构

舱壁为柔性多层膜复合物结构。除要求多层膜具有上述性能外,还不能释放污染物。经过筛选,选用了基于氟碳的乙烯四氟乙烯多聚物膜层。乙烯四氟乙烯(ethylenetetrafluoroethylene,ETFE,由日本的 Asahi 玻璃公司生产)具有非常低的挥发性,并具有很高的透光性。在其外层覆盖了一层白色的聚乙烯反射膜,以增加内部光强并提高作物冠层内部的光分布均匀性,如图 17 – 2 所示。

图 17 – 2 月球温室样机外观
(引自:Sadler 等,2009)

17.1.2 植物栽培技术

缆绳培养(cable culture)是一种轻型无土水培系统,最初被用于番茄作物的机械化生产。其基本方法是,将植株插入被航空钢丝绳(aircraft cable)所悬挂的无间断管道中,只在每排的端部进行固定。在每排管道的端部加入营养液,后者流经植物根系,并在管道跨度的中间被排出,之后就类似于营养液膜技术

（NFT）那样进行循环。后来，为了改善应用效果，对其重新进行了设计，并在月球温室样机中进行了集成试验。采取的主要改进措施是，将植物种植在缆绳支撑的塑料膜封袋中。围绕缆绳将宽度为 30 cm 的塑料膜进行对折，并用类似于维可牢尼龙搭扣（Velcro）的带子将其固定到位。这样做可以使植株茎秆伸出封袋顶部而同时保持根部封闭。将水培营养液从分别由缆绳固定的封袋两端泵入。营养液围绕植物根部流动到达每排的中心，之后从这里排出并返回营养液储箱，如图 17-3 所示。幼株通过移植而来，带有少量根基质（大约 16 cm³），之后，随着植株发育，就可以将根基质清除掉，从而有利于循环和减少所需消耗品。在封袋中，对于莴苣等较矮的植株，不需要进行悬吊支撑而保持向上。然而，像番茄等较高的植株，则必须将其悬挂在上方并固定在月球温室样机框架的缆绳上，并且横跨纵轴。将所有储箱、传感器、控制器和泵等设备安装在温室外面，这样能够为作物生产提供最大空间。此外，上述四个温室会共享水和营养液供应与控制系统等设备，以便降低复杂性、减少替换部件次数和降低劳动负荷等（Giacomeli 等，2012）。

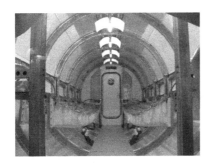

图 17-3　位于亚利桑那大学的一个月球温室样机舱体内部植物缆绳培养情况
（引自：Giacomeli 等，2012）

17.1.3　植物光照技术

1. 基于菲涅耳透镜的太阳光聚集器的研发、试验和性能评价

美国亚利桑那大学的 Furfaro 等（2017）按照两个阶段，组织实施了对基于菲涅耳透镜的太阳光聚集器能源系统的研发：① Himawari 系统的改进及对基于菲涅耳透镜的太阳光聚集器的调试；② 系统部署、试验和性能评价。

1）Himawari 系统的改进及对基于菲涅耳透镜的太阳光聚集器的调试

如前所述，Himawari 系统是一套太阳光聚集和传输装置，已对其进行了评价，以用于改变太阳光方向，从而实现在室内进行植物栽培光照的目的。该装置具有七个运行的太阳光聚集器，其中每个包含一个菲涅耳透镜、一条光缆和硬件，后者允许调整光缆相对于透镜焦点的位置。该装置所朝向的方向由两台步进电动机进行控制（一台控制上升，一台控制方位），它们由一个闭环和开环控制系统轮流进行控制。开环系统利用时间来确定 Himawari 系统的位置，而闭环系统则利用来自一系列小型光伏探测器的输出电压进行定位，这样就可以使 Himawari 系统在全太阳光下运行，并允许程序尽管有云彩通过，也能继续发挥功能，而且仍然能够尽可能准确地重新开始面向太阳。

他们对原有的基于菲涅耳透镜的太阳光聚集器进行过大修（图 17-4），包括更换关键部件，也包括研制硬件和软件，以便能够有效地进行太阳光追踪。由于太阳光照射宽泛而必须更换定向/追踪系统中的仪器和程序，因此，其购置并安装了一台 Arrick Robotics 控制系统。另外，也设计、开发和试验了一套新型 Arduino 专用软件系统，其能够进行基于菲涅耳透镜系统的动态控制；更换了控制原始 Himawari 系统样机朝向的步进电动机，以及后者与机械轴之间的特殊机械界面（如谐波驱动器）；改建了基于菲涅耳透镜的太阳光聚集器的多个联动装置。

2）基于菲涅耳透镜的太阳光聚集器的部署、试验和性能评价

美国亚利桑那大学受控环境农业中心

图 17-4　Himawari 被拆装，以形成一个定制系统来移动和定位菲涅耳透镜，后者是所提出的基于菲涅耳透镜的太阳光聚集器的核心（引自：Furfaro, Gellenbeck 和 Sadler，2014）

（UA-CEAC）在其校园内建成基于菲涅耳透镜的太阳光聚集器，以对其进行试验和性能评价，如图 17-5 所示。

图 17-5　位于亚利桑那大学受控环境农业中心的 Himawari 系统，被重建后，装配有用于太阳光聚集的闭环太阳光追踪系统（引自：Furfaro, Gellenbeck 和 Sadler，2014）

目前，经过开展基于菲涅耳透镜的太阳光聚集器的设计，已能够保障共 7 套这样的设备正常运行。每个太阳光聚集器必须具有各自的光缆，以便能够使后者对准位于各个透镜的焦点所在的位置。共安装和试验了两组长度分别为 3.6 m 和 30 m 的不同熔融石英光缆。之后根据试验结果，在该系统中采用了 4 条 30 m 长的光缆，如图 17 – 6 所示。

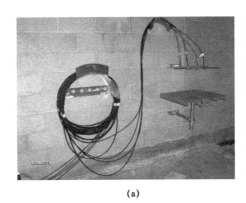

(a)   (b)

图 17 – 6　用来输送 PAR 到达暗室的纤维光缆束（a）和采用纤维光缆束进行莴苣光照（b）
（引自：Furfaro, Gellenbeck 和 Sadler, 2014）

菲涅耳透镜除了使得在一点上聚光外，还具有另外一种作用，即沿着纵轴将光谱分开（与透镜垂直）。这就意味着紫外线焦点最接近透镜，其次则是可见光，最后是红外线（IR）。因此，光缆末端相对于透镜的位置能够决定传输的光谱波段。除了光缆与透镜之间的距离和位置（Z 轴方向）可调外，在垂直于透镜的平面中，其也能够被改变（X 轴和 Y 轴方向）。通过调节光缆位置来传输一定波段光谱的过程被称为"调谐（tuning）"。一开始的调谐是针对光合有效辐射水平（PAR）。光缆的所有三个方向均可调。最适合的位置是当光缆输出末端的光子传感器读数达到最大化时（即光子量达到最大的地方）。一旦基于菲涅耳透镜的太阳光聚集器系统被调整并发挥功能，则会开始进行数据收集。

为了完成分析，需要收集进入透镜前的光强、在光缆输出末端的光强和一天中的时间这三组数据。然后对所收集的两组 PPFD 数据值按每 5 min 的时间间隔进行平均计算。最初的收集数据包括连续从日升到日落期间采集的数据，并对一天的数据曲线进行比较。该过程会占用很多时间，因为甚至一片路过的云彩都会导致这一天的数据不理想。在典型的一天中，对在 PAR 区域内所收集的 PPFD 的动态变化情况如图 17 – 7 所示。

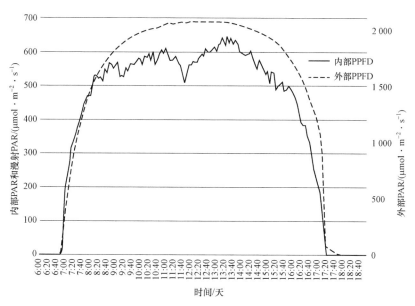

图 17−7　在太阳光聚集器菲涅耳透镜外部收集的 PPFD（外部 PPFD）和在黑暗的实验室房间中收集的 PPFD（内部 PPFD），作为一天操作中收集时间的函数（引自：Furfaro 等，2017）

从图 17−7 可以看出，其中最大 PPFD 读数出现在上午 10:30 到下午 2:30 之间，在此期间，基于光导纤维的光能转化率为 25%～30%。当 Himawari 系统在运行时，其主要目的是收集被菲涅耳透镜所聚集的宽谱 PAR。其余光谱也被聚集，但目前并未得到利用。通过在这些光波长被分离的区域内适当安装一套光伏电池，则可以利用红外线和紫外线光谱，这样以前被浪费的能源就能够被用来进行发电和产热。

2. 基于菲涅耳透镜的太阳光聚集器面向月球和火星前哨的潜在应用

除了上述研究外，美国亚利桑那大学对基于菲涅耳透镜的太阳光聚集器的相关性能进行了评价，以作为该聚集器被应用于月球或火星前哨的部分研究内容。

1）面向月球温室应用的基于菲涅耳透镜的太阳光聚集器

为了评价基于菲涅耳透镜的太阳光聚集器的性能,假定月球前哨位于月球南极的 Shackelton 陨石坑(永久光照点)。对月面光谱的模拟值如图 17−8 所示，这里假定太阳作为一个黑体来运转（普朗克黑体辐射定律）。该图表示被安装在月球前哨的基于菲涅耳透镜的太阳光聚集器按照跟踪模式所收集到的月球南极 Shackelton 陨石坑表面的光照强度情况。可根据以下公式计算这里的 PPFD：

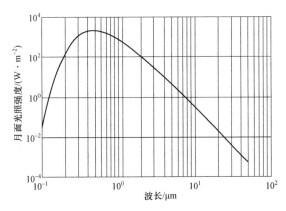

图 17－8　月球表面上的光照强度（引自：Furfaro，Gellenbeck 和 Sadler，2014）

$$PPF = \left(\frac{1}{E}\right)_{550\,nm} \int_{400}^{700} M_\lambda \, d\lambda \qquad (17-1)$$

式中，M_λ 指月球表面可见光光谱的辐射强度（PPFD），其被集成到俘获 PAR 的可见光谱部分的波长，然后被转换为 $\mu mol \cdot m^{-2} \cdot s^{-1}$ 单位形式。因子 $1/E=1/(ne)$，由光子的能量组成；n 是阿伏伽德罗常数（Avogardro's number：$6.023 \times 10^{23} \cdot mol^{-1}$）；$e=hc/\lambda$，按照参考波长 $\lambda=550$ nm 予以计算并被用作换算系数；h 是普朗克常数（Planck constant）；c 是光速。

　　基于菲涅耳透镜的太阳光聚集器的面积作为系统效率的函数，如图 17－9 所示。假定效率为 30%，那么就需要 32.3 m² 的总太阳光聚集面积。这就相当于安装 4 个直径为 3.2 m 的盘状聚集器，其中配备多个基于菲涅耳透镜的太阳光聚集器。假如预计太阳能系统所能获得的光照不足，则需要实施光－电转化和电－光转化。

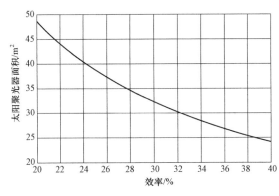

图 17－9　基于菲涅耳透镜的太阳光聚集器的面积作为系统效率的函数
（引自：Furfaro，Gellenbeck 和 Sadler，2014）

图 17-10 表示将所需要的太阳能电池帆板面积作为整个光-电-光转化效率的函数。在这一情况下，假定固定而乐观的电-光转化效率为 35%，而太阳能电池帆板的光-电转化效率为 20%~40%。那么，所需要的太阳能聚集面积范围为 68~138 m²。

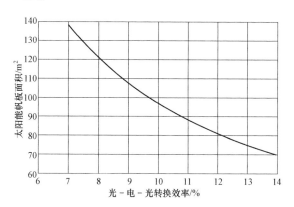

图 17-10　太阳能帆板面积作为光-电-光转化效率的函数
（引自：Furfaro，Gellenbeck 和 Sadler，2014）

重要的是，作为整个太阳光能源聚集系统的部分，该系统能够将光谱中未被利用的 IR 部分转换为有用电能。通过评价在 0.7~50 μm 之间收集的整个 IR（W·m⁻²），并假定真正的系统效率为 30%，则可以计算 IR 能量的大小。经计算后得知，32.3 m² 的收集面积足以提供四个月球温室舱所需要的 PAR，并可以获得 6.7 kW 的能量。当然，这只是理论预估值，实际可获得的 IR 能量特性还有待进一步研究。

2）面向火星温室应用的基于菲涅耳透镜的太阳光聚集器

对于火星温室，利用基于菲涅耳透镜的太阳光聚集器并不能像在月球温室上那样有利。然而，分析证明，采用基于菲涅耳透镜的太阳光聚集器可以节约大量能源。在这一情况下，通过反复分析后提出，在火星上也可以建立同样的前哨，并也同样可以部署 4 个植物舱。Furfaro 等（2014）分别计算了在火星前哨终年可获得及每日可获得的 PPFD，如图 17-11 所示。对于一个 32.3 m² 的太阳能收集面积，当系统效率能达到 30% 时，温室中 PPFD 的平均水平可以达到 281 μmol·m⁻²·s⁻¹（Ono 和 Cuello（2000）认为至少是 40 μmol·m⁻²·s⁻¹），则每天的 PPFD 可以达到 12.2 mol·m⁻²·天⁻¹（假定光周期为 12 h）。在这种情况下，尽管每日的 PPFD 具有作用，但这并不能够满足作物的光照需求。

因此，Furfaro 等（2014）提出必须利用电力照明系统来补充植物光照。例如，假定由系统产生的光照能量及另外所需要的能量来满足 $600\ \mu mol \cdot m^{-2} \cdot s^{-1}$ 的 PPFD 光照水平，并作为基于菲涅耳透镜的太阳光聚集器效率的函数，则需要 5.83 kW 的总能量来为四个植物舱提供光照。为了达到 30% 的系统转化效率，则 2.16 kW（约达到 37%）的能源由太阳光聚集能源系统提供，而另外的 3.67 kW（约 63%）能源则必须通过电能提供。

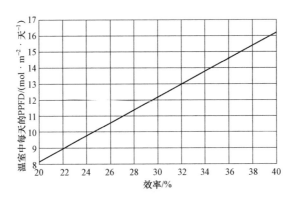

图 17-11　火星基地中植物舱中每天俘获的 PPFD 作为基于菲涅尔透镜太阳光聚集器效率的函数（引自：Furfaro，Gellenbeck 和 Sadler，2014）

另外，估计所获得的 IR 能源为 2.51 kW，并假定电能转化率为 35%，那么又可以提供另外 0.875 kW 的有效光照能源，并最终可达到 3.05 kW。与在月球上的情况一样，这些也还只是最初的理论估算值。

未来的工作主要包括：① 非 PAR 收集及特性分析；② 提高 PAR 收集系统的性能（也就是最大化的性能）；③ 确定菲涅耳聚集器透镜大小的上限值及其对焦点组件失灵的影响。开展以上工作的主要目的是确定有多少非 PAR 能量（IR）可以通过基于菲涅耳透镜的太阳光聚集器收集和进行有用的能源转化，以证实应用在月球和火星前哨的理论估算值。针对这一问题，需要建立和运行光伏系统，以便能够将 IR 能源转化为电能。这样，将需要对液冷热沉的光学单元的焦点等进行设计、建设和实施考核。另外，也计划通过开展充液光缆试验研究来提高当前的系统性能（如光能转化效率）。

3. LED 光照技术

在上述月球温室样机中，起初采用高压钠灯作为人工光源，近年来，亚利桑那大学受控环境农业中心与荷兰飞利浦（Phillips）照明公司合作，将植物光源全部更换为 LED 灯。报道称，在该光源下栽培的莴苣，其可食生物量的鲜重高达 54 g · kW^{-1}（0.018 5 kW · g^{-1}），而在高压钠灯下，这一产量只达到 24 g · kW^{-1}（0.041 7 kW · g^{-1}），节能率高达 44%，如图 17 – 12 所示。另外，他们正在研制新一代水冷 LED 系统。

图 17 – 12　月球温室样机中的 LED 植物光照系统（引自：Furfaro 等，2017）

17.1.4　整体考核试验结果

最初，其研究主要专注于了解和评价月球温室样机的操作能力与限制因素。通过开展短期植物的混合培养研究，以确定该温室样机的功能和性能，监视水的循环利用情况，并验证利用缆绳培养系统（cable culture system）进行 CELSS 候选作物的栽培效果。考核期间，共进行了两批次移植体的混合培养试验，监视了所有的关键输入量和输出量，其目的是决定作物产量、灌溉用水量、生物量含水量、大气中水蒸气含量、二氧化碳消耗量和生物量含碳量等，并确定整体能耗和舱体气体泄漏率等指标参数（Sadler 等，2011；Boscheri 等，2012）。

1. 主要试验材料及其栽培方式

① 供试植物：莴苣、草莓和甘薯，它们在舱内的整体种植布局如图 17 – 13 所示。

② 水平栽培面积：共约 11.2 m^2。

③ 栽培方式：水培，通过缆绳培养系统悬吊植物根部。

④ 大气环境参数设定平均值：温度 21 ℃；相对湿度 53.5%；二氧化碳浓度 1 006 ppm。

⑤ 温湿度控制方式：通过冷凝热交换器进行大气制冷和除湿。

⑥ 通风方式：利用风机，每 2.6 min 循环一次整个 LGH 中的大气（22.4 m^3）。

⑦ 二氧化碳补充方式：通过高压气瓶注射补充。

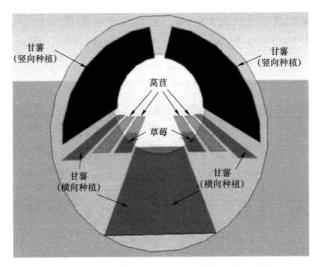

图 17-13　月球温室样机中三种共培养作物在舱内的整体布局（引自：Sadler 等，2011）

⑧ 二氧化碳消耗量计算方式：通过计算二氧化碳气瓶的质量变化来确定单位时间内二氧化碳的消耗量。

⑨ 氧气净产量计算方式：植物每天的净产氧量是氧气的净生产量（光合作用产氧量减去呼吸作用耗氧量）。该预测的前提是假定二氧化碳消耗量与氧气生产量为 1:1 的摩尔关系（质量关系为 1.38:1.40）。

⑩ 水补充方式：通过浮子阀进行水补充。

⑪ 冷凝水测量方式：利用量筒进行来自植物蒸腾水分冷凝水的测量。

⑫ 营养液参数设定值：温度 23.7 ℃；电导率 1.8 mS·cm^{-1}；酸碱度 5.7～6.7。

⑬ 营养液电导率控制方式：通过蠕动泵向营养液储箱注射营养液母液。对储箱中营养液的电导率等进行连续自动测量。

⑭ 营养液酸碱度控制方式：利用酸液或碱液进行营养液酸碱度调控。

⑮ 营养液溶解氧浓度控制方式：通过空气压缩泵向营养液储箱通入来自温室样机舱内的空气，以提高营养液中的溶解氧浓度。

⑯ 营养液液位控制方式：利用超声波传感器测量，补水控制。

⑰ 营养液循环方式：通过水泵进行系统循环流动。

⑱ 干营养盐分消耗量计算方式：按照加入储箱中水的比例来确定。

⑲ 植物光照方式：植物冠层光强为 300 μmol·m^{-2}·s^{-1}，光周期为 24 h 全天光照。

⑳ 能源消耗计算方式：能耗由电表测量并累积计算。

㉑ 数据与图像监视：监测包括通过网络相机进行遥视、通过 Internet 进行

实时数据检查及与温室样机的操作人员直接进行通信。数据收集和存储包括营养液电导率、酸碱度、溶解氧浓度、大气温度、相对湿度、二氧化碳浓度和光源制冷水温度。

㉒ 试验周期：约 15 天。

试验期间的二氧化碳、水和营养等物质流情况如图 17－14 所示。

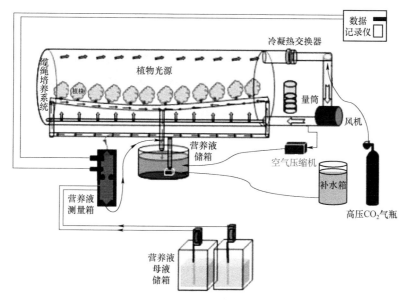

图 17－14　月球温室样机中大气和营养液流示意图（引自：Kacira 等，2012）

2. 主要试验结果分析

上述研究结果分别见表 17－1。分析表明，两次试验结果非常相似，生物量产量分别为 23.5 kg 和 26.2 kg。所收集的湿度冷凝水量分别为 231.4 kg 和 229.5 kg，所添加的水量分别为 255.7 kg 和 241.2 kg，二氧化碳的添加量分别为 10.8 kg 和 9.8 kg。投入每千瓦电量的生物量产量为 12 g。收获指数平均按照 50% 计算，那么投入每千瓦电量的可食生物量产量为 6 g（干重），其低于美国南极 CELSS 模拟计划食物生产舱 9.6 g（干重）的产量。在南极食物生产舱中的光强要高，收获指数为 47%，生产量平均为 2.8 kg，而投入的平均电量为 293 kW。可以看出，其生物量生产、水生产、水消耗和二氧化碳消耗值在两期的试验中差别不显著。因此，以上验证试验为将来设计月球/火星基地受控生态生保系统奠定了良好基础（Sadler 等，2009）。

表 17-1　在月球温室样机中开展的两批次植物栽培试验的
主要分析结果（引自：Sadler 等，2009）

参数平均值	单位	第 II 期	第 I 期
生物量产量	kg	26.2	23.5
	kg·天$^{-1}$	1.8	1.6
	kg·m^{-2}·天$^{-1}$	0.2	0.1
	kg·kW^{-1}	0.01	0.01
氧气产量计算值	kg	7.8	7.1
	kg·天$^{-1}$	0.5	0.5
	kg·m^{-2}·天$^{-1}$	0.04	0.04
	kg·kW^{-1}	0.004	0.004
水产生量	kg	229.5	231.4
	kg·天$^{-1}$	15.5	15.7
	kg·m^{-2}·天$^{-1}$	1.4	1.4
	kg·kW^{-1}	0.11	0.12
水消耗量	kg	241.2	255.7
	kg·天$^{-1}$	16.3	17.4
	kg·m^{-2}·天$^{-1}$	1.5	1.6
	kg·kW^{-1}	0.12	0.13
二氧化碳消耗量	kg	10.8	9.8
	kg·天$^{-1}$	0.7	0.67
	kg·m^{-2}·天$^{-1}$	0.07	0.06
	kg·kW^{-1}	0.01	0.005
养分消耗量	kg	0.62	0.19
	kg·天$^{-1}$	0.04	0.013
	kg·m^{-2}·天$^{-1}$	0.004	0.001
	kg·kW^{-1}	0.000 3	0.000 1
用电量	kW	2 009	1 997
	kW·天$^{-1}$	136	136
	kW·m^{-2}·天$^{-1}$	12	12

17.2　火星温室样机研制与试验验证

17.2.1　设备研制与验证试验

上面介绍了美国亚利桑那大学研制成月球温室样机及其所开展的地面验证试验研究，下面简要介绍美国佛罗里达大学开展的火星温室研制与验证试验结果。为了获取相关试验测量数据，21 世纪初，美国佛罗里达大学研制成火星温室样机，如图 17–15 所示。该样机有一个半球形 Lexan 顶盖（计划以后由柔性材料制成），被安装在不锈钢基座上；其直径约为 1 m，总体积约为 0.417 m³；其内部主要包含具有外部制冷水源的冷却线圈、电阻加热部件和空气循环扇，可进行部分环境成分的精确控制。

图 17–15　佛罗里达大学研制的火星温室样机（引自：Bucklin 等，2004）
（注：在这一圆顶结构的中心有一座系统气候控制塔，其中包含制冷线圈和水分配置单元）

在 101.3 kPa 压力下，利用一台流速约为 5 L·min⁻¹ 的真空泵进行系统与外部气体交换。该系统可以进行封闭水循环并从外界提供大气。另外，可以将该火星温室样机置于一套模拟火星表面大气环境真空度的真空舱内，如图 17–16 所示，其内部尺寸是 1.22 m（宽）×1.62 m（深）×1.22 m（高）。该真空舱能够提供从地球到火星的环境控制条件，主要包括温度、压力和光照：

① 温度为 – 72～+177 ℃；

图 17－16　火星表面真空环境条件模拟器（引自：Rygalov 等，2002）

② 压力为 0.1 kPa（约 1 mm Hg）～101.3 kPa（768 mm Hg，即地球 1 个标准大气压）。

③ 光源为高压钠灯，可为植物提供的光强为 85～135 W·m^{-2}。该光照条件被认为与火星表面上的接近。

该设备可被用来模拟将来在火星上会遇到的诸多环境条件。所开展的初步试验结果见表 17－2。这些初步掌握的数据可以被直接应用或被用于数学模型的建立。

表 17－2　在火星温室样机中所测量的试验性温室系统参数初值
（引自：Rygalov 等，2002）

序号	参数	数据	说明
1	光照水平	85～135 W·m^{-2} PAR	在火星表面环境条件模拟器中测量
2	土壤蒸发率	0.13～0.19 L·m^{-2}·天$^{-1}$	在火星温室样机内测量
3	植物蒸腾率	2.3 L·m^{-2}·天$^{-1}$	在火星温室样机内测量
4	水冷凝率（不变）	0.37～0.53 L·m^{-2}·天$^{-1}$	在火星温室样机内测量
5	通风率（易变的）	0～5.3 L·min^{-1}（平均值）	在火星温室样机内测量
6	植物光合作用效率	4.7 L·m^{-2}·天$^{-1}$（最大值）	近似测量
7	植物生长率	0.01 g·[（g 养分）·天]$^{-1}$	近似测量

17.2.2　数值建模与仿真

此外，Rygalov 等（2002）利用以上初步获取的试验数据、形成的数学理论及对该植物舱结构的分析结果，开发了 MathCAD 2000 标准版软件来判断植物舱大气组成的变化情况。具体计算结果如下：

1. 通风与压力之间的关系

最初，基于下列假设进行舱内大气成分的选择与计算分析：

① 氧分压不低于 3 kPa；

② 二氧化碳分压：$0.05\,kPa < p\,(CO_2) < 2.0\,kPa$；

③ 水蒸气压力应保持为 60%～70% RH；

④ 中性气体在任何可预见的压力下不会影响植物生长；

⑤ 稳态计算循环；

⑥ 总压（p）：假定这一模型的总压值为 10 kPa（在这一情况下，对于火星和火星表面环境条件模拟器试验，其内外压差约为 9 kPa）。

基于所提出的算法来计算大气组成，具体各组成分压与总压之间的关系如图 17－17 所示。这里：

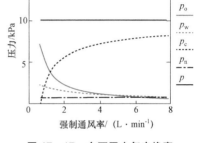

图 17－17　在不同大气交换率下具有成熟植物的火星温室样机大气组成（具有强制通风）

p_o——火星温室大气中氧分压，kPa；

p_c——火星温室大气中二氧化碳分压，kPa；

p_n——火星温室大气中中性气体分压，kPa；

p_w——火星温室大气中水蒸气分压，kPa；

p——火星温室总大气压，kPa。

基于稳态计算循环算法，获得该火星温室样机通风参数的合适区域是（0.63 代表强制通风速率，单位为 L·min⁻¹）：

$p_o\,(0.63)$——6.825 kPa；

$p_w\,(0.63)$——2.233 kPa；

$p_c\,(0.63)$——0.387 kPa；

$p_n\,(0.63)$——0.647 kPa；

$p\,(0.63)$——10.092 kPa。

2. 植物光合作用效率与压力之间的关系

研究表明，假定不受系统设计的限制，则植物生长的变化过程中，光合作用效率不断增加。该通风率是在植物栽培期间密封舱内的大气变化率。在植物生长过程中，光合作用与蒸腾作用效率增加，舱内总压升高。另外，在发芽阶段，氧分压不足以维持植物的根呼吸，因为后者至少需要 3 kPa 的氧分压。为了确保能够获得足够的氧气，可能需要提高大气中的氧分压。因此，Bucklin 等（2004）假定，在大气中所需要的氧分压约为 6 kPa。为了达到这一目的，在植物生长早期，可能需要额外提供氧气。增加氧气的一个例子如图 17－18 所示。在这一试验中，按照连续方式进行氧气添加。对于一个真正的系统，假如在实施过程中压力不增加，则添加一定量的氧气会更为简单。

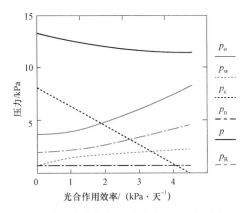

图 17－18　火星温室样机中大气组成受到氧气增加影响后的修正情况

3. 大气组成变化与时间之间的关系

在长达 180 天的植物栽培试验期间，火星温室样机中大气组成随时间的变化如图 17－19 所示。从该图可以看出，火星温室大气交换的方式能够在相对长的植物栽培时间内提供基本稳定的大气条件。

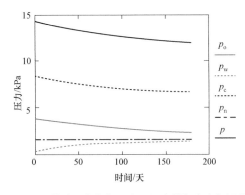

图 17－19　在 180 天植物栽培周期期间，火星温室样机中大气组分的动态变化情况

因此，从计算结果的分析来看，可得出以下初步结论。

① 火星大气二氧化碳能够被用于实现温室膨胀和舱内通风，同时将主要大气组成的浓度保持在植物生长可接受的水平。

② 在火星温室建立的初期阶段，需要补充一定量的氧气来促进植物种子发芽。

③ 所期望的火星温室大气的主要组成是：二氧化碳约为 1 kPa，氧气约为 6.0 kPa，水蒸气约为 3.0 kPa。

当然，这里是假定以上条件对于植物是可接受的，并且还应当进行更长时间的试验来进行验证与修正。通过利用以上合理假设和在模拟火星条件下火星温室样机操作的初步测量数据进行理论评价，可以得出以下结论：

① 通过利用火星大气并最初少量添加氧气，以及添加少量液态水，则有可能建立和维持适合植物生长的人工大气条件。

② 这一初始所需氧气可以从地面运送或在火星上进行收集，保障三人乘组的氧气需求量约为 16 kg。

③ 保障三人乘组获得合适湿度水平的液态水初始量约为 300 kg（不包括卫生用水）。这部分水拟在火星上进行收集而不从地面运送。

④ 在长期运行中，在水闭合循环中，水能够被保持不出现损失（从温室外面定期进行少量补充，以补偿不可避免的损失）。

⑤ 在火星温室自动化操作期间，能够收集的氧气量加上其保障植物种子发芽的初始量约为 120 kg，并且可被认为是紧急储备物资，即在发生某种紧急事故时，可提供三人乘组约 45 个地球日（即 1.5 个地球月）所需的氧气量。

这里所介绍的在火星上栽培植物的途径，可能会使受控生态生保系统中的生物再生方式通过利用原位资源而更加经济。另外，通过开展该研究，希望在利用火星土壤作为栽培基质和利用火星水等方面取得实质性进展。

|17.3 小 结|

在前面所阐述的月球或火星基地受控生态生保系统概念研究与理论设计的基础上，同时初步开展了地面试验样机的研制与验证试验。目前主要进展体现在以下几个方面：① 研制成可折叠刚性铝材框架结构，采用了乙烯四氟乙烯共聚物（ETFE）复合膜作为柔性舱体膜层（该材料是最强韧的氟塑料，在具有良好的耐热、耐化学性能和电绝缘性能的同时，还具有良好的耐辐射和力学性能，拉伸强度可以达到 50 MPa）。该膜层结构适合作为非透明舱舱体，但不适合作为透明柔性舱体。② 研制成缆绳柔性袋状植物栽培系统，这为减小栽培系统的发射体积和质量创造了条件。③ 研制成新一代基于菲涅耳透镜的太阳光聚集器，并开展了基于纤维光缆传输的太阳光植物光照研究。④ 开展了月球温室样机的验证试验研究，收集掌握了月球温室样机的大气、水和生物量等物质流的输入与输出的动态平衡关系。⑤ 研制成火星温室样机，并在模拟火星压力和温度的外部环境条件下开展了低压植物栽培试验，已经证明植物在 10 kPa 低气压下能够正常生长。此外，还开展了数值仿真模型的建立与验证。以上工作为将来建立月球/火星受控生态生保系统奠定了坚实基础，但与实际应用要求相比，还存在较大距离，尚需深入而系统地开展研究。

第 18 章

未来重点发展方向分析

如前所述，受控生态生保系统是一项异常复杂的人工密闭系统工程，需要在远离地球、补给困难、环境苛刻、资源匮乏且条件非常受限的外太空条件下，能够实现生保物资的高效率、高闭合度和高可靠性再生循环与系统的长期安全、稳定运行，因此会涉及大量的工程技术和科学理论问题。可以说，经过几十年的发展，在地面上已突破了大量关键技术难题，但仍然存在很多技术和理论问题亟待解决，尤其在空间技术验证与应用方面几乎还是一片空白。下面根据上述理论设计分析和当前地面或空间研究进展等，提出未来受控生态生保技术发展中可能需要面对的诸多相关问题与挑战，并介绍了可能的解决途径或方案。

|18.1 需要解决的主要工程技术问题|

18.1.1 主要工程技术问题

通过综合分析，大致认为当前在受控生态生保技术领域存在 18 项主要工程技术问题，具体如图 18-1 所示（Mas 等，2005）。

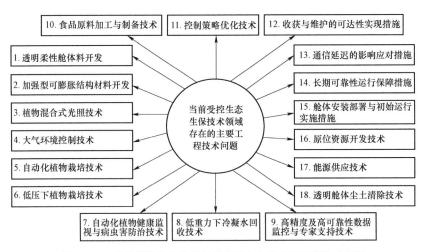

图 18-1 当前受控生态生保技术领域存在的主要工程技术问题

18.1.2　主要工程技术问题解析

以下，针对上述关于受控生态生保系统当前存在的 18 个主要工程技术问题进行详细阐述，并提出个人的一些观点或看法。

1. 透明柔性舱体材料开发

1）基本框架结构

将来需要开发刚性与柔性相结合的受控生态生保系统舱体结构，即系统的中心舱为刚性结构，而其他舱体尤其是植物舱为柔性舱。其基本骨架一般是刚性圆筒形网格框架结构，而外层应该覆盖可折叠并可膨胀的柔性膜，这样就可以解决发射运输的问题。目前，美国亚利桑那大学研制成金属铝刚性可展开结构。但铝相对来说仍然较重，因此，有必要验证碳纤维等新型超轻质坚固材料作为可折叠舱体框架结构的可行性。

2）透明舱体膜层材料

目前一般认为，植物舱最好能够是透明的，从而允许植物直接利用太阳光，这样就可以在很大程度上解决植物栽培对能源需求量大的问题。该植物舱体膜层需要具备如下特性：坚固耐用、抗紫外线和在低温等环境下抗老化、质轻、透明或半透明而允许植物直接接受太阳光。然而，当前存在的膜，其透明性和坚固性不能兼顾，即提高了膜的透明性，则必须减小其厚度，这样其坚固性得不到保证；反之，其坚固性提高了，而透明性会出现下降，这样则无法满足植物生长对光强的基本要求。因此，目前需要进一步筛选透明柔性膜材料，或者开发新型的透光性好、可折叠、坚固性好、防辐射并无污染的轻质透明柔性材料。

2. 加强型可膨胀结构材料开发

受控生态生保系统除了舱体需要是柔性结构外，舱体内的很多设备，如舱内外支撑结构、植物立体栽培架和栽培盘结构等，也都会占去很大空间，对发射运输等同样会构成挑战。因此，今后重点需要开发与验证加强型的可膨胀、坚固耐用、抗老化及无污染的柔性支撑结构材料。例如，上面提到的缆绳可折叠式栽培系统就应该是未来星球基地植物栽培技术的发展方向。

3. 植物混合式光照技术

如前面所述，将来的植物光照很可能需要采用太阳光间接照射/直接照射与人工光照相结合的方式进行，这样才能保证植物光照的基本要求并提高其可靠性。目前在这方面存在的主要问题是，间接光照时，光导纤维传输率偏低，并且采用的整套设备也较为复杂而庞大，因此需要重点研发高效能的太阳光收集及光导纤维传输等关键技术。重点研制工作包括：① 轻质和精确的太阳光主聚集器和跟踪系统；② 有效的太阳光次聚集器；③ 将太阳能分离为光照和发电共两部分的有效光学装置。另外，目前的人工光源主要是 LED 灯，但该光源仍然存在光能转化率不高及散热量较大的问题。因此，下一步需要精确筛选或进一步开发新型高效节能的人工光源系统。

4. 大气环境控制技术

在受控生态生保系统中，大气环境条件包括温度、相对湿度、压力、风速、氧分压（或浓度）、二氧化碳分压（或浓度）、微量挥发性有害气体和微生物等八大参数的测量与控制。在大气环境控制技术中存在的主要问题体现在三个方面：① 热控问题。在受控生态生保系统中散热较大，因此需要庞大的制冷系统并会耗费大量能源。今后需要结合外太空环境的特点来寻求新的简便并节能的热控技术，包括发掘新的热平衡方法。② 微量有害气体控制问题。微量有害气体尤其是植物激素乙烯积累到一定程度时，会抑制植物生长甚至导致其凋亡。目前，乙烯净化技术一般包括紫外线催化氧化技术和高锰酸钾（$KMnO_4$）化学吸附技术等。然而，这些技术均仅适合小规模使用，并且光催化氧化技术对湿度等条件要求较为苛刻，因此，认为需要进一步开发较大型、高效率和高可靠性的植物舱乙烯净化装置。③ 舱内氧气和二氧化碳等气体需要从舱外（例如火星基地）获取，而舱内外环境具有压差，并且外部环境极为恶劣，因此需要突破舱外氧气和二氧化碳等气体的获取、净化、储存或调控等一系列技术难题。

5. 自动化植物栽培技术

将来乘员开展月球和火星等外太空探索的主要目的是进行基地建设、科学考察和地外资源开发等，而不主要是从事农业生产。然而，目前地面上的试验结果表明，乘员从事植物栽培和物质循环等相关的农业生产工作负荷较大、所占用的时间较长，如果进一步增加系统的物质闭合度，则势必会进一步加剧这一不利情况。因此，需要开发自动化机器人植物栽培技术，以便主要用于不同作物的自动化播种、移栽、生长状态监视、蔬菜成株或粮食、水果或果实类蔬菜等的果实采收，以及作物秸秆等不可食生物量的清理和运输等。

6. 低压下植物栽培技术

将来在月球或火星基地受控生态生保系统尤其是其中的植物舱中，极有可能被设置为低压，这样就需要在低压下进行植物栽培，而目前尚未具有人在低压下开展植物栽培的先例。另外，假如植物舱与乘员舱等其他舱体的压力制度不同，那么，需要考虑并解决乘员进舱是否需要穿戴舱外航天服，以及其工作模式与一般情况下有什么差异等问题。

7. 自动化植物健康监视与病虫害防治技术

由于植物的栽培面积较大且乘员的时间有限，并且有时不容易识别和判断植物的健康状态，因此，需要重点突破的是建立一整套自动化植物健康状态监视系统。监视内容主要包括根、茎、叶和果实的形态、大小与颜色等，病虫害发生的症状、种类和程度等。监视方法包括可见光和红外线图像、叶面红外温度测量仪（可采用红外线测量）及电子感应传感器等技术。然而，在密闭狭小的空间内实现多层植物的有效监视是一个难题。另外，需要解决病虫害有效而环保的防治问题。

8. 低重力下冷凝水回收技术

在月球（1/6g）或火星（1/3g）表面等低重力环境下，在舱内壁或冷凝热交换器表面上有可能会附着冷凝水，但由于重力较低而不容易自然收集这一部分冷凝水。因此，需要开发低重力下冷凝水的大规模收集技术，以解决这一潜在问题。

9. 高精度及高可靠性数据监控与专家支持技术

受控生态生保系统是一个微型人工生态单元，其缓冲能力很小而致使其非常脆弱。因此，为了确保受控生态生保系统实现高效能、高闭合度和高可靠性运行，必须对其各个参数实行精确测量与控制。另外，受控生态生保系统需要长期运行，因此，其中的重要仪器设备尤其是传感器系统必须具有很高的可靠性和很长的使用寿命。在这方面，可以借鉴国内外空间站上环控生保系统的传感器测量和控制技术进行长寿命监控。此外，由于受控生态生保系统远离地球，而航天员在这一领域所掌握的知识和技术毕竟有限，因此，需要在天地之间建立一套远距离专家支持系统。通过天上传回的图片、视频、数据甚至语音等数据资料，来对整个受控生态生保系统尤其是植物栽培情况进行全方位监视与判断，以便给乘员提供决策与指导，然而，目前这方面还几乎是一片空白，必须要加大力解决。

10. 食物原料加工与制备技术

在太空受控生态生保系统中，食物种类可能有粮食、蔬菜、水果、油料及佐料、肉类（水生鱼类和/或陆生动物等）、食用菌或螺旋藻等。食物原料加工可能包括小麦、水稻、大豆等多种粮食脱粒、烘干或粉碎，油料压榨及佐料粉碎，不同种类的动物屠宰及螺旋藻收集清洗或烘干（获得干净的螺旋藻藻体或干粉）等。食物制备技术可能包括烹饪和凉拌等制备工艺，以及根据食谱进行的相关食料的搭配组合等。目前的太空食品都是在地面预制而成的，而针对未来太空基地低重力和低气压下的食料加工（如粮食加工中的进出料问题）与食物制备技术，目前基本上都还是空白，因此，有必要在地面上加紧开展该技术领域的模拟试验研究工作。

11. 控制策略优化技术

目前，上述火星绿洲温室（Mars Oasis）的控制策略是，在预设范围或界限内保持合理的环境条件，然而，有可能会取决于当前系统状态测量值的目标条件的动态控制策略，这将有助于提高其性能和可靠性。因此，还需要进行相关试验研究，以便比较各种自主控制算法的性能，从而实现植物生物量的最大化生产，并同时降低消耗品的用量及能耗。

12. 收获与维护的可达性实现措施

由于在发射质量和体积等方面会受到严格限制，受控生态生保系统尤其是植物舱必然是一种高度集约化的紧凑结构运行状态，因此必须对系统操作的可达性等加以考虑，以便在栽培、收获和维护等过程中让乘员能够接近系统。另外，需要确保系统能够与加压环境或乘员居住舱具有接口匹配关系。这样，需要考虑乘员到达和维修系统的所选方式，这可能会面对更多的机械设计要求。

13. 通信延迟的影响应对措施

在地球与火星之间发送与接收数据时，至少有约 45 min 的时间延迟。这一延迟可能会阻碍地面支持人员和基地中乘员对系统故障做出快速的判断与反应。因此，将来需要开展模拟通信时间延迟试验，以此来评价该通信时间延迟对系统性能的影响，及在各种故障模式下系统的自我修复能力等。同时，需要开发相应的应对措施。

14. 长期可靠性运行保障措施

在未来的受控生态生保系统设计中，需要考核长期植物栽培等实施系统操作所带来的各种成本问题，包括过滤器和泵等部件的更换和维修、传感器的校准方法和精度、消毒、收获和重复栽培等。在长期运行可靠性研究和操作成本评价中，还应预估包括乘员进行系统操作和维修所需的工时。

15. 舱体安装部署与初始运行实施措施

目前基本的看法是，首先进行无人发射，待系统能够生产食物等具备基本的生保能力时，再进行有人发射。为了满足火箭发射运输对设备大小和质量的基本限制要求，发射前，设备应该处于一种压缩打包的结实状态。那么，上天后在以下方面均存在技术挑战：拆包、地基平整或下挖地基、舱体展开、吊装与安装、充气和调试、多舱对接、内部设备的安装与调试、月球或火星土壤覆盖或人工辐射屏障覆盖及先期自动化植物栽培程序启动。针对这些挑战，均需要在地面上扎实开展模拟试验及数学建模与验证等研究。这里，尤其是地基平整或下挖、设备吊装与安装、月球或火星土壤覆盖或人工辐射屏障覆盖等极具挑战性。

16. 原位资源开发技术

受控生态生保系统所需要的消耗品依靠后勤补给较为困难，并且舱体内外具有一定压差，还容易出现泄漏，因此，必须利用原位资源进行系统内消耗品的补充。原位资源可能包括水、氧气、二氧化碳（火星上丰富而月球上缺乏）及植物生长矿质营养元素等。目前来看，较为容易的是火星表面上大气中二氧化碳的利用（但大气环境条件非常恶劣），一般难的是从月球或火星的永冻土中提取水分，较难的是从矿物中提取结合水和氧气，而最难的是提取矿质营养元素或对其中的矿物质进行直接利用。现在，这方面的工作还很少，几乎还是一片空白，因此后面应该加紧这一领域的论证与探索。未来这方面的研究重点应该是，在对月壤或火星土壤成分分析和模拟开发与合成的基础上，进行其人工模拟土壤条件下的植物栽培试验研究。

17. 能源供应技术

能源供应技术本身并不是受控生态生保技术的研究范畴，但能源对受控生态生保系统的发展影响非常大，是决定该系统运行成败的关键因素，因此也必须考虑这一问题。能源供应系统可能首选的是太阳能发电技术，但在月球上，即便是在其南极，常年光照天数也只能达到94%。而在火星上，即便是在赤道上，其光强也就是地球光强的一半多一点，并且一年内会发生多次尘暴，有时持续时间会达到数周，这对太阳能发电极为不利。另外一种可选的途径是核能发电，但目前核能发电设施庞大复杂，并且具有一定的辐射安全等问题，而针对空间基地应用还只是停留在概念水平。目前认为能源需要通过太阳能、核能和燃料电池的相互配合使用来解决，但事实上，这三种能源在利用技术方面都存在一定的问题，因此，需要着手开展这方面的研究，以建成高可靠性的受控生态生保系统能源供应体系。

18. 透明舱体尘土清除技术

如前所述，如果在月球或火星表面建成植物透明舱体，就可以大大降低能源需求。但在月球上会定期发生晨昏线事件，这时会扬起带电的月球土壤。而在火星上由于会不时发生尘暴，也会扬起很多尘土，这就必然会在舱外膜层上覆盖尘土而导致光照减弱（假如植物舱采用透明可膨胀膜层）。那么，如何在外太空这样恶劣的环境下进行舱外透明膜层上或有机玻璃上的尘土清除且不会对其造成损伤，也会成为技术难点。因此，需要在地面上开展这一技术领域的探索与验证研究。

| 18.2 需要解决的主要理论科学问题 |

18.2.1 主要科学问题类别

除了上述可能存在的 18 项主要工程技术问题外，在受控生态生保系统的建设中，还存在许多科学问题有待认识与掌握（Mas 等，2005）。通过梳理，大致认为当前在受控生态生保技术领域尚存在 14 项主要科学问题，如图 18－2 所示。

18.2.2 主要科学问题解析

1. 低重力和低压条件下气液流体动力学规律

针对受控生态生保系统，重点需要了解月球或火星表面低重力和低气压下植物、动物、微生物生长环境中气、液、固三相流的动力学规律及它们之间的相互作用关系。例如，在植物水培和固培系统中水分传导与分布的规律，以及水分中的气体成分如溶解氧的分布特点与规律。在此基础上，需要掌握气、液、固三相流的管理机制。

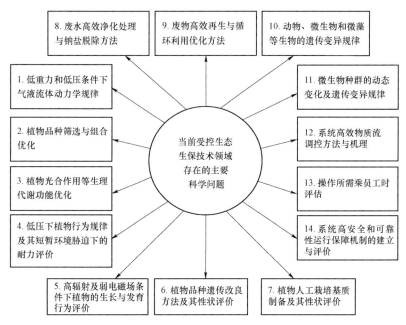

图18-2　当前受控生态生保技术领域存在的主要科学问题

2. 植物品种筛选与组合优化

目前，对植物品种有一定的筛选标准，但还不够完善。下一步应该在此基础上进一步细化完善，制定完整并可量化的受控生态生保系统候选植物筛选标准，并以此为依据进行植物品种筛选（重点包括茎秆矮、生长周期短、可食生物量产量高、抗性强等生物学特点）。另外，应该积极引入农业新作物品种。再者，对动物、微生物或微藻等生物功能部件也同样需要建立各自的筛选标准及其物种或品种组合优化措施。

3. 植物光合作用等生理代谢功能优化

掌握受控生态生保系统中植物的生长发育、生理生化和遗传变异等基础生物学特性与规律，是实现其生保功能的基本条件与保证。今后，还需要进一步探索提高植物光合作用效率的大气环境条件（主要包括温湿度、压力、二氧化碳浓度等）、光照条件（包括光源、光强、光周期、光质及光照方式）和水培或固培条件（主要包括水分、养分、溶解氧浓度、土壤保水性、土壤透气性、肥力、酸碱性和微生物种群分布等特点和规律）等的优化措施，以确保植物的正常生长发育和新陈代谢，进而提高植物净化二氧化碳、产氧和生产可食生物量的能力。另外，需要掌握封闭和低重力系统中植物的传粉受精和迭代遗传变异的行为规律等。在此基础上，还需要进一步探索低重力和低压下植物等生物的传粉受精等繁殖技术。

4. 低压下植物行为规律及其短暂环境胁迫下的耐力评价

未来的受控生态生保系统应当是低压制度。目前，国际上在低压植物栽培方面已经开展了大量试验，也证明小麦和油菜等粮食和蔬菜等作物能够在 10 kPa 下正常生长。然而，目前存在的问题是试验不够系统，受试植物种类不多，开展的研究内容不够全面，尤其需要探索低压下植物的迭代遗传和变异的特点与规律，并探明其产量、收获指数和经济指数等问题。另外，在外太空难免遭遇泄压或高低温等短暂的极端环境胁迫，因此需要开展各种短暂环境胁迫下植物反应能力和耐力的评价研究，并探索包括筛选抗性植物品种等的低压防御及对抗措施。

5. 高辐射及弱电磁场条件下植物的生长与发育行为评价

月球表面上没有大气保护层，因此其辐射非常强。火星表面上的稀薄大气对辐射具有一定的屏蔽作用，但仍会存在一定的辐射问题。月球上没有电磁场，而火星上的电磁场较地球的也要弱很多。研究表明，在屏蔽磁场的条件下，植物的生长行为会发生变化。因此，应该深入探索高辐射、弱磁场和弱电场条件下的植物生长发育和遗传变异等行为规律，并掌握相应的对抗措施等。

6. 植物品种遗传改良方法及其性状评价

目前来看，受控生态生保系统中候选植物的光合作用效率普遍来说还不够高，并且在空间低重力环境条件下有可能发生变异而导致其生物性状退化，进而致使其生产能力出现进一步下降。因此，应当探索适应于空间环境条件的植物品种改良技术，包括通过基因、染色体和细胞等生物遗传工程进行的植物新品种改良等方法与手段等。另外，需要探索动物和微生物等生物功能部件的品种改良技术（也包括遗传工程改良方法）（Bamsey 等，2009）。

7. 植物人工栽培基质制备及其性状评价

如前所述，受控生态生保系统在初始起步阶段应该采用水培方法，但随着消耗品的日渐减少和生物可降解废物的日渐积累，栽培方法应该由水培向固培技术逐渐过渡。将来，需要重点探索的是水培向固培的过渡模式，探索将植物不可食生物量、人体和动物的排泄物及其不可食生物量等与原位矿质资源相结合来制备人工类土壤栽培基质的基本手段与模式，并建立相应的类土壤性能评价体系。

8. 废水高效净化处理与钠盐脱除方法

受控生态生保系统中的资源非常有限，其中的水分必须得到高闭合度回收利用。废水源主要包括舱内冷凝水、乘员甚至包括动物排泄的尿液及乘员生活使用过的污水等。因此，必须对这部分水进行循环再生利用，使之分别用于饮用水、卫生用水和植物灌溉用水等，但难点在于如何回收废水中的有机物和矿质营养元素而使之成为植物可以吸收利用的成分。将来的出路，可能还在于将微生物好氧/厌氧反应器废水处理技术与物化催化氧化及净化技术等相结合，以进行污水的综合、快速、高效与稳定降解处理与循环利用。另外，人体为了维持自身的正常生理代谢，每天必须摄入一定量的氯化钠盐，这部分盐主要随尿液和汗液排出后进入污水源。这部分含有钠盐的水被处理后一般会被作为植物灌溉用水。然而，植物并不能吸收过多钠盐，而受控生态生保系统的缓冲能力又很小，因此，随着时间延长，钠离子就会在营养液或人工土壤中进行积累而造成盐害。然而，氯化钠与其他矿质营养元素往往混合在一起而导致对其较难进行分离，因此，需要加紧探索废水中氯化钠的分离技术，例如将耐盐及吸盐/泌盐植物和物化分离技术（如电渗析法，electrodialysis）等相结合的综合集成处理技术。此外，还需要开发卫生废水中表面活性剂的净化方法。

9. 废物高效再生与循环利用优化方法

在受控生态生保系统中，所产生的生物可降解废物必须得到高效再生循环与利用，否则，该系统将无法持续运行。如前所述，在月球或火星基地中，植物栽培必然需要从水培向固培转变，长期来看，应当主要是固体栽培方式。因此，实现废物降解的主要目标是降解快速且彻底、有机和无机元素释放率高及不释放或少释放有害气体或其他有害物质等。但目前存在的主要问题是，人工土壤基质的制备效果及在其中的植物栽培效果还不够理想。因此，将来需要重点探索的是人工土壤制备及该土壤的逐渐演变过程，以及在栽培基质中利用当地月球或火星矿质土壤的技术方法与工艺手段（如生物反应器超嗜热堆肥降解处理技术与焚烧法或过氧化氢氧化法的配合使用）等。

10. 动物、微生物和微藻等生物的遗传变异规律

在受控生态生保系统的初始运行阶段，可能主要依靠植物，而少量的动物蛋白等其他食物需要从地面携带补充。但系统发展到一定程度后，应该引入动

物、食用菌或螺旋藻等其他生物功能部件，以增加食物的营养性和多样性。因此，与植物的研究方法相类似，需要探索空间低重力条件下动物等生物部件的高效培养技术及其基本的生物学特性，包括基本的生长发育、生理生化和遗传变异等生物学行为规律，以及生物品种的优选方案等。

11. 微生物种群的动态变化及遗传变异规律

受控生态生保系统离不开微生物菌群，例如，在植物营养液、人工土壤、废水和废物处理反应器中，都需要用到微生物，并且在空气、水体和很多固体表面，也都会滋生微生物。微生物中，有的对系统有利而需要充分利用，但有的则有害，需要加以防范。因此，需要探索在低重力和高辐射等条件下系统中细菌和真菌等各类微生物的群落种类与数量的动态分布、动态消长变化行为及其规律，以及它们的基础生物学特性，尤其是其遗传变异的行为特点及规律等。另外，在此基础上，需要探索种群控制及对有害微生物的防治手段与措施，从而确保系统的高生物安全性。

12. 系统高效物质流调控方法与机理

建立受控生态生保系统的最终目标，是实现生保物质的高闭合度、高效率和高平衡可靠的持续再生与供应。受控生态生保系统的缓冲能力较弱，无法经受大的波动，而要想实现上述目标，则需要重点探索食物、大气和水等物质流平衡的精确调控技术手段与匹配措施，主要包括植物栽培种类、每种植物的栽培面积、批次栽培间隔时间、光照条件、栽培周期、收获时间、收获量，动物/食用菌/螺旋藻等生物的培养量、被食用量、被食用时间间隔及乘员工作负荷安排，以及废水的处理方式、处理时间和处理量，废物的处理方式、处理时间、处理量及微生物种群等，以上参数和条件等均会影响物质流的调控效果。因此，需要开展基于以上分析的多参数综合调控方法研究，以掌握其精确的调控措施与机理，进而建立可靠的数字仿真模型并对其开展试验验证与完善。

13. 操作所需乘员工时评估

受控生态生保系统的结构异常复杂，因此必然会在许多方面需要航天员参与。已有研究证明，该系统中与农业生产相关的工作会占用乘员的大量时间，这必然会影响乘员的生理和心理健康，并进而影响整个飞行任务的完成质量和效果。因此，需要在地面上开展各种模拟试验，对每天的各种系统操作占用乘员的时间进行统计与分析，从而对乘员所承担的工作负荷进行评价，并提出今后可能采取的减负措施（例如，实现植物栽培等设备自动化运行，以及系统运行模式优化）等提供可靠依据。

14. 系统高安全和可靠性运行保障机制的建立与评价

针对受控生态生保系统，提高安全性的保障措施主要是，对故障模式、故障原因、似然性（likelihood）、严重性（severity）、可减轻性（mitigation）和偶发性（contingency）等进行逐条详细分析，并在此基础上对各种故障模式进行逐条模拟验证，从而全面掌握故障的发生规律及其发生机理，并掌握各种故障模式下的应对措施。提高可靠性的保障措施主要是，适当增加系统中关键部件或消耗品的备份和冗余度设计。然而，在地面上需要开展大量优化设计与模拟试验，以确保冗余度或备份件数量保持在合理的范围之内，否则，太低或太高都会对确保系统正常运行或航天发射造成不利影响。

|18.3　未来发展总体思路设想|

基于以上对国内外技术发展形势的分析与判断，在此提出未来受控生态生保系统的总体发展思路，具体如图18-3所示。该总体发展路线规划基本是，

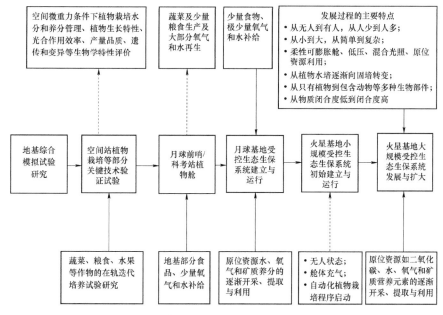

图 18-3　太空基地受控生态生保系统总体发展思路设想

从地基综合模拟到空间部分关键技术验证，之后进行月球前哨半封闭受控生态生保系统的建立与试验，在此基础上进行基本自给自足的月球基地受控生态生保系统的建立、试验与应用。该发展过程可能需要持续几十年。月球上并不像火星那样适合人类居住，因此，待月球上居住应用试验成熟后，则应该向火星进发。在建立火星基地受控生态生保系统的过程中，设想是先进行无人发射而完全实现自动化植物栽培。在食物种植积累的基础上，进行小规模乘组的有人发射和驻留火星。之后由单舱逐渐向多舱过渡，系统规模逐渐扩大，人员数量逐渐增多，并逐渐开始进行原位资源利用，从而逐步提高食物的多样性和闭合度，进而最终基本实现受控生态生保系统的自给自足。

主要参考文献

[1] 欧阳自远. 月球探测纵横谈[J]. 科学，2006（7）：40－43.

[2] 欧阳自远,肖福根. 火星及其环境[J]. 航天器环境工程,2012,29(6):591－601.

[3] 郭双生，董文平. 我国受控生态生命保障技术研究进展与未来发展方向分析[J]. 航天医学与医学工程，2018，31（2）：112－120.

[4] 郭双生. 我国月球基地受控生态生保系统物质流调控分析研究[J]. 载人航天，2017，23（5）：680－687.

[5] 郭双生，吴志强，高峰，等. 中国受控生态生保技术研究进展与展望[J]. 载人航天，2016，22（3）：269－280.

[6] 郭双生，董文平，杨成佳. 空间受控生态生保技术发展现状与展望[J]. 航天医学与医学工程，2013，26（3）：259－264.

[7] 郭双生，董文平，艾为党，等. 2人30天受控生态生保系统物质流调控技术研究[J]. 载人航天，2013，19（5）：69－74.

[8] 郭双生，唐永康. 长期载人航天生命保障技术[J]. 科学，2007，59（5）：46－48.

[9] 郭双生. 美国先进生保计划的进展情况[J]. 中国航天，1999（3）：29－34.

[10] 郭双生，王普秀，李卫业，等. 受控生态生保系统中关键生物部件的筛选[J]. 航天医学与医学工程，1998，11（5）：333－337.

[11] 艾为党，郭双生，董文平，等. $^{60}Co-\gamma$ 射线对螺旋藻生长影响研究初探[J]. 航天医学与医学工程，2005，21（3）：268－272.

[12] 唐永康，郭双生，秦利锋，等. 深空探测低压植物栽培装置研制[J]. 航

天医学与医学工程，2008，21（5）：392－397.

[13] Akai H，Suto M，Asaoka K，et al. Rearing of *Antheraea mylitta* with newly developed artificial diet[J]. Wild Silkmoths，1991（89/90）：121－127.

[14] Allen J. Biospheric theory and report on overall Biosphere 2 design and performance[J]. Life Support & Biosphere Science，1997（4）：95－108.

[15] Allen C S，Burnett R，Charles J，et al. Guidelines and capabilities for designing human missions[R]. NASA Technical Report TM 2003210785，NASA，USA，2003.

[16] Bamsey M，Berinstain A，Graham T，et al. Developing strategies for automated remote plant production systems：environmental control and monitoring of the Arthur Clarke Mars Greenhouse in the Canadian High Arctic[J]. Advances in Space Research，2009（44）：1367－1381.

[17] Bartsev S I，Okhonin V A. Self-restoration of biocomponents as a mean to enhance biological life support systems reliability[J]. Advances in Space Research，1999，24（3）：393－396.

[18] Baumhardt R，Depaoli M A. Photooxidation of polypropylene under load[J]. Polymer Degradation and Stability，1993，40（1）：53－58.

[19] Bergholz E. Water production utilizing the Rodriquez Well at Amunsen-Scott South Pole Station[EB/OL]. http://www.polartrec.com/expeditions/south-pole-ozone-changes/journals/2007–12–28.

[20] Bland P A，Smith T B. Meteorite accumulations on Mars[J]. Icarus，2000，144（1）：21－26.

[21] Blüm V，Gitelson J I，Horneck G，et al. Opportunities and constraints of closed man-made ecological systems on the moon[J]. Advances in Space Research，1994，14（6）：271－280.

[22] Blüm V，Paris F. Possible applications of aquatic bioregenerative life support modules for food production in a Martian base[J]. Advances in Space Research，2003，31（1）：77－86.

[23] Boscheri G，Kacira M，Patterson L，et al. Modified energy cascade model adapted for a multicrop lunar greenhouse prototype[J]. Advances in Space Research，2012（50）：941－951.

[24] Bramlette T T，Mills B E，Hencken K R，et al. Destruction of DOE/DP surrogate wastes with supercritical water oxidation technology[R]. Sandia

Report SAND90-8229, Sandia National Laboratories, USA, 1990.

[25] Bubenheim D. Plants for water recycling, oxygen regeneration and food production[J]. Waste Management & Research, 1991, 9（5）: 435－43.

[26] Bubenheim D L, Wydeven T. Approaches to resource recovery in controlled ecological life support systems[J]. Advances in Space Research, 1994, 14（11）: 113－123.

[27] Bucklin R A, Fowler P A, Rygalov V Y, et al. Greenhouse design for the Mars environment: development of a prototype, deployable dome[J]. Acta Hortculturae, 2004（659）: 127－134.

[28] Cariou J M, Dugas J, Martin L. Transport of solar energy with optical fibers[J]. Solar Energy, 1982, 29（5）: 397－406.

[29] Cariou J M, Dugas J, Martin L. Theoretical limits of optical fiber solar furnace[J]. Solar Energy, 1985, 34（4－5）: 329－339.

[30] Casarett A P (ed). Radiation Biology[M]. Englewood Cliffs: Prentice-Hall, 1968.

[31] Christophe G, Creuly C, Dussap C. Higher plant waste fiber degradation by biological treatment[R]. SAE Technical Paper Series 2005－01－3069, 2005.

[32] Clawson J, Hoehn A, Stodieck L S. Optimizing the structural subsystem of the AG-Pod crop production unit[R]. SAE Technical Paper Series 2000－01－2477, 2000.

[33] Clawson J, Hoehn A, Maute K. Materials for transparent inflatable greenhouses[R]. SAE Technical Paper Series 2003－01－2326, 2003.

[34] Clawson J M, Hoehn A, Wheeler R M. Inflatable transparent structures for Mars greenhouse applications[R]. SAE Technical Paper Series 2005－01－2846, 2005.

[35] Cooper M R, Catauro P, Perchonok M. Development and evaluation of bioregenerative menus for Mars habitat missions[J]. Acta Astronautica, 2012（81）: 555－562.

[36] Cooper M, Douglas G, Perchonok M. Developing the NASA food system for long-duration missions[J]. Journal of Food Science, 2011, 76（2）: 40－48.

[37] Cooper C, Hofstetter W, Hoffman J A, et al. Assessment of architectural options for surface power generation and energy storage on human Mars missions[J]. Acta Astronautica, 2010（66）: 106－1112.

[38] Cordell B M. A preliminary assessment of Martian natural resource

potential[M]. San Diego: Univell Incorporated, 1984.

[39] Cuello J L, Jack D, Sadler P, et al. Hybrid solar and artificial lighting (HYSAL): next-generation lighting strategy for bioregenerative advanced life support[R]. SAE Technical Paper Series 1999 – 01 – 2104, 1999.

[40] Cuello J L, Sadler P, Jack D, et al. Evaluation of light transmission and distribution materials for lunar and Martian bioregenerative life support[J]. Life Support and Biosphere Science, 1998, 5 (4): 389 – 402.

[41] Cuello J L, Yang Y, Kuwahara S, et al. Plant hardware equipped with hybrid lighting: combining solar irradiance with xenon-metal halide lamps or light-emitting diodes for life support in space[R]. SAE Technical Paper Series 2001 – 01 – 2423, 2001.

[42] Czupalla M, Horneck G, Blome H J. The conceptual design of a hybrid life support system based on the evaluation and comparison of terrestrial testbeds[J]. Advances in Space Research, 2005 (35): 1609 – 1620.

[43] Darnell A, Azad A, Borlaug B, et al. MarsOASIS: a predeployable miniature Martian greenhouse for crop production research[R]. SAE Technical Paper Series ICES – 2015 – 224, 2015.

[44] Dever J A, Semmel C. Radiation durability of candidate polymer films for the next generation space telescope sunshield[R]. Third Gossamer Spacecraft Forum, Denver, Colorado, American Institute of Aeronautics and Astronautics, AIAA – 2002 – 1564 (NASA-TM – 2002 – 211508), 2002.

[45] Drysdale A E, Maxwell S. Waste system implications for Mars missions[J]. Advances in Space Research, 2003, 31 (7): 1791 – 1797.

[46] Drysdale A E, Ewen M K, Hanford A J. Life support approaches for Mars missions[J]. Advances in Space Research, 2003, 31 (1): 51 – 61.

[47] Dueck T, Kempkes F, Meinen E, et al. Choosing crops for cultivation in space[R]. SAE Technical Paper Series ICES – 2016 – 206, 2016.

[48] Drysdale A, Bugbee B. Optimizing a plant habitat for space: a novel approach to plant growth on the moon[R]. SAE Technical Paper Series 2003 – 01 – 2360, 2003.

[49] Dugas J, Cariou J M, Martin L. Optical fibers and solar energy[J]. Aeronaut. Astronaut, 1982 (92): 7 – 61.

[50] Edeen M A, Pickering K D. Biological and physical-chemical life support systems integration — Results of the Lunar Mars Life Support Phase Ⅲ

Test[R]. SAE Technical Paper Series 981708, 1998.

[51] Escobar C M, Nabity J A, Klaus D M. Defining ECLSS robustness for deep space exploration[R]. SAE Technical Paper Series ICES－2017－280, 2017.

[52] Escobar C M, Escobar A C. Quantifying ECLSS robustness for deep space exploration[R]. SAE Technical Paper Series ICES－2019－239, 2019.

[53] Eckart P(ed). Spaceflight Life Support and Biospherics[M]. Torrance Dordrecht/ Boston/London: Microcosm Press/Kluwer Academic Publishers, 1996.

[54] Ewert M K, Hanford A J. Advanced life support systems integration, modeling, and analysis reference missions document—Revision A[R]. JSC-39502, NASA Johnson Space Center, Houston, Texas, USA, 2001.

[55] Finetto C, Lobascio C, Rapisarda A. Concept of a Lunar FARM: Food And Revitalization Module[J]. Acta Astronautica, 2010 (66): 1329－1340.

[56] Finetto C, Rapisarda A, Sabbagh A, et al. Food and revitalization module (FARM) for moon human exploration[R]. SAE Technical Paper Series 2008－01－2014, 2008.

[57] Flynn M T, Bubenheim D L, Straight C L, et al. The Controlled Ecological Life Support System Antarctic Analog Project: analysis of wastewater from the south pole station, Antarctica—Volume I [R]. NASA Technical Memorandum 108836, 1994.

[58] Freeland R E, Bilyeu G. IN-STEP inflatable antenna experiment[J]. Acta Astronautica, 1993 (30): 29－40.

[59] Freeland R E, Bilyeu G D, Mikulas M M, et al. Inflatable deployable space structures technology[R]. IAF-98-I.5.01.49th International Astronautical Congress, Sept.28-Oct.2, 1998, Melbourne, Australia, 1998.

[60] Fries J E. Solar lighting system[S]. Patent No. US 4297000, 1981.

[61] Furfaro R, Gellenbeck S, Giacomelli G, et al. Mars-Lunar Greehouse (MLGH) prototype for bioregenerative life support systems: current status and future efforts[R]. SAE Technical Paper Series ICES－2017－347, 2017.

[62] Furfaro R, Gellenbeck S, Sadler P. Fresnel-based solar concentration power system for Mars and lunar outposts[R]. SAE Technical Paper Series ICES－2014－106, 2014.

[63] Fu B, Nelson P E. Conditions and constraints of food processing in space [J]. Food Technology, 1994, 48 (9): 113－122, 127, 204.

[64] Fu B, Nelson P E, Irvine R, et al. Processing of nutritious, safe and acceptable foods from CELSS candidate crops[J]. Advances in Space Research, 1996, 18 (1/2): 241 – 250.

[65] Gertner B. Mars greenhouse study: natural vs. artificial lighting[R]. Advanced Life Support Status Telecon, November 18, 1999. NASA Johnson Space Center, Houston, TX, USA, 1999.

[66] Giacomelli G A, Furfaro R, Kacira, et al. Bio-regenerative life support system development for lunar/Mars habitats[R]. SAE Technical Paper Series AIAA 2012-3463, 2012.

[67] Giroux R, Berinstain A, Braham S, et al. Greenhouses in extreme cnvironments: the Arthur Clarke Mars Greenhouse design and operation overview[J]. Advances in Space Research, 2006 (38): 1248 – 1259.

[68] Gonzales J M. Aquaculture in bio-regenerative life support systems (BLSS): considerations[J]. Advances in Space Research, 2009 (43): 1250 – 1255.

[69] Gonzales Jr J M, Brown P B. Nile tilapia(*Oreochromis niloticus*) as a food source in advanced life support systems: initial considerations[J]. Advances in Space Research, 2006 (38): 1132 – 1137.

[70] Gonzales Jr J M, Brown P B. Nutrient retention capabilities of Nile tilapia (*Oreochromis niloticus*) fed bio-regenerative life support system (BLSS) waste residues[J]. Advances in Space Research, 2007 (40): 1725 – 1734.

[71] Gros J B, Lasseur Ch, Tikhomirov A A. Soil-like substrate for plant growing derived from inedible plant mass: preparing, composition, fertility[J]. Acta Hortculturae, 2004 (644): 151 – 155.

[72] Gros J B, Lasseur Ch, Tikhomirov A A. Testing soil-like substrate for growing plants in bioregenerative life support systems[J]. Advances in Space Research, 2005 (36): 1312 – 1318.

[73] Grossman G, Williams G. Inflatable concentrators for solar propulsion and dynamic space power[J]. Journal of Solar Energy Engineering, 1990, 112 (4): 229 – 236.

[74] Hanford A J. ALS baseline values and assumptions document[R]. CTSD-ADV-484, JSC, NASA, USA, 2002.

[75] Hanford A J. Advanced life support baseline values and assumptions document (BVAD) [R]. NASA/CR—2004–208941, NASA JSC, Houston,

TX，USA，2004.

[76] He W，Liu H，Xing Y，et al. Comparison of three soil-like substrate production techniques for a bioregenerative life support system[J]. Advances in Space Research，2010（46）：1156－1161.

[77] Hoff J E，Howe J M，Mitchell C A. Nutritional and cultural aspects of plant species selection for a controlled ecological life support system[R]. NASA Contractor Report 166324，Ames Research Center，NASA，USA，1982.

[78] Hu D，Li M，Zhou R，et al. Design and optimization of photobioreactor for O_2 regulation and control by system dynamics and computer simulation[J]. Bioresource Technology，2012（104）：608－615.

[79] Hublitz I，Henninger D，Drake B，et al. Engineering concepts for inflatable Mars surface greenhouses[J]. Advances in Space Research，2004，34（7）：1546－5151.

[80] Hunter J B，Drysdale A. Optimization of food processing for a lunar base[R]. SAE Technical Paper Series 961413，1996a.

[81] Hunter J，Drysdale A. Concepts for food processing for lunar and planetary stations[R]. SAE Technical Paper Series 961415，1996b.

[82] Hunter J，Olabi A，Spies R，et al. Diet design and food processing for bioregenerative life support systems[R]. SAE Technical Paper Series 981558，1998.

[83] Ikeda A，Tanimura Y，Ezaki E，et al. Environmental control and operation monitoring in a plant factory using artificial light[R]. ISFA Paper No. 304，The Netherlands，1992.

[84] Janssen E G O N，Tse T C，Mas J L，et al. Design approach and implementation of a Mars surface food production unit[R]. SAE Technical Paper Series 2005－01－2824，2005a.

[85] Janssen E G O N，Tse T C，Vanrobaeys X，et al. Design of an On Ground Experimental Growth Unit（OGEGU）for space applications[R]. SAE Technical Paper Series 2005－01－2871，2005b.

[86] Jones H. Equivalent mass versus life cycle cost for life support technology selection[R]. SAE Technical Paper Series 2003－01－2635，2003.

[87] Kacira M，Giacomelli G A，Patterson R L，et al. System dynamics and performance factors of a lunar greenhouse prototype bioregenerative life

support system[J]. Acta Hortculturae，2012（952）：575 – 582.

[88] Kadak A C，Dostal V，Gezelius K，et al. Mission to Mars: how to get people there and back with nuclear energy[R]. MIT-NSA-TR-1，MIT Center for Advanced Nuclear Energy Systems（CANES），Cambridge，MA，USA，2004：169 – 176.

[89] Kanazawa S，Ishikawa Y，Tomita-Yokotani K，et al. Space agriculture for habitation on Mars with hyper-thermophilic aerobic composting bacteria[J]. Advances in Space Research，2008（41）：696 – 700.

[90] Kanazawa S，Yamamura T，Yanagida H，et al. New production technique of biohazard-free compost by the hyper-thermal and aerobic fermentation method[J]. Soil Microorganisms，2003（58）：105 – 114.

[91] Katayama N，Yamashita M，Wada H，et al. Space Agriculture Task Force. Entomophagy as part of a space diet for habitation on Mars[J]. Journal of Space Science & Technology，2005（21）：27 – 38.

[92] Kato D，Nakamura T. Application of optical fibers to the transmission of solar radiation[J]. Journal of Applied Physics，1976，47（10）：4528 – 4531.

[93] Kennedy K J. Inflatable habitats technology development[R]. In: Wheeler R M，Martin-Brennan C(eds)，Mars Greenhouses: Concepts and Challenges. NASA Technical Memorandum 2000-208577，NASA Kennedy Space Center，FL，USA，2000：64 – 76.

[94] Kennedy K J. Surface habitat system[R]. JSC Biennial Research and Technology Report. JSC，NASA，USA，2009.

[95] Kiguchi K，Shimoda M. The sweet potato hornworm，*Agrius convolvuli*，as a new experimental insect：continuous rearing using artificial diets[J]. Zoology Science，1994（11）：143 – 147.

[96] Klicka M V，Smith M C. Food for U.S. manned space flight[R]. Technical Report Natick TR82/019. Natick，MA: US Army R&D Center，1982.

[97] Kovalev V S，Manukovsky N S，Tikhomirov A A. Computing-feasibility study of NASA nutrition requirements as applied to a bioregenerative life support system[J]. Acta Astronautica，2019（159）：371 – 376.

[98] Kozicka J. Low cost solutions for Martian base[J]. Advances in Space Research，2008（41）：129 – 137.

[99] Kozicki J，Kozicka J. Human friendly architectural design for a small Martian base[J]. Advances in Space Research，2011（42）：1997 – 2004.

[100] Lane H W, Kloeris V, Perchonok M, et al. Food and nutrition for the moon base: what have we learned in 45 years of spaceflight[J]. Nutrition Today, 2007, 42（3）: 102–110.

[101] Levri J A, Vaccari D A, Drysdale A E. Theory and application of the equivalent system mass metric[R]. SAE Technical Paper Series 2000 – 01 – 2395, 2000.

[102] Levri J A, Fishel J W, Jones H W, et al. Advanced life support equivalent system mass guidelines document[R]. NASA/TM-2003-212278. NASA Ames Research Center, Moffett Field, California, USA, 2003.

[103] Lobascio C, Lamantea M, Perino M A, et al. Plant Facilities for Inflatable Habitats[R]. SAE Technical Paper Series 2006 – 01 – 2214, 2006.

[104] Manukovsky N S, Kovalev V S, Rygalov V Y, et al. Waste bioregeneration in life support CES: development of soil organic substrate[J]. Advances in Space Research, 1997, 20（10）: 1827 – 1832.

[105] Mas J L, Vanrobaeys X, Hagenbeek D, et al. Design approach of closed loop food systems in space[R]. SAE Technical Paper Series 2005 – 01 – 2920, 2005.

[106] McGloughlin M N. Modifying agricultural crops for improved nutrition[J]. New Biotechnology, 2010, 27（5）: 494 – 504.

[107] Meyer T R, McKay C P. The atmosphere of Mars-resources for the exploration and settlement of Mars[M]. In: Boston P J(ed), The Case for Mars. American Astronautical Society Science and Technology Series 57, 1984.

[108] Meyer T R, McKay C P. The resources of Mars for human settlement[J]. Journal of the British Interplanetary Society, 1989（42）: 147 – 160.

[109] Mitchell C A. The role of bioregenerative life-support systems in a manned future in space[J]. Transactions of Kansas Academy of Science, 1993, 96（1 – 2）: 87 – 92.

[110] Monje O, Nugent M R, Hummerick M E, et al. New frontiers in food production beyond LEO[R].SAE Technical Paper Series ICES – 2019 – 260, 2019.

[111] Mori K, Tanatsugu N, Yamashita M. Visible solar-ray supply system for space station[J]. Acta Astronautica, 1986, 13（2）: 71 – 79.

[112] Munday M F, Giacomelli G, Yanes M, et al. Development of an outreach

and teaching module(LGHOTM) based on Prototype Lunar Greenhouse Program[R]. SAE Technical Paper Series ICES – 2014 – 107，2014.

[113] Munson S，Arnold J，Anderso J，et al. MarsPort 2002：an evolutionary deployable greenhouse for Mars – Preliminary design review[R]. Franklin W Olin College of Engineering，Maryland，USA，2002.

[114] Nakamura T. Optical waveguide system for solar power applications in space[R]. Proceedings of International Solar Energy Conference, Vol. 7423：74230C-1，2009.

[115] Nakamura T，Case J，Mankamyer M. Optical waveguide solar lighting system for space based plant growing[J]. Rep. No. CONF-9603117，31 Mar.–3 Apr. 1996，American Society of Mechanical Engineers International Solar Energy Conference，San Antonio，TX，USA，1996.

[116] Nakamura T，Case J A，Mankamyer M. Development of the optical waveguide solar lighting system for space-based plant growing[J]. Life Support & Biosphere Science，1998，5（2）：205 – 215.

[117] Nakamura T，Comaskey B，Bell M. Space qualified optical components for solar plant lighting[R]. Rep. No. PSI-2523/TR-1640，Physical Sciences，San Ramon，CA，USA，1999.

[118] Nakamura T，Fraas L M，Avery J E. Solar plant lighting with electric power generation[R]. SAE Technical Paper Series 2002 – 01 – 2337，2002.

[119] Nakamura T，Irvin B R. Optical waveguide photovoltaic power generator [R]. Rep. No. AL-TR-90-046，Air Force Astronautics Laboratory，Edwards Air Force Base，CA，USA，1990.

[120] Nakamura T，Irvin B R. Development of optical waveguide for survivable solar space power systems[R]. Rep. No. PL-TR-92-3006，Phillips Laboratory，Edwards Air Force Base，CA，USA，1993.

[121] Nakamura T，Monje O，Bugbee B. Solar food production and life support in space exploration[R]. AIAA 2013-5399，AIAA SPACE 2013 Conference and Exposition，September 10-12，2013，San Diego，CA，USA，2013.

[122] Nakamura T，Senior C L，Burns E G，et al. Solar powered soil vapor extractions from removal of dense nonaqueous phase organics from soil[R]. Journal of Environmental Science and Health Part A，2000，35（6）：795 – 816.

[123] Nakamura T，Van Pelt A D，Clark L D，et al. Multi-use solar thermal system

for oxygen production for lunar regolith[R]. Rep. No. PSI – 6002/TR-2228, Physical Sciences, San Ramon, CA, USA, 2007.

[124] Nakamura T, Van Pelt A D, Drysdale A E, et al. Transmission and distribution of photosynthetically active radiation (PAR) for biomass production in exploration missions[R]. Rep. No. PSI-2926/TR-2113, Physical Sciences, San Ramon, CA, USA, 2006.

[125] Nakamura T, Van Pelt A D, Yorio N C, et al. Transmission and distribution of photosynthetically active radiation(PAR) from solar and electric light sources[J]. Habitation, 2010（12）: 103 – 117.

[126] O'Handley D. Final report on system architecture development for a self-sustaining lunar colony[R]. Research Contract 07600-52 (Prime Contract NAS-98051). Orbital Technologies Corporation Space Center, Madison, WI, USA, 2005.

[127] Ono E, Cuello J L, Jordan K A. Characterizations and high-intensity red and blue light emitting diodes (LEDs) as a light source for plant growth[J]. Life Support & Biosphere Science, 1988, 5（4）: 403 – 413.

[128] Ono E, Cuello J. Photosynthetically active radiation on Mars[R]. SAE Technical Paper Series 2000 – 01 – 2427, 2000.

[129] Ooms M D, Cao T D, Sargent E H, et al. Photon management for augmented photosynthesis[J]. Nature Communications, 2016（7）: 12699(2016).

[130] Parks T R, Bindon J N, Bowles A J G, et al. Methodologies for processing plant material into acceptable food on a small scale—Phase Ⅱ [R]. NASA CR 177647, Ames Research Center, NASA, USA, 1994.

[131] Patterson R L, Giacomelli G A, Kacira M, et al. Description, operation and production of the South Pole Food Growth Chamber[J]. Acta Hortculturae, 2012（952）: 589 – 596.

[132] Perchonok M, Bourland C. NASA food systems, past, present, and future[J]. Nutrition, 2002（18）: 913 – 920.

[133] Perchonok M H, Cooper M R, Catauro P M. Mission to Mars: food production and processing for the final frontier[J]. Annual Review of Food Science and Technology, 2012（3）: 311 – 330.

[134] Petrov G I, Mackenzie B, Homnick M, et al. A permanent settlement on Mars: the architecture of the Mars Homestead Project[R]. SAE Technical Paper Series 2005 – 01 – 2853, 2005.

[135] Pickett M T, Roberson L B, Calabria J L, et al. Regenerative water purification for space applications: needs, challenges, and technologies towards "closing the loop"[J]. Life Sciences in Space Research, 2020(24): 64-82.

[136] Pisharody S, Wignarajah K, Fisher J. Oxygen penalty for waste oxidation in an advanced life support system——A systems approach[R]. SAE Technical Paper Series 2002-01-2396, 2002.

[137] Radiation Shield Technologies[EB/OL]. https://radshield.com/. 2011.

[138] Ralphs M, Franz B, Baker T, et al. Water extraction on Mars for an expanding human colony[J]. Life Sciences in Space Research, 2015(7): 57-60.

[139] Rodriguez L F, Bell S. Verification of the modified energy cascade model report[R]. National Research Council at NASA Lyndon B. Johnson Space Center, Houston, Texas. Internal NASA document, March 2004.

[140] Roberts S P, Harrison J F, Dudley R. Allometry of kinematics and energetics in carpenter bees(*Xylocopa varipuncta*) hovering in variable-density gases[J]. Journal of Experimental Biology, 2004(207): 993-1004.

[141] Russell D A, Fogdall L B, Bohnhoff-Hlavacek G, et al. Simulated space environmental testing on thin films[R]. CR-2000-210101, The Boeing Company, Seattle, WA, USA, 2000.

[142] Rygalov V Y, Bucklin R A, Drysdale A E, et al. Low pressure greenhouse concepts for Mars: atmospheric composition[R]. SAE Technical Paper Series 2002-01-2392, 2002.

[143] Rygalov V Y, Bucklin R A, Drysdale A E, et al. The Potential for reducing the weight of a Martian greenhouse[R]. SAE Technical Paper Series 2001-01-2360, 2001.

[144] Sadler P, Furfaro R, Giacomelli G, et al. Prototype BLSS lunar habitat[R]. SAE Technical Paper Series 2008-01-2186, 2008.

[145] Sadler P D, Furfaro R, Patterson R L. Prototype BLSS Lunar-Mars Habitat Design[R]. SAE Technical Paper Series ICES-2014-313, 2014.

[146] Sadler P, Giacomelli G, Furfaro R, et al. Prototype BLSS lunar greenhouse[R]. SAE Technical Paper Series 2009-01-2484, 2009.

[147] Sadler P D, Giacomelli G, Patterson R L, et al. Bio-regenerative life support systems for space surface applications[R]. SAE Technical Paper Series

AIAA 2011 – 5133，2011.

[148] Salisbury F B，Clark M A Z. Suggestions for crops grown in controlled ecological life-support systems，based on attractive vegetarian diets[J]. Advances in Space Research，1996，18（4/5）：33 – 39.

[149] Schlager K J. Progress in ultrasonic bioreactors for CELSS applications[J]. Advances in Space Research，1998，22（10）：1453 – 1464.

[150] Schubert D，Bamsey M，Zabel P，et al. Status of the EDEN ISS greenhouse after on-site installation in Antarctica[R]. SAE Technical Paper Series ICES –2018 –140，2018.

[151] Schuerger A C. Microbial contamination of advanced life support (ALS) systems poses a moderate threat to the long-term stability of space-based bioregenerative systems[J]. Life Support & Biosphere Science，1998（5）：325 – 337.

[152] Schwartzkopf S H. Lunar base controlled ecological life support system （LCELSS）— Preliminary conceptual design study final report[R]. LMSC/F 280196，Lockheed Missiles & Space Company, Inc., Sunnyvale，CA，USA，1991.

[153] Schwartzkopf S H. Design of a controlled ecological life support system — Regenerative technologies are necessary for implementation in a lunar base CELSS[J]. BioScience，1992，42（7）：526 – 535.

[154] Schwingel W R，Sager J C. Anaerobic degradation of inedible crop residues produced in a controlled ecological life support system[J]. Advances in Space Research，1996，18（1/2）：293 – 297.

[155] Simonsen L C，Nealy J E. Mars surface radiation exposure for solar maximum conditions and 1989 solar proton events[R]. NASA Langley Research Center，Hampton，VA，USA，1993.

[156] Smith M C，Rupp R M，Huber C S，et al. Apollo experience report — Food systems[R]. NASA TN D-7720，Johnson Space Center，NASA，USA，1974.

[157] St. George D R，Feddes J J R. A fiber optic lighting system for horticultural production[R]. Technical Paper #89-4580. American Society of Agricultural Engineers，St. Joseph，MI，USA，1989.

[158] Story D. Autonomous multi-sensor and web-based decision support for crop diagnostics in greenhouse[R]. PhD dissertation, University of Arizona，Tucson，AZ，USA，2013.

[159] Story D, Hall C, Kacira M. Decision support system enabled lunar greenhouse system monitoring, control and management[R]. SAE Technical Paper Series ICES – 2014 – 246, 2014.

[160] Stuckey W K, Meshishnek M J, Hanna W D, et al. Space environment test of materials for inflatable structures[R]. TR-98(1055)-1. The Aerospace Corporation, Technology Operations, El Segundo, CA, USA, 1998.

[161] Takruri H R, Humeid M A, Umari M A H. Protein quality of parched immature durum wheat (Frekeh)[J]. Journal of the Science of Food and Agriculture, 1990, 50 (3): 319 – 327.

[162] Tibbitts T W, Cushman K E, Anderson M A, et al. Factors controlling activity of zirconia-titania for photocatalytic oxidation of ethylene[J]. Advances in Space Research, 1998, 22 (10): 1443 – 1451.

[163] Tibbitts T W, Sager J C, Krizek D T. Guidelines for measuring and reporting environmental parameters in growth chambers[J]. Biotronics, 2000 (29): 9 – 16.

[164] Todd P. Planetary biology and terraforming[J]. Gravitational and Space Biology, 2006, 19 (2): 79 – 84.

[165] Vanrobaeys X, Hagenbeek D, Straeten D V D, et al. A crop selection algorithm for closed loop food systems[R]. SAE Technical Paper Series 2005 – 01 – 2817, 2005.

[166] Velichko V V, Tikhomirov A A, Ushakova S A, et al. Production characteristics of the "higher plants-soil-like substrate" system as an element of the bioregenerative life support system[J]. Advances in Space Research, 2013 (51): 115 – 123.

[167] Verseux C, Baqué M, Lehto K, et al. Sustainable life support on Mars—the potential roles of cyanobacteria[J]. International Journal of Astrobiology, 2016, 15 (1): 65 – 92.

[168] Vodovotz Y, Bourland C T, Rappole C L. Advanced life support food development: A new challenge[R]. SAE Technical Paper Series 972363, 1997.

[169] Wheeler R M, Martin-Brennan C. Mars Greenhouses: concepts and challenges[R]. Proceedings From a 1999 Workshop, NASA Technical Memorandum 2000-208577, NASA Kennedy Space Center, FL, USA,

2000.

[170] Wheeler R M, Sager J C, Prince R P, et al. Crop production for advanced life support systems — Observations from the Kennedy Space Center Breadboard Project[R]. NASA/TM − 2003 − 211184, NASA, USA, 2003.

[171] Wilson L A, Zehr A, French S J, et al. Soymilk and tofu processing on Mars: can we really stow it?[R]. SAE Technical Paper Series 2004 − 01 − 2523, 2004.

[172] Yamashita M, Hashimoto H, Wada H. On-site resources availability for space agriculture on Mars[M]. Berlin: Springer-Verlag, 2009.

[173] Yamashita M, Ishikawa Y, Kitaya Y, et al. An overview of challenges in modeling heat and mass transfer for living on Mars[J]. Annals of New York Academy of Science, 2006 (1077): 232 − 243.

[174] Zabel P, Bamsey M, Zeidler C, et al. The preliminary design of the EDEN ISS Mobile Test Facility — An Antarctic greenhouse[R]. SAE Technical Paper Series, ICES − 2016 − 198, 2016.

[175] Zabel P, Zeidler C, Vrakking V, et al. Implications of different plant cultivation techniques for food production in space based on experiments in EDEN ISS[R]. SAE Technical Paper Series ICES − 2020 − 268, 2020.

[176] Zeidler C, Vrakking V, Bamsey M, et al. Greenhouse module for space system: a lunar greenhouse design[J]. Open Agriculture, 2017 (2): 116 − 132.

[177] Zeidler C, Zabel P, Vrakking Vincent, et al. The plant health monitoring system of the EDEN ISS Space Greenhouse in Antarctica during the 2018 experiment phase[J]. Frontiers in Plant Science, 2019 (1457).

[178] Zhang L, Li T, Ai W, et al. Water management in a controlled ecological life support system during a 4-person-180-day integrated experiment: configuration and performance[J]. Science of the Total Environment, 2019 (651): 2080 − 2086.

索　引

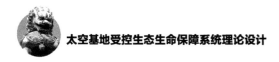

J